“2014年度民办教育发展促进项目—重点特点专业建设、北京邮电大学世纪学院数学课程改革与实践”资助项目

高等数学（上）

（第2版）

北京邮电大学世纪学院数理教研室　编
本册主编　杨硕

北京邮电大学出版社
www.buptpress.com

内容简介

本书是普通高等学校基础课程类应用型规划教材，体现了高等数学课程的特色及应用型高校的教学特点，以教育部非数学专业数学基础课教学指导分委员会制定的新的“工科类本科数学基础课程教学基本要求”为依据，按照既要继承优秀传统，又要改革创新、适应新形势的精神，突出高等数学严谨的知识体系，保持经典教材的优点，又考虑到学生的学习状况和接受程度。在力求保持数学体系完整与严谨的基础上，优化内容，论述深入浅出，通俗易懂。

本书共12章，分上、下两册，上册包括：函数、极限与连续、导数与微分、微分中值定理与导数的应用、不定积分、定积分、微分方程。

本书具有结构严谨、逻辑清晰、重视问题的引入、强调理论的应用、文字流畅、叙述详尽、例题和习题丰富、便于自学等优点，可供普通高等学校和独立学院工科各专业的学生选用。

图书在版编目（CIP）数据

高等数学．上／北京邮电大学世纪学院数理教研室编．--2版．-- 北京 ：北京邮电大学出版社，2015.5（2017.8重印）
ISBN 978-7-5635-4312-0

Ⅰ．①高…　Ⅱ．①北…　Ⅲ．①高等数学－高等学校－教材　Ⅳ．①O13

中国版本图书馆CIP数据核字（2015）第071292号

书　　名：高等数学（上）
著作责任者：北京邮电大学世纪学院数理教研室　编
责 任 编 辑：满志文
出 版 发 行：北京邮电大学出版社
社　　址：北京市海淀区西土城路10号（邮编：100876）
发　行　部：电话：010-62282185　传真：010-62283578
E-mail：publish@bupt.edu.cn
经　　销：各地新华书店
印　　刷：北京鑫丰华彩印有限公司
开　　本：787 mm×1 092 mm　1/16
印　　张：19
字　　数：468千字
版　　次：2015年5月第1版　2017年8月第2次印刷

ISBN 978-7-5635-4312-0　　定　价：38.00元

· 如有印装质量问题，请与北京邮电大学出版社发行部联系 ·

第 2 版前言

本书是在《高等数学(上)》(ISBN 978-7-5635-2018-3 北京邮电大学出版社,2009 年出版)的基础上,参照新修订的工科类本科数学基础课程教学基本要求,结合应用型教学的改革实践修订而成的.

本次修订的主要指导思想是:在满足工科类本科数学基础课程教学基本要求的前提下,降低对理论推导的要求,注重基本知识的掌握和基本能力的培养. 主要的修订工作包括:

1. 修订了第 1 版中的错误;
2. 删减了部分烦琐的例题和习题;
3. 加工润色了部分文字,使内容更容易阅读和理解.

参加本次修订工作的有:杨硕、汪彩云、向文、蒋卫等. 衷心感谢北京邮电大学世纪学院基础部的领导和同仁,感谢数理教研室的其他老师提出了宝贵的意见.

由于编者水平有限,书中难免存在不妥之处,敬请广大专家、同行和读者不吝赐教.

作　者

目　　录

第1章 函　　数

高等数学研究的主要对象的是变量，而对变量的研究中着重讨论的是变量之间的相互依赖关系，即函数关系. 本章将介绍函数的概念、函数的表示法、函数的一些简单性质及初等函数等，这些内容是学习本课程所要掌握的基础知识.

1.1　实数、区间与绝对值

1.1.1　实数

在高等数学中所涉及的数均为实数. 实数分为有理数和无理数两类.

有理数包括了所有的正、负整数，正、负分数和零. 有理数总可表为分数$\frac{p}{q}$的形式. 反之，能表示为分数$\frac{p}{q}$(其中 p,q 为整数，且 $q\neq 0$)的数为有理数. 有理数也可以用有限小数或无限循环小数表示，如$\frac{4}{5}=0.8$，$\frac{7}{3}=2.333\cdots$. 除有理数外，其余实数都为无理数，如$\sqrt{2}$，π 等. 有理数和无理数都具有稠密性，即任何两个有理数之间必存在有理数，任何两个无理数之间必存在无理数. 但要注意有理数经过四则运算(除数为零除外)后仍为有理数. 而无理数经过四则运算后可能是无理数也可能为有理数，如无理数$\sqrt{2}$与无理数 $1-\sqrt{2}$之和便是有理数 1.

实数可以通过数轴上的点形象地表示.

我们将某一实数 a 称为其数轴上对应点的坐标. 为了方便，以后也常将实数 a 在数轴上的对应点称为点 a.

全体实数的集合记为 $\mathbf{R}$.

1.1.2　区间与邻域

1. 区间

设 a 和 b 为两个实数，称满足不等式 $a\leqslant x\leqslant b$ 的一切实数的集合为闭区间，记为$[a,b]$，即

$$[a,b]=\{x\,|\,a\leqslant x\leqslant b\}$$

称满足不等式 $a<x<b$ 的一切实数的集合为开区间，记为(a,b)，即

$$(a,b)=\{x\,|\,a<x<b\}$$

称满足不等式 $a<x\leqslant b$ 或 $a\leqslant x<b$ 的一切实数的集合为半开区间，分别记为 $(a,b]$ 和 $[a,b)$，即

$$(a,b]=\{x\mid a<x\leqslant b\}$$
$$[a,b)=\{x\mid a\leqslant x<b\}$$

上述区间均称为有限区间，a 为区间的左端点，b 为区间的右端点，$b-a$ 为区间的长.

在几何上，有限区间可以用数轴上的线段表示，如图 1.1 所示.

除上述有限区间外，还常用到下列无限区间：

$$(a,+\infty)=\{x\mid x>a\},\quad [a,+\infty)=\{x\mid x\geqslant a\}$$
$$(-\infty,b)=\{x\mid x<b\},\quad (-\infty,b]=\{x\mid x\leqslant b\}$$
$$(-\infty,+\infty)=\{x\mid x\in\mathbf{R}\}$$

需要注意的是：上面引用的符号 $-\infty$，$+\infty$ 不能作为数看待.

在几何上，无限区间可以在数轴上用长度为无限的直线表示，图 1.2 给出了两个例图.

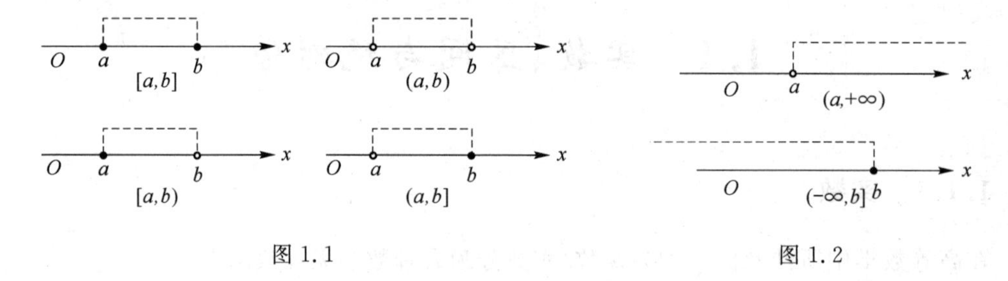

图 1.1　　　　图 1.2

2. 邻域

设 x_0 与 δ 是两个实数，且 $\delta>0$，满足不等式

$$x_0-\delta<x<x_0+\delta，即 -\delta<x-x_0<\delta$$

的实数 x 的全体称为点 x_0 的 δ **邻域**，常记为 $U(x_0,\delta)$，点 x_0 称为**邻域**的中心，δ 称为**邻域**的半径.

可见，点 x_0 的 δ 邻域就是以 $x_0-\delta$ 和 $x_0+\delta$ 为端点，或者说是以 x_0 为中心，长度为 2δ 的开区间，如图 1.3 所示，即 $U(x_0,\delta)=(x_0-\delta,x_0+\delta)$.

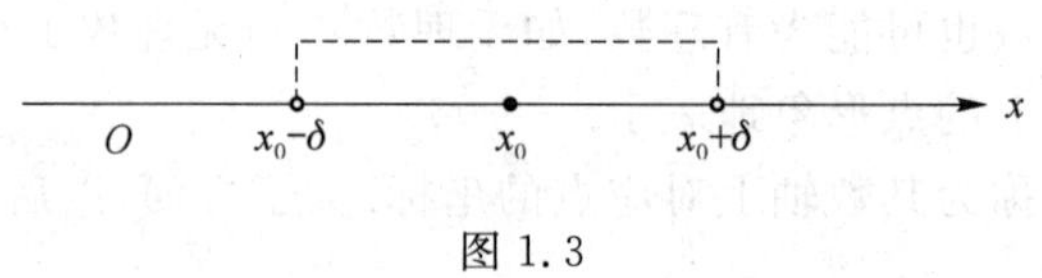

图 1.3

反之，开区间 (a,b) 是一个以 $x_0=\dfrac{a+b}{2}$ 为中心，$\delta=\dfrac{b-a}{2}$ 为半径的邻域. 例如，$(-1,3)$ 就是中心 $x_0=\dfrac{-1+3}{2}=1$，半径 $\delta=\dfrac{3-(-1)}{2}=2$ 的邻域.

邻域 $U(x_0,\delta)$ 去掉中心 x_0 后的数集称为 x_0 的去心 δ 邻域，记为 $\mathring{U}(x_0,\delta)$，即

$$\mathring{U}(x_0,\delta)=(x_0-\delta,x_0)\cup(x_0,x_0+\delta)$$

1.1.3　绝对值

设 a 为一实数，a 的绝对值为一非负实数，记为 $|a|$，其定义为

$$|a|=\begin{cases}a, & a\geqslant 0\\ -a, & a<0\end{cases} \tag{1.1.1}$$

绝对值的几何意义是：点 a 与原点 O 之间的距离.

由上述绝对值的定义可知

$$|a|=\sqrt{a^2} \tag{1.1.2}$$

并有关系式：

$$-|a|<a\leqslant|a| \tag{1.1.3}$$

另外，下面的等价关系是常用的. 当 $k\geqslant 0$ 时，有

$$|a|\leqslant k\Leftrightarrow -k\leqslant a\leqslant k;\ |a|\geqslant k\Leftrightarrow a\leqslant -k \text{ 或 } a\geqslant k \tag{1.1.4}$$

利用上面等价关系，邻域 $U(x_0,\delta)$ 可以用绝对值不等式表示，即

$$U(x_0,\delta)=\{x\,|\,|x-x_0|<\delta\}$$

以后会经常用到下列四个绝对值的运算性质：

(1) $|a+b|\leqslant|a|+|b|$.　　(1.1.5)

(2) $|a-b|\geqslant|a|-|b|$.　　(1.1.6)

(3) $|ab|=|a||b|$.　　(1.1.7)

(4) $\left|\dfrac{a}{b}\right|=\dfrac{|a|}{|b|}$($b\neq 0$ 时).　　(1.1.8)

【例 1.1.1】　解不等式 $(x+1)^2\geqslant 4$.

解：由 $(x+1)^2\geqslant 4$ 得 $\sqrt{(x+1)^2}\geqslant\sqrt{4}$，即有

$$|x+1|\geqslant 2$$

再由式(1.1.4)可知

$$x+1\leqslant -2 \text{ 或 } x+1\geqslant 2$$

即

$$x\leqslant -3 \text{ 或 } x\geqslant 1$$

用区间表示此解的集合便为 $(-\infty,-3]\cup[1,+\infty)$.

【例 1.1.2】　证明不等式 $||a|-|b||\leqslant|a-b|$，其中 a,b 为任意实数.

证：一方面由绝对值的性质(2)有

$$|a|-|b|\leqslant|a-b|$$

另一方面

$$|b|-|a|\leqslant|b-a|=|a-b|$$

总之

$$-|a-b|\leqslant|a|-|b|\leqslant|a-b|$$

故由式(1.1.4)便得

$$||a|-|b||\leqslant|a-b|$$

习题 1.1

1. 指出下列邻域的中心与半径.

(1) $(-7,7)$；　　(2) $(1-\sqrt{2},1+\sqrt{2})$；　　(3) $(-4,13)$.

2. 解下列不等式.

(1) $|x+3|<5$;　　(2) $\left|x-\frac{3}{5}\right|>\frac{2}{3}$;

(3) $1\leqslant|x|\leqslant3$;　　(4) $|x-1|\leqslant|5-x|$.

1.2　函数的概念及其图形

1.2.1　常量与变量

在科学实验、生产实践和社会活动的过程中,常观察各种各样的量,如长度、体积、重量、温度、电压、营业额、工资等.在观察过程中,有一些量保持某一固定的值不变,这种量称为常量;有一些量的大小在变化,可取不同的值,这种量称为变量.例如,将一个密闭的容器内的气体加热时,气体的体积保持不变,故容器内气体的体积便是一个常量.而气体的压力随温度增加而增大,容器内气体的压力便是一个变量.

在数学中讨论的量,通常是不顾及其实际意义的,而只关注其数值.我们常用字母 $a,b,c,\cdots$ 表示常量,而用字母 $x,y,z,\cdots$ 表示变量.

由于量的每一个值都是一个数,故在数轴上有对应点.在数轴上,常量的对应点为固定点,而变量的对应点则是动点.定点是动点的特例,因此常量也可视为变量的特例.

1.2.2　函数概念

在某些科学实验、生产实践或社会活动的过程中,可能会同时有几个变量在变化,它们往往互相依赖,相互联系,有规律地变化着.先看几个仅有两个变量的实例.

【例 1.2.1】 在自由落体的过程中,物体下落的距离 s 与下落的时间 t 有一定的关联,当开始下落时间记为 $t=0$ 时,由伽利略定律可知时间 t 与距离 s 之间有如下的关系:

$$s=\frac{1}{2}gt^2$$

其中常数 g 为重力加速度.如果物体着地时的时刻为 T,则时间 t 在 $[0,T]$ 内每取定一个值,便可由上面关系式确定距离 s 的一个值.

【例 1.2.2】 设导线在输送电流的过程中,其电阻值 R 保持不变,由欧姆定律可知导线两端电压 U 与流过的电流强度 I 在变化,U 和 I 的变化遵循

$$U=RI$$

这一规律表明:变量 I 在 $[0,+\infty)$ 内每取定一个值 I_0,就有一个相应的值 $U_0=RI_0$ 与之对应.

【例 1.2.3】 某城市出租车的计费标准规定:3 公里以内(含 3 公里)收费 10 元,超过 3 公里,按每公里 1.6 元计价.设 x,y 分别表示乘车里程和应付车费,则当 $0<x\leqslant3$ 时,$y=10$;当 $x>3$ 时,$y=10+1.6(x-3)=1.6x+5.2$,即

$$y=\begin{cases}10, & 0<x\leqslant3\\ 1.6x+5.2, & x>3\end{cases}$$

按照上面的关系式，乘车里程 x 在 $(0,+\infty)$ 内每给定一个值后，应付车费 y 就有一个确定的值与其对应. 例如，当里程 $x=35$ 公里时，应付车费便为 $y=1.6\times35+5.2=61.2$ 元；当里程 $x=1.5$ 公里时，应付车费便为 $y=10$ 元.

【例 1.2.4】 在平面直角坐标系中，点 $P(x,y)$ 是中心在坐标原点的单位圆上任意一点，则横坐标 x 与纵坐标 y 之间的依赖关系为

$$x^2+y^2=1$$

显然，x 在区间 $[-1,1]$ 上每取定一个值后，y 就有确定的值与之对应，但 y 的对应值可能不止一个，如当 $x=\frac{1}{2}$ 时，y 的对应值便有两个，即 $y=\pm\frac{\sqrt{3}}{2}$.

去掉上述例子中变量的实际意义，便有其共性：某变量有确定的取值范围，并在其取值范围内与另一变量有确定的对应规则. 于是得到函数的定义.

定义 1.2.1 设 x,y 为两个变量，D 为一个非空实数集合. 如果存在一个对应规则 f，使得变量 x 在 D 内每取定一个值，变量 y 按对应规则 f 有确定的值与之对应，则称变量 y 为变量 x 的**函数**（有时也称 y 为因变量）. 记为

$$y=f(x)$$

称 f 为函数关系（有时也常简称为函数），x 为自变量，D 为**定义域**，也常记为 $D(f)$.

需要指出的是：如果对于定义域内的任意一个自变量的值，因变量有唯一的值与之对应，这样的函数称为单值函数. 如果在定义域内自变量的某些值，因变量有不止一个值与其对应，这样的函数称为多值函数. 以后我们谈及的函数均指单值函数.

所有函数值构成的集合称为**函数的值域**，通常记为 Z. 对于函数 $y=f(x)$，其值域也常记为 $Z(f)$，即

$$Z(f)=\{y\mid y=f(x),x\in D(f)\}$$

可以看到，在函数的定义中含有两个基本要素：定义域和对应规则.

1. 定义域的确定

如何确定函数的定义域，需分两种情况来考虑. 当函数有实际意义时，应根据问题的实际意义来确定. 而当函数没有实际意义时，使函数有意义的一切实数构成的集合为其定义域，这样的定义域称为自然定义域.

【例 1.2.5】 求函数 $y=\sqrt{4-x^2}$ 的定义域.

解：因为负数不能开平方，所以当且仅当 $4-x^2\geqslant0$，即 $-2\leqslant x\leqslant2$ 时，式子 $\sqrt{4-x^2}$ 才有意义，因此函数 $y=\sqrt{4-x^2}$ 的定义域为 $D=[-2,2]$.

【例 1.2.6】 求函数 $y=\lg(x+2)+\frac{1}{\sqrt{x^2-1}}$ 的定义域.

解：题中的函数为两个函数之和，即

$$y=y_1+y_2$$

其中

$$y_1=\lg(x+2),\ y_2=\frac{1}{\sqrt{x^2-1}}$$

由于对数的真数应为正数，故当且仅当 $x+2>0$，即 $x>-2$ 时，式子 $\lg(x+2)$ 才有意

义,所以函数 y_1 的定义域为 $D_1=(-2,+\infty)$.

由于负数不能开平方且分数的分母不能为零,故当且仅当 $x^2-1>0$,即 $x<-1$ 或 $x>1$ 时,式子 $\dfrac{1}{\sqrt{x^2-1}}$ 才有意义,所以函数 y_2 的定义域为 $D_2=(-\infty,-1)\cup(1,+\infty)$.

显然,当且仅当 y_1 和 y_2 均有定义时,y 才有定义,故 y 的定义域应为 y_1 和 y_2 的定义域的交集,即

$$D=D_1\cap D_2=(-2,-1)\cup(1,+\infty)$$

2. 函数关系的建立

由于实际问题的多样性,变量之间的函数关系的建立没有统一的方法,必须具体问题具体分析,通常要根据实际问题的条件,利用已知的几何关系、物理定律等知识来建立.如前面的例 1.2.1、例 1.2.2、例 1.2.3 及例 1.2.4 便是如此.下面再举几个例子.

【例 1.2.7】 如图 1.4 所示,有一块边长为 a 的铁皮,在它的四角各剪去大小相同的小正方形,做成一无盖的盒子,求盒子的容积与被剪去的小正方形边长之间的函数关系.

解:设被剪去的小正方形边长为 $x\left(0<x<\dfrac{a}{2}\right)$.这时,盒子的高便为 x,盒子正方形底的边长为 $a-2x$,于是容积

$$V=x(a-2x)^2 \quad \left(0<x<\frac{a}{2}\right)$$

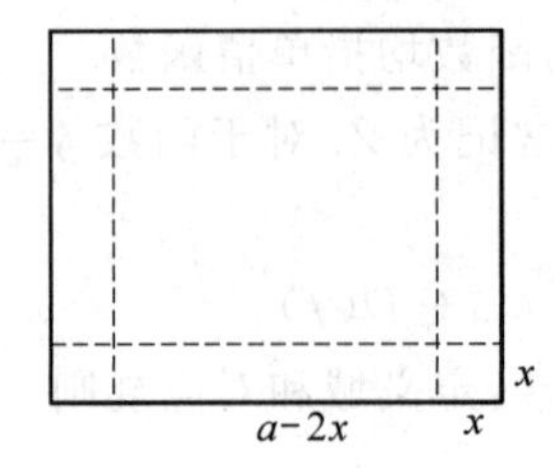

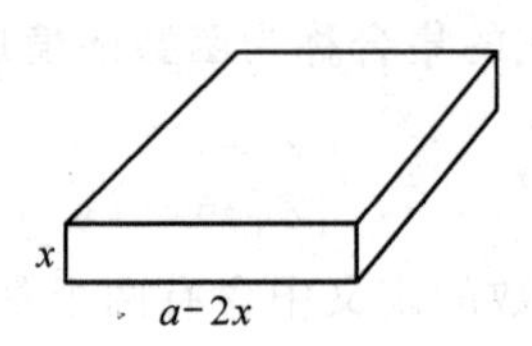

图 1.4

【例 1.2.8】 电路上某一点的电压等速下降,开始时电压为 12 V,8 秒后下降到 7.2 V,试把该点电压 U 表示为时间 t 的函数.

解:设该点电压下降的速度为 a(因为是等速下降,故 a 为常数).按题意,该点的电压应为

$$U=12-at$$

由于当 $t=8$ 时,$U=7.2$,代入上式得 $a=0.6$,即得 U 与 t 的函数关系为

$$U=12-0.6t$$

并注意到,当电压 U 减为 0 V 时,时间 t 为 20 s,故该函数的定义域为[0,20].

【例 1.2.9】 设某超市以每公斤 4.5 元的价格购入鸡蛋,而以每公斤 7 元的价格出售.为了促销,该超市规定:若顾客一次购买 5 公斤以上的鸡蛋,则超出部分将以九折优惠出售.试将一次成交的销售利润 L 表示成销售量 Q 的函数.

解:由题意可知,一次出售 5 公斤以内鸡蛋的收入为

$$R=7Q$$

而一次出售 5 公斤以上的收入为

$$R=5\times7+0.9\times7\times(Q-5)=6.3Q+3.5$$

总之

$$R=\begin{cases}7Q, & 0\leqslant Q\leqslant5\\ 6.3Q+3.5, & Q>5\end{cases}$$

由题意可知，销售成本为 $C=4.5Q$. 于是，一次成交的利润函数为

$$L=R-C=\begin{cases}7Q-4.5Q, & 0\leqslant Q\leqslant5\\ 6.3Q+3.5-4.5Q, & Q>5\end{cases}$$

$$=\begin{cases}2.5Q, & 0\leqslant Q\leqslant5\\ 1.8Q+3.5, & Q>5\end{cases}$$

对于两个函数，如果它们的定义域与对应规则都相同便应视为同一个函数，否则便是不同的函数. 例如，$y=\sqrt{x^2}$ 与 $y=|x|$ 便是相同的函数，而 $y=\sqrt{x^2}$ 与 $y=(\sqrt{x})^2$ 便是不同的函数，这是因为 $y=\sqrt{x^2}$ 的定义域是 $(-\infty,+\infty)$，而 $y=(\sqrt{x})^2$ 的定义域是 $[0,+\infty)$. 同样，$y=\sqrt{x^2}$ 与 $y=x$ 也不是同一个函数，虽然它们的定义域相同，均为 $(-\infty,+\infty)$，但它们的对应规则不同，因为当 $x<0$ 时，前者为 $y=-x$，而后者仍为 $y=x$.

1.2.3 函数图形

函数通常有三种表示的方法：公式法、图示法和表格法. 本教材所涉及的函数，大多数是用公式法表示的. 如 $y=5x^2$，$y=3e^x\sin x$，$y=\dfrac{x}{\sqrt{1+\tan x}}$ 等均是用公式表示的函数.

有时会需要用几个式子来表示函数，即在其定义域的不同子集上，函数分别用不同的公式表示，这类函数称为**分段函数**. 如例 1.2.3 中的函数便是分段函数. 再如，绝对值函数

$$y=|x|=\begin{cases}x, & x\geqslant0\\ -x, & x<0\end{cases}$$

符号函数

$$y=\operatorname{sgn}(x)=\begin{cases}1, & x>0\\ 0, & x=0\\ -1, & x<0\end{cases}$$

狄雷克雷(Dirichlet)函数

$$y=\begin{cases}1, & x\text{ 为有理数}\\ 0, & x\text{ 为无理数}\end{cases}$$

分段函数的定义域是各分段子集的并集，如例 1.2.3 中分段函数的定义域

$$D=(0,3]\cup(3,+\infty)=(0,+\infty)$$

需要强调的是：尽管分段函数是用几个式子表示，但在其整个定义域内是一个函数，而不是几个函数.

为了能更加直观的了解和研究函数，我们往往需要作出它的图形.

给定一个函数 $y=f(x)$，$x\in D$，我们把平面直角坐标系中的点集

$$\{(x,y)\mid y=f(x),x\in D\}$$

称为**函数的图形**. 准确地说，函数 $y=f(x)$ 的图形就是自变量 x 取遍定义域 D 内每一

个值时，点(x,y)的一个集合.在坐标平面内，函数$y=f(x)$的图形通常由曲线或直线组成.

【例1.2.10】 作函数(1) $y=2$;(2) $y=3x-2$;(3) $y=\begin{cases}3x-2, & -1\leqslant x\leqslant 2\\ 2, & 2<x<4\end{cases}$ 的图形.

解:(1) 函数的定义域$D=(-\infty,+\infty)$.图形是一条平行于x轴，在y轴上截距为2的直线.图形由图1.5(a)给出.

(2) 函数的定义域$D=(-\infty,+\infty)$.图形应为一条过$(0,-2)$和$\left(\frac{2}{3},0\right)$的直线.图形由图1.5(b)给出.

(3) 函数的定义域$D=[-1,4)$.根据此分段函数的分段区间，并结合(1)、(2)的图形可作出此函数的图形.如图1.5(c)所示.

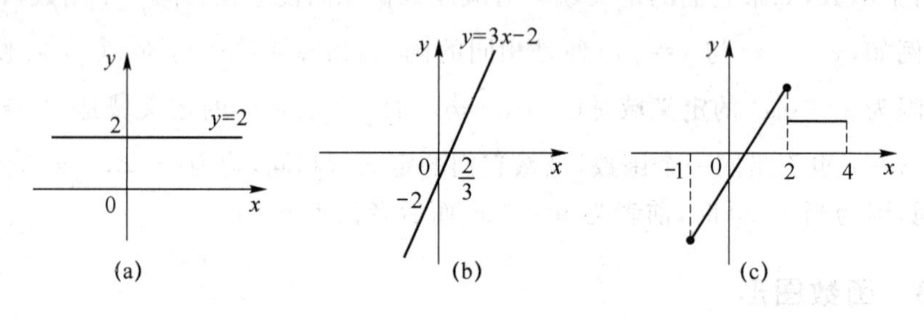

图1.5

【例1.2.11】 作函数 (1) $y=x^2$,(2) $y=x^2+2x+3$ 的图形.

解:(1) 定义域为$(-\infty,+\infty)$，值域为$[0,+\infty)$.为了能较准确绘出它的图形，我们可列表给出一些x值及与之对应y值.

x	-2	-1	0	1	2
y	4	1	0	1	4

用逐点描迹的方法可画出该函数图形，如图1.6(a)所示.此图形便是顶点在原点，关于y轴对称，"开口"向上的抛物线.

(2) 函数$y=x^2+2x+3$可化为$y-2=(x+1)^2$，此图形便是顶点在$(-1,2)$，关于$x=-1$轴对称，"开口"向上的抛物线.如图1.6(b)所示.

值得一提的是并不是任何函数都可画出其图形.如狄利克雷函数便无法作出其图形.

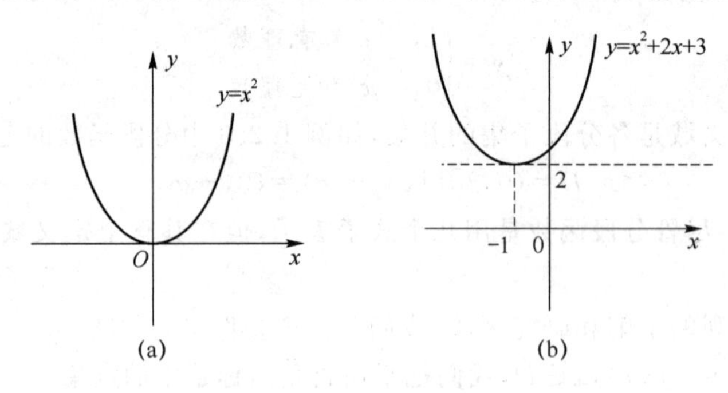

图1.6

习题 1.2

1. 求下列函数的定义域.

(1) $y=\dfrac{1+e^x}{x^2-3x+2}$；　　(2) $y=\dfrac{\sqrt{x+2}}{1-x^2}$；

(3) $y=\sqrt{9-x^2}+\arccos\dfrac{x-2}{3}$；　　(4) $y=\begin{cases}1+\sqrt{1+x}, & -1<x\leqslant 2\\ 2, & x\geqslant 3\end{cases}$.

2. 求下列函数的函数值.

(1) $f(x)=\sqrt{1+x^2}$,求 $f(0)$,$f(a-1)$；

(2) $f(x)=\begin{cases}\sqrt{9-x^2}, & |x|\leqslant 3\\ 4, & |x|>3\end{cases}$,求 $f(0)$,$f(3)$,$f(-4)$,$f(2+a)$.

3. 判断函数 $f(x)$与 $g(x)$是否相同,并说明理由.

(1) $f(x)=\lg x^3$,$g(x)=3\lg x$；

(2) $f(x)=\sqrt{1-x}\sqrt{2+x}$,$g(x)=\sqrt{(1-x)(2+x)}$；

(3) $f(x)=\sqrt[3]{x^3+x^7}$,$g(x)=x\sqrt[3]{1+x^4}$；

(4) $f(x)=\sqrt{2}\sin x$,$g(x)=\sqrt{1-\cos 2x}$.

4. 作出下列函数的图形.

(1) $y=x^3+1$；　(2) $y=-\sqrt{1-x^2}$；　(3) $y=|x|$；　(4) $y=\mathrm{sgn}(x)$；

(5) $y=\begin{cases}x+1 & x\leqslant 0\\ (x-1)^2, & 0<x<2.\\ 3 & x\geqslant 2\end{cases}$

5. 设有电路如图 1.7 所示.试写出电流 I 与电阻 R 的函数关系.

6. 已知三角形的一边为 a,所对应的圆心角为 θ,试将三角形外接圆的半径 R 表示为 θ 的函数.

7. 梯形如图 1.8 所示,当一垂直于 x 轴的直线从左向右扫过该梯形时,若直线的垂足为 x,试将扫过的面积 S 表示为 x 的函数.

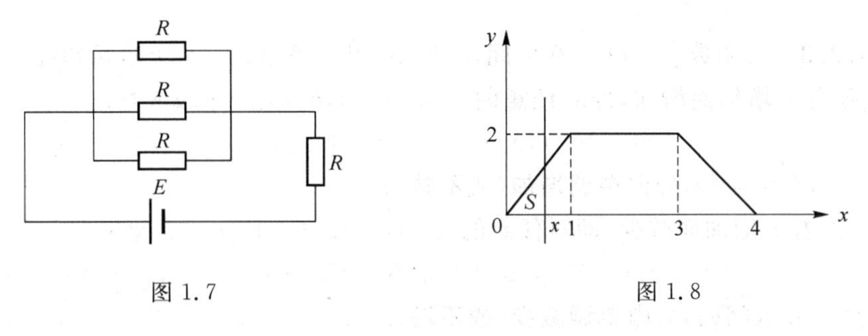

图 1.7　　　　图 1.8

8. 某品牌电视机每台售价为 2 000 元时,每月可售出 3 000 台,若每台售价降为 1 800 元时,每月可多售出 600 台,已知电视机的销售量 Q 是每台电视机售价 p 的线性函数,试求此函数.

1.3 函数的几种特性

1.3.1 有界性

定义 1.3.1 设函数 $f(x)$在数集 A 上有定义.若存在常数 $M>0$,使得对任意 $x\in A$,有

$$|f(x)|\leqslant M \tag{1.3.1}$$

则称函数 $f(x)$在 A 上**有界**,否则称为**无界**.

例如,函数 $y=\sin x$ 在其定义域$(-\infty,+\infty)$内有界,这是因为对任意 $x\in(-\infty,+\infty)$,总有$|\sin x|\leqslant 1$.再如,函数 $y=\frac{1}{x}$在其定义域$(-\infty,0)\cup(0,+\infty)$内是无界的,这是因为不存在这样的 M,使$\left|\frac{1}{x}\right|\leqslant M$,对于$(-\infty,0)\cup(0,+\infty)$内的一切 x 成立.

定义 1.3.2 设函数 $f(x)$在数集 A 上有定义.如果存在常数 M,使得对任意 $x\in A$,有

$$f(x)\leqslant M \tag{1.3.2}$$

则称函数 $f(x)$在 A 上有上界,M 为 $f(x)$在 A 上的**上界**.如果存在常数 m,使得对任意 $x\in A$,有

$$f(x)\geqslant m \tag{1.3.3}$$

则称函数 $f(x)$在 A 上有下界,m 为 $f(x)$在 A 上的**下界**.

显然,若 $f(x)$在 A 上有界,则 $f(x)$在 A 上必有上、下界.反之,若 $f(x)$在 A 上有上界和下界,则 $f(x)$在 A 上必有界.

由定义 1.3.1 可知,在集合 A 上,函数 $y=f(x)$有界,则其图形在 A 上,应界于平行于 x 轴的两条直线 $y=\pm M$ 之间,如图 1.9 所示.

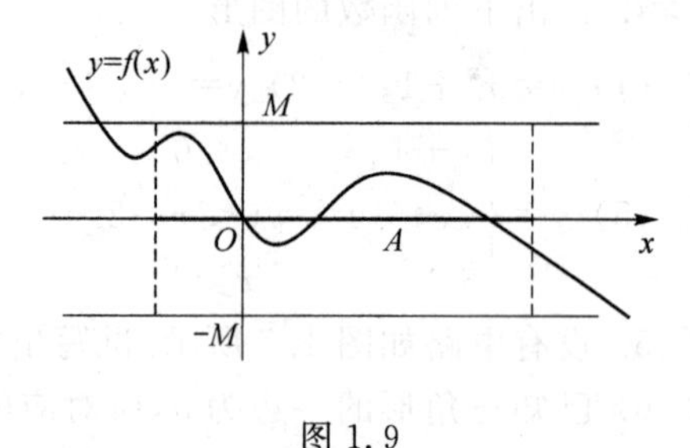

图 1.9

1.3.2 单调性

定义 1.3.3 设函数 $y=f(x)$在区间(a,b)(这里 a 可以是$-\infty$,b 也可以是$+\infty$)内有定义,如果 y 随着 x 增加而增加,即对任意的 $x_1,x_2\in(a,b)$,且 $x_1<x_2$,有

$$f(x_1)<f(x_2)\quad (\text{或 } f(x_1)\leqslant f(x_2)) \tag{1.3.4}$$

则称函数 $f(x)$在区间(a,b)内**单调增加(或不减)**;

如果 y 随着 x 增加而减少,即对任意的 $x_1,x_2\in(a,b)$,且 $x_1<x_2$,有

$$f(x_1)>f(x_2)\ (\text{或 } f(x_1)\geqslant f(x_2)) \tag{1.3.5}$$

则称函数 $f(x)$在区间(a,b)内**单调减少(或不增)**.

【例 1.3.1】 证明函数 $f(x)=3-\ln 2x$ 在区间$(0,+\infty)$内是单调减少的.

证:对任意 $x_1,x_2\in(0,+\infty)$,$x_1<x_2$,有

$$f(x_2)-f(x_1)=(3-\ln 2x_2)-(3-\ln 2x_1)=\ln\frac{x_1}{x_2}$$

由于 $0<\frac{x_1}{x_2}<1$，所以 $\ln\frac{x_1}{x_2}<0$，即 $f(x_1)>f(x_2)$，故函数 $f(x)=3-\ln 2x$ 在区间 $(0,+\infty)$ 内是单调减少的.

单调增加函数的图形是，当自变量在其单调增加区间内增大时该函数曲线总是上升的. 而单调减少函数的图形是，当自变量在其单调减少区间内增大时该函数曲线总是下降的，如图 1.10 所示.

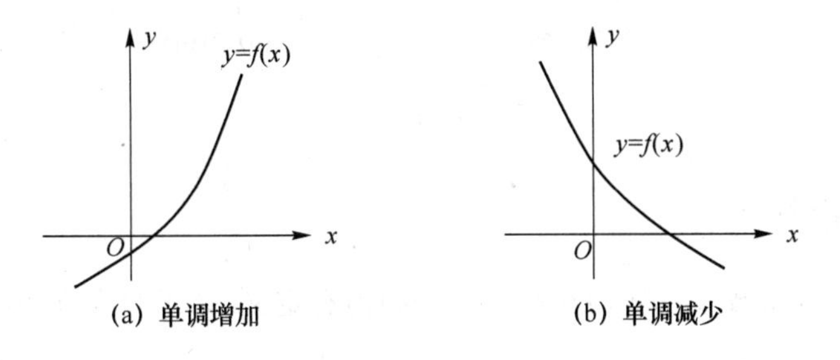

图 1.10

单调增加函数与单调减少函数统称为**单调函数**.

1.3.3 奇偶性

定义 1.3.4 设函数 $y=f(x)$ 的定义域 D 关于原点对称. 如果对任意 $x\in D$，有

$$f(-x)=f(x) \tag{1.3.6}$$

则称 $f(x)$ 为**偶函数**；如果对任意 $x\in D$，有

$$f(-x)=-f(x) \tag{1.3.7}$$

称 $f(x)$ 为**奇函数**.

【例 1.3.2】 证明 $f(x)=\ln(x+\sqrt{1+x^2})$ 为奇函数.

证：显然函数 $f(x)=\ln(x+\sqrt{1+x^2})$ 的定义域为 $(-\infty,+\infty)$. 由于

$$f(-x)=\ln(-x+\sqrt{1+x^2})=\ln\frac{(-x+\sqrt{1+x^2})(x+\sqrt{1+x^2})}{x+\sqrt{1+x^2}}$$

$$=\ln\frac{1}{x+\sqrt{1+x^2}}=-\ln(x+\sqrt{1+x^2})=-f(x)$$

所以 $f(x)=\ln(x+\sqrt{1+x^2})$ 为奇函数.

利用函数奇偶性的定义不难证明以下经常会用到的结果：

(1) 若 $f(x)$，$g(x)$ 同为偶函数或同为奇函数，则 $f(x)g(x)$ 必为偶函数；若 $f(x)$，$g(x)$ 一个为偶函数，一个为奇函数，则 $f(x)g(x)$ 必为奇函数.

(2) 若 $f(x)$，$g(x)$ 同为偶函数，则 $f(x)\pm g(x)$ 必为偶函数；若 $f(x)$，$g(x)$ 同为奇函数，则 $f(x)\pm g(x)$ 必为奇函数；

(3) 若 $f(x)$，$g(x)$ 一个为偶函数，一个为奇函数，则 $f(x)\pm g(x)$ 必为非奇非偶函数.

(4) 设 $f(x)$是定义在对称于原点的区间上的函数,则 $f(x)+f(-x)$必为偶函数,而 $f(x)-f(-x)$必为奇函数.

由图1.11可以看出偶函数的图形对称于 y 轴,奇函数的图形对称于原点.

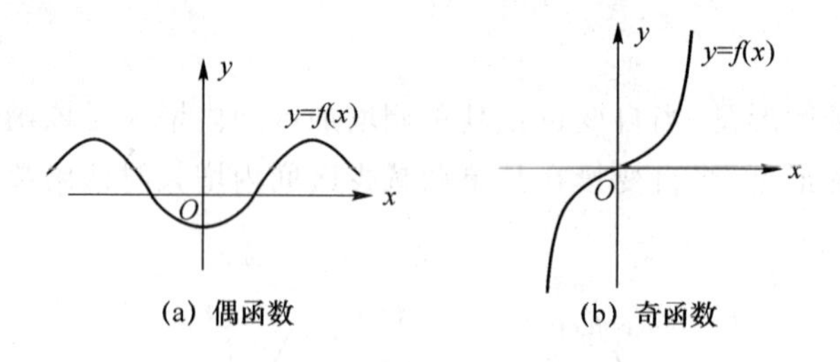

(a) 偶函数 (b) 奇函数

图1.11

1.3.4 周期性

定义1.3.5 设函数 $y=f(x)$在$(-\infty,+\infty)$内有定义.如果存在 $T>0$,使得对任意 $x\in$ (－〖 ,+∞)有

$$f(x+T)=f(x) \tag{1.3.8}$$

则称 $f(x)$为**周期函数**,T 为其**周期**.

例如,对周期函数 $y=\sin x$ 而言,$2\pi,4\pi,6\pi,\cdots$均为它的周期.再如,狄利克雷函数

便是以任何正有理数为周期的周期函数.

在通常情况下,若周期函数的最小正周期存在,则称此最小正周期为其周期.如 $y=\sin x$ 的最小正周期 $T=2\pi$,而对狄利克雷函数,任何正有理数都是它的周期,因此它就没有最小正周期.

周期函数的图形是"周而复始"的,如图1.12所示.

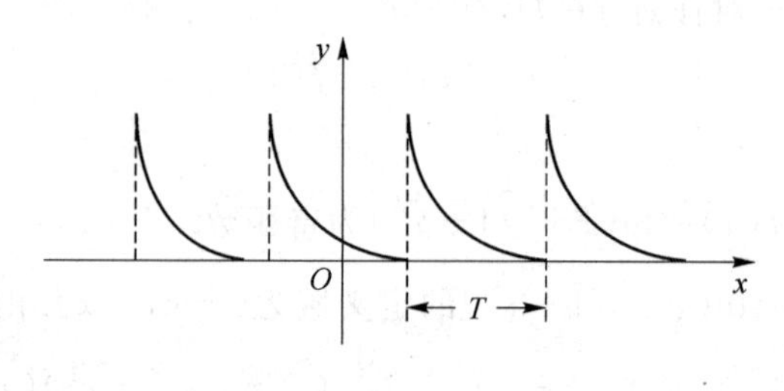

图1.12

【例1.3.3】 设周期函数 $f(x)$的周期为 T,证明:$f(kx)(k>0)$也是周期函数,周期为$\dfrac{T}{k}$.

证:令 $F(x)=f(kx)$,于是,对任意 $x\in(-\infty,+\infty)$有

$$F\left(x+\frac{T}{k}\right)=f\left[k\left(x+\frac{T}{k}\right)\right]=f(kx+T)=f(kx)=F(x)$$

所以 $f(kx)$是以$\dfrac{T}{k}$为周期的周期函数.

在求周期函数的周期时,常会用到此例的结果,如 $\sin 3x$ 的周期便是$\dfrac{2\pi}{3}$,而 $\tan\dfrac{x}{4}$的周期就是 4π,等等.

习题 1.3

1. 下列函数在指定区间内是否有界？若有界，给出它的一个上界与一个下界.

(1) $y=\arctan x$, $(-\infty,+\infty)$; (2) $y=-x^2-2x$, $[-3,3]$.

2. 研究下列函数在指定区间内的单调性.

(1) $f(x)=2^{x-1}$, $(-\infty,+\infty)$; (2) $f(x)=|x|-x$, $(0,+\infty)$;

(3) $f(x)=x^3$, $(-\infty,+\infty)$.

3. 判断下列函数的奇偶性.

(1) $y=x^3-2\sin x$; (2) $y=\frac{|x|}{x}$; (3) $y=\cos(\sin x)$;

(4) $y=x\frac{a^x-1}{a^x+1}$; (5) $y=\operatorname{sgn} x$.

4. 证明:一个奇函数与一个偶函数之和必为一个非奇非偶函数.

5. 证明:定义域关于原点对称的任意函数必可表示为一个偶函数与一个奇函数之和.

6. 指出下列函数是否为周期函数，若是周期函数，求其周期.

(1) $y=\sin\frac{x}{2}$; (2) $y=\sin^2 x$; (3) $y=\sin x^2$; (4) $y=\tan x+\cos 3x$.

1.4 反函数与复合函数

1.4.1 反函数

在研究两个变量的函数关系时，可以根据实际问题的需要选定其中一个为自变量，另一个为因变量. 例如在自由落体运动中，当我们选定物体下落时间 t 为自变量后，则物体下落的距离 s 便是时间 t 的函数，即 $s=\frac{1}{2}gt^2$. 此函数的定义域 $D=[0,T]$，其中 T 为物体落地时所经历的时间，其值域 $Z=[0,H]$，这里 H 为物体开始下落时离地面的高度，显然，$H=\frac{1}{2}gT^2$. 如果问题要求物体下落所需的时间，我们便可将距离 s 取为自变量，而将时间 t 作为因变量，其对应规则依然遵循关系式 $s=\frac{1}{2}gt^2$，即得 t 关于 s 的函数关系

$$t=\sqrt{\frac{2s}{g}}$$

我们称此函数为原来函数 $s=\frac{1}{2}gt^2$ 的反函数. 显然它的定义域就是原来函数的值域，即为 $[0,H]$.

略去上例的物理意义,便可得到反函数的定义.

定义 1.4.1 设函数 $y=f(x)$ 的定义域为 D,值域为 Z. 如果对任意 $y\in Z$,有唯一确定的 $x\in D$ 与之对应,且满足 $y=f(x)$,则称此 x 关于 y 的函数为函数 $y=f(x)$ 的**反函数**,常记为 $x=f^{-1}(y)$. 而 $y=f(x)$ 称为**直接函数**.

显然,反函数 $x=f^{-1}(y)$ 的定义域与值域分别是直接函数 $y=f(x)$ 的值域与定义域.

习惯上用字母 x 表示自变量,y 表示因变量,为了与习惯一致,常将反函数 $x=f^{-1}(y)$ 中的字母 x 与 y 对换,即记为

$$y=f^{-1}(x)$$

我们称 $x=f^{-1}(y)$ 为直接反函数,而称 $y=f^{-1}(x)$ 为习惯反函数. 以后涉及的反函数通常是指习惯反函数.

从几何上看,在同一个坐标系内,直接反函数 $x=f^{-1}(y)$ 的图形与直接函数 $y=f(x)$ 的图应为同一条曲线. 这是因为满足 $y=f(x)$ 的点和满足 $x=f^{-1}(y)$ 的点是相同的. 例如,函数 $y=x^3$ 与其直接反函数 $x=\sqrt[3]{y}$ 的图形显然是同一条曲线.

在同一坐标系中,习惯反函数 $y=f^{-1}(x)$ 的图形与直接函数 $y=f(x)$ 的图形并不一定是同一条曲线,而是必关于直线 $y=x$ 对称. 这是因为习惯反函数就是将直接反函数中的 x 和 y 的位置交换,即对曲线 $x=f^{-1}(y)$,亦即 $y=f(x)$ 上任意一点 $M(a,b)$,则点 $M'(b,a)$ 必然在曲线 $y=f^{-1}(x)$ 上,而点 $M'(b,a)$ 和点 $M(a,b)$ 是关于直线 $y=x$ 对称的,如图 1.13 所示.

在中学数学中,我们知道一一对应函数必有反函数. 而单调函数是一一对应的,于是我们便有下面十分有用的反函数存在定理.

定理 1.4.1 设函数 $y=f(x)$ 在其定义域 D 内单调增加(或减少),其值域为 Z,则必存在反函数 $y=f^{-1}(x)$,且它在 Z 内也单调增加(或减少).

需指出的是,由于一一对应函数不一定是单调函数. 所以非单调函数也有可能存在反函数,见下面的例 1.4.2.

【例 1.4.1】 求函数 $y=\frac{1}{3}(x+2)$ 的反函数.

解:显然该函数的定义域 $D=(-\infty,+\infty)$,值域 $Z=(-\infty,+\infty)$. 由 $y=\frac{1}{3}(x+2)$ 可解得

$$x=3y-2$$

将 x 与 y 互换,便得反函数

$$y=3x-2$$

【例 1.4.2】 求函数 $y=\begin{cases} x^3, & x<1, \\ \frac{2}{x}, & 1\leqslant x\leqslant 2 \end{cases}$ 的反函数,并作其图形.

解:显然该函数的定义域 $D=(-\infty,2]$,值域 $Z=(-\infty,2]$. 当 $x<1$ 时,由 $y=x^3$,解得 $x=\sqrt[3]{y}$,且此时 $y<1$;当 $1\leqslant x\leqslant 2$ 时,由 $y=\frac{2}{x}$ 解得 $x=\frac{2}{y}$,且此时 $1\leqslant y\leqslant 2$,于是得直接

反函数

$$x=\begin{cases}\sqrt[3]{y}, & y<1\\ \dfrac{2}{y}, & 1\leqslant y\leqslant 2\end{cases}$$

将 x 与 y 互换，便得反函数

$$y=\begin{cases}\sqrt[3]{x}, & x<1\\ \dfrac{2}{x}, & 1\leqslant x\leqslant 2\end{cases}$$

其图形由图 1.14 给出.

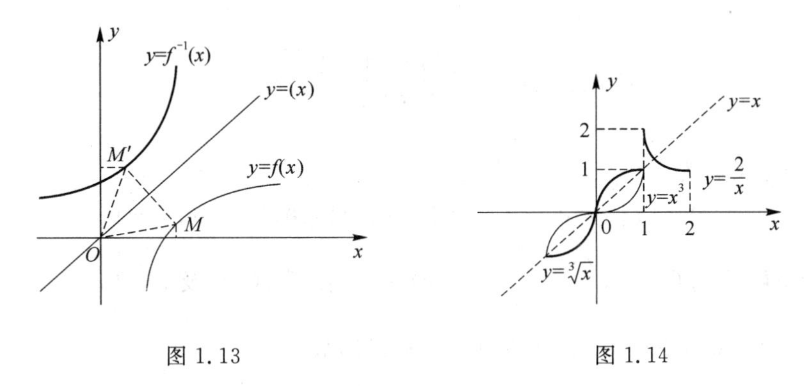

图 1.13　　　　图 1.14

1.4.2 复合函数

在实际问题中，往往会遇到许多复杂的函数，而这些复杂函数常是由一些简单函数经四则运算和“套叠”而构成. 如在阻尼振动中，常见的函数 $y=e^t\cos t$ 便是由指数函数与三角函数相乘而构成. 而简谐波 $y=A\sin(\omega t+\varphi)$ 便是由线性函数和三角函数“套叠”而成. 我们称这种“套叠”而成的函数为复合函数.

定义 1.4.2 设函数 $y=f(u)$ 的定义域为 $D(f)$，函数 $u=\varphi(x)$ 的定义域为 $D(\varphi)$，值域为 $Z(\varphi)$. 当 $D(f)\cap Z(\varphi)\neq\varnothing$ 时，则存在非空集合 $D\subset D(\varphi)$，使对任意 $x\in D$，有 $u=\varphi(x)\in D(f)\cap Z(\varphi)$ 与之对应，从而就有 $y=f(u)$ 与之相对应. 则称此通过 u 而得到的以 x 为自变量，y 为因变量的函数为由 $y=f(u)$ 与 $u=\varphi(x)$ 构成的**复合函数**，记为

$$y=f[\varphi(x)]$$

u 称为中间变量.

例如前面提到的简谐波 $y=A\sin(\omega t+\varphi)$ 便是由函数 $y=A\sin u$ 和 $u=\omega t+\varphi$ 构成的复合函数.

需要注意的是，不是任何两个函数都可以构成复合函数. 如 $y=\sqrt{u-2}$ 与 $u=\sin x$ 便不能构成复合函数，这是因为前者的定义域 $D(f)=[2,+\infty)$，而后者的值域 $Z(\varphi)=[-1,1]$，从而 $D(f)\cap Z(\varphi)=\varnothing$.

【例 1.4.3】 设 $y=f(u)$ 的定义域为 $0<u\leqslant 1$，求复合函数 $y=f(\ln x)$ 的定义域.

解：由于 $y=f(\ln x)$ 是由 $y=f(u)$ 与 $u=\ln x$ 复合而成，$y=f(u)$ 的定义域为 $(0,1]$，即

要求 $0<\ln x\leqslant 1$,从而要求 $1<x\leqslant e$. 故复合函数 $y=f(\ln x)$ 的定义域为

$$D=(1,e]$$

【例 1.4.4】 设 $f(x)=\dfrac{1}{1-x}$,求 $f\{f[f(x)]\}$,并指出其定义域.

解:由 $f(x)=\dfrac{1}{1-x}$, $x\neq 1$,可得

$$f[f(x)]=\frac{1}{1-f(x)}=\frac{1}{1-\dfrac{1}{1-x}}=\frac{x-1}{x},x\neq 0$$

进而有

$$f\{f[f(x)]\}=\frac{f(x)-1}{f(x)}=\frac{\dfrac{1}{1-x}-1}{\dfrac{1}{1-x}}=x$$

该复合函数的定义域为

$$D=\{x\,|\,x\neq 0,x\neq 1\}=(-\infty,0)\cup(0,1)\cup(1,+\infty)$$

【例 1.4.5】 设 $f(x)=\begin{cases}x, & x\geqslant 0,\\ 0, & x<0,\end{cases}$ $g(x)=e^x$,求 $f[g(x)]$ 及 $g[f(x)]$.

解:由于,对任意 $x\in(-\infty,+\infty)$, $g(x)=e^x>0$,故

$$f[g(x)]=\begin{cases}g(x), & g(x)\geqslant 0\\ 0, & g(x)<0\end{cases}$$
$$=g(x)=e^x$$

而

$$g[f(x)]=e^{f(x)}=\begin{cases}e^x, & x\geqslant 0\\ e^0, & x<0\end{cases}=\begin{cases}e^x, & x\geqslant 0\\ 1, & x<0\end{cases}$$

习题 1.4

1. 求下列函数的反函数.

(1) $y=2x+3$; (2) $y=\dfrac{x}{x+2}$; (3) $y=10^x-1$; (4) $y=1+\ln(x+2)$.

2. 验证 $y=\dfrac{1-x}{1+x}$ 的反函数仍为其自身,并说明函数的图形具有什么特点时,其反函数仍为自身.

3. 设 $y=\arcsin u$, $u=\ln v$, $v=1+x^2$,试将 y 表为 x 的函数,并求其定义域.

4. 设 $y=f(u)$ 的定义域为 $0<u\leqslant 1$,求 $f(e^x)$ 及 $f\left(\dfrac{1}{x}\right)$ 的定义域.

5. 设 $f(x)=\begin{cases}x, & x\geqslant 0,\\ 0, & x<0,\end{cases}$ $g(x)=x^2+x+1$,求 $f[g(x)]$ 及 $g[f(x)]$.

6. 已知 $f(\sin x)=\cos 2x+1$，求 $f(\cos x)$.

1.5 基本初等函数与初等函数

1.5.1 基本初等函数

所谓基本初等函数是指以下六类函数：常数函数、幂函数、指数函数、对数函数、三角函数和反三角函数. 在函数的研究中，基本初等函数起着基础的作用，要求十分熟悉它们. 基本初等函数在中学数学中已有详尽的介绍，这里我们仅将它们的图形、定义域和简单性质列出，如表 1.1 所示.

表 1.1

名称	符号	图形	定义域	简单性质
常数函数	$y=c$	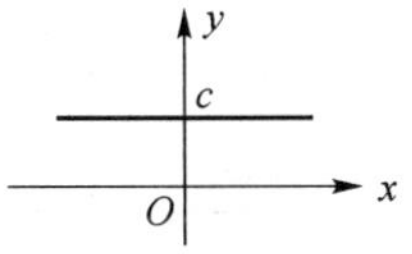 y, c, O, x	$(-\infty,+\infty)$	偶函数
幂函数	$y=x^{\mu}$	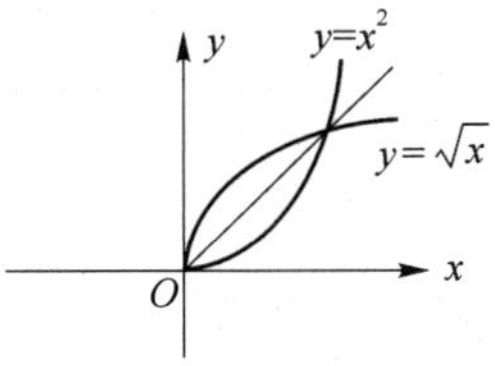 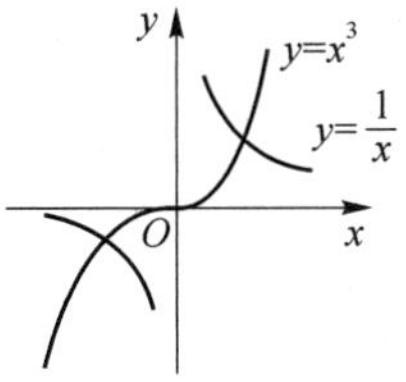 y, $y=x^2$, $y=\sqrt{x}$, O, x; y, $y=x^3$, $y=\frac{1}{x}$, O, x	定义域随 μ 不同而不同，但在 $(0,+\infty)$ 上均有定义	在 $(-\infty,+\infty)$ 内，当 $\mu>0$ 时，单调增加；当 $\mu<0$ 时，单调减少
指数函数	$y=a^x$ $(a>0,a\neq1)$	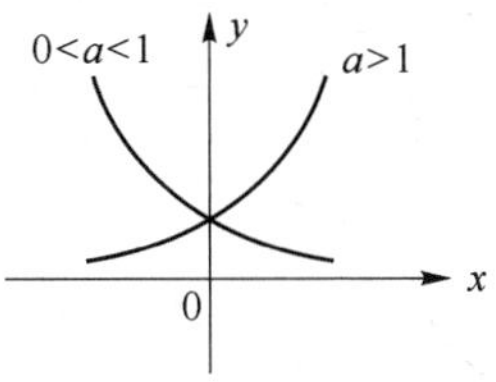 $0<a<1$, y, $a>1$, 0, x	$(-\infty,+\infty)$	$a^x>0$. $a>1$，单调增加；$0<a<1$，单调减少
对数函数	$y=\log_a x$	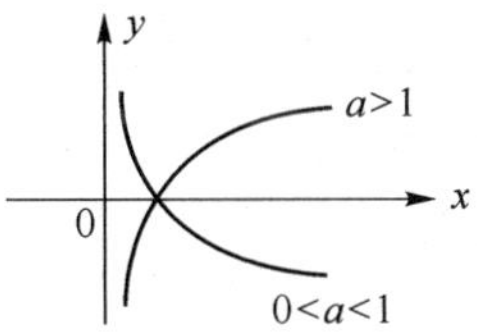 y, $a>1$, 0, x, $0<a<1$	$(0,+\infty)$	$a>1$，单调增加；$0<a<1$，单调减少

续 表

名称	符号	图形	定义域	简单性质
三角函数	$y=\sin x$	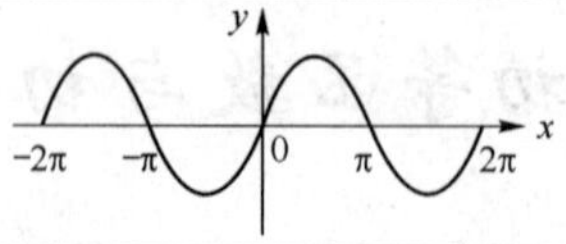	$(-\infty,+\infty)$	有界函数 $\lvert\sin x\rvert\leqslant 1$. 以 2π 为周期的周期函数. 奇函数
	$y=\cos x$	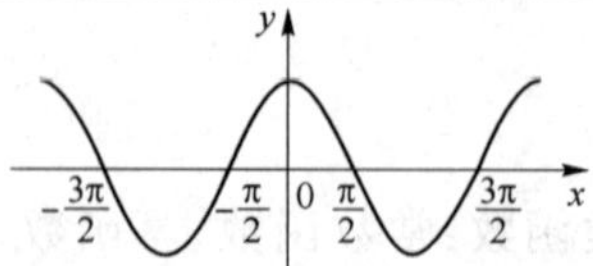	$(-\infty,+\infty)$	有界函数 $\lvert\cos x\rvert\leqslant 1$. 以 2π 为周期的周期函数. 偶函数
	$y=\tan x$	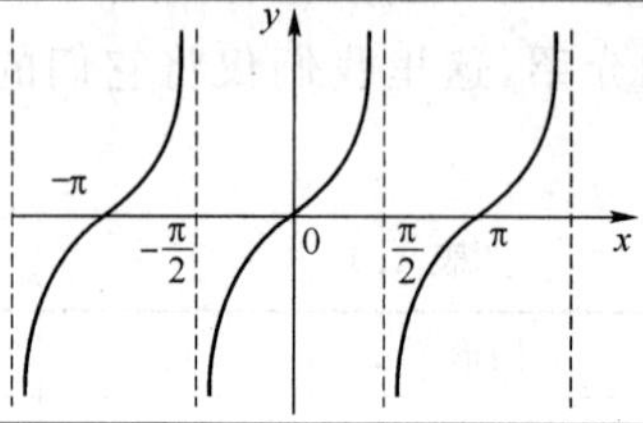	$x\neq k\pi+\frac{\pi}{2}$ $k=0,\pm1,\pm2\cdots$	以 π 为周期的周期函数. 奇函数在 $\left(-\frac{\pi}{2},\frac{\pi}{2}\right)$ 内，单调增加
	$y=\cot x$	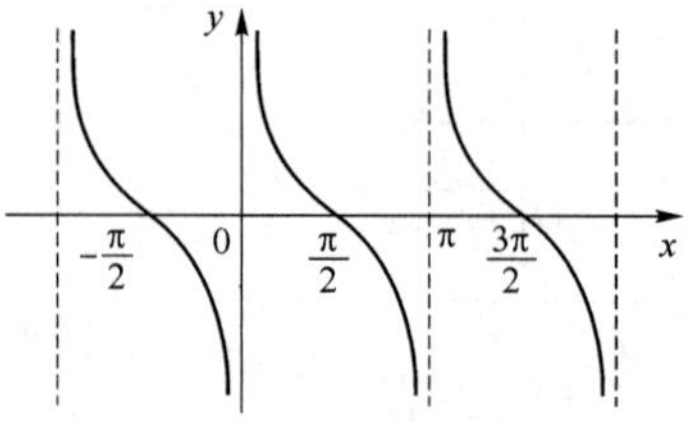	$x\neq k\pi$ $k=0,\pm1,\pm2\cdots$	以 π 为周期的周期函数. 奇函数；在 $(0,\pi)$ 内，单调减少
反三角函数	$y=\arcsin x$	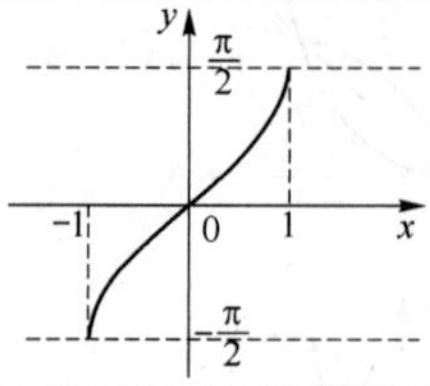	$[-1,1]$	有界函数 $\lvert\arcsin x\rvert\leqslant\frac{\pi}{2}$ 单调增加奇函数
	$y=\arccos x$	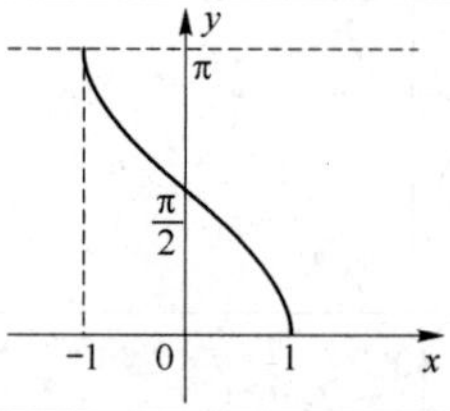	$[-1,1]$	有界函数 $0\leqslant\arccos x\leqslant\pi$ 单调减少
	$y=\arctan x$	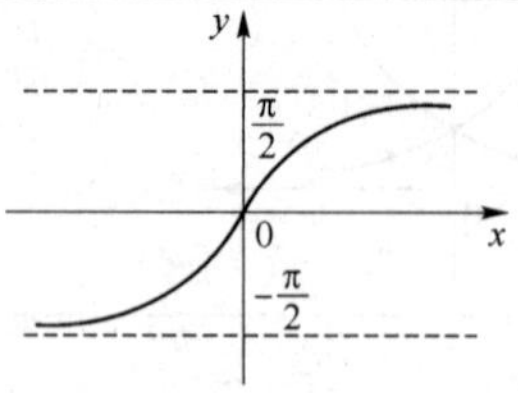	$(-\infty,+\infty)$	有界函数 $\lvert\arctan x\rvert<\frac{\pi}{2}$ 单调增加；奇函数
	$y=\operatorname{arccot} x$	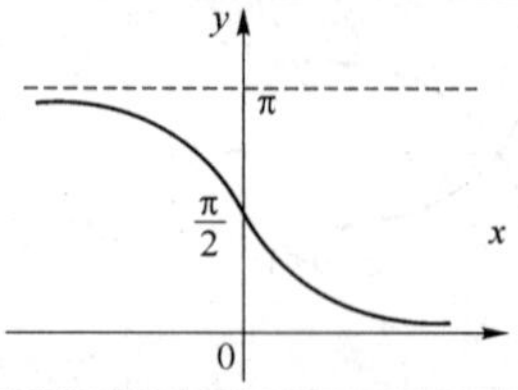	$(-\infty,+\infty)$	有界函数 $0<\operatorname{arccot}<\pi$ 单调减少

在三角函数中，有时还会遇到正割函数和余割函数，它们分别定义为

$$\sec x=\frac{1}{\cos x};\quad \csc x=\frac{1}{\sin x}.$$

1.5.2　初等函数

定义 1.5.1　由基本初等函数经过有限次四则运算和有限次复合构成并可用一个式子表示的函数称为**初等函数**.

例如

$$y=\frac{2+\sqrt{x}}{5\mathrm{e}^x-x\arctan x},y=\ln\cos(\sec x),\cdots$$

都是初等函数.

本教材研究的函数主要是初等函数.

【例 1.5.1】　将函数

$$y=\sqrt{\ln\sqrt{x}}$$

分解成基本初等函数的复合，并求其定义域.

解：不难看出 $y=\sqrt{\ln\sqrt{x}}$ 是由以下三个基本初等函数复合而成

$$y=\sqrt{u},u=\ln v,v=\sqrt{x}$$

我们可以采用"由外到内"的办法确定复合函数的定义域. 对本例，由于 $y=\sqrt{u}$ 的定义域为 $[0,+\infty)$，即要求 $u=\ln v\geqslant 0$，从而要求 $v=\sqrt{x}\geqslant 1$，于是当且仅当 $x\geqslant 1$ 时，复合函数 $y=\sqrt{\ln\sqrt{x}}$ 有定义，即其定义域为 $D=[1,+\infty)$.

【例 1.5.2】　试问幂指函数（形如 $[f(x)]^{g(x)}$ 的函数称为幂指函数）$y=x^x$ 是否为初等函数，并求其定义域.

解：由于

$$y=x^x=\mathrm{e}^{\ln x^x}=\mathrm{e}^{x\ln x}$$

因此 $y=x^x$ 便可视为由函数 $y=\mathrm{e}^u$，$u=x\ln x$ 构成的复合函数. 故 $y=x^x$ 为初等函数.

由于对数的真数必须为正数，因此其定义域为 $D=(0,+\infty)$.

【例 1.5.3】　在工程技术中，称初等函数

$$\operatorname{sh}x=\frac{\mathrm{e}^x-\mathrm{e}^{-x}}{2}\text{和}\operatorname{ch}x=\frac{\mathrm{e}^x+\mathrm{e}^{-x}}{2}$$

分别为双曲正弦函数与双曲余弦函数. 证明：

(1) $\operatorname{ch}^2x-\operatorname{sh}^2x=1$；

(2) 双曲正弦函数的反函数为 $y=\ln(x+\sqrt{x^2+1})$.

证：(1)

$$\begin{aligned}\operatorname{ch}^2x-\operatorname{sh}^2x&=\frac{(\mathrm{e}^x+\mathrm{e}^{-x})^2}{4}-\frac{(\mathrm{e}^x-\mathrm{e}^{-x})^2}{4}\\&=\frac{\mathrm{e}^{2x}+\mathrm{e}^{-2x}+2}{4}-\frac{\mathrm{e}^{2x}+\mathrm{e}^{-2x}-2}{4}=1\end{aligned}$$

(2) 由于 $y=\operatorname{sh}x=\dfrac{e^x-e^{-x}}{2}=\dfrac{e^{2x}-1}{2e^x}$,于是有 $e^{2x}-2ye^x-1=0$,令 $u=e^x$,则上述方程可表为 $u^2-2yu-1=0$,解得 $u=y\pm\sqrt{y^2+1}$,因为 $u=e^x>0$,故取 $u=y+\sqrt{y^2+1}$,两边取对数得 $x=\ln(y+\sqrt{y^2+1})$,将 x 和 y 对换,便得双曲正弦函数的反函数

$$y=\ln(x+\sqrt{x^2+1})$$

习题 1.5

1. 将下列函数分解成基本初等函数的复合.

(1) $y=\sin^2\sqrt{x}$; (2) $y=7^{\tan x^3}$; (3) $y=\ln\tan 2x$; (4) $y=(\sin x)^{\frac{1}{x}}$.

2. 求初等函数 $y=\ln(3x^2+4x+1)$的定义域.

3. 利用基本初等函数的图形,作下列函数的图形.

(1) $y=2\sin(x+1)$; (2) $y=-e^{-x}$; (3) $y=\begin{cases}x^2, & |x|\leqslant 1,\\ 1, & |x|>1;\end{cases}$ (4) $y=x|x-1|$.

1.6 本章小结

1.6.1 内容提要

1. 实数、区间与绝对值

(1) 实数

$$\text{实数}\begin{cases}\text{无理数(无限非循环小数)}\\ \text{有理数}\begin{cases}\text{整数}\\ \text{分数(有限小数或无限循环小数)}\end{cases}\end{cases}$$

通过数轴,可将实数与数轴上的点建立一一对应关系.

(2) 区间

① 区间

$$\text{区间}\begin{cases}\text{有限区间(介于两个实数之间的所有实数)}\begin{cases}\text{开区间}\\ \text{闭区间}\\ \text{半开区间}\end{cases}\\ \text{无穷区间}\end{cases}$$

② 邻域

以 x_0 为中心,以 $\delta>0$ 为半径的开区间称为 x_0 的 δ 邻域,记为 $U(x_0,\delta)$,即

$$U(x_0,\delta)=\{x\,|\,|x-x_0|<\delta\}=(x_0-\delta,x_0+\delta)$$

(3) 绝对值

$$|a|=\begin{cases}a, & a\geqslant 0\\ -a, & a<0\end{cases}$$

常用结果：

(1) $\sqrt{a^2}=|a|$；

(2) $-|a|\leqslant a\leqslant |a|$；

(3) 对于 $k\geqslant 0$，$|a|\leqslant k\Leftrightarrow -k\leqslant a\leqslant k$；

(4) $|a+b|\leqslant|a|+|b|$；$|a-b|\geqslant||a|-|b||$；$|ab|=|a||b|$；$\left|\frac{a}{b}\right|=\frac{|a|}{|b|}(b\neq 0)$.

2. 函数的概念

函数：如果变量 x 在 D 内每取一个值，变量 y 按对应规则 f 有确定的值与之对应，则变量 y 便是变量 x 的函数. 称 D 为定义域.

两个基本要素：定义域和对应规则.

3. 函数的几种特性

(1) 有界性：如果存在 $M>0$，对任意 $x\in A$，有 $|f(x)|\leqslant M$，则称函数 $f(x)$ 在 A 上有界，否则称在 A 上无界.

(2) 单调性：如果对某区间任意两点 x_1,x_2，且 $x_1<x_2$ 有 $f(x_1)<f(x_2)$〔$f(x_1)>f(x_2)$〕，则称函数 $f(x)$ 在该区间内单调增加(单调减少).

(3) 奇偶性：如果对称区间内的任意 x，有 $f(-x)=f(x)$，则称 $f(x)$ 为偶函数；如果有 $f(-x)=-f(x)$，则 $f(x)$ 为奇函数.

(4) 周期性：如果存在 $T>0$，使得对任意 x，有 $f(x+T)=f(x)$，则称 $f(x)$ 为周期函数，T 为其周期.

4. 反函数与复合函数

(1) 反函数：设函数 $y=f(x)$ 的定义域为 D，值域为 Z. 如果对任意 $y\in Z$，有唯一确定的 $x\in D$ 与之对应，且满足 $y=f(x)$，则称此 x 关于 y 的函数为函数 $y=f(x)$ 的反函数，常记为 $x=f^{-1}(y)$，习惯上，取为 $y=f^{-1}(x)$.

(2) 复合函数：设有函数 $y=f(u)$，$u=\varphi(x)$，当 $D(f)\cap Z(\varphi)\neq\varnothing$ 时，则 $y=f(u)$ 与 $u=\varphi(x)$ 可构成的复合函数 $y=f[\varphi(x)]$，u 为中间变量.

5. 基本初等函数与初等函数

(1) 基本初等函数

基本初等函数是指以下六类函数：常数函数、幂函数、指数函数、对数函数、三角函数和反三角函数.

(2) 初等函数

由基本初等函数经过有限次四则运算和有限次复合构成并可用一个式子表示的函数称为初等函数.

1.6.2　基本要求

(1) 理解函数的概念，掌握求函数定义域的基本方法；会建立简单实际问题中变量之间的函数关系;会求函数值及函数表达式.理解分段函数.

(2) 熟悉函数的几种特性:有界性、单调性、奇偶性与周期性.

(3) 理解反函数与复合函数的概念,会求一些简单函数的反函数;能将初等函数分解为一些基本初等函数的复合.

(4) 熟悉基本初等函数的图形及简单性质.

综合练习题

一、单项选择题

1. 设 $f(x)=\dfrac{x-1}{x}$,$x\neq 0,1$,则 $f\left[\dfrac{1}{f(x)}\right]=$(　　).

(A) $1-x$　　(B) $\dfrac{1}{1-x}$　　(C) $\dfrac{1}{x}$　　(D) x

2. 设 $f(x)$是定义在$(-\infty,+\infty)$上的奇函数,$F(x)=f\left(\dfrac{1}{a^x+1}-\dfrac{1}{2}\right)$,其中 $a>0,a\neq 1$,则 $F(x)$是(　　).

(A) 偶函数　　(B) 奇函数　　(C) 非奇非偶函数　　(D) 奇偶性与 a 有关

3. $f(x)=|x\sin x|e^{\cos x}(-\infty<x<+\infty)$是(　　).

(A) 有界函数　　(B) 单调函数　　(C) 周期函数　　(D) 偶函数

4. 设函数 $f(x)$在$(-\infty,+\infty)$内有定义,则下列函数中,为偶函数的是(　　).

(A) $y=|f(x)|$　　(B) $y=f(x^2)$　　(C) $y=-f(-x)$　　(D) $y=f^2(x)$

二、填空题

1. 函数 $y=\sqrt{\dfrac{x^2-3x+2}{x-3}}$的定义域为________.

2. 周期函数 $y=3\cos^2\dfrac{\pi x}{2}$的周期为________.

3. 函数 $y=\dfrac{1-2x}{3+5x}$的反函数为________.

4. 设 $f\left(x+\dfrac{1}{x}\right)=x^2+\dfrac{1}{x^2}$,则 $f(x)=$________.

三、计算题与证明题

1. 设 $f(x)=e^{x^2}$,$f[\varphi(x)]=1-x$,且 $\varphi(x)\geqslant 0$,求 $\varphi(x)$及其定义域.

2. 设函数 $f(x)$的定义域为$[0,1]$,求函数 $f(x+a)+f(x-a)$的定义域.

3. 设 $f(x)=\begin{cases}\varphi(x), & x<0\\ 1, & x=0\\ x^2-2x, & x>0\end{cases}$ 为偶函数,求求 $\varphi(x)$,并作出 $y=f(x)$的图形.

4. 已知 $af(x)+bf\left(\frac{1}{x}\right)=\frac{c}{x}$，$|a|\neq|b|$，证明 $f(x)$ 为奇函数.

5. 已知 $f(x+y)+f(x-y)=2f(x)f(y)$ 对一切实数 x,y 都成立，且 $f(0)\neq 0$，证明 $f(x)$ 为偶函数.

6. 设函数 $y=f(x)$ 在 $(-\infty,+\infty)$ 内有定义，且 $y=f(x)$ 的图形关于直线 $x=a$ 对称，也关于直线 $x=b$ 对称 $(a<b)$，证明 $f(x)$ 为周期函数，并求其周期.

7. 设对一切实数 x，有 $2f(x)+f(1-x)=x^2$，求 $f(x)$.

8. 设 $f(x)=\begin{cases}x^2, & x\geqslant 1\\ \sqrt{x}, & x<1\end{cases}$，$g(x)=\begin{cases}e^x, & x\geqslant 0\\ x+1, & x<0\end{cases}$，求 $f[g(x)]$.

9. 求 $f(x)=\begin{cases}2x+1, & -2\leqslant x<0\\ 2^x, & 0\leqslant x<1\\ x^2+1, & 1\leqslant x<2\end{cases}$，的反函数，并作图.

10. 已知水渠的横断面为等腰梯形，如图 1.15 所示. 倾斜角为 $\varphi=60°$. 当过水断面 $ABCD$ 的面积为 s_0，求周长 L 与水深 h 之间的函数关系.

11. 一列火车以初速度 v_0、匀加速度 a 出站. 当速度达到 v_1 后，火车匀速前进. 经过时间 T 后，火车又匀减速进站，加速度为 $-2a$，直至停止. 试写出火车速度 v 与时间 t 的函数关系.

12. 将直径为 R 的圆木锯成底与高分别为 y 与 x 的方木梁，已知方木梁的强度 E 与 yx^2 成正比，试将此方木梁的强度 E 表为 y 的函数，如图 1.16 所示.

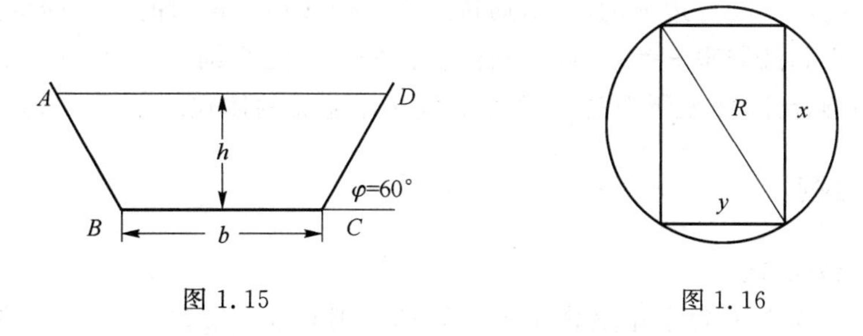

图 1.15　　　　图 1.16

13. 每印刷一本杂志的成本为 1.22 元，每售出一本杂志仅能得 1.20 元的收入，但销售量超过 15 000 本时，可获得超过部分收入的 10% 的广告费收入，试写出销售量与所获得利润之间的函数关系. 并求至少销售多少本杂志才能保本？

第2章　极限与连续

我们知道，初等数学研究的主要对象是常量，而高等数学研究的主要对象是变量。研究变量的重要途经是引入极限方法。理解极限概念，掌握极限方法是学好高等数学的关键。本章将介绍极限的概念与性质，极限的运算法则，无穷大与无穷小的概念及其比较，极限的存在准则与两个重要极限，并用极限的方法研究函数的连续性。

2.1　数列极限

实际问题中在对某些量的精确计算过程中形成了极限的概念与方法. 我国古代数学家刘徽于公元263年，用他创立的"割圆术"计算圆周率 π. 他先从圆的内接正六边形的面积算起直算到圆的内接正3072边形的面积，通过一串圆内接正多边形的面积逐步去逼近圆的面积，从而近似地得到圆周率 $\pi=3.1416$. 刘徽所说的"割之弥细，所失弥少，割之又割，以至于不可割，则与圆合体，而无所失矣. "便是数列极限思想的体现.

2.1.1　数列

首先给出数列的概念.

定义 2.1.1　如果对每个正整数 n，按一定的规则有唯一实数 x_n 与之对应，则称按下标大小排列有序的一列数

$$x_1, x_2, \cdots, x_n, \cdots$$

为一个无穷数列，简称为**数列**，常记为 $\{x_n\}$. 数列中的每一个数称为**数列**的项，第 n 项 x_n 称为数列的**通项**或**一般项**. 例如

(1) $1, \frac{1}{2}, \frac{1}{3}, \cdots, \frac{1}{n}, \cdots$，其通项为 $\frac{1}{n}$；

(2) $\frac{1}{2}, \frac{2}{3}, \frac{3}{4}, \cdots, \frac{n}{n+1}, \cdots$，其通项为 $\frac{n}{n+1}$；

(3) $3, 9, 27, \cdots, 3^n, \cdots$，其通项为 3^n；

(4) $0, 1, 0, 1, \cdots, \frac{1+(-1)^n}{2}, \cdots$，其通项为 $\frac{1+(-1)^n}{2}$.

实际上，数列 $\{x_n\}$ 可视为定义在正整数集上的函数：

$$x_n = f(n), n=1,2,\cdots$$

因此数列也称为整标函数.

类似于函数的有界性和单调性，对数列也可定义其有界性与单调性.

1. 有界性

定义 2.1.2　设有数列$\{x_n\}$，如果存在实数$M>0$，使得对任意正整数n有

$$|x_n|\leqslant M \tag{2.1.1}$$

则称数列$\{x_n\}$是**有界的**. 否则称该数列是**无界的**.

例如，上面数列(1)显然是有界的，因为$|x_n|=\dfrac{1}{n}\leqslant 1, n=1,2,\cdots$. 数列(3)却是无界的，因为无论多么大的正数$M$，总有足够大的正整数$n$，使得$|x_n|=3^n>M$(例如取$n$为大于$\log_3(M+1)$的整数，此时，$|x_n|=3^n>3^{\log_3(M+1)}=M+1>M$).

2. 单调性

定义 2.1.3　设有数列$\{x_n\}$，如果对一切正整数n，有

$$x_n<x_{n+1}\ (x_n>x_{n+1}) \tag{2.1.2}$$

则称数列是**单调增加(单调减少)**的. 如果对一切正整数n，有

$$x_n\leqslant x_{n+1}\ (x_n\geqslant x_{n+1}) \tag{2.1.3}$$

则称数列是**单调不减(单调不增)**的.

例如，数列(1)显然是单调减少数列. 而数列(2)却是单调增加数列.

2.1.2　数列极限的概念

对于一个数列$\{x_n\}$，我们最关心的问题是考查它的通项x_n，当n无限增大时，其变化趋势如何，是否无限地接近某个常数a. 通过观察，我们容易看出前面的数列(1)～(4)的变化趋势：当n无限增大时：

(1) $1,\dfrac{1}{2},\dfrac{1}{3},\cdots,\dfrac{1}{n},\cdots$，其通项$\dfrac{1}{n}$无限接近于0；

(2) $\dfrac{1}{2},\dfrac{2}{3},\dfrac{3}{4},\cdots,\dfrac{n}{n+1},\cdots$，其通项$\dfrac{n}{n+1}$无限接近于1；

(3) $3,9,27,\cdots,3^n,\cdots$，其通项3^n并不接近某一常数，而是无限增大；

(4) $0,1,0,1,\cdots,\dfrac{1+(-1)^n}{2},\cdots$，其通项$\dfrac{1+(-1)^n}{2}$. 也不接近某一常数，而是0和1交替变化.

如果当n无限增大时，x_n无限地接近常数a，我们便称数列$\{x_n\}$是收敛的，常数a则为它的极限. 否则，便称此数列是发散的.

例如，前面数列(1)，(2)是收敛的，其极限分别为0和1；而数列(3)，(4)都是发散的.

上面极限概念的表述是描述性的. 用它无法去证明数列的收敛性与发散性，也无法去建立极限的理论，很难对极限进行深入的讨论与研究. 我们需要给极限一个严格精确的定义."当n无限增大时，x_n无限地接近常数a"的意思就是当n无限增大时，$|x_n-a|$无限接近于0. 换一种说法，就是：不论要求$|x_n-a|$多么的小，只要n足够大以后，即当n超过某个正整数之后，总可以达到这一要求. 将这一表述用数学语言给出，便得到数列极限的精确定义.

定义 2.1.4　设$\{x_n\}$为一数列，a为一常数. 如果对任意给定的正数ε，存在正整数N，

使当$n>N$时，均有

$$|x_n-a|<\varepsilon$$

则称数列$\{x_n\}$**极限存在**或**收敛**，常数a则为该数列的极限或称该数列收敛于a. 记为

$$\lim_{n\to\infty} x_n=a \text{ 或 } x_n\to a(n\to\infty)$$

否则称数列是**发散数列**.

数列极限的几何意义：在数轴上作出以a为中心，ε为半径的邻域$(a-\varepsilon,a+\varepsilon)$，由数列极限的定义可知，$n>N$的所有点$x_n$，即$x_{N+1},x_{N+2},\cdots$都落在该邻域内，而只有有限个点落在该邻域外如图2.1所示。

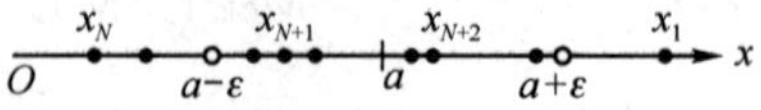

图2.1

【例2.1.1】 证明$\lim\limits_{n\to\infty}\dfrac{n}{n+1}=1$.

证：对任意正数ε，要使$\left|\dfrac{n}{n+1}-1\right|=\dfrac{1}{n+1}<\varepsilon$，只要

$$n+1>\frac{1}{\varepsilon}$$

即

$$n>\frac{1}{\varepsilon}-1$$

因此，只要取N是大于$\dfrac{1}{\varepsilon}-1$的正整数即可. 取N是大于$\dfrac{1}{\varepsilon}-1$的正整数，则当$n>N$时，便有

$$n>N>\frac{1}{\varepsilon}-1$$

即

$$\left|\frac{n}{n+1}-1\right|=\frac{1}{n+1}<\varepsilon$$

【例2.1.2】 证明$\lim\limits_{n\to\infty}\sqrt[n]{a}=1(a>1)$.

证：对任意给定的$\varepsilon>0$，要使

$$\left|\sqrt[n]{a}-1\right|=\sqrt[n]{a}-1<\varepsilon$$

只要

$$\sqrt[n]{a}<1+\varepsilon$$

即

$$n>\frac{\ln a}{\ln(1+\varepsilon)}$$

于是可取N为大于$\dfrac{\ln a}{\ln(1+\varepsilon)}$的正整数，则当$n>N$时，便有

$$\left|\sqrt[n]{a}-1\right|=\sqrt[n]{a}-1<\varepsilon$$

2.1.3　收敛数列的性质

根据数列极限的定义可以证明收敛数列有以下重要性质.

1. 唯一性

收敛数列的极限必唯一.

* **证**：设数列$\{x_n\}$有极限a,b,根据极限的定义可知,对任意给定的正数ε,必存在正整数N_1,当$n>N_1$时,有

$$|x_n-a|<\frac{\varepsilon}{2}$$

且必存在正整数N_2,当$n>N_2$时,有

$$|x_n-b|<\frac{\varepsilon}{2}$$

取$N=\max\{N_1,N_2\}$,当$n>N$时

$$|a-b|=|a-x_n+x_n+b|\leqslant|a-x_n|+|x_n+b|<\frac{\varepsilon}{2}+\frac{\varepsilon}{2}=\varepsilon$$

由于ε可以任意接近于0,即知$a=b$.

2. 有界性

如果$\lim\limits_{n\to\infty}x_n$存在,则必存在$M>0$,使对一切正整数$n$,有$|x_n|\leqslant M$.

* **证**：设$\lim\limits_{n\to\infty}x_n=a$,根据极限的定义可知,对给定的$\varepsilon=1$,则存在正整数$N$,当$n>N$时,有

$$|x_n-a|<\varepsilon=1$$

因此,当$n>N$时,恒有

$$|x_n|=|(x_n-a)+a|\leqslant|x_n-a|+|a|<1+|a|$$

取$M=\max\{|x_1|,|x_2|,\cdots,|x_N|,1+|a|\}$,则对一切正整数$n$,都有

$$|x_n|\leqslant M$$

可见收敛数列$\{x_n\}$是有界的.

需要注意的是,该性质的逆命题是不成立的,即有界数列不一定是收敛的,如数列$\left\{\frac{1+(-1)^n}{2}\right\}$,显然是有界的,但它是发散的.

3. 保号性

(1) 若$\lim\limits_{n\to\infty}x_n=a$,$\lim\limits_{n\to\infty}y_n=b$,且$a<b$,则存在正整数$N$,当$n>N$时,有

$$x_n<y_n$$

(2) 若$\lim\limits_{n\to\infty}x_n=a$,$\lim\limits_{n\to\infty}y_n=b$,且存在正整数$N$,当$n>N$时,有$x_n<y_n$,则

$$a\leqslant b$$

* **证**：(1) 由于$\lim\limits_{n\to\infty}x_n=a$,于是对于正数$\varepsilon=\frac{b-a}{2}$,存在正整数$N_1$,当$n>N_1$时,有

$$|x_n-a|<\varepsilon=\frac{b-a}{2}$$

从而

$$x_n<\frac{a+b}{2}$$

由于$\lim\limits_{n\to\infty}y_n=b$,于是对于正数$\varepsilon=\frac{b-a}{2}$,存在正整数$N_2$,当$n>N_2$时,有

$$|y_n-b|<\varepsilon=\frac{b-a}{2}$$

从而

$$y_n>\frac{a+b}{2}$$

取$N=\max\{N_1,N_2\}$,当$n>N$时,不等式$x_n<\frac{a+b}{2}$和$y_n>\frac{a+b}{2}$同时成立,即有

$$x_n<\frac{a+b}{2}<y_n$$

故当$n>N$时,有

$$x_n<y_n$$

(2) 用反证法　如果结论$a\leqslant b$不成立,即$a>b$,则由(1)可知,存在正整数N_0,当$n>N_0$时,应有

$$x_n>y_n$$

与当$n>N$时,恒有$x_n<y_n$的假定矛盾.故应有$a\leqslant b$.

推论:(1) 若$\lim\limits_{n\to\infty}x_n=a>0$,则存在正整数$N$,当$n>N$时,有

$$x_n>0$$

(2) 若$\lim\limits_{n\to\infty}x_n=a$,且存在正整数$N$,当$n>N$时,有$x_n>0$,则

$$a\geqslant 0$$

4. 子列的收敛性

设有一数列

$$x_1,x_2,\cdots,x_n,\cdots,$$

从中任意选取无穷多项且保持原次序,则可构成数列

$$x_{n_1},x_{n_2},\cdots,x_{n_k},\cdots$$

该数列称为原数列的一个**子数列**,简称为**子列**.

数列与其子列收敛性之间的关系有以下两个重要结果:

(1) 如果数列收敛于a,则其任意一个子列也必收敛于a.反之,也成立.

(2) 设有数列$\{x_n\}$,如果其奇数项子列$\{x_{2k-1}\}$和偶数项子列$\{x_{2k}\}$均收敛a,则数列$\{x_n\}$也必收敛于a.

习题 2.1

1. 用定义证明下列极限.

(1) $\lim\limits_{n\to\infty}(-1)^n\frac{1}{\sqrt{n}}=0$;　(2) $\lim\limits_{n\to\infty}\frac{n}{2n-1}=\frac{1}{2}$;　(3) $\lim\limits_{n\to\infty}a^n=0$,其中$0<a<1$.

2. 用定义证明：$\lim\limits_{n\to\infty} x_n=0$ 的充分必要条件是$\lim\limits_{n\to\infty}|x_n|=0$.

3. 举例说明：如果$\lim\limits_{n\to\infty} x_n=a$，$\lim\limits_{n\to\infty} y_n=b$，且存在正整数 N，当 $n>N$ 时，有 $x_n<y_n$，但 $a<b$ 不一定成立.

2.2　函数的极限

2.2.1　函数极限的概念

函数的极限问题需分两种情况来讨论：一是当自变量无限接近某一定值时，函数值的变化情况；二是当自变量绝对值无限增大时，函数值的变化情况.

1. 当自变量无限接近某一定值时，函数的极限.

考虑函数 $f(x)=\dfrac{x^2-4}{x-2}$，它在点 $x=2$ 处无定义. 由其图形可以看出，如图 2.2 所示，当自变量 x 沿 x 轴以任何方式无限接近(不等于)2 时，函数 $f(x)=\dfrac{x^2-4}{x-2}=x+2$ 便无限接近 4. 或者说，当 x 与 2 的距离 $|x-2|$ 充分小 $(x\neq 2)$ 时，函数 $f(x)$ 与 4 的距离 $|f(x)-4|=\left|\dfrac{x^2-4}{x-2}-4\right|=|x-2|$ 就可以任意地小. 仿照数列极限定义，用 $|f(x)-4|<\varepsilon$（ε 为可任意小的正数）表示函数 $f(x)$ 与 4 的距离任意小，而用 $|x-2|<\delta$（δ 通常是与 ε 有关的正数）表示 x 与 2 的距离充分小. 于是，对满足不等式

$$0<|x-2|<\delta(=\varepsilon)$$

的一切 x，均有

$$|f(x)-4|<\varepsilon$$

此时，称常数 4 为函数 $f(x)=\dfrac{x^2-4}{x-2}$ 当 x 趋于 2 时的极限.

一般地，当自变量 x 趋于 x_0（记为 $x\to x_0$）时，函数极限的严格数学定义如下.

定义 2.2.1　设函数 $f(x)$ 在点 x_0 的某邻域内有定义（但在 x_0 处可以没有定义），A 为常数. 如果对任意给定的正数 ε，总存在正数 δ，使得对满足不等式

$$0<|x-x_0|<\delta$$

的一切 x，恒有

$$|f(x)-A|<\varepsilon$$

则称 A 为函数 $f(x)$ 当 $x\to x_0$ 时的极限. 记为

$$\lim_{x\to x_0} f(x)=A \text{ 或 } f(x)\to A(x\to x_0)$$

上述极限定义的几何解释如下：对任意给定的正数 ε，可作两条平行于 x 轴的直线 $y=A+\varepsilon$ 和 $y=A-\varepsilon$，这两直线之间形成一横条区域. 根据定义，对给定的 ε，总存在 $\mathring{U}(x_0,\delta)$，对该去心邻域内的任意 x 有 $|f(x)-A|<\varepsilon$，故曲线 $y=f(x)$ 在 $\mathring{U}(x_0,\delta)$ 内的那一段必落在上述的横条区域内，如图 2.3 所示.

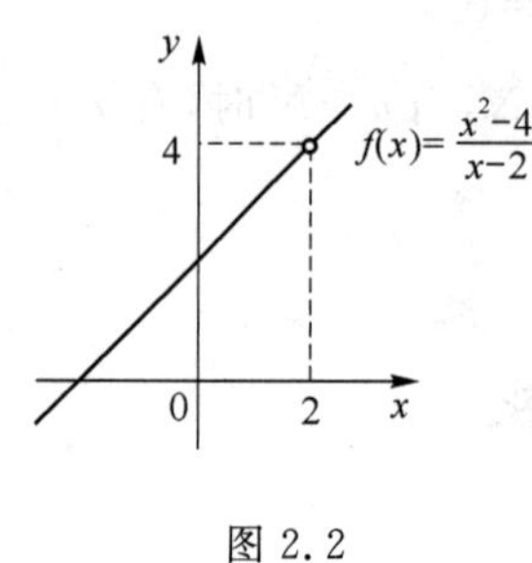

图 2.2

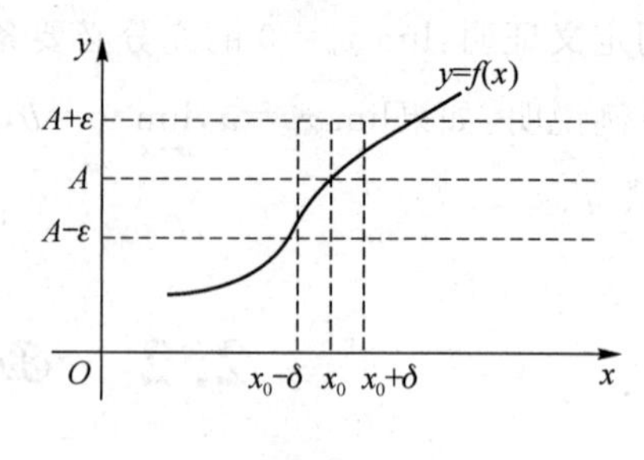

图 2.3

【例 2.2.1】 证明$\lim\limits_{x\to x_0}(bx+c)=bx_0+c$,其中 b,c 为常数.

证:对任意给定的正数 ε,要使

$$|f(x)-A|=|(bx+c)-(bx_0+c)|=|b(x-x_0)|=|b||x-x_0|<\varepsilon$$

只要$|x-x_0|<\frac{\varepsilon}{|b|}$即可,因此,可取正数$\delta=\frac{\varepsilon}{|b|}$. 则当 $0<|x-x_0|<\delta$ 时,便有

$$|(bx+c)-(bx_0+c)|=|b||x-x_0|<|b|\delta=|b|\frac{\varepsilon}{|b|}=\varepsilon$$

由定义可知

$$\lim_{x\to x_0}(bx+c)=bx_0+c$$

在该例中,当 $b=0$ 时,可得$\lim\limits_{x\to x_0}c=c$.

【例 2.2.2】 证明$\lim\limits_{x\to x_0}\sqrt{x}=\sqrt{x_0}\ (x_0>0)$.

证:因为

$$|\sqrt{x}-\sqrt{x_0}|=\left|\frac{x-x_0}{\sqrt{x}+\sqrt{x_0}}\right|\leqslant\frac{|x-x_0|}{\sqrt{x_0}}$$

因此,对于任意的 $\varepsilon>0$,要使得

$$|\sqrt{x}-\sqrt{x_0}|<\varepsilon$$

只要

$$\frac{|x-x_0|}{\sqrt{x_0}}<\varepsilon,即\ |x-x_0|<\varepsilon\sqrt{x_0}$$

即可,于是可取 $\delta=\varepsilon\sqrt{x_0}$,因为当 $0<|x-x_0|<\delta$ 时,便有

$$|\sqrt{x}-\sqrt{x_0}|=\left|\frac{x-x_0}{\sqrt{x}+\sqrt{x_0}}\right|\leqslant\frac{|x-x_0|}{\sqrt{x_0}}<\frac{\delta}{\sqrt{x_0}}=\frac{\varepsilon\sqrt{x_0}}{\sqrt{x_0}}=\varepsilon$$

在定义 2.2.1 中 $x\to x_0$ 的方式是任意的,即 x 可以从 x_0 的左侧趋于 x_0,也可从 x_0 的右侧趋于 x_0,也可以在 x_0 的左、右侧交替趋于 x_0. 然而,有时需考虑 x 仅从 x_0 的左侧或仅从 x_0 的右侧趋于 x_0 时函数的极限. 我们称这种极限为函数的单侧极限. 它分为左极限和右极限,即当 x 从 x_0 的左侧趋于 x_0 时,函数 $f(x)$ 趋于常数 A,则称 A 为 $f(x)$ 在 x_0 处的左极限,记为

$$\lim_{x\to x_0^-}f(x)=A\ 或\ f(x_0-0)=A$$

当 x 从 x_0 的右侧趋于 x_0 时,函数 $f(x)$ 趋于常数 A,则称 A 为 $f(x)$ 在 x_0 处的右极限.

记为

$$\lim_{x \to x_0^+} f(x)=A \text{ 或 } f(x_0+0)=A$$

$\lim\limits_{x \to x_0^-} f(x)=A$ 和 $\lim\limits_{x \to x_0^+} f(x)=A$ 的严格数学定义只需将定义 2.2.1 中的 $0<|x-x_0|<\delta$ 分别换成 $-\delta<x-x_0<0$ 和 $0<x-x_0<\delta$ 即可.

定理 2.2.1　$\lim\limits_{x \to x_0} f(x)=A$ 的充分必要条件是 $\lim\limits_{x \to x_0^-} f(x)=\lim\limits_{x \to x_0^+} f(x)=A$

证:必要性是显然的.下面证明充分性.

设 $\lim\limits_{x \to x_0^-} f(x)=\lim\limits_{x \to x_0^+} f(x)=A$.由于 $\lim\limits_{x \to x_0^-} f(x)=A$,故对任意 $\varepsilon>0$,存在 $\delta_1>0$,当 $-\delta_1<x-x_0<0$ 时,有 $|f(x)-A|<\varepsilon$;

又由于 $\lim\limits_{x \to x_0^+} f(x)=A$,故对任意 $\varepsilon>0$,存在 $\delta_2>0$,当 $0<x-x_0<\delta_2$ 时,有 $|f(x)-A|<\varepsilon$.

取 $\delta=\min\{\delta_1,\delta_2\}$,于是,对上述任意给定的正数 ε,当 $0<|x-x_0|<\delta$,即 $-\delta_1\leqslant-\delta<x-x_0<0$ 或 $0<x-x_0<\delta\leqslant\delta_2$ 时,总有 $|f(x)-A|<\varepsilon$,故

$$\lim_{x \to x_0} f(x)=A$$

【例 2.2.3】　设 $f(x)=\begin{cases}2x+1, & x\leqslant 1\\ 3, & x>1\end{cases}$,讨论当 $x\to 1$ 时,函数 $f(x)$ 的极限.

解:因为当 $x<1$ 时,$f(x)=2x+1$,所以

$$\lim_{x \to 1^-} f(x)=\lim_{x \to 1^-}(2x+1)=3$$

而当 $x>1$ 时,$f(x)=3$,所以

$$\lim_{x \to 1^+} f(x)=\lim_{x \to 1^+} 3=3$$

可见

$$\lim_{x \to 1^-} f(x)=\lim_{x \to 1^+} f(x)=3$$

由定理 2.2.1 可知

$$\lim_{x \to 1} f(x)=3$$

【例 2.2.4】　设 $f(x)=\begin{cases}x-1, & x<0\\ 0, & x=0\\ x+1, & x>0\end{cases}$,讨论当 $x\to 0$ 时,函数 $f(x)$ 的极限.

解:由于 $\lim\limits_{x \to 0^-} f(x)=\lim\limits_{x \to 0^-}(x-1)=-1$,而 $\lim\limits_{x \to 0^+} f(x)=\lim\limits_{x \to 0^+}(x+1)=1$,可见 $\lim\limits_{x \to 0^-} f(x)\neq\lim\limits_{x \to 0^+} f(x)$,由定理 2.2.1 可知 $\lim\limits_{x \to 0} f(x)$ 不存在.

2. 当自变量绝对值无限增大时,函数的极限

考虑函数 $f(x)=\dfrac{1}{x}+1$.此函数的定义为 $(-\infty,0)\cup(0,+\infty)$,由其图形,如图 2.4 所示,可以看到:当自变量的绝对值以任何方式无限增大,即点沿 x 轴以任何方式向左、右趋于无穷远时,函数 $f(x)=\dfrac{1}{x}+1$ 的值是无限接近于 1.或者说,当 $|x|$ 无限增大时,函数 $f(x)$

与1的距离$|f(x)-1|=\frac{1}{|x|}$就可以任意的小.仿照数列极限的定义,用$|f(x)-1|=\frac{1}{|x|}<\varepsilon$($\varepsilon$为可任意小的正数)表示函数$f(x)$与1的距离任意小,而用$|x|>X$($X$通常是与$\varepsilon$有关的正数)表示$|x|$充分大,于是,对满足不等式

$$|x|>X\left(=\frac{1}{\varepsilon}\right)$$

的一切x,均有

$$|f(x)-1|=\frac{1}{|x|}<\frac{1}{X}=\varepsilon$$

此时,称常数1为函数$f(x)=\frac{1}{x}+1$在x趋于无穷大时的极限.

一般地,当自变量趋于无穷大(记为$x\to\infty$)时,函数极限的严格数学定义如下.

定义 2.2.2 设函数$f(x)$当自变量x的绝对值大于某定值后均有定义.如果对任意给定的正数ε,存在正数X,当$|x|>X$时,恒有

$$|f(x)-A|<\varepsilon$$

则称A为函数$f(x)$当$x\to\infty$时的极限.记为

$$\lim_{x\to\infty}f(x)=A \text{ 或 } f(x)\to A(x\to\infty)$$

上述极限定义的几何解释如下:对任意给定一正数ε,可作两条平行于x轴的直线$y=A+\varepsilon$和$y=A-\varepsilon$,这两直线之间形成一横条区域.根据定义,对于给定的ε,总存在无限区域$(-\infty,-X)\cup(X,+\infty)$,当$x$在此区间内时有$|f(x)-A|<\varepsilon$,即曲线$y=f(x)$在此区间上的那一段必落在上述的横条区域内,如图2.5所示.

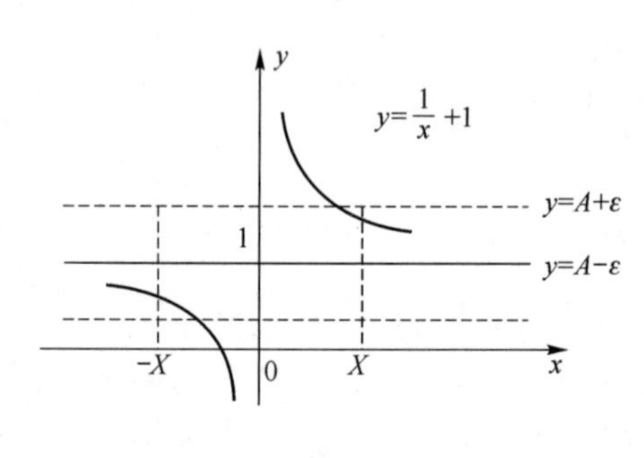

图2.4

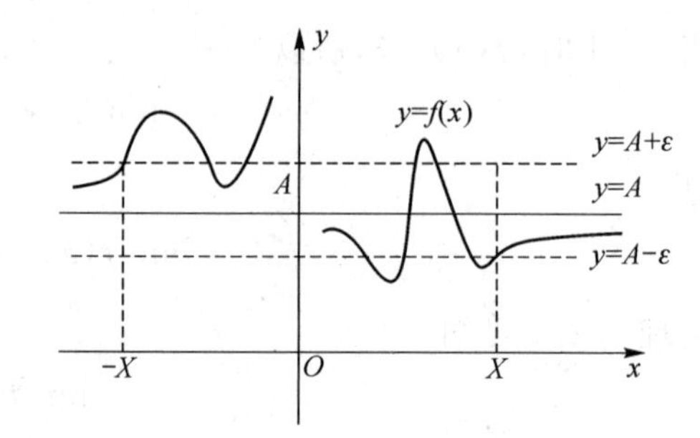

图2.5

【例2.2.5】 证明$\lim\limits_{x\to\infty}\frac{6x+5}{x}=6$.

证:对任意给定的$\varepsilon>0$,要使得

$$\left|\frac{6x+5}{x}-6\right|=\frac{5}{|x|}<\varepsilon$$

只需$|x|>\frac{5}{\varepsilon}$.因此,可取$X=\frac{5}{\varepsilon}$,当$|x|>X$时,便有

$$\left|\frac{6x+5}{x}-6\right|=\frac{5}{|x|}<\frac{5}{\frac{5}{\varepsilon}}=\varepsilon$$

根据定义2.2.2可知

$$\lim_{x\to\infty}\frac{6x+5}{x}=6$$

如果 $x>0$ 且无限增大，即点 x 沿着 x 轴的正方向趋于无穷远时，函数 $f(x)$ 无限接近常数 A，则称 A 为 $f(x)$ 当 x 趋于正无穷(记为 $x\to+\infty$)时的极限，记为

$$\lim_{x\to+\infty}f(x)=A \text{ 或 } f(x)\to A(x\to+\infty)$$

如果 $x<0$ 且其绝对值无限增大，即点 x 沿着 x 轴的负方向趋于无穷远时，函数 $f(x)$ 无限接近常数 A，则称 A 为 $f(x)$ 当 x 趋于负无穷(记为 $x\to-\infty$)时的极限，记为

$$\lim_{x\to-\infty}f(x)=A \text{ 或 } f(x)\to A(x\to-\infty)$$

$\lim\limits_{x\to+\infty}f(x)=A$ 和 $\lim\limits_{x\to-\infty}f(x)=A$ 的严格数学定义只需将定义 2.2.2 中的 $|x|>X$ 分别改为 $x>X$ 和 $x<-X$ 即可.

定理 2.2.2　$\lim\limits_{x\to\infty}f(x)=A$ 的充分必要条件是 $\lim\limits_{x\to+\infty}f(x)=\lim\limits_{x\to-\infty}f(x)=A$.

【例 2.2.6】　讨论函数 $f(x)=\arctan x$ 当 $x\to\infty$ 时的极限.

解：由于 $\lim\limits_{x\to+\infty}f(x)=\lim\limits_{x\to+\infty}\arctan x=\frac{\pi}{2}$，而 $\lim\limits_{x\to-\infty}f(x)=\lim\limits_{x\to-\infty}\arctan x=-\frac{\pi}{2}$，可见

$$\lim_{x\to-\infty}f(x)\neq\lim_{x\to+\infty}f(x)$$

故由定理 2.2.2 可知 $\lim\limits_{x\to\infty}\arctan x$ 不存在.

2.2.2　函数极限的性质

与数列极限的性质类似，函数极限也有以下三个性质(为了简便，有时将使用记号 lim，它范指自变量在某一变化过程中的极限. 且在同一命题中为同一个变化过程).

1. 唯一性

如果 $\lim f(x)$ 存在，则其极限必唯一.

2. 局部有界性

如果 $\lim\limits_{x\to x_0}f(x)$ 存在，则存在 $\delta>0$ 和 $M>0$，当 $0<|x-x_0|<\delta$ 时，有

$$|f(x)|\leqslant M$$

同样，如果 $\lim\limits_{x\to\infty}f(x)$ 存在，则存在 $X>0$ 和 $M>0$，当 $|x|>X$ 时，有 $|f(x)|\leqslant M$.

3. 局部保号性

(1) 设 $\lim\limits_{x\to x_0}f(x)=A$，$\lim\limits_{x\to x_0}g(x)=B$，如果 $A<B$，则存在 $\delta>0$，当 $0<|x-x_0|<\delta$ 时，有 $f(x)<g(x)$；

同样，设 $\lim\limits_{x\to\infty}f(x)=A$，$\lim\limits_{x\to\infty}g(x)=B$，如果 $A<B$，则存在 $X>0$，当 $|x|>X$ 时，有 $f(x)<g(x)$.

(2) 设 $\lim\limits_{x\to x_0}f(x)=A$，$\lim\limits_{x\to x_0}g(x)=B$，如果存在 $\delta>0$，当 $0<|x-x_0|<\delta$ 时，有 $f(x)<g(x)$，则 $A\leqslant B$；

同样，设 $\lim\limits_{x\to\infty}f(x)=A$，$\lim\limits_{x\to\infty}g(x)=B$，如果存在 $X>0$，当 $|x|>X$ 时，有 $f(x)<g(x)$，则 $A\leqslant B$.

推论:(1) 若$\lim\limits_{x\to x_0} f(x)=A>0$,则存在$\delta>0$,当$0<|x-x_0|<\delta$时,有$f(x)>0$;

(2) 设$\lim\limits_{x\to x_0} f(x)=A$,如果存在$\delta>0$,当$0<|x-x_0|<\delta$时,有$f(x)>0$,则$A\geqslant 0$;

上述性质与推论在自变量趋于无穷时仍然成立.

习题 2.2

1. 用定义证明下列极限.

(1) $\lim\limits_{x\to 1}(4x-3)=1$;　　(2) $\lim\limits_{x\to 3}\dfrac{9-x^2}{x-3}=-6$;

(3) $\lim\limits_{x\to\infty}\dfrac{5}{2x+1}=0$;　　(4) $\lim\limits_{x\to\infty}\dfrac{2+x^2}{2x^2-1}=\dfrac{1}{2}$.

2. 讨论下列函数在给定点处的极限是否存在?若存在,求其极限.

(1) $f(x)=\begin{cases}4x-3, & x\leqslant 1\\ x, & x>1\end{cases}$,在$x=1$处;　　(2) $f(x)=\dfrac{|x|}{x}$,在$x=0$处.

2.3 无穷小与无穷大

在研究变量变化趋势时,有两种情况比较重要:一种是变量的绝对值无限变小,一种是变量的绝对值无限变大.下面我们分别讨论这两种情况.以下仅讨论变量为函数的情况,所得相应概念与结果,对数列也适用.

2.3.1 无穷小的概念与性质

1. 无穷小的概念

定义 2.3.1 在某个变化过程中,极限为零的变量称为**无穷小量**,简称为**无穷小**.

例如,因为$\lim\limits_{x\to 1}(x-1)=0$,所以当$x\to 1$时,函数$f(x)=x-1$为无穷小;因为$\lim\limits_{x\to -\infty}\mathrm{e}^x=0$,所以当$x\to -\infty$时,函数$f(x)=\mathrm{e}^x$为无穷小;同样,由于$\lim\limits_{n\to\infty}(-1)^n\dfrac{1}{n}=0$,所以当$n\to\infty$时,数列$x_n=(-1)^n\dfrac{1}{n}$为无穷小.

对于无穷小的概念,需要注意两点:

(1) 无穷小是针对其变化趋势而言的.某一变量在某一变化趋势下为无穷小,而在另一变化趋势下可能不是无穷小.例如,函数$f(x)=x-1$,在$x\to 1$时为无穷小,而在$x\to 0$时便不是无穷小.

(2) 无穷小是变量.任何非零的常数,不论其绝对值多么小,均不是无穷小,零是常数中唯一的一个无穷小.

2. 无穷小与有极限变量的关系

定理 2.3.1 在某个变化过程中,变量极限存在的充分必要条件是该变量可表示为一

个常数与一个在同一变化过程中的无穷小之和，且这个常数就是该变量的极限. 即

$$\lim f(x)=A \Leftrightarrow f(x)=A+\alpha(x)\text{，其中 } \lim \alpha(x)=0$$

证：下面仅就 $x\to x_0$ 的情况给出证明，其他情况类似可证.

必要性　设 $\lim\limits_{x\to x_0} f(x)=A$，由极限的定义可知，对任意的 $\varepsilon>0$，存在 $\delta>0$，当 $0<|x-x_0|<\delta$ 时，则有 $|f(x)-A|<\varepsilon$.

若令 $\alpha(x)=f(x)-A$，即有 $|\alpha(x)|<\varepsilon$，再由极限的定义可知

$$\lim_{x\to x_0} \alpha(x)=0$$

可见 $\alpha(x)$ 是当 $x\to x_0$ 时的无穷小，且 $f(x)=A+\alpha(x)$.

充分性　设 $f(x)=A+\alpha(x)$，其中 $\lim\limits_{x\to x_0} \alpha(x)=0$. 即对任意的 $\varepsilon>0$，存在 $\delta>0$，当 $0<|x-x_0|<\delta$ 时，则有 $|\alpha(x)|=|f(x)-A|<\varepsilon$，再由极限的定义可知

$$\lim_{x\to x_0} f(x)=A$$

3. 无穷小的性质

(1) 设在某一变化过程中，$\alpha(x)$，$\beta(x)$ 均为无穷小，则在此变化过程中 $\alpha(x)+\beta(x)$ 也必为无穷小.

(2) 设在某一变化过程中，$\alpha(x)$，$\beta(x)$ 均为无穷小，则在此变化过程中 $\alpha(x)\cdot\beta(x)$ 也必为无穷小.

(3) 设在某一变化过程中 $\alpha(x)$ 为无穷小，$f(x)$ 为有界变量，则在此变化过程中，$\alpha(x)f(x)$ 必为无穷小.

性质(1)(2)可推广为：有限多个无穷小之和(积)仍为无穷小.

【例 2.3.1】　求 $\lim\limits_{x\to 0} x\sin\dfrac{1}{x}$.

解：由于 x 是在 $x\to 0$ 时的无穷小，且 $\sin\dfrac{1}{x}$ 有界，即当 $x\in(-\infty,0)\cup(0,+\infty)$ 时，$\left|\sin\dfrac{1}{x}\right|\leqslant 1$. 由上面的性质可知 $x\sin\dfrac{1}{x}$ 为无穷小，于是 $\lim\limits_{x\to 0} x\sin\dfrac{1}{x}=0$.

推论：(1) 常数与无穷小的乘积为无穷小.

(2) 有极限的变量与无穷小的乘积为无穷小.

2.3.2　无穷大

1. 无穷大的概念

与无穷小相反，如果在某个变化过程中，变量 $f(x)$ 的绝对值无限变大，则称 $f(x)$ 为无穷大. 其严格的数学定义如下(这里只给出在 $x\to x_0$ 时的情况，其他情况可类似给出.).

定义 2.3.2　对于任意给定的**正数 M**，如果存在 $\delta>0$，使得当 $0<|x-x_0|<\delta$ 时，有

$$|f(x)|>M$$

则称 $f(x)$ 是在 $x\to x_0$ 时的**无穷大量**，简称为**无穷大**.

当 $x\to x_0$ 时为无穷大的函数 $f(x)$，其极限是不存在的，但为了表述方便，我们也常称“函数 $f(x)$ 在 $x\to x_0$ 时的极限为无穷大”，并记为

$$\lim_{x \to x_0} f(x) = \infty$$

如果在 x_0 的某去心邻域内,无穷大 $f(x)$ 的值均为正的(或均为负的),则可记为

$$\lim_{x \to x_0} f(x) = +\infty \text{(或} \lim_{x \to x_0} f(x) = -\infty\text{)}$$

此时,$f(x)$ 往往分别称为正无穷大和负无穷大.

必须注意的是:∞ 仅是一个符号,不是数,不可与绝对值很大的数混为一谈.

【例 2.3.2】 证明 $\lim\limits_{x \to 1} \dfrac{1}{1-x} = \infty$.

证:对任意给定的正数 M,要使

$$\left|\frac{1}{1-x}\right| > M$$

就只需

$$0 < |x-1| < \frac{1}{M}$$

所以只要取 $\delta = \dfrac{1}{M}$,则当 $0 < |x-1| < \delta$ 时,便有

$$\left|\frac{1}{1-x}\right| > M$$

由定义 2.3.2 可知

$$\lim_{x \to 1} \frac{1}{1-x} = \infty$$

2. 无穷小与无穷大的关系

定理 2.3.2 在某一变化过程中,如果 $f(x)$ 为无穷大,则 $\dfrac{1}{f(x)}$ 为无穷小;反之,如果 $f(x)(\neq 0)$ 为无穷小,则 $\dfrac{1}{f(x)}$ 为无穷大.

证:仅对 $x \to x_0$ 时的情况给出证明.

设 $f(x)$ 为 $x \to x_0$ 时的无穷大.对任意给定的 $\varepsilon > 0$,取 $M = \dfrac{1}{\varepsilon}$,由无穷大的定义可知,存在 $\delta > 0$,使得当 $0 < |x - x_0| < \delta$ 时,有

$$|f(x)| > M = \frac{1}{\varepsilon}$$

即

$$\frac{1}{|f(x)|} < \varepsilon$$

所以

$$\lim_{x \to x_0} \frac{1}{f(x)} = 0$$

反之,设 $f(x)$ 为 $x \to x_0$ 时的无穷小,且在某 $\mathring{U}(x_0, \delta_1)$ 内,$f(x) \neq 0$.对任意给定的 $M > 0$,取 $\varepsilon = \dfrac{1}{M}$,由无穷小的定义可知,存在 $\delta_2 > 0$,使得当 $0 < |x - x_0| < \delta_2$ 时,有

$$|f(x)| < \varepsilon = \frac{1}{M}$$

取 $\delta=\min\{\delta_1,\delta_2\}$，显然当 $0<|x-x_0|<\delta$ 时，有

$$\frac{1}{|f(x)|}>M$$

即

$$\lim_{x\to x_0}\frac{1}{f(x)}=\infty$$

例如，当 $x\to 0$ 时，$x,x^2,2x+x^2$ 为无穷小，由定理 2.3.2 便知

$$\lim_{x\to 0}\frac{1}{x}=\infty,\lim_{x\to 0}\frac{1}{x^2}=\infty,\lim_{x\to 0}\frac{1}{2x+x^2}=\infty$$

习题 2.3

1. 下列叙述是否正确，正确请予以证明，错误请举出反例.

(1) 两个无穷小的商还是无穷小；

(2) 两个无穷大的乘积为无穷大；

(3) 两个无穷大的和、差、商还是为无穷大.

(4) 无穷小与无穷大的乘积是无穷小.

(5) 无穷小除以无穷大是无穷小.

2. 用定义证明.

(1) 当 $x\to 1$ 时，$f(x)=\dfrac{x-1}{x^2}$ 为无穷小；　(2) 当 $x\to 0$ 时，$f(x)=\dfrac{x-1}{x^2}$ 为无穷大.

3. 利用定理 2.3.1 证明：有极限变量与无穷小的乘积为无穷小.

4. 利用定理 2.3.1 证明：若 $\lim f(x)=A,\lim g(x)=B$，则

$$\lim[f(x)+g(x)]=A+B$$

5. 设在某个变化过程中，$\alpha(x),\beta(x)$ 均为无穷小，且 $\lim\dfrac{\beta(x)}{\alpha(x)}=1$，证明 $\dfrac{\beta(x)-\alpha(x)}{\alpha(x)}$ 为无穷小.

2.4　极限的运算法则

2.4.1　四则运算法则

定理 2.4.1　设 $\lim f(x)=A,\lim g(x)=B$，则有

(1) $\lim[f(x)\pm g(x)]=A\pm B$；

(2) $\lim f(x)g(x)=AB$；

(3) $\lim\dfrac{f(x)}{g(x)}=\dfrac{A}{B}(B\neq 0)$.

证：因为 $\lim f(x)=A,\lim g(x)=B$. 由定理 2.3.1 可得，

$$f(x)=A+\alpha(x),g(x)=B+\beta(x)$$

其中 $\alpha(x),\beta(x)$ 均为无穷小,先证(1)(2),

$$f(x)+g(x)=[A+\alpha(x)]+[B+\beta(x)]=A+B+\alpha(x)+\beta(x)$$
$$=A+B+\gamma(x)$$
$$f(x)g(x)=[A+\alpha(x)][B+\beta(x)]=AB+\alpha(x)B+\beta(x)A+\alpha(x)\beta(x)$$
$$=AB+\eta(x)$$

由无穷小的性质可知 $\gamma(x)=\alpha(x)+\beta(x),\eta(x)=\alpha(x)B+\beta(x)A+\alpha(x)\beta(x)$ 均为无穷小,再由定理 2.3.1 便得

$$\lim[f(x)+g(x)]=A+B$$
$$\lim f(x)g(x)=AB$$

下面证明(3).

$$\gamma=\frac{f(x)}{g(x)}-\frac{A}{B}=\frac{A+\alpha}{B+\beta}-\frac{A}{B}=\frac{1}{B(B+\beta)}(B\alpha-A\beta)$$

由于$\frac{1}{B(B+\beta)}$有界,$B\alpha-A\beta$ 为无穷小,由定理 2.3.1 便知 γ 为无穷小,即有

$$\frac{f(x)}{g(x)}=\frac{A}{B}+\gamma$$

定理 2.4.1 的结论(1)和(2)可推广到有限个函数的情况,并有以下常用的推论:如果 $\lim f(x)=A$,则有

(1) $\lim cf(x)=cA$,其中 c 为常数;

(2) $\lim f^n(x)=A^n$,其中 n 为正整数.

上述法则对数列的极限也是适用的.

利用极限的四则运算法则,可以求常见的有理函数(即由多项式或多项式之比表示的函数)的极限.

【例 2.4.1】 求$\lim\limits_{x\to 1}(3x^2+x-5)$.

解:$\lim\limits_{x\to 1}(3x^2+x-5)=3\left(\lim\limits_{x\to 1}x\right)^2+\lim\limits_{x\to 1}x-\lim\limits_{x\to 1}5=3\times 1^2+1-5=-1$

【例 2.4.2】 求$\lim\limits_{x\to 2}\frac{2x^3-3x^2-7x}{x^2+3}$.

解:由于

$$\lim_{x\to 2}(2x^3-3x^2-7x)=2\left(\lim_{x\to 2}x\right)^3-3\left(\lim_{x\to 2}x\right)^2-7\left(\lim_{x\to 2}x\right)=2\times 8-3\times 4-7\times 2=-10$$

$$\lim_{x\to 2}(x^2+3)=\left(\lim_{x\to 2}x\right)^2+\lim_{x\to 2}3=4+3=7\neq 0$$

所以

$$\lim_{x\to 2}\frac{2x^3-3x^2-7x}{x^2+3}=\frac{\lim\limits_{x\to 2}(2x^3-3x^2-7x)}{\lim\limits_{x\to 2}(x^2+3)}=-\frac{10}{7}$$

一般地,对有理整式,即多项式函数

$$P_n(x)=a_nx^n+a_{n-1}x^{n-1}+\cdots+a_0$$

在 $x\to x_0$ 时的极限为

$$\lim_{x\to x_0}P_n(x)=a_n\left(\lim_{x\to x_0}x\right)^n+a_{n-1}\left(\lim_{x\to x_0}x\right)^{n-1}+\cdots+a_0=a_nx_0^n+a_{n-1}x_0^{n-1}+\cdots+a_0=P_n(x_0)$$

同样，对有理分式函数

$$R(x)=\frac{P_n(x)}{Q_m(x)}$$

其中 $P_n(x)$，$Q_m(x)$ 均为多项式，且 $Q_m(x_0)\neq 0$，则有

$$\lim_{x\to x_0}R(x)=\frac{\lim\limits_{x\to x_0}P_n(x)}{\lim\limits_{x\to x_0}Q_m(x)}=\frac{P_n(x_0)}{Q_m(x_0)}=R(x_0)$$

总之，在 $x\to x_0$ 时，求分母极限不为零的有理函数极限，只需将 x_0 代入该有理函数即可，而当有理函数分母的极限为零时，常常需要先对有理函数进行处理，再求其极限.

【例 2.4.3】 求 $\lim\limits_{x\to 3}\dfrac{x^2-2x-3}{x^2-x-6}$.

解：$\lim\limits_{x\to 3}\dfrac{x^2-2x-3}{x^2-x-6}=\lim\limits_{x\to 3}\dfrac{(x-3)(x+1)}{(x-3)(x+2)}=\lim\limits_{x\to 3}\dfrac{x+1}{x+2}=\dfrac{\lim\limits_{x\to 3}(x+1)}{\lim\limits_{x\to 3}(x+2)}=\dfrac{4}{5}$

【例 2.4.4】 求 $\lim\limits_{x\to 1}\left(\dfrac{1}{x-1}-\dfrac{3}{x^3-1}\right)$.

解：
$$\lim_{x\to 1}\left(\frac{1}{x-1}-\frac{3}{x^3-1}\right)=\lim_{x\to 1}\frac{x^2+x+1-3}{x^3-1}=\lim_{x\to 1}\frac{(x-1)(x+2)}{(x-1)(x^2+x+1)}$$
$$=\lim_{x\to 1}\frac{x+2}{x^2+x+1}=\frac{1+2}{1^2+1+1}=1$$

【例 2.4.5】 求 $\lim\limits_{x\to 2}\dfrac{2}{x^2-x-2}$.

解：由于

$$\lim_{x\to 2}\frac{x^2-x-2}{2}=\frac{2^2-2-2}{2}=0$$

根据无穷小与无穷大的关系可知

$$\lim_{x\to 2}\frac{2}{x^2-x-2}=\infty$$

对于有理分式函数，求 $x\to\infty$ 的极限，需先用分子与分母中的最高次幂项去除分子与分母，然后再利用无穷小与无穷大的关系求其极限.

【例 2.4.6】 求 $\lim\limits_{x\to\infty}\dfrac{x^2+x-2}{3x^2+5}$.

解：用 x^2 除分子和分母，再根据无穷小与无穷大的关系便可求得

$$\lim_{x\to\infty}\frac{x^2+x-2}{3x^2+5}=\lim_{x\to\infty}\frac{1+\frac{1}{x}-\frac{2}{x^2}}{3+\frac{5}{x^2}}=\frac{1}{3}$$

【例 2.4.7】 求 $\lim\limits_{x\to\infty}\dfrac{x+1}{x^3+2x+7}$.

解：先用 x^3 除分子和分母，再求极限，即得

$$\lim_{x\to\infty}\frac{x+1}{x^3+2x+7}=\lim_{x\to\infty}\frac{\frac{1}{x^2}+\frac{1}{x^3}}{1+\frac{2}{x^2}+\frac{7}{x^3}}=0$$

【例 2.4.8】 求$\lim\limits_{x\to\infty}\dfrac{2x^4-x^2+3}{x^2+x+4}$.

解：利用上例的同样方法可求得其倒函数的极限，即

$$\lim_{x\to\infty}\frac{x^2+x+4}{2x^4-x^2+3}=0$$

再由无穷小与无穷大的关系便得

$$\lim_{x\to\infty}\frac{2x^4-x^2+3}{x^2+x+4}=\infty$$

综合前面的例子，可以得到在$x\to\infty$时，有理函数极限的一般结果：

$$\lim_{x\to\infty}\frac{a_nx^n+a_{n-1}x^{n-1}+\cdots+a_0}{b_mx^m+b_{m-1}x^{m-1}+\cdots+b_0}=\begin{cases}a_n/b_n, & n=m\\ 0, & n<m\\ \infty, & n>m\end{cases}$$

此结果也适用于数列的极限，例如

$$\lim_{n\to\infty}\frac{2n^3+n-4}{(n^2+1)(3n-1)}=\frac{2}{3},\lim_{n\to\infty}\frac{7n+8}{1+n^2}=0,\lim_{n\to\infty}\frac{n(n^2-2n+5)}{(\sqrt{2}n+1)^2}=\infty$$

2.4.2 复合运算法则

定理 2.4.2 设函数$y=f(u)$，$u=\varphi(x)$构成复合函数$y=f[\varphi(x)]$，如果$\lim\limits_{x\to x_0}\varphi(x)=a$且在$x_0$的某个去心邻域内$\varphi(x)\neq a$，$\lim\limits_{u\to a}f(u)=A$，则有

$$\lim_{x\to x_0}f[\varphi(x)]=\lim_{u\to a}f(u)=A$$

* **证**：设$\lim\limits_{x\to x_0}\varphi(x)=a$，$\lim\limits_{u\to a}f(u)=A$. 且存在$\delta_1>0$，当$0<|x-x_0|<\delta_1$时，有$\varphi(x)\neq a$. 因为$\lim\limits_{u\to a}f(u)=A$，由函数极限的定义可如，对任意的$\varepsilon>0$，存在$\eta>0$，当$0<|u-a|<\eta$时，有

$$|f(u)-A|<\varepsilon$$

又因为$\lim\limits_{x\to x_0}\varphi(x)=a$，再由函数极限的定义，对$\eta>0$，则存在$\delta_2>0$，当$0<|x-x_0|<\delta_2$时，有

$$|\varphi(x)-a|<\eta$$

取$\delta=\min\{\delta_1,\delta_2\}$，则当$0<|x-x_0|<\delta$时，可使$|\varphi(x)-a|<\eta$与$|\varphi(x)-a|>0$同时成立，即使

$$0<|\varphi(x)-a|=|u-a|<\eta$$

成立. 从而

$$|f[\varphi(x)]-A|=|f(u)-A|<\varepsilon$$

所以

$$\lim_{x\to x_0}f[\varphi(x)]=\lim_{u\to a}f(u)=A$$

几点说明：

(1) 极限的复合运算法则实质上就是极限运算中常用的变量代换法，即

$$\lim_{x\to x_0}f[\varphi(x)]\overset{u=\varphi(x)}{=}\lim_{u\to a}f(u)$$

将较复杂的函数极限化为较简单函数的极限.

【例 2.4.9】 求$\lim\limits_{x\to 1}\sqrt{x^3+2x-1}$.

解：设 $y=\sqrt{u}$，$u=x^3+2x-1$，由于

$$\lim_{x\to 1}u=\lim_{x\to 1}(x^3+2x-1)=2$$

由例 2.2.1 及定理 2.4.2 便得

$$\lim_{x\to 1}\sqrt{x^3+2x-1}=\lim_{u\to 2}\sqrt{u}=\sqrt{2}$$

(2) 在定理 2.4.2 中，如果$\lim\limits_{u\to a}f(u)=f(a)$，则定理的结论便可表为

$$\lim_{x\to x_0}f[\varphi(x)]=f[\lim_{x\to x_0}\varphi(x)]$$

例如，上例的运算过程便可简单表为

$$\lim_{x\to 1}\sqrt{x^3+2x-1}=\sqrt{\lim_{x\to 1}(x^3+2x-1)}=\sqrt{2}$$

【例 2.4.10】 求$\lim\limits_{x\to 1}\dfrac{\sqrt{2x+1}-\sqrt{4x-1}}{x-1}$.

解：因为分子、分母的极限均为零，所以需采取特殊处理、消去极限为零的因子，然后再求极限

$$\begin{aligned}\lim_{x\to 1}\frac{\sqrt{2x+1}-\sqrt{4x-1}}{x-1}&=\lim_{x\to 1}\frac{(2x+1)-(4x-1)}{(x-1)(\sqrt{2x+1}+\sqrt{4x-1})}\\&=\lim_{x\to 1}\frac{-2x+2}{(x-1)(\sqrt{2x+1}+\sqrt{4x-1})}\\&=\lim_{x\to 1}\frac{-2}{\sqrt{2x+1}+\sqrt{4x-1}}=-\frac{1}{\sqrt{3}}\end{aligned}$$

需指出的是：当$\lim\limits_{u\to a}f(u)\neq f(a)$时，则$\lim\limits_{x\to x_0}f[\varphi(x)]=f[\lim\limits_{x\to x_0}\varphi(x)]$将不成立.

【例 2.4.11】 设 $f(x)=\begin{cases}x^2+1, & x\neq 0\\ 2, & x=0\end{cases}$，$\varphi(x)=x+1$，求$\lim\limits_{x\to -1}f[\varphi(x)]$.

解：令 $u=\varphi(x)=x+1$. 由于$\lim\limits_{x\to -1}u=\lim\limits_{x\to -1}\varphi(x)=\lim\limits_{x\to -1}(x+1)=0$，由定理 2.4.2 可得

$$\lim_{x\to -1}f[\varphi(x)]=\lim_{u\to 0}f(u)=\lim_{u\to 0}(u^2+1)=1$$

但若按$\lim\limits_{x\to x_0}f[\varphi(x)]=f[\lim\limits_{x\to x_0}\varphi(x)]$做，则应为

$$\lim_{x\to -1}f[\varphi(x)]=f[\lim_{x\to -1}\varphi(x)]=f(0)=2$$

此结果是错的，这是因为$\lim\limits_{u\to 0}f(u)=1$，而 $f(0)=2$，显然$\lim\limits_{u\to 0}f(u)\neq f(0)$. 因而式子$\lim\limits_{x\to -1}f[\varphi(x)]=f[\lim\limits_{x\to -1}\varphi(x)]$不成立.

(3) 对于 $x\to\infty$ 及 $u\to\infty$ 等情况，也有类似的结果.

【例 2.4.12】 求$\lim\limits_{x\to\infty}(\sqrt{x^2+1}-\sqrt{x^2-1})$.

解：$\lim\limits_{x\to+\infty}(\sqrt{x+1}-\sqrt{x-1})=\lim\limits_{x\to+\infty}\dfrac{2}{\sqrt{x+1}+\sqrt{x-1}}=\lim\limits_{x\to+\infty}\dfrac{\dfrac{2}{\sqrt{x}}}{\sqrt{1+\dfrac{1}{x}}+\sqrt{1-\dfrac{1}{x}}}=0$

习题 2.4

1. 求下列数列的极限.

(1) $\lim\limits_{n\to\infty}\dfrac{n^3+1}{2n^3+3n-4}$　　(2) $\lim\limits_{n\to\infty}\dfrac{\sqrt[3]{n}-3\sqrt{2n-1}}{\sqrt{n}+1}$

(3) $\lim\limits_{n\to\infty}\sqrt{n}\left(\sqrt{2n+1}-\sqrt{2n-3}\right)$　　(4) $\lim\limits_{n\to\infty}\left[\dfrac{1}{1\cdot 2}+\dfrac{1}{2\cdot 3}+\cdots+\dfrac{1}{n(n+1)}\right]$

(5) $\lim\limits_{n\to\infty}\left(\dfrac{1}{n^2}+\dfrac{2}{n^2}+\cdots+\dfrac{n-1}{n^2}\right)$　　(6) $\lim\limits_{n\to\infty}\left(\dfrac{1}{3}+\dfrac{1}{9}+\cdots+\dfrac{1}{3^n}\right)$

2. 求下列函数的极限.

(1) $\lim\limits_{x\to 2}\dfrac{3x^2+5}{1-x}$　　(2) $\lim\limits_{h\to 0}\dfrac{(x+h)^2-x^2}{h}$

(3) $\lim\limits_{x\to\infty}\dfrac{(x^2+3)\sin x}{2x^3+x^2-5}$　　(4) $\lim\limits_{x\to\infty}\dfrac{4x^3+3x-1}{5-6x^2-x^3}$

(5) $\lim\limits_{x\to 4}\dfrac{x^2-6x+8}{x^2-5x+4}$　　(6) $\lim\limits_{x\to\infty}(3x^2-4x+2)$

(7) $\lim\limits_{x\to 1}\dfrac{\sqrt{x^2+3}-2}{\sqrt{x^2+8}-3}$　　(8) $\lim\limits_{x\to 1}\dfrac{x^2-1}{x^2-2x+c}$,其中 c 为常数.

3. 已知$\lim\limits_{x\to\infty}\left(\dfrac{x^2+x-2}{x+1}-ax-b\right)=0$,求常数 a,b.

4. 设(1) $f(x)=\sqrt{x}$;(2) $f(x)=\dfrac{1}{\sqrt{x}}$,分别求$\lim\limits_{\Delta x\to 0}\dfrac{f(x+\Delta x)-f(x)}{\Delta x}$.

5. 设 $f(x)=\dfrac{|x|}{x}$,$\varphi(x)=\begin{cases}x-2, & x<2\\ 0, & x\geqslant 2\end{cases}$,求$\lim\limits_{x\to 2}f[\varphi(x)]$.

2.5 极限存在准则与两个重要极限

2.5.1 极限存在准则 I

定理 2.5.1(夹逼定理) 设 $g(x),f(x),h(x)$在 x_0 的某去心邻域内有定义,且满足

$$g(x)\leqslant f(x)\leqslant h(x)$$

如果

$$\lim_{x\to x_0}g(x)=\lim_{x\to x_0}h(x)=A$$

则$\lim\limits_{x\to x_0}f(x)=A$.

证:设 $g(x),f(x),h(x)$在 x_0 的某 $\mathring{U}(x_0,\delta_0)$内有定义,且满足

$$g(x)\leqslant f(x)\leqslant h(x)$$

由于$\lim\limits_{x\to x_0} g(x)=\lim\limits_{x\to x_0} h(x)=A$，于是对任意 $\varepsilon>0$，存在 $\delta_1>0,\delta_2>0$，使得

当 $0<|x-x_0|<\delta_1$ 时，有 $|g(x)-A|<\varepsilon$，即 $A-\varepsilon<g(x)<A+\varepsilon$

当 $0<|x-x_0|<\delta_2$ 时，有 $|h(x)-A|<\varepsilon$，即 $A-\varepsilon<h(x)<A+\varepsilon$

取 $\delta=\min\{\delta_0,\delta_1,\delta_2\}$，显然当 $0<|x-x_0|<\delta$ 时，便有

$$A-\varepsilon<g(x)\leqslant f(x)\leqslant h(x)<A+\varepsilon$$

即有

$$|f(x)-A|<\varepsilon$$

由极限定义便知$\lim\limits_{x\to x_0} f(x)=A$.

注意：对于 $x\to\infty$ 等情况，定理的结论仍然成立.

类似可证，对于数列也有相应的夹逼定理.

定理 2.5.2　设有数列 $\{x_n\}$，$\{y_n\}$，$\{z_n\}$，如果存在 N_0，当 $n>N_0$ 时，满足

$$x_n\leqslant y_n\leqslant z_n$$

且

$$\lim_{n\to\infty} x_n=\lim_{n\to\infty} z_n=a$$

则$\lim\limits_{n\to\infty} y_n=a$.

【例 2.5.1】　求$\lim\limits_{n\to\infty}\left(\dfrac{1}{n^2+1}+\dfrac{2}{n^2+2}+\cdots+\dfrac{n}{n^2+n}\right)$.

解：由于对一切正整数 n

$$\frac{1}{n^2+n}+\frac{2}{n^2+n}+\cdots+\frac{n}{n^2+n}\leqslant\frac{1}{n^2+1}+\frac{2}{n^2+2}+\cdots+\frac{n}{n^2+n}$$

$$\leqslant\frac{1}{n^2+1}+\frac{2}{n^2+1}+\cdots+\frac{n}{n^2+1}$$

即

$$\frac{1}{n^2+n}\frac{n(n+1)}{2}\leqslant\frac{1}{n^2+1}+\frac{2}{n^2+2}+\cdots+\frac{n}{n^2+n}\leqslant\frac{1}{n^2+1}\frac{n(n+1)}{2}$$

因为

$$\lim_{n\to\infty}\frac{1}{n^2+n}\frac{n(n+1)}{2}=\frac{1}{2}，且\lim_{n\to\infty}\frac{1}{n^2+1}\frac{n(n+1)}{2}=\frac{1}{2}$$

由夹逼定理便得

$$\lim_{n\to\infty}\left(\frac{1}{n^2+1}+\frac{2}{n^2+2}+\cdots+\frac{n}{n^2+n}\right)=\frac{1}{2}$$

2.5.2　重要极限 Ⅰ

$$\lim_{x\to 0}\frac{\sin x}{x}=1 \tag{2.5.1}$$

证：首先证明一个不等式：当 $0<x<\dfrac{\pi}{2}$时，有

$$\sin x<x<\tan x$$

事实上，在图 2.6 中，令单位圆中圆心角$\angle AOB=x$，该单位圆上过 A 点的切线与 OB 的延长线交于 C，$BD\perp OA$. 于是 $\sin x=BD$，$\tan x=AC$. 因为

ΔOAB 的面积<扇形 OAB 的面积<ΔOAC 的面积，

所以

$$\frac{1}{2}\sin x<\frac{1}{2}x<\frac{1}{2}\tan x$$

即

$$\sin x<x<\tan x$$

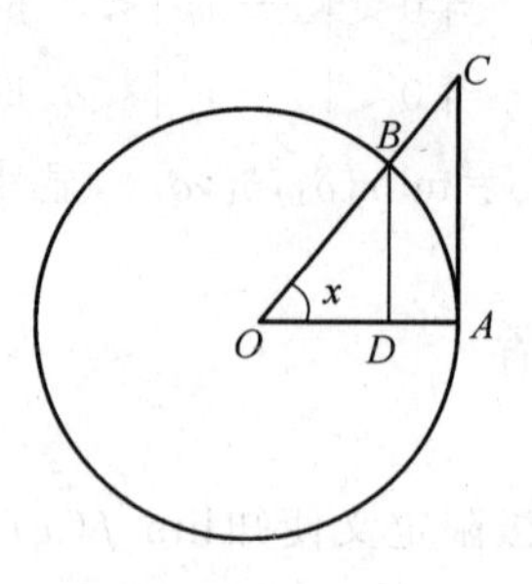

图 2.6

因为当 $0<x<\frac{\pi}{2}$ 时，$\sin x\neq 0$，因此将上面不等式中的三个函数都除以 $\sin x$，得

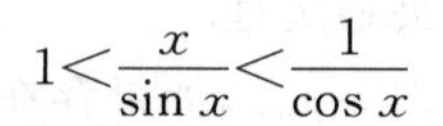

$$1<\frac{x}{\sin x}<\frac{1}{\cos x}$$

即

$$\cos x<\frac{\sin x}{x}<1$$

由于 $\sin x<x$，从而 $\sin\frac{x}{2}<\frac{x}{2}$，于是

$$1-\cos x=2\sin^2\frac{x}{2}<2\left(\frac{x}{2}\right)^2=\frac{x^2}{2}$$

即

$$1-\frac{x^2}{2}<\cos x$$

于是

$$1-\frac{x^2}{2}<\cos x<\frac{\sin x}{x}<1$$

因为

$$\lim_{x\to 0^+}\left(1-\frac{x^2}{2}\right)=1,\ \lim_{x\to 0^+}1=1$$

由夹逼定理可知

$$\lim_{x\to 0^+}\frac{\sin x}{x}=1$$

当 $-\frac{\pi}{2}<x<0$ 时，只要令 $t=-x$，则 $0<t<\frac{\pi}{2}$，于是

$$\lim_{x\to 0^-}\frac{\sin x}{x}=\lim_{t\to 0^+}\frac{\sin(-t)}{-t}=\lim_{t\to 0^+}\frac{\sin t}{t}=1$$

由左右极限与极限的关系，便得

$$\lim_{x\to 0}\frac{\sin x}{x}=1$$

从上述证明过程中，还可得到

$$\lim_{x\to 0}\cos x=1,\ \lim_{x\to 0}\sin x=0 \tag{2.5.2}$$

根据复合函数极限法则，可以得出重要极限 Ⅰ 的一般形式：

$$\lim_{u(x)\to 0}\frac{\sin u(x)}{u(x)}=1 \tag{2.5.3}$$

【例 2.5.2】 证明下列常用的结果：

(1) $\lim\limits_{x\to 0}\frac{\tan x}{x}=1$ (2.5.4)

(2) $\lim\limits_{x\to 0}\frac{1-\cos x}{\frac{x^2}{2}}=1$ (2.5.5)

证：(1) $\lim\limits_{x\to 0}\frac{\tan x}{x}=\lim\limits_{x\to 0}\frac{\sin x}{x}\frac{1}{\cos x}=\lim\limits_{x\to 0}\frac{\sin x}{x}\lim\limits_{x\to 0}\frac{1}{\cos x}=1$

(2) $\lim\limits_{x\to 0}\frac{1-\cos x}{\frac{x^2}{2}}=\lim\limits_{x\to 0}\frac{2\sin^2\frac{x}{2}}{\frac{x^2}{2}}=\lim\limits_{x\to 0}\left(\frac{\sin\frac{x}{2}}{\frac{x}{2}}\right)^2=1$

【例 2.5.3】 求$\lim\limits_{x\to 0}\frac{\sin ax}{\sin bx}$，其中 a,b 为常数，且 $b\neq 0$.

解：若 $a=0$，显然 $\lim\limits_{x\to 0}\frac{\sin ax}{\sin bx}=0$.

若 $a\neq 0$，则 $\lim\limits_{x\to 0}\frac{\sin ax}{\sin bx}=\lim\limits_{x\to 0}\frac{\sin ax}{ax}\frac{bx}{\sin bx}\frac{a}{b}=\frac{a}{b}$.

总之$\lim\limits_{x\to 0}\frac{\sin ax}{\sin bx}=\frac{a}{b}$.

【例 2.5.4】 求$\lim\limits_{x\to 0}\frac{\cos ax-\cos bx}{1-\cos x}$.

解：
$$\lim_{x\to 0}\frac{\cos ax-\cos bx}{1-\cos x}=\lim_{x\to 0}\frac{-2\sin\frac{a+b}{2}x\sin\frac{a-b}{2}x}{\frac{x^2}{2}}\frac{\frac{x^2}{2}}{1-\cos x}$$
$$=-\lim_{x\to 0}\frac{\sin\frac{a+b}{2}x}{\frac{a+b}{2}x}\frac{\sin\frac{a-b}{2}x}{\frac{a-b}{2}x}(a^2-b^2)\frac{\frac{x^2}{2}}{1-\cos x}$$
$$=b^2-a^2$$

2.5.3　极限存在准则Ⅱ

我们知道，收敛的数列必有界，但有界的数列不一定收敛. 如果数列不仅有界而且还单调，情况就不一样了，从直观上看，这样的数列，随着 n 的增大必然要无限接近某个常数，否则将与其有界性相矛盾. 于是有下面的重要定理.

定理 2.5.3(单调有界收敛定理) 单调有界数列必收敛. 具体而言

(1) 若数列$\{x_n\}$单调增加，即 $x_n\leqslant x_{n+1}$，且存在常数 M，使 $x_n\leqslant M(n=1,2,\cdots)$，则$\lim\limits_{n\to\infty}x_n$必存在；

(2) 若数列$\{x_n\}$单调减少，即 $x_n\geqslant x_{n+1}$，且存在常数 M，使 $x_n\geqslant M(n=1,2,\cdots)$，则$\lim\limits_{n\to\infty}x_n$必存在.

【例 2.5.5】 设 $x_0=1, x_1=1+\frac{x_0}{1+x_0}, \cdots, x_{n+1}=1+\frac{x_n}{1+x_n}$，证明 $\lim\limits_{n\to\infty} x_n$ 存在，并求此极限.

证明：首先用数学归纳法证明数列 $\{x_n\}$ 是单调增加的.

显然 $x_n>0(n=0,1,2\cdots)$. 且 $x_0=1, x_1=\frac{3}{2}$，可见 $x_1>x_0$.

设 $x_k>x_{k-1}$，则

$$x_{k+1}-x_k=\left(1+\frac{x_k}{1+x_k}\right)-\left(1+\frac{x_{k-1}}{1+x_{k-1}}\right)=\frac{x_k}{1+x_k}-\frac{x_{k-1}}{1+x_{k-1}}$$
$$=\frac{x_k-x_{k-1}}{(1+x_k)(1+x_{k-1})}>0$$

故数列 $\{x_n\}$ 是单调增加的.

另一方面，$x_n=1+\frac{x_{n-1}}{1+x_{n-1}}<2$，所以数列 $\{x_n\}$ 又是有上界的. 由定理 2.5.3 可知，$\lim\limits_{n\to\infty} x_n$ 存在. 设 $\lim\limits_{n\to\infty} x_n=a$. 由于

$$\lim_{n\to\infty} x_n=\lim_{n\to\infty}\left(1+\frac{x_{n-1}}{1+x_{n-1}}\right)$$

所以得

$$a=1+\frac{a}{1+a}，即\ a^2-a-1=0$$

于是解得 $a=\frac{1\pm\sqrt{5}}{2}$，舍去负值 $a=\frac{1-\sqrt{5}}{2}$，即

$$\lim_{x\to\infty} x_n=\frac{1+\sqrt{5}}{2}$$

2.5.4 重要极限Ⅱ

利用单调有界收敛定理，我们可得另一个重要极限：

$$\lim_{x\to\infty}\left(1+\frac{1}{x}\right)^x=\mathrm{e} \tag{2.5.6}$$

其中 e 为无理数，其值为 2.718 28…. 值得注意的是：若令 $t=\frac{1}{x}$，便可得到上面重要极限的另一个常用的形式

$$\lim_{t\to 0}(1+t)^{\frac{1}{t}}=\mathrm{e} \tag{2.5.7}$$

另外，由复合函数的极限法则还可得到上面重要极限的一般形式为

$$\lim_{u(x)\to\infty}\left(1+\frac{1}{u(x)}\right)^{u(x)}=\mathrm{e}，或\lim_{u(x)\to 0}[1+u(x)]^{\frac{1}{u(x)}}=\mathrm{e} \tag{2.5.8}$$

【例 2.5.6】 求 $\lim\limits_{x\to\infty}\left(1-\frac{1}{x}\right)^x$.

解：$\lim\limits_{x\to\infty}\left(1-\frac{1}{x}\right)^x=\lim\limits_{x\to\infty}\left[\left(1+\frac{1}{-x}\right)^{-x}\right]^{-1}=\mathrm{e}^{-1}$

【例 2.5.7】 求$\lim\limits_{x\to\infty}\left(\dfrac{x+2}{x+1}\right)^{3x}$.

解：$\lim\limits_{x\to\infty}\left(\dfrac{x+2}{x+1}\right)^{3x}=\lim\limits_{x\to\infty}\left(1+\dfrac{1}{x+1}\right)^{(x+1)\cdot\frac{3x}{x+1}}=e^{\lim\limits_{x\to\infty}\frac{3x}{x+1}}=e^3$

【例 2.5.8】 求$\lim\limits_{x\to\frac{\pi}{2}}(1-3\cos x)^{\frac{2}{\cos x}}$.

解：$\lim\limits_{x\to\frac{\pi}{2}}(1-3\cos x)^{\frac{2}{\cos x}}=\lim\limits_{x\to\frac{\pi}{2}}(1-3\cos x)^{-\frac{1}{3\cos x}\cdot(-3)\cdot 2}=e^{-6}$

注意：对幂指函数 $y=[f(x)]^{g(x)}$，如果 $\lim f(x)=A$，$\lim g(x)=B$ 存在，则

$$\lim[f(x)]^{g(x)}=A^B.$$

该结论将在本章第 7 节给出，上面的例子都用到了该结论.

习题 2.5

1. 求下列极限.

(1) $\lim\limits_{x\to 0}\dfrac{\sin 3x}{5x}$；　(2) $\lim\limits_{x\to 0^+}\dfrac{x}{\sqrt{1-\cos x}}$；

(3) $\lim\limits_{x\to 0}\dfrac{1-\sqrt{\cos x}}{x^2}$；　(4) $\lim\limits_{n\to\infty}n^3\sin\dfrac{x}{n^3}(x\neq 0)$；

(5) $\lim\limits_{x\to 0}\tan 2x\cot 3x$；　(6) $\lim\limits_{x\to 0}\dfrac{\cos 3x-\cos 2x}{\tan^2 x}$.

2. 求下列极限.

(1) $\lim\limits_{x\to\infty}\left(1+\dfrac{2}{x}\right)^{5x}$；　(2) $\lim\limits_{x\to 0}(1-2x)^{\frac{1}{x}}$；

(3) $\lim\limits_{x\to\infty}\left(\dfrac{x-2}{x+3}\right)^{x}$；　(4) $\lim\limits_{n\to\infty}\sqrt[n]{1+2n}$；

(5) $\lim\limits_{x\to\infty}\left(1+\dfrac{1}{x}+\dfrac{2}{x^2}\right)^{\frac{3x^2}{x^2+2x}}$；　(6) $\lim\limits_{x\to 0}(1-\sin x)^{2\csc x}$.

3. 设 $f(x)=\begin{cases}\dfrac{\sin kx}{x}, & x\neq 0\\ 2x+5, & x=0\end{cases}$ 求 k 为何值时，$\lim\limits_{x\to 0}f(x)=f(0)$.

4. 利用夹逼定理求下列极限.

(1) $\lim\limits_{n\to\infty}n\left(\dfrac{1}{n^2+\pi}+\dfrac{1}{n^2+2\pi}+\cdots+\dfrac{1}{n^2+n\pi}\right)$；

(2) $\lim\limits_{n\to\infty}\left(\dfrac{1}{\sqrt{n^2+1}}+\dfrac{1}{\sqrt{n^2+2}}\cdots+\dfrac{1}{\sqrt{n^2+n}}\right)$.

5. 设 $x_1=\sqrt{2}$，$x_2=\sqrt{2+\sqrt{2}}$，$x_3=\sqrt{2+\sqrt{2+\sqrt{2}}}$，…，$x_{n+1}=\sqrt{2+x_n}$，证明数列 $\{x_n\}$ 收敛，并求$\lim\limits_{n\to\infty}x_n$.

2.6 无穷小的比较

由无穷小的性质可知，两个无穷小的和、差、积仍为无穷小，但两个无穷小的商就不一定是无穷小，例如，当$x\to 0$时，$x,x^2,2x$均为无穷小，而$\lim\limits_{x\to 0}\frac{x^2}{x}=0,\lim\limits_{x\to 0}\frac{x}{x^2}=\infty,\lim\limits_{x\to 0}\frac{2x}{x}=2$. 造成这种情况的根本原因是由于不同的无穷小趋于零的“快慢”程度不同. 当$x=10^{-4}$时，$x^2=10^{-8}$，$2x=2\times 10^{-4}$，可见x^2比x趋于零的程度要快得多，而x与$2x$趋于零的快慢程度是“相当”的.

为了比较无穷小趋于零的快慢程度，我们引进无穷小阶的概念.

定义 2.6.1 设在某个变化过程中，α,β均为无穷小，而且$\lim\frac{\beta}{\alpha}=C$.

(1) 如果$C=0$，则称β是α的高阶无穷小，或称α是β的低阶无穷小，常记为$\beta=o(\alpha)$；

(2) 如果$C\neq 0$，则称β与α是同阶无穷小. 特别，如果$C=1$，则称β与α是等价无穷小，记为$\beta\sim\alpha$.

定义 2.6.2 如果存在常数$k>0$，使得在某个变化过程中，β与α^k为同阶无穷小，即

$$\lim\frac{\beta}{\alpha^k}=C\neq 0$$

则称β是α的k阶无穷小.

例如，由于$\lim\limits_{x\to 0}\frac{x^2}{x}=\lim\limits_{x\to 0}x=0$，所以在$x\to 0$时，$x^2$是$x$的高阶无穷小；

因为$\lim\limits_{x\to 0}\frac{1-\cos x}{x^2}=\frac{1}{2}$，所以在$x\to 0$时，$1-\cos x$是$x$的二阶无穷小；同时，$1-\cos x$也是$x^2$的同阶无穷小；

因为$\lim\limits_{x\to 0}\frac{x+x^2}{x}=1$，所以在$x\to 0$时，所以$x+x^2$与$x$为等价无穷小.

此外还有，在$x\to 0$时，$\sin x\sim x,\tan x\sim x,1-\cos x\sim\frac{1}{2}x^2$等等.

关于等价无穷小，有下面两个重要定理.

定理 2.6.1 在某一变化过程中，β与α为等价无穷小的充分必要条件是β与α之差为比为α(或β)的高阶无穷小，即

$$\beta\sim\alpha\Leftrightarrow\beta-\alpha=o(\alpha)\ (\text{或}\ o(\beta)).$$

证:必要性　设$\alpha\sim\beta$，即$\lim\frac{\beta}{\alpha}=1$. 于是

$$\lim\frac{\beta-\alpha}{\alpha}=\lim\left(\frac{\beta}{\alpha}-1\right)=\lim\frac{\beta}{\alpha}-1=1-1=0$$

所以

$$\beta-\alpha=o(\alpha)$$

充分性　设$\beta-\alpha=o(\alpha)$，即有$\lim\frac{\beta-\alpha}{\alpha}=0$，于是

$$\lim \frac{\beta}{\alpha}=\lim\left(\frac{\beta-\alpha+\alpha}{\alpha}\right)=\lim \frac{\beta-\alpha}{\alpha}+1=1$$

所以 $\beta\sim\alpha$.

定理 2.6.2　如果在某个变化过程中，$\alpha\sim\alpha'$，$\beta\sim\beta'$，且 $\lim \frac{\beta'}{\alpha'}$存在，则有

$$\lim \frac{\beta}{\alpha}=\lim \frac{\beta'}{\alpha'}$$

证：由于 $\lim \frac{\beta}{\beta'}=1$，$\lim \frac{\alpha}{\alpha'}=1$，再根据极限四则运算法则，则有

$$\lim \frac{\beta}{\alpha}=\lim \frac{\beta}{\beta'}\frac{\beta'}{\alpha'}\frac{\alpha'}{\alpha}=\lim \frac{\beta}{\beta'}\lim \frac{\beta'}{\alpha'}\lim \frac{\alpha'}{\alpha}=\lim \frac{\beta'}{\alpha'}$$

【例 2.6.1】　求$\lim\limits_{x\to 0}\frac{\sin 3x}{\tan 2x}$.

解：由于，在 $x\to 0$ 时，$\sin 3x\sim 3x$，$\tan 2x\sim 2x$，因此由定理 2.6.2 便有

$$\lim_{x\to 0}\frac{\sin 3x}{\tan 2x}=\lim_{x\to 0}\frac{3x}{2x}=\frac{3}{2}$$

【例 2.6.2】　求$\lim\limits_{x\to 0}\frac{1-\cos(1-\cos x)}{x^4}$.

解：由于，在 $x\to 0$ 时，$u=1-\cos x\to 0$，且 $1-\cos u\sim\frac{u^2}{2}$，即 $1-\cos(1-\cos x)\sim\frac{(1-\cos x)^2}{2}$，所以

$$\lim_{x\to 0}\frac{1-\cos(1-\cos x)}{x^4}=\lim_{x\to 0}\frac{(1-\cos x)^2}{2x^4}=\lim_{x\to 0}\frac{\left(\frac{x^2}{2}\right)^2}{2x^4}=\frac{1}{8}$$

需要注意的是：在运用定理 2.6.2 时，乘除运算中的无穷小可用其等价无穷小替换，但加减运算中的无穷小却不能随意用其等价无穷小替换. 例如

$$\lim_{x\to 0}\frac{\tan x-\sin x}{x^3}\neq\lim_{x\to 0}\frac{x-x}{x^3}=0$$

正确做法是

$$\lim_{x\to 0}\frac{\tan x-\sin x}{x^3}=\lim_{x\to 0}\frac{\frac{\sin x}{\cos x}-\sin x}{x^3}=\lim_{x\to 0}\frac{\sin x}{\cos x}\frac{1-\cos x}{x^3}$$

$$=\lim_{x\to 0}\left(\frac{1}{\cos x}\frac{\sin x}{x}\frac{1-\cos x}{x^2}\right)=\frac{1}{2}$$

习题 2.6

1. 证明：

(1) $\sqrt{1-x}-1\sim-\frac{1}{2}x(x\to 0)$；　　(2) $\tan x\sim\sin x(x\to 0)$；

2. 当 $x\to 1$ 时，$(x-1)^2$ 与 x^2+x-2 相比，哪一个是高阶无穷小. 为什么？

3. 当 $x\to 1$ 时，无穷小 $1-x$ 与 $2(1-\sqrt{x})$是同阶还是等价？

4. 当 $x\to 0$ 时，确定下列函数对 x 无穷小的阶数.

(1) x^3+10x;　　(2) $\dfrac{x^2(x+1)}{1+\sqrt{x}}$;

(3) $2\sin^3 x\tan x$;　　(4) $1-\cos^2 x$.

5. 用等价无穷小代换的方法求下列极限.

(1) $\lim\limits_{x\to 0}\dfrac{\tan 5x}{3x}$;　　(2) $\lim\limits_{x\to 0}\dfrac{\sin x^m}{\sin^n x}$ (m,n 为正整数);

(3) $\lim\limits_{x\to 1}\dfrac{\sin(\sin(x-1))}{x-1}$;　　(4) $\lim\limits_{x\to 0}\dfrac{1-\cos x}{x(\sqrt{1+x}-1)}$;

(5) $\lim\limits_{x\to 0}\dfrac{1-\cos mx}{\tan x^2}$;　　(6) $\lim\limits_{x\to 0}\dfrac{1}{x}\left(\dfrac{1}{\sin x}-\dfrac{1}{\tan x}\right)$.

6. 证明下列等式.

(1) $xo(x^2)=o(x^3)(x\to 0)$;　　(2) $\dfrac{o(x^2)}{x}=o(x)(x\to 0)$;

(3) $o(x^2)+o(x^3)=o(x^2)(x\to 0)$;　　(4) $o(x^2)o(x^3)=o(x^5)(x\to 0)$.

2.7　函数的连续性

函数的连续性是函数的一种非常重要的性态,它反映了许多自然现象的共同持性,例如,树木的连续生长,水流的连续流动,温度的连续变化等等.本课程研究的主要是具有这种连续变化特性的函数,即连续函数.

2.7.1　函数连续性的概念与函数的间断点

1. 函数连续性的概念

(1) 函数在一点处连续的定义

当变量 u 由它的一个值 u_0 变到另一个值 u 时,称 $u-u_0$ 为变量 u 在 u_0 处的增量(也称为改变量),记为 Δu,即

$$\Delta u=u-u_0$$

注意:增量 Δu 是可正可负的.当 $\Delta u>0$ 时,变量 u 从 u_0 增加到 $u_0+\Delta u$;当 $\Delta u<0$ 时,变量 u 从 u_0 减少到 $u_0+\Delta u$.

从实际问题可以看到,函数在某一点连续的共同特点是:当自变量在该点有微小变化时,相应函数的变化量也很微小,也就是说,当自变量在该点的增量趋于零时,相应的函数增量也应趋于零.

定义 2.7.1　设函数 $y=f(x)$ 在 x_0 的某个邻域内有定义.如果当自变量在 x_0 处的增量 Δx 趋于零时,相应的函数增量 $\Delta y=f(x_0+\Delta x)-f(x_0)$ 也趋于零,即

$$\lim_{\Delta x\to 0}\Delta y=0$$

则称函数 $y=f(x)$ 在 x_0 处连续,x_0 称为 $f(x)$ 的连续点.

如果记 $x=x_0+\Delta x$,则 $\Delta x\to 0$ 等价于 $x\to x_0$,而 $\Delta y\to 0$ 等价于 $f(x)\to f(x_0)$.于是函数在一点处连续可用下面的定义表述.

定义 2.7.2　设函数 $f(x)$ 在 x_0 的某个邻域内有定义. 如果

$$\lim_{x \to x_0} f(x) = f(x_0)$$

则称函数 $f(x)$ 在 x_0 处连续.

由函数极限的严格数学定义,由可得函数在一点处连续的定义.

定义 2.7.3　设函数 $f(x)$ 在 x_0 的某个邻域内有定义. 如果对任意正数 ε,存在 $\delta>0$,使得当 $|x-x_0|<\delta$ 时,有

$$|f(x)-f(x_0)|<\varepsilon$$

则称函数 $f(x)$ 在 x_0 处连续.

显然,上述三个定义是等价的.

【例 2.7.1】　证明函数 $y=\sin x$ 在区间 $(-\infty,+\infty)$ 内的任意一点处是连续的.

证:设 x_0 为区间 $(-\infty,+\infty)$ 内任意一点. 对自变量 x 在 x_0 处的增量 Δx,相应函数的增量为

$$\Delta y=\sin(x_0+\Delta x)-\sin x_0=2\sin\frac{\Delta x}{2}\cos\left(x_0+\frac{\Delta x}{2}\right)$$

在第 2.5 节中,已证过 $\lim\limits_{x\to 0}\sin x=0$,由复合函数的极限法则可知 $\lim\limits_{\Delta x\to 0}\sin\dfrac{\Delta x}{2}=0$,再根据无穷小与有界变量的关系便得

$$\lim_{\Delta x\to 0}\Delta y=\lim_{\Delta x\to 0}2\sin\frac{\Delta x}{2}\cos\left(x_0+\frac{\Delta x}{2}\right)=0$$

所以 $y=\sin x$ 在 x_0 处连续.

用同样方法可以证明函数 $y=\cos x$ 在区间 $(-\infty,+\infty)$ 内任意一点处也是连续的.

【例 2.7.2】　证明函数 $y=e^x$ 在 $x=0$ 处连续.

* **证**:当自变量 x 在 $x=0$ 处有增量 Δx 时,相应函数的增量为

$$\Delta y=e^{0+\Delta x}-e^0=e^{\Delta x}-1$$

对任意 $\varepsilon>0$(不妨设 $\varepsilon<1$),要使 $|\Delta y|=|e^{\Delta x}-1|<\varepsilon$,即 $1-\varepsilon<e^{\Delta x}<1+\varepsilon$,也即 $\ln(1-\varepsilon)<\Delta x<\ln(1+\varepsilon)$,只要取 $\delta=\min\{|\ln(1-\varepsilon)|,\ln(1+\varepsilon)\}$,便可使

$$|\Delta y|=|e^{\Delta x}-1|<\varepsilon$$

即

$$\lim_{\Delta x\to 0}\Delta y=0$$

故 $y=e^x$ 在 $x=0$ 处连续.

(2) 函数在一点处左、右连续的定义

定义 2.7.4　设函数 $f(x)$ 在 x_0 的某左侧邻域内有定义. 如果

$$\lim_{x\to x_0^-} f(x)=f(x_0)$$

则称函数 $f(x)$ 在 x_0 处是左连续的;

设函数 $f(x)$ 在 x_0 的某右侧邻域内有定义. 如果

$$\lim_{x\to x_0^+} f(x)=f(x_0)$$

则称函数 $f(x)$ 在 x_0 处是右连续的.

由左、右极限与极限的关系可得下面一个常用的定理.

定理 2.7.1 函数 $f(x)$在 x_0 处连续的充分必要条件是 $f(x)$在 x_0 处左、右都连续.

【例 2.7.3】 讨论函数 $f(x)=|x|$在 $x=0$ 处的连续性.

解：由于

$$f(x)=|x|=\begin{cases}x, & x\geqslant 0\\ -x, & x<0\end{cases}$$

所以

$$\lim_{x\to 0^-}f(x)=\lim_{x\to 0^-}(-x)=0,\text{且}\lim_{x\to 0^+}f(x)=\lim_{x\to 0^+}x=0$$

可见函数 $f(x)$在 $x=0$ 处既是左连续又是右连续，再根据定理 2.7.1 可知，函数 $f(x)=|x|$在 $x=0$ 处是连续的.

【例 2.7.4】 讨论函数

$$f(x)=\begin{cases}2x+1, & -1\leqslant x\leqslant 1\\ x^2, & 1<x\leqslant 2\end{cases}$$

在 $x=1$ 处的连续性.

解：由于 $f(1)=(2x+1)|_{x=1}=3$，且

$$\lim_{x\to 1^-}f(x)=\lim_{x\to 1^-}(2x+1)=3=f(1)$$

故 $f(x)$在 $x=1$ 处是左连续的，但是

$$\lim_{x\to 1^+}f(x)=\lim_{x\to 1^+}x^2=1\neq f(1)$$

根据定理 2.7.1 可知，函数 $f(x)$在 $x=1$ 处是不连续的.

(3) 函数在区间上的连续性

定义 2.7.5 如果函数 $f(x)$在开区间(a,b)内每一点处都连续，则称 $f(x)$在开区间(a,b)内连续；如果函数 $f(x)$在开区间(a,b)内连续，且在该区间的左端点 a 处右连续，在右端点 b 处左连续，则称 $f(x)$在闭区间$[a,b]$上连续.

类似可定义函数在半开半闭区间上的连续性.

在第 2.4 节中曾证明：如果 $R(x)$是有理分式函数，而在 $x=x_0$ 处分母不为零，则$\lim\limits_{x\to x_0}R(x)=R(x_0)$，所以，有理分式函数在其定义域内是连续的. 特别是 x 的多项式函数在$(-\infty,+\infty)$内是连续的.

由例 2.7.1 可知，函数 $\sin x$ 和 $\cos x$ 在$(-\infty,+\infty)$内都是连续的.

【例 2.7.5】 证明函数 $y=e^x$ 在$(-\infty,+\infty)$内连续性.

证：由例 2.7.2 可知 $y=e^x$ 在 $x=0$ 处连续，即有$\lim\limits_{x\to 0}e^x=1$，于是对$(-\infty,+\infty)$内任意一点 x_0 有

$$\lim_{x\to x_0}e^x=\lim_{x\to x_0}e^{x_0}(e^{x-x_0})=e^{x_0}\lim_{x\to x_0}e^{x-x_0}=e^{x_0}$$

故 $y=e^x$ 在 x_0 处连续，再由 x_0 的任意性可知函数在$(-\infty,+\infty)$内连续.

从几何上看，在区间上连续的函数的图形应是一条在该区间上连续不断的曲线.

2. 函数的间断点

(1) 函数间断点的概念

如果 x_0 不是函数 $f(x)$的连续点，则称 x_0 为 $f(x)$的不连续点或间断点. 由定义 2.7.2 可知，如果 $f(x)$在 x_0 处有以下三种情况之一，则 x_0 必为 $f(x)$的间断点：

① 在 x_0 处无定义；

② 在 x_0 处有定义，但 $\lim\limits_{x \to x_0} f(x)$ 不存在；

③ 在 x_0 处有定义且 $\lim\limits_{x \to x_0} f(x)$ 存在，但 $\lim\limits_{x \to x_0} f(x) \neq f(x_0)$.

(2) 间断点的分类

为了研究函数的性态，首先将函数的间断点分为两类.

定义 2.7.6　① 设 x_0 为函数 $f(x)$ 的间断点. 如果 $f(x)$ 在 x_0 处的左、右极限都存在，则称 x_0 为 $f(x)$ 的第一类间断点；

② 若 $f(x)$ 在 x_0 处的左、右极限至少有一个不存在，则称 x_0 为 $f(x)$ 的第二类间断点.

【例 2.7.6】　设函数

$$f(x)=\begin{cases} x^2, & 0 \leqslant x \leqslant 1 \\ 3-x, & 1 < x \leqslant 2 \end{cases}$$

讨论 $f(x)$ 在 $x=1$ 处的连续性，若间断，指出间断点的类型.

解：显然 $f(1)=1$，即 $f(x)$ 在 $x=1$ 处有定义. 但因为

$$\lim_{x \to 1^-} f(x) = \lim_{x \to 1^-} x^2 = 1, \lim_{x \to 1^+} f(x) = \lim_{x \to 1^+} (3-x) = 2$$

即

$$\lim_{x \to 1^-} f(x) \neq \lim_{x \to 1^+} f(x)$$

所以 $\lim\limits_{x \to 1} f(x)$ 不存在，故 $x=1$ 为 $f(x)$ 的间断点，且为第一类间断点.

图 2.7 给出了 $y=f(x)$ 的图形. 由图可见曲线 $y=f(x)$ 在 $x=1$ 处跳跃地间断.

【例 2.7.7】　讨论函数

$$f(x)=\frac{x^2+x-2}{x-1}$$

在 $x=1$ 处的连续性. 若 $x=1$ 为 $f(x)$ 间断点，指出其类型.

解：因为函数

$$f(x)=\frac{x^2+x-2}{x-1}$$

在 $x=1$ 处无定义，故 $x=1$ 为 $f(x)$ 的间断点.

又因为

$$\lim_{x \to 1} \frac{x^2+x-2}{x-1} = \lim_{x \to 1} \frac{(x-1)(x+2)}{x-1} = \lim_{x \to 1} (x+2) = 3$$

故 $x=1$ 为 $f(x)$ 的第一类间断点，如图 2.8 所示.

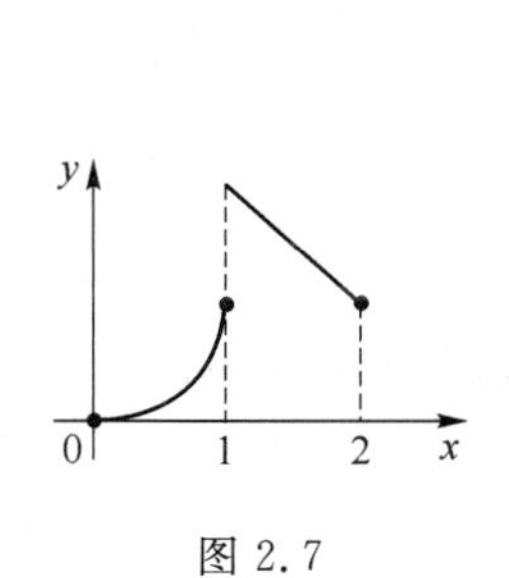

图 2.7

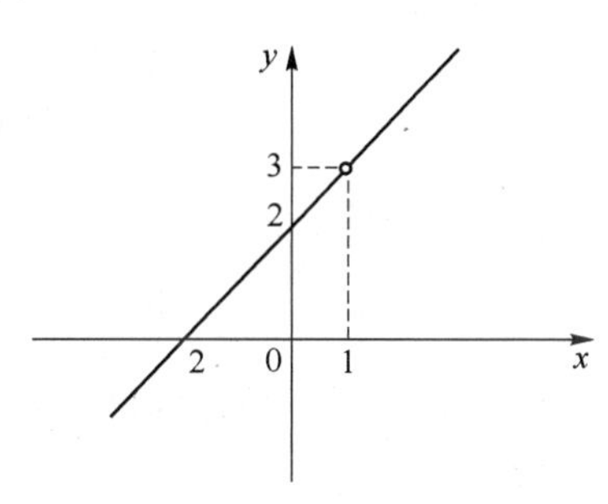

图 2.8

我们注意到:只要在 $x=1$ 处补充定义函数值为其极限值,即令

$$g(x)=\begin{cases} f(x), & x\neq 1 \\ \lim\limits_{x\to 1} f(x), & x=1 \end{cases}$$

$$=\begin{cases} \dfrac{x^2+x-2}{x-1}, & x\neq 1 \\ 3, & x=1 \end{cases}$$

便可得到一个在 $x=1$ 处连续的函数 $g(x)$.

【例 2.7.8】 讨论函数

$$f(x)=\begin{cases} \dfrac{\sin x}{x}, & x\neq 0 \\ 2, & x=0 \end{cases}$$

在 $x=0$ 处的连续性,若间断,指出其间断点的类型.

解:因为

$$\lim_{x\to 0} f(x)=\lim_{x\to 0}\frac{\sin x}{x}=1\neq f(0)$$

所以函数 $f(x)$ 在 $x=0$ 处间断,且 $x=0$ 为 $f(x)$ 的第一类间断点.

容易看到,只要在 $x=0$ 处改变函数值为其极限值,即令

$$g(x)=\begin{cases} f(x), & x\neq 0 \\ \lim\limits_{x\to 1} f(x), & x=0 \end{cases}$$

$$=\begin{cases} \dfrac{\sin x}{x}, & x\neq 0 \\ 1, & x=0 \end{cases}$$

便可得到一个在 $x=0$ 处连续的函数 $g(x)$.

在第一类间断点中,如果 $\lim\limits_{x\to x_0} f(x)$ 存在,则称 x_0 为 $f(x)$ 的可去间断点;如果 $\lim\limits_{x\to x_0} f(x)$ 不存在,即 $\lim\limits_{x\to x_0^-} f(x)\neq \lim\limits_{x\to x_0^+} f(x)$,则称 x_0 为 $f(x)$ 的跳跃间断点.

例 2.7.6 中的 $x=1$ 为跳跃间断点;例 2.7.7 中的 $x=1$ 和例 2.7.8 中的 $x=0$ 为可去间断点.

在第二类间断点中常见的有无穷间断点和振荡间断点,见下面的例子.

【例 2.7.9】 函数

$$f(x)=\frac{1}{x}$$

在 $x=0$ 处无定义,且因为

$$\lim_{x\to 0} f(x)=\lim_{x\to 0}\frac{1}{x}=\infty$$

所以 $x=0$ 为 $f(x)$ 的第二类间断点,也常称为无穷间断点,如图 2.9 所示.

【例 2.7.10】 函数

$$f(x)=\sin\frac{1}{x}$$

在 $x=0$ 处无定义，且函数在 $x=0$ 处的左、右极限均不存在，故 $x=0$ 为 $f(x)$ 的第二类间断点．由图 2.10 可看到，$f(x)$ 在 $x=0$ 的左右两边的函数值在 -1 与 $+1$ 之间无限次振荡，这种间断点也常称为振荡间断点．

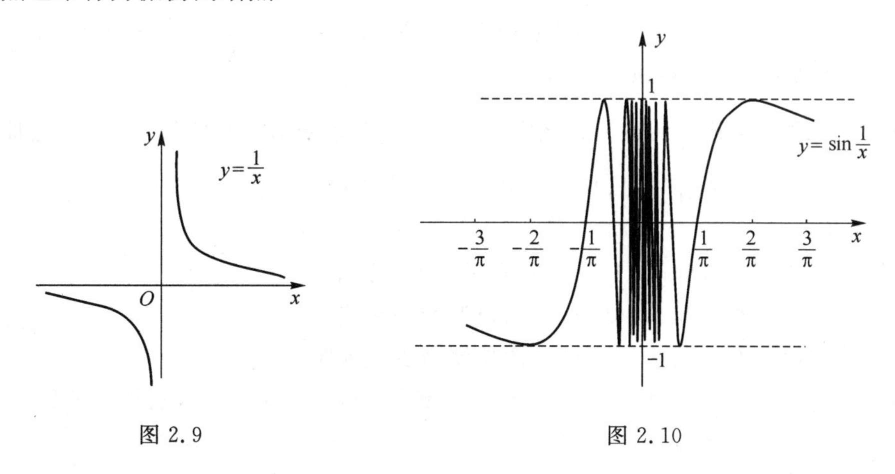

图 2.9　　　　图 2.10

2.7.2　连续函数的运算性质及初等函数的连续性

1. 连续函数的运算性质

（1）连续函数的四则运算

由连续函数在一点处连续的定义及极限的四则运算法则，可得下面的定理．

定理 2.7.2　设函数 $f(x)$ 与 $g(x)$ 在 x_0 处连续，则

① $f(x)\pm g(x)$；

② $f(x)g(x)$；

③ $\dfrac{f(x)}{g(x)}(g(x_0)\neq 0)$

均在 x_0 处连续．

证：下面证明①

由于函数 $f(x)$ 与 $g(x)$ 在 x_0 处连续，即 $\lim\limits_{x\to x_0} f(x)=f(x_0)$，$\lim\limits_{x\to x_0} g(x)=g(x_0)$，再由极限的加减法运算法则，便得

$$\lim_{x\to x_0}[f(x)\pm g(x)]=\lim_{x\to x_0} f(x)\pm\lim_{x\to x_0} g(x)=f(x_0)\pm g(x_0)$$

所以 $f(x)\pm g(x)$ 在 x_0 处连续．

②，③可类似证明．

【例 2.7.11】　由例 2.7.1 可知，$\sin x$ 和 $\cos x$ 在其定义域 $(-\infty,+\infty)$ 内连续，由上述定理可知

$$\tan x=\frac{\sin x}{\cos x},\cot x=\frac{\cos x}{\sin x},\sec x=\frac{1}{\cos x},\csc x=\frac{1}{\sin x}$$

在它们的定义域内都是连续的．

（2）反函数的连续性

定理 2.7.3　如果函数 $y=f(x)$ 在某一区间内单调增加（或减少）且连续，则其反函数

$y=f^{-1}(x)$必在相应区间内单调增加(或减少)且连续.

证明从略.

从几何上看,上述定理的结论是显然的.因为反函数 $y=f^{-1}(x)$的图形与直接函数 $y=f(x)$图形是关于直线 $y=x$ 对称的曲线,如果曲线 $y=f(x)$是一条连续曲线,那么曲线 $y=f^{-1}(x)$也应是一条连续的曲线.

【例 2.7.12】 由于 $y=\sin x$ 在区间$\left[-\frac{\pi}{2},\frac{\pi}{2}\right]$上单调增加且连续,由上述定理可知其反函数 $y=\arcsin x$ 在区间$[-1,1]$上必单调增加且连续.

同样可得

① $y=\arccos x$ 在区间$[-1,1]$上单调减少且连续;

② $y=\arctan x$ 在区间$(-\infty,+\infty)$内单调增加且连续;

③ $y=arc\cot x$ 在区间$(-\infty,+\infty)$内单调减少且连续.

另外,由例 2.7.2 知,函数 $y=e^x$ 在其定义域$(-\infty,+\infty)$内连续,故其反函数 $y=\ln x$ 在区间$(0,+\infty)$内连续.

(3) 复合函数的连续性

定理 2.7.4 设函数 $y=f(u)$与 $u=\varphi(x)$在 x_0 的某邻域内可构成复合函数 $y=f[\varphi(x)]$.如果 $\varphi(x)$在 x_0 处连续,$f(u)$在 $u_0=\varphi(x_0)$处连续,则复合函数 $y=f[\varphi(x)]$在 x_0 处必连续.

证:由于 $\varphi(x)$在 x_0 处连续,即$\lim\limits_{x\to x_0}\varphi(x)=\varphi(x_0)$,且 $f(u)$在 $u_0=\varphi(x_0)$处连续,即 $\lim\limits_{u\to u_0}f(u)=f(u_0)$,再由极限的复合运算法则,便得

$$\lim_{x\to x_0}f[\varphi(x)]=f(u_0)=f[\varphi(x_0)]$$

可见,复合函数 $y=f[\varphi(x)]$在 x_0 处连续.

【例 2.7.13】 讨论函数 $y=a^x(a>0,a\neq1)$在其定义域$(-\infty,+\infty)$内的连续性.

解:由例 2.7.2 可知,函数 $y=e^x$ 在其定义域$(-\infty,+\infty)$内连续,而

$$y=a^x=e^{x\ln a}$$

再根据定理 2.7.4 可得函数 $y=a^x$在其定义域$(-\infty,+\infty)$内连续.

再利用反函数的连续性,可知对数函数 $y=\log_a x\ (a>0,a\neq1)$在其定义域$(0,+\infty)$内连续.

【例 2.7.14】 讨论幂函数 $y=x^\mu$ 在其定义域内的连续性.

解:由于

$$y=e^{\mu\ln x}$$

再由定理 2.7.4 可知,函数 $y=x^\mu$在其定义域内连续.

另外,利用复合函数的连续性及复合函数的极限法则,可以得到下面两个常用的结果:

① 如果 $\lim\varphi(x)=a$,而 $f(u)$在极限点 a 处连续,则有

$$\lim f[\varphi(x)]=f[\lim\varphi(x)]$$

② 对幂指函数 $y=[f(x)]^{g(x)}$,如果 $\lim f(x)=A$,$\lim g(x)=B$,则

$$\lim\,[f(x)]^{g(x)}=A^B$$

【例 2.7.15】　求$\lim\limits_{x\to 0}\dfrac{\ln(1+x)}{x}$.

解：$\lim\limits_{x\to 0}\dfrac{\ln(1+x)}{x}=\lim\limits_{x\to 0}\ln(1+x)^{\frac{1}{x}}=\ln[\lim\limits_{x\to 0}(1+x)^{\frac{1}{x}}]=\ln \mathrm{e}=1$

【例 2.7.16】　求$\lim\limits_{x\to\infty}\left(1+\dfrac{1}{x^2}\right)^x$.

解：$\lim\limits_{x\to\infty}\left(1+\dfrac{1}{x^2}\right)^x=\lim\limits_{x\to\infty}\left(1+\dfrac{1}{x^2}\right)^{x^2\cdot\frac{1}{x}}=\left[\lim\limits_{x\to\infty}\left(1+\dfrac{1}{x^2}\right)^{x^2}\right]^{\lim\limits_{x\to\infty}\frac{1}{x}}=\mathrm{e}^0=1$

2. 初等函数的连续性

归纳前面的例子,可得出这样的结论:基本初等函数在其定义域内连续.

因为初等函数是由基本初等函数经过有限次四则运算与复合而构成的函数,再由基本初等函数的连续性和连续函数的运算性质可得如下结论:**初等函数在其定义区间内连续.**

利用初等函数的连续性及连续函数的运算性质求极限可使运算过程更为简便、有效.

【例 2.7.17】　求$\lim\limits_{x\to 1}\dfrac{x+\mathrm{e}^{\sin\pi x}}{\sqrt{\arctan x}}$.

解：由于 $y=\dfrac{x+\mathrm{e}^{\sin\pi x}}{\sqrt{\arctan x}}$为初等函数,且 $x=1$ 为定义区间内的点,所以

$$\lim_{x\to 1}\frac{x+\mathrm{e}^{\sin\pi x}}{\sqrt{\arctan x}}=\frac{1+\mathrm{e}^{\sin\pi}}{\sqrt{\arctan 1}}=\frac{4}{\sqrt{\pi}}$$

2.7.3　闭区间上连续函数的性质

下面介绍闭区间上连续函数的两个重要性质,即最大值与最小值定理和介值定理.从几何上看这两个性质是显然的,但其严格的数学证明却超出了本书范围.

定理 2.7.5(最大值与最小值定理)　如果函数 $f(x)$在闭区间$[a,b]$上连续,则 $f(x)$在该闭区间上必取得最大值与最小值,即在$[a,b]$上至少存在两点 ξ_1 和 ξ_2,使得对$[a,b]$上任意一点 x 有

$$f(\xi_1)\leqslant f(x)\leqslant f(\xi_2)$$

满足上面不等式的函数值 $f(\xi_1)$和 $f(\xi_2)$分别称为 $f(x)$在$[a,b]$上的最小值与最大值.

从几何上看,一段包含两个端点的连续曲线,必有最高处,也必有最低处,如图 2.11 所示.

注意:(1) 如果定理条件中的区间不是闭区间,则定理的结论不一定成立.例如,函数

$$y=\frac{1}{x}$$

在区间$(0,1]$上便没有最大值,如图 2.12 所示.

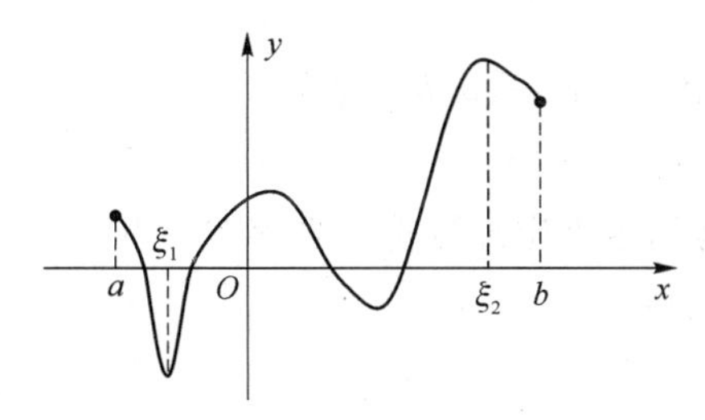

图 2.11

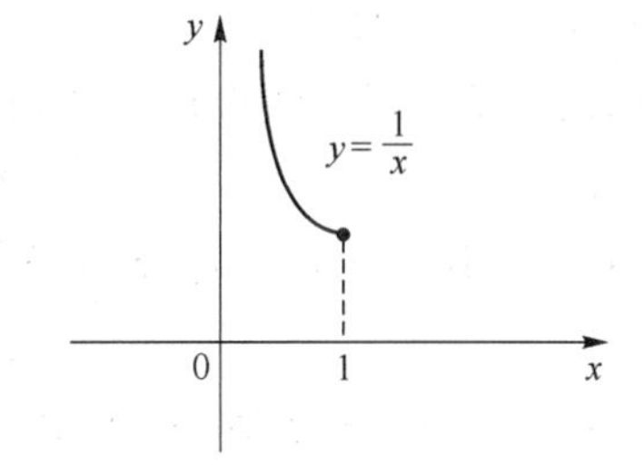

图 2.12

(2) 如果定理的条件中，函数在闭区间上不连续，则定理的结论也不一定成立. 例如，函数

$$y=\begin{cases}x+1, & -1\leqslant x<0\\0, & x=0\\x-1, & 0<x\leqslant 1\end{cases}$$

在闭区间$[-1,1]$上没有最大值与最小值，如图2.13所示.

由最大值与最小值定理可知下面的推论是显然的.

推论：闭区间上的连续函数必有界.

定理2.7.6(介值定理) 如果函数$f(x)$在闭区间$[a,b]$上连续，且$f(a)\neq f(b)$，则对介于$f(a)$与$f(b)$之间的任意实数C，在开区间(a,b)内至少存在一点ξ，使得

$$f(\xi)=C$$

从几何上看，一段包含两个端点的连续曲线$y=f(x)$，与介于直线$y=f(a)$与$y=f(b)$之间的直线$y=C$必在相应的开区间内至少有一个交点，如图2.14所示.

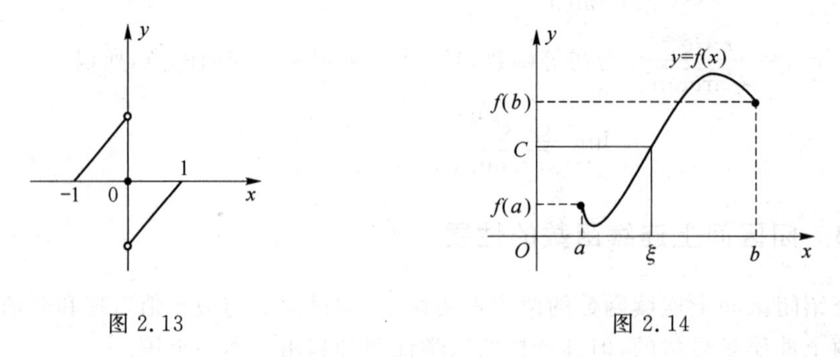

图2.13　　图2.14

同样，需要注意的是：定理中的“闭区间”与“函数连续”的条件缺一不可，否则定理的结论不一定成立.

介值定理可进一步推广：在闭区间上的连续函数必可取得介于其最小值与最大值之间的任何值.

下面的推论是介值定理的特例.

推论：如果函数$f(x)$在闭区间上连续，且$f(a)$与$f(b)$异号，则在开区间(a,b)内至少存在一点ξ，使得$f(\xi)=0$.

这一推论也常被称为**零点定理**.

【例2.7.18】 若$f(x)$在$[a,b]$上连续，且对$[a,b]$上任意一点x，均有$f(x)\neq 0$，证明$f(x)$在$[a,b]$上不变号.

证：用反证法. 设$f(x)$在$[a,b]$上变号，则存在$x_1,x_2\in[a,b]$，使得

$$f(x_1)<0, f(x_2)>0$$

显然$x_1\neq x_2$，不妨设$x_1<x_2$. 在区间$[x_1,x_2]$上运用零点定理可得至少存在一点

$$\xi\in(x_1,x_2)\subset[a,b]$$

使得$f(\xi)=0$，与题设矛盾，故$f(x)$在$[a,b]$上不变号.

由于零点定理中的ξ也就是方程$f(x)=0$的根，所以常用它去证明方程根的存在性.

【例 2.7.19】 证明方程 $e^x-3x=0$ 在开区间 $(0,1)$ 内至少有一个实根.

证:令 $f(x)=e^x-3x$,显然 $f(x)$ 为初等函数,并在区间 $[0,1]$ 上有定义,由初等函数的连续性可知 $f(x)$ 在闭区间 $[0,1]$ 上连续,且

$$f(0)=1>0,f(1)=e-3<0$$

于是由零点定理可知,方程 $e^x-3x=0$ 在开区间 $(0,1)$ 内至少有一个实根.

习题 2.7

1. 研究下列函数的连续性,并画出函数的图形.

(1) $f(x)=\begin{cases}x^2, & |x|\leqslant 1\\ x, & |x|>1\end{cases}$;　　(2) $f(x)=\begin{cases}e^x+1, & x>0\\ 2, & x<0\end{cases}$.

2. 若 $f(x)$ 在 x_0 处连续,$g(x)$ 在 x_0 处不连续,问 $f(x)+g(x)$ 在 x_0 处是否一定不连续?

3. 证明:若 $f(x)$ 在 x_0 处连续,则 $|f(x)|$ 在 x_0 处也连续. 反之,若 $f(x)$ 在 x_0 处不连续,问 $|f(x)|$ 在 x_0 处是否也不连续? 举例说明.

4. 求下列函数的间断点,并判断间断点的类型.

(1) $y=\dfrac{x^2-1}{x^2-3x+2}$;　　(2) $y=\begin{cases}2x+1, & x\geqslant 1\\ 1-3x, & x<1\end{cases}$;

(3) $y=\dfrac{1-\cos x}{x^2}$;　　(4) $y=\dfrac{1}{(x-1)^2}$;

(5) $y=\dfrac{\sin x}{|x|}$;　　(6) $y=\dfrac{1}{1+e^{\frac{1}{x}}}$.

5. 求下列函数的连续区间.

(1) $y=(1+2x)^{19}$;　　(2) $y=\left(\arcsin\sqrt{1-x^2}\right)^2$;

(3) $y=\ln(x^2-x+2)$;　　(4) $y=\begin{cases}x-1, & x\leqslant -1\\ \dfrac{x+1}{x-1}, & -1<x<1\\ x+1, & x\geqslant 1\end{cases}$.

6. 设 $f(x)=\begin{cases}(1+ax)^{\frac{2}{x}}, & x<0\\ 3, & x\geqslant 0\end{cases}$ 在 $(-\infty,+\infty)$ 上连续,求常数 a 的值.

7. 证明方程 $x^3-3x=1$ 在区间 $(1,2)$ 内至少有一个实根.

8. 设 $f(x)$ 在区间 $[0,1]$ 上连续,且 $0<f(x)<1$,证明:在 $(0,1)$ 内至少存在一点 ξ,使得

$$f(\xi)=\xi.$$

9. 设 $f(x)$,$g(x)$ 在区间 $[a,b]$ 上连续,且 $f(a)>g(a)$,$f(b)<g(b)$,证明:在 (a,b) 内至少有一点 x_0,使得 $f(x_0)=g(x_0)$.

10. 设 $f(x)$ 在区间 $[a,b]$ 上连续,$x_1,x_2,\cdots,x_n$ 是 $[a,b]$ 上的 n 个点,证明:在 (a,b) 内至少存在一点 ξ,使得

$$f(\xi)=\frac{f(x_1)+f(x_2)+\cdots+f(x_n)}{n}.$$

2.8 本章小结

2.8.1 内容提要

1. 数列极限的概念与性质

(1) 数列极限的概念;

(2) 收敛数列的性质:唯一性、有界性、保号性.

2. 函数极限的概念与性质

(1) 函数在一点处极限$\lim\limits_{x\to x_0} f(x)=A$ 的概念.

(2) 左、右极限 $\lim\limits_{x\to x_0^-} f(x)=A$, $\lim\limits_{x\to x_0^+} f(x)=A$ 的概念.

$$\lim_{x\to x_0} f(x)=A \Leftrightarrow \lim_{x\to x_0^-} f(x)=\lim_{x\to x_0^+} f(x)=A.$$

(3) 函数在无穷远处极限$\lim\limits_{x\to\infty} f(x)=A$ 的概念及其严格的数学定义.

(4) $\lim\limits_{x\to-\infty} f(x)=A$ 及 $\lim\limits_{x\to+\infty} f(x)=A$ 的概念.

$$\lim_{x\to\infty} f(x)=A \Leftrightarrow \lim_{x\to-\infty} f(x)=\lim_{x\to+\infty} f(x)=A.$$

(5) 函数极限的性质:唯一性、局部有界性、局部保号性.

3. 极限运算法则

(1) 四则运算法则 若 $\lim f(x)=A$, $\lim g(x)=B$,则有

$$\lim[f(x)\pm g(x)]=A\pm B;$$

$$\lim f(x)g(x)=AB;$$

$$\lim\frac{f(x)}{g(x)}=\frac{A}{B}(B\neq 0).$$

(2) 复合运算法则

若$\lim\limits_{x\to x_0}\varphi(x)=a$, $\lim\limits_{u\to a} f(u)=A$,则有 $\lim\limits_{x\to x_0} f[\varphi(x)]=\lim\limits_{u\to a} f(u)=A$.

4. 极限存在准则与两个重要极限

(1) 两个极限存在准则:夹逼定理、单调有界收敛定理.

(2) 两个重要极限:$\lim\limits_{x\to 0}\dfrac{\sin x}{x}=1$, $\lim\limits_{x\to\infty}\left(1+\dfrac{1}{x}\right)^x=\mathrm{e}$.

5. 无穷小、无穷大及无穷小的比较.

(1) 无穷小与无穷大的概念;无穷小与无穷大的关系:互为倒数.

(2) 无穷小的性质:

有限个无穷小之和(积)为无穷小;

无穷小与有界变量的乘积为无穷小;

有极限变量等于其极限与一个无穷小之和.

(3) 高阶无穷小、同阶无穷小、k 阶无穷小及等价无穷小的概念.

(4) 等价无穷小的性质：

$\alpha \sim \beta \Leftrightarrow \alpha - \beta = o(\alpha)$；

若 $\alpha \sim \alpha'$，$\beta \sim \beta'$ 且 $\lim \frac{\beta'}{\alpha'}$ 存在，则 $\lim \frac{\alpha}{\beta} = \lim \frac{\alpha'}{\beta'}$.

(5) 几个常用的等价无穷小：当 $x \to 0$ 时，

$$\sin x \sim x,\quad \tan x \sim x,\quad 1-\cos x \sim \frac{1}{2}x^2,\quad \ln(1+x) \sim x,\quad e^x - 1 \sim x,\quad (1+x)^\alpha - 1 \sim \alpha x.$$

6. 函数的连续与间断点

(1) 函数在一点处连续的三个等价定义，左、右连续的概念；左、右连续与连续的关系.

(2) 函数在区间上连续的概念及几何意义.

(3) 间断点的分类：第一类间断点(分为跳跃间断点、可去间断点)，第二类间断点(常见的有无穷间断点、振荡间断点.

7. 连续函数的运算性质与初等函数的连续性

连续函数的和、差、积、商(分母不为零)为连续函数；连续函数的反函数为连续函数；连续函数的复合函数为连续函数.

初等函数在其定义区间内连续.

8. 闭区间上连续函数的性质

(1) 最大值与最小值定理：闭区间上连续函数在该区间上必有最大值与最小值.

推论：闭区间上连续函数在该区间上必有界.

(2) 介值定理：在闭区间上的连续函数，在该区间上必可取得介于端点函数值(可推广为介于最小值与最大值)之间的任何值.

推论：在闭区间上连续且端点函数值异号的函数在该区间上必存在函数值为零的点.

2.8.2　基本要求

(1) 理解数列极限与函数极限的概念，知道它们的严格数学定义.

(2) 理解 $\lim\limits_{x \to x_0^-} f(x) = A$，$\lim\limits_{x \to x_0^+} f(x) = A$ 和 $\lim\limits_{x \to -\infty} f(x) = A$，$\lim\limits_{x \to +\infty} f(x) = A$ 的概念，并掌握它们与极限 $\lim\limits_{x \to x_0} f(x) = A$ 和 $\lim\limits_{x \to \infty} f(x) = A$ 的关系.

(3) 了解极限的性质.

(4) 掌握极限的四则运算法则，会用极限的复合运算法则求极限.

(5) 了解夹逼定理与单调有界收敛定理，会运用两个重要极限求某些函数的极限.

(6) 理解无穷小与无穷大的概念，了解无穷小的性质，并会用某些性质求极限.

(7) 了解高阶、同阶及等价无穷小的概念，会用等价无穷小替换法求极限.

(8) 理解函数在一点处连续、左、右连续、及在区间上连续的概念，了解函数间断点的定义并会判断间断点的类型.

(9) 了解连续函数的运算性质，知道初等函数在其定义区间上连续的结论并会用此结论及连续函数的运算性质求极限.

(10) 了解最大值和最小值定理、介值定理及其推论并会简单的应用.

综合练习题

一、单项选择题

1. 下列极限不存在的是(　　).

(A) $\frac{3}{2},\frac{2}{3},\frac{5}{4},\frac{4}{5},\cdots$

(B) $x_n=\begin{cases}\frac{n}{1+n}, n=1,3,5,\cdots\\ \frac{n}{1-n}, n=2,4,6\cdots\end{cases}$

(C) $x_n=\begin{cases}1+\frac{1}{n}, n=1,3,5,\cdots\\ (-1)^n, n=2,4,6,\cdots\end{cases}$

(D) $x_n=\begin{cases}1, n<10^6\\ \frac{1}{n}, n>10^6\end{cases}$

2. 任意给定 $M>0$,总存在着 $X>0$,当 $x<-X$ 时,$f(x)<-M$,则(　　).

(A) $\lim\limits_{x\to-\infty} f(x)=-\infty$　　(B) $\lim\limits_{x\to\infty} f(x)=-\infty$

(C) $\lim\limits_{x\to-\infty} f(x)=\infty$　　(D) $\lim\limits_{x\to+\infty} f(x)=\infty$

3. 设数列 $\{x_n\}$ 与 $\{y_n\}$ 满足 $\lim\limits_{n\to\infty} x_n y_n=0$,则下列结论正确的是(　　).

(A) 若 $\{x_n\}$ 发散,则 $\{y_n\}$ 必发散　　(B) 若 $\{x_n\}$ 无界,则 $\{y_n\}$ 必有界

(C) 若 $\{x_n\}$ 有界,则 $\{y_n\}$ 必为无穷小　　(D) 若 $\left\{\frac{1}{x_n}\right\}$ 为无穷小,则 $\{y_n\}$ 必为无穷小

4. 设 $x_n\leqslant a\leqslant y_n$,且 $\lim\limits_{n\to\infty}(y_n-x_n)=0$,则 $\{x_n\}$ 与 $\{y_n\}$(　　).

(A) 都收敛于 a　　(B) 都收敛,但不一定都收敛于 a

(C) 可能收敛,也可能发散　　(D) 都发散

5. 下列极限正确的是(　　).

(A) $\lim\limits_{x\to\infty}\left(1-\frac{1}{x}\right)^{x+5}=\mathrm{e}$　　(B) $\lim\limits_{x\to\infty}\left(1-\frac{3}{x}\right)^{x}=\mathrm{e}$

(C) $\lim\limits_{x\to 0}\left(1+\frac{1}{x}\right)^{x}=\mathrm{e}$　　(D) $\lim\limits_{x\to 0}(1+x)^{1+\frac{1}{x}}=\mathrm{e}$

6. 已知 $\lim\limits_{n\to\infty}\left(\frac{1}{n^k}+\frac{2}{n^k}+\cdots\cdots+\frac{n}{n^k}\right)=0$,则 k 的取值范围是(　　).

(A) $k>2$　　(B) $k=2$　　(C) $k<2$　　(D) $k>1$

7. $\lim\limits_{x\to\infty} x\sin\frac{1}{x}=$(　　).

(A) ∞　　(B) 0　　(C) 1　　(D) 不存在

8. 当 $x\to 0^+$ 时,下列无穷小中是对于 x 的三阶无穷小为(　　).

(A) $\sqrt[3]{x^2}-\sqrt{x}$　　(B) $\sqrt{1+x^3}-1$　　(C) x^3+x^2　　(D) $\sqrt[3]{\tan x}$

9. 当 $x\to 0$ 时,$1-\cos x^2$ 与 $x\tan x$ 相比较是(　　)无穷小量

(A) 同阶　　(B) 低阶　　(C) 高阶　　(D) 等价

10. 函数 $y=1+\frac{\arctan x}{x}$ 的间断点及其类型为(　　).

(A) $x=0$,无穷间断点　　(B) $x=0$,可去间断点

(C) $x=0$,跳跃间断点　　(D) $x=1$,可去间断点

11. 设 $f(x)=\begin{cases}3x-1, & x<1\\ 1, & x=1\\ 3-x, & x>1\end{cases}$,则 $x=1$ 是 $f(x)$ 的(　　).

(A) 可去间断点　(B) 跳跃间断点　(C) 无穷间断点　(D) 连续点

12. 函数 $f(x)$ 与 $g(x)$ 在 $(-\infty,+\infty)$ 上连续,且 $f(x)<g(x)$,则必有(　　).

(A) $\lim\limits_{x\to x_0} f(x)<\lim\limits_{x\to x_0} g(x)$　　(B) $\lim\limits_{x\to\infty} f(x)<\lim\limits_{x\to\infty} g(x)$

(C) $\lim\limits_{x\to x_0} f(x)\leqslant\lim\limits_{x\to x_0} g(x)$　　(D) $\lim\limits_{x\to\infty} f(x)\leqslant\lim\limits_{x\to\infty} g(x)$

13. 函数 $f(x)=\frac{x^2-1}{x-1}e^{\frac{1}{x-1}}$,则 $x=1$ 是 $f(x)$ 的(　　).

(A) 跳跃间断点　　(B) 可去间断点

(C) 第二类间断点　　(D) 连续点

14. 设 $f(x)$ 和 $g(x)$ 在 $(-\infty,+\infty)$ 上有定义,$f(x)$ 为连续函数,且 $f(x)\neq 0$,$g(x)$ 有间断点,则(　　).

(A) $g[f(x)]$ 必有间断点　　(B) $[g(x)]^2$ 必有间断点

(C) $f[g(x)]$ 必有间断点　　(D) $\frac{g(x)}{f(x)}$ 必有间断点

15. 方程 $x^4-x-1=0$ 至少有一个根的区间为(　　).

(A) $\left(0,\frac{1}{2}\right)$　(B) $\left(\frac{1}{2},1\right)$　(C) $(1,2)$　(D) $(2,3)$

二、填空题

1. 设 $f(x)=\ln x$,则 $\lim\limits_{\Delta x\to 0}\frac{f(x+\Delta x)-f(x)}{\Delta x}=$__________.

2. 已知 $\lim\limits_{x\to 2}\frac{x^2+ax+b}{x^2-x-2}=2$,则 $a=$__________,$b=$__________.

3. 若 $\lim\limits_{x\to\infty}\left(1+\frac{5}{x}\right)^{-kx}=e^{-10}$,则 $k=$__________.

4. 已知当 $x\to 0$ 时无穷小量 $(1-\cos x)$ 与 $a\sin^2\frac{x}{2}$ 等价,则 $a=$__________.

5. 当 $x\to 0$ 时,若 $\sqrt{1+ax^2}-1$ 与 x^2 是等价无穷小,则 $a=$__________.

6. 设函数 $f(x)=\frac{x^2-x}{|x|(x^2-1)}$,则 $x=0$ 是 $f(x)$ 的第________类间断点中的________间断点;$x=1$ 是 $f(x)$ 的第________类间断点中的________间断点.

7. 函数 $f(x)=\frac{1}{\sqrt{x^2-5x+6}}$ 的连续区间是________.

三、计算题与证明题

1. 求下列极限

(1) $\lim\limits_{n\to\infty}(\sqrt{n^2+n}-n)$;

(2) $\lim\limits_{x\to\infty}\dfrac{(2x-1)^{19}(3x+2)^{21}}{(4x-3)^{40}}$;

(3) $\lim\limits_{x\to 0}\dfrac{\tan 3x-\sin 2x}{x}$;

(4) $\lim\limits_{x\to\infty}x\sin\dfrac{2x}{x^2+1}$;

(5) $\lim\limits_{x\to 0}\dfrac{\ln(1-x)}{\sin(\sin x)}$;

(6) $\lim\limits_{x\to\infty}\left(\dfrac{x^2+1}{x^2-1}\right)^{x^2}$;

(7) $\lim\limits_{x\to 0}(1+x^2)^{\frac{1}{1-\cos x}}$;

(8) $\lim\limits_{x\to 0}\left[\dfrac{\ln(\cos^2 x+\sqrt{1-x^4})}{\mathrm{e}^{\sin x}+5x}+\dfrac{x^2+x}{\sqrt{x+1}}\arctan\dfrac{1}{x^2}\right]$;

(9) $\lim\limits_{x\to\infty}\left(\sin\dfrac{1}{x}+\cos\dfrac{1}{x}\right)^x$;

(10) $\lim\limits_{x\to 0}\left(\dfrac{a^x+b^x+c^x}{3}\right)^{\frac{1}{x}}(a>0,b>0,c>0)$

2. 用夹逼定理下列求$\lim\limits_{n\to\infty}\left(\dfrac{1}{n^2+n+1}+\dfrac{2}{n^2+n+2}+\cdots+\dfrac{n}{n^2+2n}\right)$.

3. 用单调有界收敛定理证明下面数列收敛并求其极限

$x_1=1, x_2=\sqrt{3},\cdots,x_{n+1}=\sqrt{x_n+2},\cdots$.

4. 若 $f(x)$在$(-\infty,+\infty)$内连续,且$\lim\limits_{x\to\infty}f(x)$存在,证明 $f(x)$在$(-\infty,+\infty)$内有界.

5. 证明:方程 $x^5-3x=1$ 至少有一个正根介于1与2之间.

6. 设 $f(x)$在$[0,2a]$上连续,且 $f(0)=f(2a)$,证明:至少存在一点 $\xi\in[0,a]$,使得

$$f(\xi)=f(\xi+a)$$

7. 设 $f(x)$在$[a,b]$上连续,且 $a<f(x)<b$,证明:至少存在一点 $\xi\in(a,b)$,使得

$$f(\xi)=\xi$$

第3章 导数与微分

一元函数的导数与微分及其应用，统称单元微分学. 导数的概念是微分学中最核心的部分，它表示了函数相对于自变量的变化快慢程度，这个概念产生在17世纪中叶，这个时期恰是数学从初等数学向变量数学过渡的一个重要转折期，其中由导数概念发展而成的微分学充当了从数量关系上描述物质运动的数学工具. 正如恩格斯在他的《自然辩证法》一书中指出的："只有微分学才能使自然科学有可能用数学来不仅仅表明状态，并且也表明过程：运动."

本章内容中，我们着重讨论导数和微分的概念及其运算方法. 至于导数的应用，将在第四章中讨论.

3.1 导数概念

3.1.1 引出导数概念的两个著名问题

1. 求变速直线运动的速度问题

在自然科学的许多问题中，经常要计算变速直线运动的速度. 例如在中学物理中曾研究过自由落体从空中下落时，某个时刻的速度有多大，或者一个小球从斜面滚落时，速度的计算. 在生产实践中，还会遇到比这些更复杂的问题，例如，在设计柴油机时，为了确定气缸头的受力大小，就要知道曲柄连杆机构中活塞运动的速度，下面就来讨论如何确定这类变速运动的速度.

由中学物理课程知道，当物体做等速直线运动时，它在任意时刻的速度可以用一个熟悉的公式

$$\text{速度}=\frac{\text{路程}}{\text{时间}}$$

进行计算. 但对上述提到的变速运动，这个公式只能表示物体走完某一路程的平均速度，只能近似反映出运动的快慢变化. 于是，要想精确地刻划出这种变化，就要进一步讨论物体在运动过程中任一时刻或任一瞬间的速度，即所谓瞬时速度，以下我们将要在考查平均速度的基础上，结合极限思想方法，给出瞬时速度的数学定义.

设一质点作变速直线运动，以它运动的直线为数轴，则在质点运动的过程中，对于每一时刻 t，质点的相应位置可以用数轴上的一个坐标 s 表示，即有函数关系 $s=s(t)$，称它为质

点在运动中的位置函数,现在我们来考查该质点在 t_0 时刻的瞬时速度.

设在 t_0 时刻的位置为 $s(t_0)$. 当时间 t 在 t_0 时刻获得增量 Δt 时,则质点的位置函数 s 相应地产生了一个增量 Δs,如图 3.1 所示,易得

$$\Delta s=s(t_0+\Delta t)-s(t_0)$$

于是商

$$\frac{\Delta s}{\Delta t}=\frac{s(t_0+\Delta t)-s(t_0)}{\Delta t}$$

表示在 t_0 到 $t_0+\Delta t$ 这段时间内的平均速度,记作 $\bar{v}$. 即

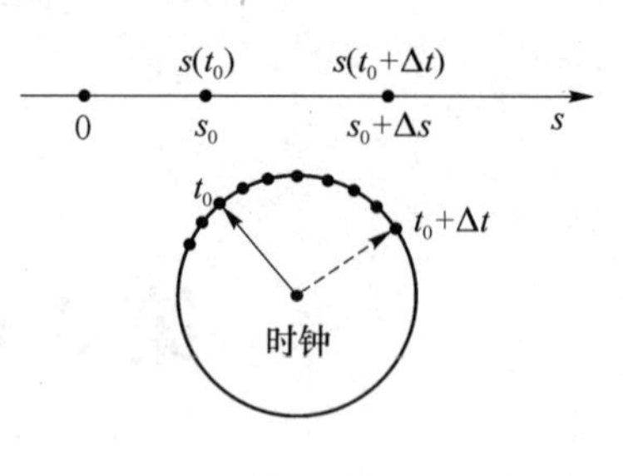

图 3.1

$$\bar{v}=\frac{\Delta s}{\Delta t}$$

在实际场合,由于变速运动的速度通常在连续地发生变化,因而在一段很短的时间变化 Δt 内,速度变化不大,可以近似地看作等速的,于是当 $|\Delta t|$ 很小时,其平均速度 $\bar{v}$ 可作为质点在 t_0 时刻的运动快慢程度的一个近似值. 显然,当 $|\Delta t|$ 越小,$\bar{v}$ 的值就越接近质点在 t_0 时刻的速度,这样一来,当 $\Delta t\to 0$ 时,若 $\bar{v}$ 的极限存在,则 $\lim\limits_{\Delta t\to 0}\bar{v}$ 就精确地表示了质点在 t_0 时刻的瞬时速度,记作 $v(t_0)$,即有

$$v(t_0)=\lim_{\Delta t\to 0}\bar{v}=\lim_{\Delta t\to 0}\frac{\Delta s}{\Delta t}=\lim_{\Delta t\to 0}\frac{s(t_0+\Delta t)-s(t_0)}{\Delta t} \tag{3.1.1}$$

式(3.1.1)既给出了质点在 t_0 时刻的瞬时速度的数学定义,同时也给出了它的计算方法.

【例 3.1.1】 设自由落体的运动规律为

$$s=\frac{1}{2}gt^2$$

求自由落体在 t_0 时刻的瞬时速度.

解:设时间 t 在 t_0 的增量为 Δt,于是 $t=t_0+\Delta t$,其对应位置函数 s 的增量为

$$\Delta s=s(t_0+\Delta t)-s(t_0)=\frac{1}{2}g\cdot(t_0+\Delta t)^2-\frac{1}{2}gt_0^2=gt_0\Delta t+\frac{1}{2}g\cdot(\Delta t)^2$$

因而,落体在 t_0 到 $t_0+\Delta t$ 这段时间内的平均速度为

$$\bar{v}=\frac{\Delta s}{\Delta t}=gt_0+\frac{1}{2}g\cdot\Delta t$$

于是得到落体在 t_0 时刻的瞬时速度为

$$v(t_0)=\lim_{\Delta t\to 0}\bar{v}=\lim_{\Delta t\to 0}(gt_0+\frac{1}{2}g\cdot\Delta t)=gt_0$$

由上式,可算得落体在 $t_0=5(\mathrm{s})$ 时的瞬时速度为

$$v(t_0)=v(5)=9.8\times 5=49(\mathrm{m/s})$$

2. 曲线的切线及其斜率的计算问题

17 世纪中叶,天文学家为了能看到更远的天体,需要改进望远镜的设计,这又引出光学中的一个重要问题:当平面上的光线投射到位于该平面的曲线 L 上的某一点 M 时,按反射定律,其反射光线应和入射光线与一条所谓的法线对称,而要确定法线的位置,先要搞清过

M 点的另一条与它互相垂直的直线，它就是我们下面要讨论的曲线在其上一点的切线，如图 3.2 所示. 何谓曲线的切线？如何计算它的斜率？这些问题在研究电磁波的传输中也是非常重要的.

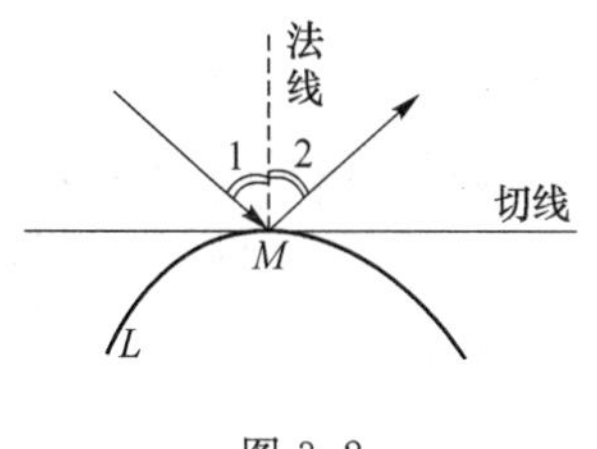

图 3.2

在中学里，我们学过圆的切线，它被定义成“与曲线只有一个交点的直线”，显然，基于圆的特殊性的这种切线定义，不能推广到一般曲线的情形. 例如：曲线 $y=x^2$，在 $x=0$处，x 轴和 y 轴都与曲线只有一个交点，但显然 x 轴是曲线的切线，而 y 轴不是. 为此，我们引入下面的方法并结合极限思想给出切线的一般定义：设在曲线 L 上一点 M 的两侧，任取一点 N，作割线 MN，当点 N 沿曲线 L 趋向点 M 时，且该割线无论位于 M 哪一侧，均绕点 M 不断地转动，最后的极限位置是同一条直线 MT，这条直线被称为曲线在点 M 的切线，点 M 是切线 MT 的切点，如图 3.3 所示.

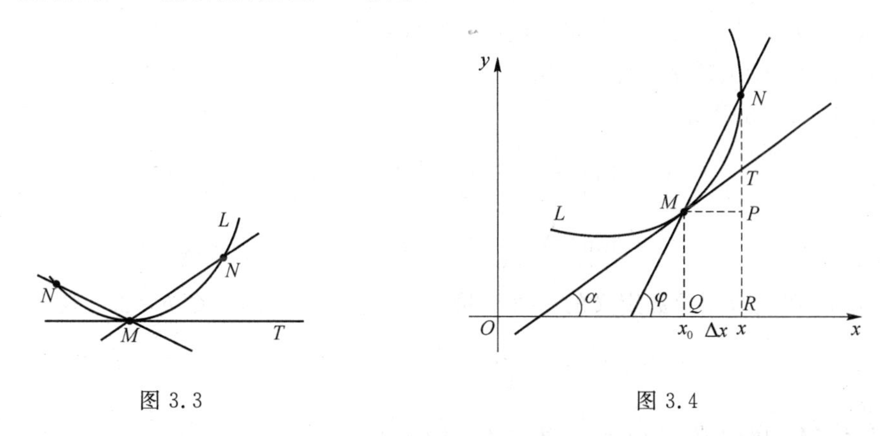

图 3.3　　　　图 3.4

为进一步计算切线的斜率，在图 3.3 的基础上引入直角坐标系，如图 3.4 所示. 设该曲线的方程为 $y=f(x)$，记曲线上点 M 的横坐标为 x_0，纵坐标为 y_0，点 N 的横坐标为 x，纵坐标为 y，记 $x-x_0=\Delta x$，则割线 MN 的斜率

$$\tan\varphi=\frac{|NP|}{|MP|}=\frac{y-y_0}{x-x_0}=\frac{f(x)-f(x_0)}{x-x_0}=\frac{f(x_0+\Delta x)-f(x_0)}{\Delta x}$$

显然，当割线 MN 趋向于切线 MT 时，割线的倾角 φ 趋向于切线与 x 轴正向的夹角 α，于是得到切线 MT 的斜率

$$k=\tan\alpha=\lim_{\Delta x\to 0}\frac{f(x_0+\Delta x)-f(x_0)}{\Delta x} \tag{3.1.2}$$

3.1.2　导数的定义

通过第一段中两个著名问题的讨论，我们发现：无论是求瞬时速度的物理问题，见式(3.1.1)，还是计算切线斜率的几何问题，见式(3.1.2)，其结果均化为同一个数学模型，即都归结为当自变量的增量趋于零时，相应的函数增量与自变量的增量之比的极限，我们称这个极限是函数在自变量取某个值时的变化率，或称它为导数，以下给出导数的数学定义.

定义 3.1.1　设函数 $y=f(x)$在点 x_0 的某个邻域内有定义，自变量 x 在 x_0 处取得增量 Δx ，相应的函数的增量 $\Delta y=f(x_0+\Delta x)-f(x_0)$，若极限

$$\lim_{\Delta x\to 0}\frac{\Delta y}{\Delta x}=\lim_{\Delta x\to 0}\frac{f(x_0+\Delta x)-f(x_0)}{\Delta x}$$

存在,我们称函数 $f(x)$在 x_0 处可导,并将该极限值称为函数 $f(x)$在点 x_0 处的导数,记为 $f'(x_0)$或 $y'|_{x=x_0}$,$\frac{\mathrm{d}y}{\mathrm{d}x}|_{x=x_0}$,$\frac{\mathrm{d}f}{\mathrm{d}x}|_{x=x_0}$,即

$$f'(x_0)=\lim_{\Delta x\to 0}\frac{f(x_0+\Delta x)-f(x_0)}{\Delta x} \tag{3.1.3}$$

如果函数 $f(x)$在开区间(a,b)内任一点 x 处可导,则称函数在开区间(a,b)内可导,此时,可将式(3.1.3)中的 x_0 换成 x 得到的就是 $f'(x)$,称它是 $f(x)$的**导函数**,即

$$f'(x)=\frac{\mathrm{d}y}{\mathrm{d}x}=\lim_{\Delta x\to 0}\frac{f(x+\Delta x)-f(x)}{\Delta x} \tag{3.1.4}$$

显然,函数在 x_0 的导数值 $f'(x_0)$就是导函数 $f'(x)$在点 x_0 的函数值,即

$$f'(x_0)=f'(x)|_{x=x_0},x_0\in(a,b)$$

如果式(3.1.3)中的极限不存在,就说函数 $f(x)$在 x_0 不可导.

【例 3.1.2】 设函数 $f(x)=x^2$,求 $f'(1)$.

解:由式(3.1.3)可求得

$$f'(1)=\lim_{\Delta x\to 0}\frac{f(1+\Delta x)-f(1)}{\Delta x}=\lim_{\Delta x\to 0}\frac{(1+\Delta x)^2-1^2}{\Delta x}$$
$$=\lim_{\Delta x\to 0}\frac{2\Delta x+(\Delta x)^2}{\Delta x}=2$$

为了简便,我们常用导数定义的一种等价形式:若 $f'(x)$存在,令 $h=\Delta x$,则有

$$f'(x)=\lim_{h\to 0}\frac{f(x+h)-f(x)}{h} \tag{3.1.5}$$

【例 3.1.3】 设函数 $f(x)=\frac{1}{x}$,求 $f'(x)(x\neq 0)$.

解:由式(3.1.5)可求得

$$f'(x)=\lim_{h\to 0}\frac{f(x+h)-f(x)}{h}=\lim_{h\to 0}\frac{\frac{1}{x+h}-\frac{1}{x}}{h}$$
$$=\lim_{h\to 0}\frac{-1}{x(x+h)}=-\frac{1}{x^2}$$

【例 3.1.4】 设函数 $f(x)$在 x_0 处可导,$f'(x_0)=A$,求极限:

$$\lim_{\Delta x\to 0}\frac{f(x_0)-f(x_0-2\Delta x)}{\Delta x}$$

解:先令 $-2\Delta x=h$,则 $\Delta x=-\frac{1}{2}h$,于是

$$\lim_{\Delta x\to 0}\frac{f(x_0)-f(x_0-2\Delta x)}{\Delta x}=\lim_{h\to 0}\frac{f(x_0)-f(x_0+h)}{-\frac{1}{2}h}$$
$$=2\cdot\lim_{h\to 0}\frac{f(x_0+h)-f(x_0)}{h}=2\cdot f'(x_0)=2A$$

【例 3.1.5】 设 $f(x)$是可导的奇函数,求证:导函数 $f'(x)$是偶函数.

证:由导数定义,有

$$f'(x)=\lim_{h\to 0}\frac{f(x+h)-f(x)}{h}$$

在上式中将 x 换成 $-x$，并注意 $f(x)$ 是奇函数，有

$$f'(-x)=\lim_{h\to 0}\frac{f(-x+h)-f(-x)}{h}=\lim_{h\to 0}\frac{f[-(x-h)]-f(-x)}{h}=\lim_{h\to 0}\frac{-f(x-h)+f(x)}{h}$$

再令 $-h=\Delta x$，得到

$$f'(-x)=\lim_{\Delta x\to 0}\frac{-f(x+\Delta x)+f(x)}{-\Delta x}=\lim_{\Delta x\to 0}\frac{f(x+\Delta x)-f(x)}{\Delta x}=f'(x)$$

可见导函数 $f'(x)$ 是偶函数.

3.1.3　导数的几何意义

由曲线切线的斜率计算公式(3.1.2)可知，导数 $f'(x_0)$ 就是曲线 $y=f(x)$ 在点 $(x_0, f(x_0))$ 处切线的斜率，即 $f'(x_0)=\tan\alpha$，其中角度 α 是 x 轴正向到切线的夹角.

【例 3.1.6】 求抛物线 $y=x^2$ 在点(1,1)处切线的斜率及 x 轴正向到切线的夹角 α.

解：由式(3.1.2)知道：

$$k=\left.\frac{\mathrm{d}y}{\mathrm{d}x}\right|_{x=1}=2$$

即 $\tan\alpha=2$，于是所求的夹角 $\alpha=\arctan 2$.

利用导数的几何意义可求函数曲线在其上一点的切线方程与法线方程.

我们已经知道，导数 $f'(x_0)$ 的几何意义是曲线 $y=f(x)$ 在其上一点 $M_0(x_0, y_0)$ 处切线的斜率，设 α 表示 x 轴正向到该切线的夹角，则其斜率 $k=\tan\alpha=f'(x_0)$. 我们将一条过点 M_0 且垂直于曲线在点 M_0 的切线的直线，称为曲线在点 M_0 的**法线**，如图3.5所示.

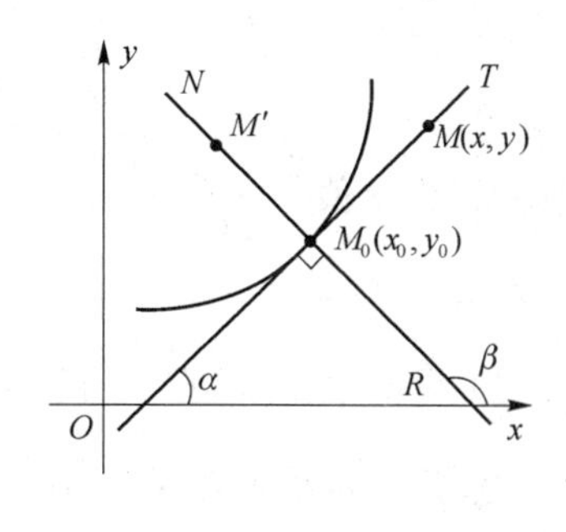

图 3.5

下面，我们根据平面解析几何中直线的点斜式方程，导出曲线在其上一点处的切线方程和法线方程.

如图 3.5 所示，切线 M_0T 与和它垂直的法线 M_0N，它们与 x 轴正向的夹角(即倾角)分别为 α 和 β，显然有关系 $\beta=\frac{\pi}{2}+\alpha$.

因为切线过点 $M_0(x_0, y_0)$，其斜率 $k_T=\tan\alpha=f'(x_0)$，设切线上的动点为 $M(x, y)$，由直线的点斜式得到切线方程为

$$y-y_0=f'(x_0)(x-x_0)$$

又因为法线也过点 $M_0(x_0, y_0)$，其斜率为

$$k_N=\tan\beta=\tan\left(\frac{\pi}{2}+\alpha\right)=-\cot\alpha=\frac{-1}{\tan\alpha}$$

将 $f'(x_0)=\tan\alpha$ 代入上式，得到 $k_N=\frac{-1}{f'(x_0)}$(设 $f'(x_0)\neq 0$)，设法线上的动点为 $M'(x, y)$，由此得到法线 M_0N 的方程为

$$y-y_0=-\frac{1}{f'(x_0)}(x-x_0)\qquad (f'(x_0)\neq 0)$$

如果 $f'(x_0)=0$，则切线方程为 $y-y_0=0$，于是和它垂直且过 $M_0(x_0,y_0)$ 的法线方程为 $x-x_0=0$.

【例 3.1.7】 求曲线 $y=\frac{1}{x}$ 在点 $\left(\frac{1}{2},2\right)$ 处的切线与法线方程.

解：由例 3.1.3 可知 $y'=-\frac{1}{x^2}$，故得所求切线的斜率为 $k_T=y'|_{x=\frac{1}{2}}=-4$，而所求法线的斜率为 $k_N=-\frac{1}{k_T}=\frac{1}{4}$，由此得到所求的切线与法线方程分别为

$$y-2=-4\left(x-\frac{1}{2}\right)$$

$$y-2=\frac{1}{4}\left(x-\frac{1}{2}\right)$$

经过化简，得到切线方程为

$$4x+y-4=0$$

而法线方程为

$$2x-8y+15=0$$

3.1.4 单侧导数

有时为了方便，常记 $\Delta x=x-x_0$，显然 $\Delta x\to 0$ 等价于 $x\to x_0$，于是我们便得到导数定义的又一种常用的等价形式

$$f'(x_0)=\lim_{x\to x_0}\frac{f(x)-f(x_0)}{x-x_0}$$

当我们讨论比值 $\frac{f(x)-f(x_0)}{x-x_0}$ 在 x_0 处的左、右极限时，就产生了左、右导数的概念.

定义 3.1.2

(1) 设函数 $f(x)$ 在 x_0 的某个右半邻域有定义，若右极限 $\lim\limits_{x\to x_0^+}\frac{f(x)-f(x_0)}{x-x_0}$ 存在，记为 $f'_+(x_0)$，并称它是函数 $f(x)$ 在 x_0 的**右导数**；

(2) 设函数 $f(x)$ 在 x_0 的某个左半邻域有定义，若左极限 $\lim\limits_{x\to x_0^-}\frac{f(x)-f(x_0)}{x-x_0}$ 存在，记为 $f'_-(x_0)$，并称它是函数 $f(x)$ 在 x_0 的**左导数**.

左、右导数统称为**单侧导数**.

由极限存在的充分必要条件是左、右极限存在而且相等的命题，便可得到下面的结论.

定理 3.1.1 函数 $f(x)$ 在 x_0 处可导的充分必要条件是 $f(x)$ 在 x_0 处的左右导数存在而且相等，其相等的值就是 $f(x)$ 在 x_0 处的导数，即有

$$f'(x_0)=f'_+(x_0)=f'_-(x_0)$$

由该定理知，如果 $f(x)$ 在 x_0 处的左、右导数中有一个不存在，或者虽然都存在但不相等，则 $f(x)$ 在 x_0 处不可导.

【例 3.1.8】 讨论 $f(x)=|x|$ 在 $x=0$ 处的可导性.

解：在第1章中，我们已将绝对值函数 $f(x)=|x|$ 表示成分段函数的形式为

$$f(x)=\begin{cases}x, & x\geqslant 0\\ -x, & x<0\end{cases}$$

如图3.6所示.

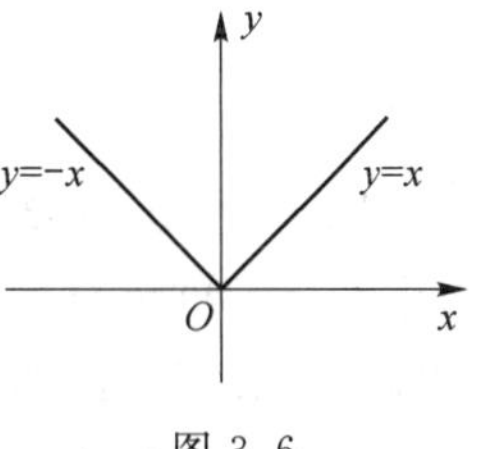

图3.6

因为，在 $x=0$ 的两侧，函数 $f(x)$ 有不同的表达式，故应从考查左、右导数入手，讨论函数在 $x=0$ 处是否可导. 先求 $f(x)$ 在 $x=0$ 处的左导数，有

$$f'_{-}(0)=\lim_{x\to 0^{-}}\frac{f(x)-f(0)}{x-0}=\lim_{x\to 0^{-}}\frac{-x-0}{x}=-1 \qquad (3.1.6)$$

同法可算得 $f(x)$ 在 $x=0$ 处的右导数为

$$f'_{+}(0)=\lim_{x\to 0^{+}}\frac{f(x)-f(0)}{x-0}=\lim_{x\to 0^{+}}\frac{x-0}{x}=1 \qquad (3.1.7)$$

由式(3.1.6)与式(3.1.7)显然 $f'_{-}(0)\neq f'_{+}(0)$，于是函数 $f(x)$ 在 $x=0$ 处不可导.

我们利用单侧导数可给出函数在闭区间 $[a,b]$ 上可导的概念：如果函数 $f(x)$ 在开区间 (a,b) 内可导，并且在左端点 $x=a$ 的右导数 $f'_{+}(a)$ 及在右端点 $x=b$ 的左导数 $f'_{-}(b)$ 都存在，就称函数 $f(x)$ 在闭区间 $[a,b]$ 上可导.

3.1.5　函数可导性与连续性的关系

首先，我们给出以下的定理.

定理 3.1.2　如果函数 $y=f(x)$ 在点 x_0 处可导，则函数在 x_0 处必连续.

证：已知函数 $y=f(x)$ 在 x_0 处可导，即

$$\lim_{\Delta x\to 0}\frac{\Delta y}{\Delta x}=f'(x_0)$$

利用第2章中具有极限的变量与极限值之间只相差一个无穷小的命题，得到

$$\frac{\Delta y}{\Delta x}=f'(x_0)+\alpha$$

式中的 α 是一个当 $\Delta x\to 0$ 时的无穷小量，上式两边乘 Δx，有

$$\Delta y=f'(x_0)\Delta x+\alpha\cdot\Delta x$$

由此推得

$$\lim_{\Delta x\to 0}\Delta y=\lim_{\Delta x\to 0}[f'(x_0)\Delta x+\alpha\cdot\Delta x]=0$$

上式表明了，当函数 $y=f(x)$ 在自变量 x_0 处的增量 Δx 是无穷小时(即 $\Delta x\to 0$)，函数相应的增量 Δy 也是一个无穷小(即 $\Delta y\to 0$)，由第2章，函数连续性的概念立即推得 $f(x)$ 在点 x_0 处连续.

另外，可以看到例3.1.8中的函数 $f(x)=|x|$ 在 x_0 处是连续的，但不可导，可见，上述定理的逆命题不成立，即函数在点 x_0 处连续不一定有函数在该点可导，也就是说：函数在一点连续是函数在该点可导的必要但非充分条件.

【例 3.1.9】　讨论函数 $y=\sqrt[3]{x}$ 在 $x=0$ 处的连续性与可导性.

解：因为所给的函数是初等函数，点 $x=0$ 在它的定义区间 $(-\infty,+\infty)$ 内，因而函数 $y=\sqrt[3]{x}$ 在 $x=0$ 处连续. 另外，因为函数在 $x=0$ 的左、右两侧均由同一个解析式 $y=\sqrt[3]{x}$ 表示，因而可直接从 $f'(0)$ 的定义加以考查.

$$\lim_{x\to 0}\frac{f(x)-f(0)}{x-0}=\lim_{x\to 0}\frac{\sqrt[3]{x}-0}{x}=\lim_{x\to 0}\frac{1}{\sqrt[3]{x^2}}=+\infty$$

即 $f(x)$在 $x=0$ 处的导数不存，这种情况常称导数是无穷大，记为 $f'(0)=+\infty$，如图 3.7 所示.

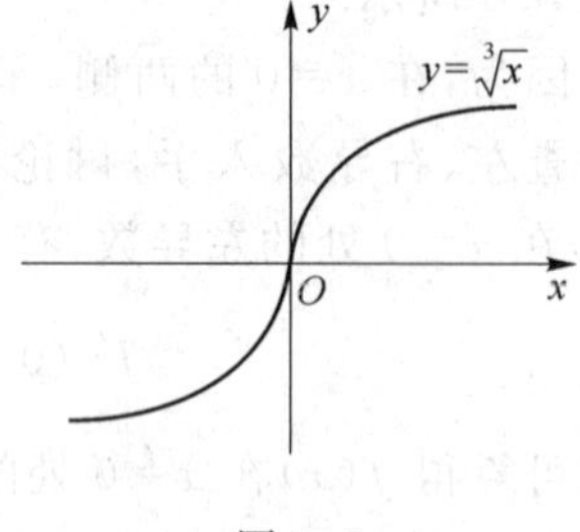

图 3.7

值得注意的是，虽然函数在 $x=0$ 不可导，但是该函数曲线却存在一条切线，它就是 y 轴. 而对于例 3.1.8 而言，函数 $y=|x|$在 $x=0$ 处也不可导，但曲线在 $x=0$ 处不存在切线，曲线在原点产生一个尖点(不光滑点).

【例 3.1.10】 讨论函数

$$f(x)=\begin{cases}x^2\cos\dfrac{1}{x}, & x\neq 0\\ 0, & x=0\end{cases}$$

在 $x=0$ 处的连续性与可导性.

解：先考查函数在 $x=0$ 处的可导性，因为函数在 $x=0$ 的两侧均由一个式子表示，于是直接用 $f'(0)$的定义有

$$f'(0)=\lim_{x\to 0}\frac{f(x)-f(0)}{x-0}=\lim_{x\to 0}\frac{x^2\cos\dfrac{1}{x}-0}{x}=\lim_{x\to 0}x\cos\frac{1}{x} \tag{3.1.8}$$

因为 $\left|\cos\dfrac{1}{x}\right|\leqslant 1$ 及 $\lim\limits_{x\to 0}x=0$，由第 2 章中无穷小量与有界量的积是无穷小量的命题，式(3.1.8)的极限值为零，即 $f'(0)=0$，故得到函数在 $x=0$ 处可导，于是由定理 3.1.2，函数在 $x=0$ 也连续.

因为上题关于函数 $f(x)$在 $x=0$ 处连续性的结论，可直接由 $f'(0)$存在推得，若已知函数在某点不可导，要问在该点是否连续，还需计算函数在该点的极限是否等于函数值来判断. 对下述例子就须先考虑连续，再考虑可导性才能得出结果.

【例 3.1.11】 设函数

$$f(x)=\begin{cases}x^2-1, x<1\\ ax+b, x\geqslant 1\end{cases}$$

为了使函数 $f(x)$在 $x=1$ 处可导，a、b 应取什么值？

解：要使 $f(x)$在 $x=1$ 处可导，当然函数 $f(x)$也应该在该点连续，于是由连续性条件有

$$\lim_{x\to 1^-}f(x)=\lim_{x\to 1^+}f(x)=f(1)$$

代入 $f(x)$的表达式，得到

$$\lim_{x\to 1^-}(x^2-1)=0=\lim_{x\to 1^+}(ax+b)=a\cdot 1+b$$

即

$$0=a+b$$

再由 $f'(1)$存在，得到 $f'_-(1)=f'_+(1)$，也即

$$\lim_{x\to 1^-}\frac{f(x)-f(1)}{x-1}=\lim_{x\to 1^+}\frac{f(x)-f(1)}{x-1}$$

代入 $f(x)$ 的表达式，上式变为

$$\lim_{x\to1^-}\frac{(x^2-1)-(a+b)}{x-1}=\lim_{x\to1^+}\frac{(ax+b)-(a+b)}{x-1}$$

将式 $a+b=0$ 代入有

$$\lim_{x\to1^-}\frac{(x^2-1)}{x-1}=\lim_{x\to1^+}\frac{a(x-1)}{x-1}$$

易求得上式左、右两边的极限，得到 $a=2$，由此解得 $b=-2$.

习题 3.1

1. 用导数的定义证明：$(\sin x)'=\cos x$，$(\cos x)'=-\sin x$.

2. 用导数的定义证明：$(\mathrm{e}^x)'=\mathrm{e}^x$.

3. 以初速度 v_0 将一个物体竖直上抛，经过时间 t 秒后，可得到物体上升的高度 $h=v_0t-\frac{1}{2}gt^2$. 求下列各值：

(1) 物体在 t_0 秒到 $t_0+\Delta t$ 秒这段时间内的平均速度；

(2) 物体在 t_0 秒时的瞬时速度.

4. 求曲线 $y=\sin x$ 在下列横坐标的各点处切线的斜率：(1) $x=\frac{2}{3}\pi$；(2) $x=\pi$.

5. 讨论下列函数在 $x=0$ 处的连续性与可导性：

(1) $y=|\sin x|$；　　(2) $y=\begin{cases}x^2\sin\frac{1}{x}, & x\neq0;\\ 0, & x=0.\end{cases}$

6. 设函数 $f(x)=\begin{cases}x^2, & x\leqslant1\\ ax+b, & x>1\end{cases}$. 为了使函数 $f(x)$ 在 $x=1$ 处连续且可导，a、b 应取什么值？

7. 设函数 $f(x)=\begin{cases}\mathrm{e}^x, & x\geqslant0,\\ x+1, & x<0.\end{cases}$ 求 $f'(x)$.

8. 设函数 $f(x)$ 在 x_0 处可导，又设 $f'(x_0)=A$，用 A 表示出下列各极限值：

(1) $\lim\limits_{\Delta x\to0}\frac{f(x_0-\Delta x)-f(x_0)}{\Delta x}$；

(2) $\lim\limits_{t\to0}\frac{f(x_0)-f(x_0-t)}{t}$；

(3) $\lim\limits_{h\to0}\frac{f(x_0+\alpha h)-f(x_0-\beta h)}{h}$.

9. 求曲线 $y=\cos x$ 上点 $\left(\frac{\pi}{3},\frac{1}{2}\right)$ 处的切线方程和法线方程.

10. 证明：可导的偶函数的导数是奇函数.

11. 证明：双曲线 $xy=a^2$ 上任一点处的切线与两坐标轴构成的直角三角形的面积都等于 $2a^2$.

3.2 基本初等函数的求导公式与求导法则

为了使得导数运算变得更为快捷,有必要对基本初等函数先建立一套求导公式,及有关函数的求导法则.以下先介绍几个常用的求导公式.

3.2.1 基本初等函数求导公式之一

下列几个基本初等函数的求导公式,可直接用导数的定义求出,其他基本初等函数的求导公式,将在给出求导法则后再陆续介绍.

公式 3.2.1 设 $y=c$ 为常数,则 $(c)'=0$.

证:
$$y'=\lim_{\Delta x\to 0}\frac{y(x+\Delta x)-y(x)}{\Delta x}=\lim_{\Delta x\to 0}\frac{c-c}{\Delta x}=0$$

该公式有明显的物理意义:当一辆汽车始终停在离车站距离为 c 的位置不动,其瞬时速度自然等于零. 其几何意义也是显然的:一条平行于 x 轴的直线上任意一点处的切线与该直线重合,其斜率自然为零.

公式 3.2.2 $(x^n)'=nx^{n-1}$(n 为正整数).

证:设 $y=f(x)=x^n$,由导数的定义有

$$\begin{aligned}y'&=\lim_{\Delta x\to 0}\frac{(x+\Delta x)^n-x^n}{\Delta x}\\&=\lim_{\Delta x\to 0}\frac{\left[x^n+nx^{n-1}\Delta x+\frac{1}{2!}n(n-1)x^{n-2}\cdot(\Delta x)^2+\cdots+(\Delta x)^n\right]-x^n}{\Delta x}\\&=\lim_{\Delta x\to 0}\left[nx^{n-1}+\frac{1}{2!}n(n-1)x^{n-2}\cdot(\Delta x)+\cdots+(\Delta x)^{n-1}\right]\\&=nx^{n-1}\end{aligned}$$

虽然,公式 3.2.2 是当 n 为自然数的情形下证明的,但是它可以被推广到更一般的幂函数,当 μ 是任意实常数,类似地有公式.

公式 3.2.3 $(x^\mu)'=\mu x^{\mu-1}$.

该公式的证明,将在复合函数求导法则后给出.

【例 3.2.1】 求出下列三个函数的导数

(1) $y=\sqrt{x}$;　　(2) $y=\frac{1}{x}$;　　(3) $y=\frac{x^2\sqrt{x}}{\sqrt[3]{x}}$.

解:(1) $y'=(\sqrt{x})'=(x^{\frac{1}{2}})'=\frac{1}{2}x^{\frac{1}{2}-1}=\frac{1}{2\sqrt{x}}$;

(2) $y'=\left(\frac{1}{x}\right)'=(x^{-1})'=(-1)x^{-1-1}=-\frac{1}{x^2}$;

(3) $y'=\left(\frac{x^2\sqrt{x}}{\sqrt[3]{x}}\right)'=(x^{2+\frac{1}{2}-\frac{1}{3}})'=(x^{\frac{13}{6}})'=\frac{13}{6}x^{\frac{7}{6}}$.

上例的第(1)、(2)两题的结果以后也经常用到,也应牢记.

公式 3.2.4　(1) $(\sin x)'=\cos x$；

(2) $(\cos x)'=-\sin x$.

公式(1)、(2)已在上一节中留作习题. 这里给出(1)的证明.

证(1)：设 $f(x)=\sin x$. 由导数的定义有

$$f'(x)=\lim_{\Delta x\to 0}\frac{f(x+\Delta x)-f(x)}{\Delta x}$$

$$=\lim_{\Delta x\to 0}\frac{\sin(x+\Delta x)-\sin x}{\Delta x}=\lim_{\Delta x\to 0}\frac{2\cos\left(\frac{2x+\Delta x}{2}\right)\cdot\sin\frac{\Delta x}{2}}{\Delta x}$$

$$=\lim_{\Delta x\to 0}\cos\left(\frac{2x+\Delta x}{2}\right)\cdot\frac{\sin\frac{\Delta x}{2}}{\frac{\Delta x}{2}}=\cos x\cdot 1=\cos x$$

公式 3.2.5　(1) $(a^x)'=a^x\cdot\ln a\ (a>0,a\neq 1)$；

(2) $(\mathrm{e}^x)'=\mathrm{e}^x$.

证(1)：设 $f(x)=a^x$，由导数的定义有

$$f'(x)=\lim_{\Delta x\to 0}\frac{f(x+\Delta x)-f(x)}{\Delta x}=\lim_{\Delta x\to 0}\frac{a^{x+\Delta x}-a^x}{\Delta x}$$

$$=\lim_{\Delta x\to 0}a^x\cdot\frac{a^{\Delta x}-1}{\Delta x}=\lim_{\Delta x\to 0}a^x\cdot\frac{\mathrm{e}^{\Delta x\ln a}-1}{\Delta x}$$

因为当 $\Delta x\to 0$ 时，$\mathrm{e}^{\Delta x\ln a}-1\sim\Delta x\ln a$，上式右边作等价无穷小替代后，得到

$$f'(x)=\lim_{\Delta x\to 0}a^x\cdot\frac{\Delta x\ln a}{\Delta x}=a^x\ln a$$

当 $a=\mathrm{e}$ 时，因为 $\ln\mathrm{e}=1$，即推得 $(\mathrm{e}^x)'=\mathrm{e}^x$.

公式 3.2.6　(1) $(\log_a x)'=\frac{1}{x\ln a}\quad(a>0,a\neq 1)$；

(2) $(\ln x)'=\frac{1}{x}$.

证(1)：设 $f(x)=\log_a x$，由导数的定义有

$$f'(x)=\lim_{\Delta x\to 0}\frac{f(x+\Delta x)-f(x)}{\Delta x}=\lim_{\Delta x\to 0}\frac{\log_a(x+\Delta x)-\log_a x}{\Delta x}$$

$$=\lim_{\Delta x\to 0}\frac{\log_a\left(1+\frac{\Delta x}{x}\right)}{\Delta x}=\lim_{\Delta x\to 0}\frac{1}{x}\log_a\left(1+\frac{\Delta x}{x}\right)^{\frac{x}{\Delta x}}$$

$$=\frac{1}{x}\log_a\mathrm{e}=\frac{1}{x}\cdot\frac{1}{\ln a}$$

当 $a=\mathrm{e}$ 时，推得 $(\ln x)'=\frac{1}{x}$.

【例 3.2.2】　求下列函数的导数

(1) $y=2^x\cdot 3^x$；　　(2) $y=\log_3 x$；　　(3) $y=1-2\sin^2\frac{x}{2}$.

解：(1) 因为 $y=(2\times 3)^x=6^x$，由公式 3.2.5(1)得到

$$y'=(6^x)'=6^x\cdot\ln 6$$

(2) 由公式3.2.6 (1),令 $a=3$ 得到

$$y'=(\log_3 x)'=\frac{1}{x\ln 3}$$

(3) 由三角公式有 $1-2\sin^2\frac{x}{2}=\cos^2\frac{x}{2}-\sin^2\frac{x}{2}=\cos x$,于是

$$\left(1-2\sin^2\frac{x}{2}\right)'=(\cos x)'=-\sin x$$

上面从导数的定义出发,给出了几个简单的基本初等函数的导数,然而在应用中,会遇到大量的初等函数,通过第一章的学习已知道,它们可以被分解成基本初等函数的有限次四则运算,或者基本初等函数的有限次复合. 于是,有必要建立一套有关函数四则运算、复合运算及反函数的求导法则,利用这些法则不仅可建立基本初等函数中正(余)切,正(余)割及反三角函数的求导公式,而且利用这些求导法则与基本初等函数的求导公式,便能简便地求出所有初等函数的导数.

3.2.2 函数的和、差、积、商的求导法则

1. 函数和、差的求导法则

设函数 $u=u(x)$ 及 $v=v(x)$ 由导数 $u'=\frac{\mathrm{d}u(x)}{\mathrm{d}x}$ 及 $v'=\frac{\mathrm{d}v(x)}{\mathrm{d}x}$,则有

$$(u\pm v)'=u'\pm v',\text{或}\frac{\mathrm{d}}{\mathrm{d}x}(u\pm v)=\frac{\mathrm{d}u}{\mathrm{d}x}\pm\frac{\mathrm{d}v}{\mathrm{d}x}$$

以下选证和的求导公式.

证:设 $f(x)=u(x)+v(x)$,则由导数定义及 $u(x)$、$v(x)$ 可导有

$$\begin{aligned}f'(x)=\lim_{h\to 0}\frac{f(x+h)-f(x)}{h}&=\lim_{h\to 0}\frac{[u(x+h)+v(x+h)]-[u(x)+v(x)]}{h}\\&=\lim_{h\to 0}\left\{\frac{[u(x+h)-u(x)]}{h}+\frac{[v(x+h)-v(x)]}{h}\right\}\\&=\lim_{h\to 0}\frac{[u(x+h)-u(x)]}{h}+\lim_{h\to 0}\frac{[v(x+h)-v(x)]}{h}\\&=u'(x)+v'(x)\end{aligned}$$

即得 $f'(x)=u'(x)+v'(x)$,或 $(u+v)'=u'+v'$.

类似地可得:$(u-v)'=u'-v'$,由此得到函数的求导法则:**两个可导函数之和(差)的导数等于这两个函数的导数之和(差).**

这个法则可推广到任意有限多项的情形. 以三个可导函数的和(差)为例有

$$(u+v-w)'=u'+v'-w'$$

2. 常数乘函数的求导法则

设函数 $u=u(x)$ 可导,记 $\frac{\mathrm{d}u(x)}{\mathrm{d}x}=u'$,$c$ 是常数,则有 $(cu)'=cu'$,或者 $\frac{\mathrm{d}}{\mathrm{d}x}(cu)=c\frac{\mathrm{d}u}{\mathrm{d}x}$.

该法则表明:**求一个常数与一个可导函数乘积的导数时,常数因子可以提到求导记号的外面去.**

用导数定义易证明该法则.

如果将第(一)、(二)法则综合起来写出，有

$$(c_1u+c_2v)'=c_1u'+c_2v'$$

其中，c_1 与 c_2 是常数. 导数运算这个性质，也称为“线性”性质.

【例 3.2.3】 设 $y=2\ln x-3x+5-\dfrac{2}{x^2}$，求 y'.

解：

$$\begin{aligned}y'&=(2\ln x)'-(3x)'+(5)'-\left(\frac{2}{x^2}\right)'\\&=2(\ln x)'-3(x)'+0-2\left(\frac{1}{x^2}\right)'\\&=\frac{2}{x}-3+\frac{4}{x^3}\end{aligned}$$

3. 函数乘积的求导法则

设函数 $u=u(x)$ 与 $v=v(x)$ 可导，则有

$$(uv)'=u'v+uv'\text{，或}\frac{\mathrm{d}}{\mathrm{d}x}[u(x)\cdot v(x)]=v(x)\frac{\mathrm{d}u(x)}{\mathrm{d}x}+u(x)\frac{\mathrm{d}v(x)}{\mathrm{d}x}$$

证：设 $f(x)=u(x)\cdot v(x)$，则由导数定义及 $u(x)$、$v(x)$ 可导，并注意到可导必连续，有

$$\begin{aligned}f'(x)&=\lim_{h\to0}\frac{f(x+h)-f(x)}{h}=\lim_{h\to0}\frac{u(x+h)v(x+h)-u(x)v(x)}{h}\\&=\lim_{h\to0}\frac{1}{h}[u(x+h)v(x+h)-u(x)v(x+h)+u(x)v(x+h)-u(x)v(x)]\\&=\lim_{h\to0}\left[\frac{u(x+h)-u(x)}{h}v(x+h)+u(x)\frac{v(x+h)-v(x)}{h}\right]\\&=\lim_{h\to0}\frac{u(x+h)-u(x)}{h}\lim_{h\to0}v(x+h)+u(x)\lim_{h\to0}\frac{v(x+h)-v(x)}{h}\\&=u'(x)v(x)+u(x)v'(x)\end{aligned}$$

即得

$$f'(x)=u'(x)v(x)+u(x)v'(x)\text{或}[u(x)v(x)]'=u'(x)v(x)+u(x)v'(x).$$

该结果可简写成

$$(uv)'=u'v+uv'$$

上述求导公式也可推广到任意有限多个函数之积的情形，以三个可导函数的乘积为例有

$$(uvw)'=(uv)'w+(uv)w'=(u'v+uv')w+(uv)w'=u'vw+uv'w+uvw'$$

【例 3.2.4】 设 $f(x)=x^2\sin x$，求 $f'(x)$ 及 $f'\left(\dfrac{\pi}{2}\right)$.

解：

$$f'(x)=(x^2)'\sin x+x^2(\sin x)'=2x\sin x+x^2\cos x$$

故

$$f'\left(\frac{\pi}{2}\right)=f'(x)|_{x=\frac{\pi}{2}}=2\cdot\frac{\pi}{2}\sin\frac{\pi}{2}+\left(\frac{\pi}{2}\right)^2\cos\frac{\pi}{2}=\pi$$

【例 3.2.5】 设 $f(x)=\mathrm{e}^x\cos x\ln x$，求 $f'(x)$.

解：

$$\begin{aligned}f'(x)&=(\mathrm{e}^x)'\cos x\ln x+\mathrm{e}^x(\cos x)'\ln x+\mathrm{e}^x\cos x(\ln x)'\\&=\mathrm{e}^x\cos x\ln x-\mathrm{e}^x\sin x\ln x+\mathrm{e}^x(\cos x)\frac{1}{x}\end{aligned}$$

【例 3.2.6】 设 $\varphi(x)$ 在 $x=0$ 处连续，$f(x)=\varphi(x)\sin x$，求 $f'(0)$.

解：首先，要注意本题不能直接用积的求导法则，因为对于函数 $\varphi(x)$ 并未指在 $x=0$ 处

可导,故只能从导数定义出发求 $f'(0)$,即

$$f'(0)=\lim_{x\to 0}\frac{f(x)-f(0)}{x-0}=\lim_{x\to 0}\frac{\varphi(x)\sin x-0}{x}=\varphi(0)\cdot 1=\varphi(0)$$

上式用到了 $\varphi(x)$ 在 $x=0$ 处的连续性,即 $\lim\limits_{x\to 0}\varphi(x)=\varphi(0)$.

4. 函数商的求导法则

设函数 $u=u(x)$ 与 $v=v(x)$ 可导,$v(x)\neq 0$,则有

$$\left(\frac{u}{v}\right)'=\frac{u'\cdot v-u\cdot v'}{v^2}$$

证:设 $f(x)=\dfrac{u(x)}{v(x)}$,则由导数的定义有

$$\begin{aligned}
f'(x)&=\lim_{h\to 0}\frac{f(x+h)-f(x)}{h}=\lim_{h\to 0}\frac{\dfrac{u(x+h)}{v(x+h)}-\dfrac{u(x)}{v(x)}}{h}\\
&=\lim_{h\to 0}\frac{u(x+h)v(x)-u(x)v(x+h)}{v(x+h)v(x)\cdot h}\\
&=\lim_{h\to 0}\frac{u(x+h)v(x)-u(x)v(x)+u(x)v(x)-u(x)v(x+h)}{v(x+h)v(x)\cdot h}\\
&=\lim_{h\to 0}\frac{\dfrac{u(x+h)-u(x)}{h}\cdot v(x)-u(x)\cdot\dfrac{v(x+h)-v(x)}{h}}{v(x+h)v(x)}
\end{aligned}\tag{3.2.1}$$

由已知条件,函数 $u(x)$ 与 $v(x)$ 可导,故式(3.2.1)中当 $h\to 0$ 时,分子的极限为 $u'(x)v(x)-u(x)v'(x)$,又由 $v(x)$ 的可导性必有 $v(x)$ 连续,因而当 $h\to 0$ 时,分母的极限为 $v(x)v(x)=v^2(x)$,于是式(3.2.1)化为

$$f'(x)=\left(\frac{u}{v}\right)'=\frac{u'\cdot v-u\cdot v'}{v^2}$$

上式中令 $u=1$,得到一个常用的倒函数求导公式

$$\left(\frac{1}{v}\right)'=-\frac{1}{v^2}\cdot v'$$

3.2.3 基本初等函数求导公式之二

利用商的求导法则及倒函数求导公式易推得下列公式:

公式 3.2.7

(1) $(\tan x)'=\sec^2 x$;　　(2) $(\cot x)'=-\csc^2 x$;

(3) $(\sec x)'=\sec x\cdot\tan x$;　　(4) $(\csc x)'=-\csc x\cdot\cot x$.

以下我们选证公式 3.2.7 中的(1)、(3).

证(1):

$$(\tan x)'=\left(\frac{\sin x}{\cos x}\right)'=\frac{(\sin x)'\cos x-\sin x\cdot(\cos x)'}{\cos^2 x}$$

$$=\frac{\cos^2 x+\sin^2 x}{\cos^2 x}=\frac{1}{\cos^2 x}=\sec^2 x$$

(3)

$$(\sec x)'=\left(\frac{1}{\cos x}\right)'=\frac{-1}{\cos^2 x}\cdot(\cos x)'$$

$$=\frac{1}{\cos x}\cdot\frac{\sin x}{\cos x}=\sec x\cdot\tan x$$

其余公式的证明与上述证法类似,留作习题.

【例 3.2.7】 设 $y=e^x\sec x+\frac{\tan x}{e^x}$,求 y'.

解:

$$\begin{aligned}y'&=(e^x\sec x)'+\left(\frac{\tan x}{e^x}\right)'\\&=(e^x)'\sec x+e^x(\sec x)'+\frac{(\tan x)'e^x-\tan x\cdot(e^x)'}{(e^x)^2}\\&=e^x\sec x+e^x\sec x\tan x+\frac{\sec^2x\cdot e^x-\tan x\cdot e^x}{(e^x)^2}\\&=e^x\sec x(1+\tan x)+\frac{\sec^2x-\tan x}{e^x}\end{aligned}$$

3.2.4　反函数的求导法则

为了给出反三角函数的求导公式,我们先讨论直接函数和它的反函数之间的导数关系.有下述定理.

定理 3.2.1　设函数 $x=\varphi(y)$ 在某一区间内单调、连续,又在区间内一点 y 处的导数 $\varphi'(y)$ 存在且不为零,则反函数 $y=f(x)$ 在对应点 x 处具有导数 $f'(x)$,并且有

$$f'(x)=\frac{1}{\varphi'(y)}$$

这就是说,反函数的导数等于直接函数的导数的倒数.

证:由已知 $\varphi(y)$ 在某一区间内的单调、连续性,得到反函数 $f(x)$ 在相应的区间内,也是单调且连续的.对于 x 有一个非零增量 Δx,由于 $f(x)$ 的单调性,其对应的增量

$$\Delta y=f(x+\Delta x)-f(x)\neq 0$$

于是,增量比 $\frac{\Delta y}{\Delta x}$ 可写成下列形式

$$\frac{\Delta y}{\Delta x}=\frac{1}{\frac{\Delta x}{\Delta y}}\tag{3.2.2}$$

当 $\Delta x\to 0$ 时,由 $f(x)$ 的连续性,可知 $\Delta y\to 0$.又因为函数 $\varphi(y)$ 可导,故式(3.2.2)中右边的分母的极限为 $\varphi'(y)\neq 0$,因而当 $\Delta x\to 0$ 时,便有 $y'(x)=\frac{1}{x'(y)}$ 或者 $f'(x)=\frac{1}{\varphi'(y)}$.

3.2.5　基本初等函数求导公式之三

用上述反函数与直接函数之间的导数关系可证得下列基本初等函数求导公式.

公式 3.2.8

(1) $(\arcsin x)'=\frac{1}{\sqrt{1-x^2}}$;

(2) $(\arccos x)'=-\frac{1}{\sqrt{1-x^2}}$;

(3) $(\arctan x)'=\frac{1}{1+x^2}$;

(4) $(\operatorname{arccot} x)'=-\frac{1}{1+x^2}$.

以下我们选证公式3.2.8中的(1).

证:因为 $y=\arcsin x$,所以有 $x=\sin y$ 且 $-\frac{\pi}{2}<y<\frac{\pi}{2}$,

$$(\arcsin x)'=\frac{1}{(\sin y)'}=\frac{1}{\cos y}$$

因为 $\cos y=\pm\sqrt{1-\sin^2 y}$,由 $-\frac{\pi}{2}<y<\frac{\pi}{2}$ 有 $\cos y>0$,根式前应取 + 号,上式化为

$$(\arcsin x)'=\frac{1}{\sqrt{1-\sin^2 y}}=\frac{1}{\sqrt{1-x^2}}$$

用上述方法也可证得 $\arccos x$ 的导数公式,不过我们还可用下列方法求得:因为 $\arcsin x+\arccos x=\frac{\pi}{2}$,即 $\arccos x=\frac{\pi}{2}-\arcsin x$,于是立即得到:$(\arccos x)'=\left(\frac{\pi}{2}\right)'-(\arcsin x)'=-\frac{1}{\sqrt{1-x^2}}$.

对于公式(3.2.8)中的(3)与(4),可以用类似于上述的方法推得.

3.2.6 复合函数的求导法则

在第1章中已给出复合函数的概念,“复合”是产生初等函数使用最频繁的过程,下面我们给出复合函数的求导法则,只有准确、熟练的掌握该法则,才能彻底解决初等函数的求导问题.

1. 含一次复合的函数的求导公式

定理3.2.2 若函数 $y=f(u)$ 在点 u 可导,函数 $u=\varphi(x)$ 在点 x 可导,则复合函数 $y=f[\varphi(x)]$ 在点 x 也可导,且有等式

$$\{f[\varphi(x)]\}'\overset{\text{或}}{=}\frac{\mathrm{d}}{\mathrm{d}x}\{f[\varphi(x)]\}=f'(u)\cdot\varphi'(x) \tag{3.2.3}$$

这个只含一个中间变量 u 的复合函数的求导公式非常重要,它是更复杂的复合函数的求导法的基础.关于这个公式的直观含义是明显的:按照导数是变化率的意义,式(3.2.3)右边的因子 $\varphi'(x)=\frac{\mathrm{d}u}{\mathrm{d}x}$,它表示当自变量 x 变化一个单位时,中间变量 u 会变化 $\varphi'(x)$ 个单位,而另一个因子 $f'(u)=\frac{\mathrm{d}y}{\mathrm{d}u}$,又表示当变量 u 变化一个单位时,因变量 y 能变化 $f'(u)$ 个单位,于是当自变量 x 变化一个单位,通过中间变量 u 的变化,因变量 y 总共能变化 $f'(u)\cdot\varphi'(x)$ 个单位,它恰好等于导数 $\frac{\mathrm{d}y}{\mathrm{d}x}$,即因变量关于自变量 x 的变化率,也就是 $\{f[\varphi(x)]\}'$,这正是式(3.2.3)的左边.

以下我们给出复合函数求导公式的证明.

证:因为 $y=f(u)$ 在点 u 可导,由导数定义有:

$$\lim_{\Delta u\to 0}\frac{\Delta y}{\Delta u}=f'(u)(\Delta u\neq 0)$$

即

$$\frac{\Delta y}{\Delta u}=f'(u)+\alpha \tag{3.2.4}$$

其中 α 是当 $\Delta u\to 0$ 时的无穷小量，于是当 $\Delta u\neq 0$ 时，式(3.2.4)两边同乘 Δu，得到

$$\Delta y=f'(u)\cdot\Delta u+\alpha\cdot\Delta u \tag{3.2.5}$$

当 $\Delta u=0$ 时，因为 $\Delta y=f(u+\Delta u)-f(u)=0$，故式(3.2.5)仍然成立. 在式(3.2.5)两边同除 Δx，令 $\Delta x\to 0$，得到

$$\frac{dy}{dx}=\lim_{\Delta x\to 0}\frac{\Delta y}{\Delta x}=\lim_{\Delta x\to 0}\left[f'(u)\frac{\Delta u}{\Delta x}+\alpha\cdot\frac{\Delta u}{\Delta x}\right] \tag{3.2.6}$$

因为 $\varphi(x)$ 在点 x 处可导，故 $u=\varphi(x)$ 在 x 处连续，于是当 $\Delta x\to 0$ 时有 $\Delta u\to 0$，由于当 $\Delta x\to 0$ 时，α 也是无穷小，即 $\lim\limits_{\Delta x\to 0}\alpha=\lim\limits_{\Delta u\to 0}\alpha=0$，再由式(3.2.6)，于是导出式(3.2.3)

$$\frac{dy}{dx}=f'(u)\cdot\varphi'(x)=\frac{dy}{du}\cdot\frac{du}{dx}$$

【例 3.2.8】 $y=\sqrt{1+x^2}$，求 y'.

解：设 $u=1+x^2=\varphi(x)$，$y=\sqrt{u}=f(u)$，故

$$y'=f'(u)\cdot\varphi'(x)=\frac{1}{2\sqrt{u}}\cdot 2x=\frac{x}{\sqrt{1+x^2}}$$

【例 3.2.9】 $y=\ln\sec x$，求 $\frac{dy}{dx}$.

解：设 $u=\sec x$，$y=\ln u$，这里也不必写出 $\varphi(x)$、$f(u)$ 的表示式，直接使用下式

$$\frac{dy}{dx}=\frac{dy}{du}\cdot\frac{du}{dx}=\frac{d\ln u}{du}\cdot\frac{d\sec x}{dx}=\frac{1}{u}\cdot\sec x\cdot\tan x=\tan x$$

【例 3.2.10】 $y=\arcsin 2^x$，求 y'.

解：设 $u=2^x$，$y=\arcsin u$，有

$$y'=\frac{dy}{dx}=\frac{dy}{du}\cdot\frac{du}{dx}=\frac{d\arcsin u}{du}\cdot\frac{d2^x}{dx}=\frac{1}{\sqrt{1-u^2}}\cdot 2^x\cdot\ln 2=\frac{2^x\cdot\ln 2}{\sqrt{1-2^{2x}}}$$

【例 3.2.11】 $y=(x+1)^2\cdot e^{2x}+(\ln x)^n$，求 y'.

解：

$$\begin{aligned}y'&=[(x+1)^2]'e^{2x}+(x+1)^2\cdot(e^{2x})'+[(\ln x)^n]'\\&=2(x+1)\cdot 1\cdot e^{2x}+(x+1)^2\cdot e^{2x}\cdot 2+n(\ln x)^{n-1}\cdot\frac{1}{x}\\&=2e^{2x}(x+1)(x+2)+\frac{n}{x}(\ln x)^{n-1}\end{aligned}$$

2. 含两次及以上复合的复合函数的求导

在熟练掌握一次复合函数求导的基础上，只要连续地使用该方法，就不难解决含两次及以上复合的复合函数求导问题.

如 $y=f\{u[v(x)]\}$，若有关复合函数求导的条件满足，要求 $\frac{dy}{dx}$，先可设 $u=u[v(x)]$，有

$$\frac{dy}{dx}=\frac{dy}{du}\cdot\frac{d}{dx}u[v(x)]=f'(u)\cdot\frac{d}{dx}u[v(x)] \tag{3.2.7}$$

对于式(3.2.7)右边的导数 $\frac{d}{dx}u[v(x)]$，继续使用复合函数求导法则，设 $v=v(x)$，有

$$\frac{\mathrm{d}}{\mathrm{d}x}u[v(x)]=\frac{\mathrm{d}u}{\mathrm{d}v}\cdot\frac{\mathrm{d}}{\mathrm{d}x}v(x)=u'(v)\cdot\frac{\mathrm{d}}{\mathrm{d}x}v(x)$$

将上式代入式(3.2.7)的右边,得到

$$\frac{\mathrm{d}y}{\mathrm{d}x}=f'(u)\cdot u'(v)\cdot v'(x) \tag{3.2.8}$$

最后在式(3.2.8)的右边,代入 $u=u[v(x)]$、$v=v(x)$ 后,就完成了上述复合函数的求导问题.运算熟练后,不必把所设的中间变量函数写出,只需默记在心,结合心算就可加快运算的速度了.

【例 3.2.12】 $y=\ln\cos(\mathrm{e}^x)$,求$\frac{\mathrm{d}y}{\mathrm{d}x}$.

解:从外向内观察,应设的第一个中间变量为 $u=\cos(\mathrm{e}^x)$,于是由复合函数求导法有

$$\frac{\mathrm{d}y}{\mathrm{d}x}=\frac{\mathrm{d}}{\mathrm{d}u}(\ln u)\cdot\frac{\mathrm{d}}{\mathrm{d}x}(\cos\mathrm{e}^x)=\frac{1}{u}\cdot\frac{\mathrm{d}}{\mathrm{d}x}(\cos\mathrm{e}^x) \tag{3.2.9}$$

对于 $\cos\mathrm{e}^x$ 的求导,直接用一次复合函数求导法有

$$\frac{\mathrm{d}}{\mathrm{d}x}(\cos\mathrm{e}^x)=-\sin(\mathrm{e}^x)\cdot\mathrm{e}^x \tag{3.2.10}$$

最后将 $u=\cos(\mathrm{e}^x)$ 及式(3.2.10)代入式(3.2.9),得到

$$\frac{\mathrm{d}y}{\mathrm{d}x}=\frac{1}{\cos(\mathrm{e}^x)}\cdot[-\sin(\mathrm{e}^x)\cdot\mathrm{e}^x]=-\mathrm{e}^x\tan\mathrm{e}^x \tag{3.2.11}$$

如果将 $u=\cos(\mathrm{e}^x)$记在心中,并把得出式(3.2.9)的运算与 u 的代入过程,作为心算完成,那么只需两步就立即可得出式(3.2.11)的结果.

【例 3.2.13】 $y=\arcsin\sqrt{x^2-1}$,求 y'.

解:由复合函数求导法有

$$y'=\frac{1}{\sqrt{1-(\sqrt{x^2-1})^2}}\cdot(\sqrt{x^2-1})' \tag{3.2.12}$$

式(3.2.12)右边的分式因子,是将 $u=\sqrt{x^2-1}$ 记在心中,再作心算 $\frac{\mathrm{d}}{\mathrm{d}u}\arcsin u=\frac{1}{\sqrt{1-u^2}}$,且把 u 代入写出即可.以下只需再用一次复合函数求导公式,得到

$$y'=\frac{1}{\sqrt{2-x^2}}\cdot\left(\frac{1}{2\sqrt{x^2-1}}\cdot 2x\right)=\frac{x}{\sqrt{2-x^2}\sqrt{x^2-1}}$$

如果复合层次很多,中间运算可如上题的式(3.2.12),逐步使用复合求导公式,依次算出,先做到准确再追求熟练,关键是不仅要准确掌握求导法则,而且要准确记住基本初等函数的求导公式.

【例 3.2.14】 $y=2^{\cos^2\frac{1}{x}}$,求 y'.

解:

$$\begin{aligned} y'&=2^{\cos^2\frac{1}{x}}\cdot\ln 2\cdot\left(\cos^2\frac{1}{x}\right)'=2^{\cos^2\frac{1}{x}}\cdot\ln 2\cdot 2\cos\frac{1}{x}\cdot\left(\cos\frac{1}{x}\right)'\\ &=2^{\cos^2\frac{1}{x}}\cdot\ln 2\cdot 2\cos\frac{1}{x}\cdot\left(-\sin\frac{1}{x}\right)\cdot\left(\frac{1}{x}\right)'=\frac{\ln 2}{x^2}2^{\cos^2\frac{1}{x}}\cdot\sin\frac{2}{x}\end{aligned}$$

以下我们证明公式$(x^\mu)'=\mu\cdot x^{\mu-1}$,这里 μ 是实数.

因为 $x^\mu=\mathrm{e}^{\mu\ln x}$,故

$$(x^{\mu})'=(e^{\mu\ln x})'=e^{\mu\ln x}\cdot(\mu\ln x)'=x^{\mu}\cdot\mu\cdot\frac{1}{x}=\mu\cdot x^{\mu-1}$$

用上述方法可以求解幂指数函数 $u(x)^{v(x)}$ 的导数.

【例 3.2.15】 $y=x^{\sin 3x}$,求 y'.

解:$y=(e^{\ln x})^{\sin 3x}=e^{\ln x\cdot\sin 3x}$,求导得到

$$\begin{aligned}y'&=(e^{\ln x\cdot\sin 3x})'=e^{\ln x\cdot\sin 3x}\cdot(\ln x\cdot\sin 3x)'\\&=x^{\sin 3x}[(\ln x)'\sin 3x+\ln x(\sin 3x)']\\&=x^{\sin 3x}\left(\frac{1}{x}\sin 3x+3\ln x\cdot\cos 3x\right)\end{aligned}$$

最后需要强调的是:要准确、熟练地掌握导数的运算,必须熟记基本初等函数的求导公式(公式一览表可见本章小结)和求导法则.

习题 3.2

1. 证明求导法则:$[cu(x)]'=cu'(x)$,其中函数 $u(x)$ 可导,c 为常数.

2. 求下列函数的导数:

(1) $y=x^4$;　(2) $y=\sqrt[3]{x^2}$;　(3) $y=\dfrac{1}{\sqrt{x}}$;

(4) $y=\dfrac{1}{x^2}$;　(5) $y=x^3\cdot\sqrt[5]{x}$;　(6) $y=\dfrac{x^2\cdot\sqrt[3]{x^2}}{\sqrt{x^5}}$.

3. 求下列各函数的导数:

(1) $y=3^x\cdot 5^x$;　(2) $y=3^{2x}$;　(3) $y=\lg x$;　(4) $y=2\sin\dfrac{x}{2}\cos\dfrac{x}{2}$.

4. 求下列函数的导数:

(1) $y=3x^2-\dfrac{2}{x^2}+\cos\dfrac{\pi}{4}$;　(2) $y=x^2(2+\sqrt{x})$;

(3) $y=2\cos x-3\sin x+2$;　(4) $y=4\log_2 x+3\cdot 2^x$.

5. 求下列函数的导数:

(1) $y=3e^x\cos x$;　(2) $\rho=\sqrt{\varphi}\sin\varphi$;

(3) $y=\ln x\cdot\lg x\cdot 10^x$;　(4) $y=(x-a)(x-b)(x-c)$.

6. 求下列函数在给定点处的导数:

(1) $\rho=\varphi\sin\varphi+\dfrac{1}{2}\cos\varphi$,求 $\left.\dfrac{d\rho}{d\varphi}\right|_{\varphi=\frac{\pi}{4}}$;

(2) 已知 $\varphi(x)$ 在点 $x=0$ 点连续,设 $f(x)=x\varphi(x)$,求 $f'(0)$.

7. 求证下列求导公式:

(1) $(\cot x)'=-\csc^2 x$;　(2) $(\csc x)'=-\csc x\cdot\cot x$;

(3) $(\operatorname{ch} x)'=\operatorname{sh} x$.

8. 求下列函数的导数:

(1) $y=\dfrac{1}{1+x+x^2}$;　(2) $y=\dfrac{\csc x}{1+x^2}$;

(3) $y=\frac{1+\tan x}{1+\cot x}$；　　(4) $y=\frac{x+\tan x}{4^x}$.

9. 用反函数求导法则，求证公式：

$$(\arctan x)'=\frac{1}{1+x^2}$$

10. 求下列函数的导数：

(1) $y=\frac{1}{\arccos x}$；　　(2) $y=\frac{\arcsin x}{\arccos x}$.

11. 求下列含复合函数的导数：

(1) $y=e^{-x^2+2x+1}$；　　(2) $y=\ln(\sec x+\tan x)$；

(3) $y=\sin 3x+\tan 5x$；　　(4) $y=\sin(\arctan x)$；

(5) $y=\arctan\frac{x+1}{x-1}$；　　(6) $y=\arctan\frac{4\sin x}{3+5\cos x}$；

(7) $y=10^{nx}+(\log_2 x)^n$；　　(8) $y=x\arcsin\sqrt{x}$；

(9) $y=\mathrm{sh}^3 x+\mathrm{ch}^2 x$；　　(10) $y=x\sqrt{a^2-x^2}+a^2\arcsin\frac{x}{a}$.

12. 求下列含复合函数的导数：

(1) $y=\sin^2(5x)$；　　(2) $y=\cot^2(e^{2x})$；

(3) $y=\left(\arcsin\frac{x}{2}\right)^2$；　　(4) $y=\sqrt{1+\ln^2 x}$；

(5) $y=e^{\arctan\sqrt{x}}$；　　(6) $y=\ln[\ln(\ln x)]$；

(7) $y=\arcsin\sqrt{\frac{1-x}{1+x}}$；　　(8) $y=2^{\cos^2\sqrt{x}}$；

(9) $y=\ln(x+\sqrt{a^2+x^2})$；　　(10) $y=\left(\sin 2x+\cos\frac{x}{2}\right)^3$；

(11) $y=x^{\sin 2x}$；　　(12) $y=(\arcsin x)^x$.

3.3 高阶导数

3.3.1 高阶导数的概念

前面我们介绍的求导法，指的是对函数求一次导数$\frac{d}{dx}f(x)$，称它是$f(x)$的一阶导数.但如果$f'(x)$作为x的函数(常称为导函数)，我们仍然可对$f'(x)$再求导数，这样就产生了二阶或更高阶导数.事实上，在不少实际问题中，出现了一阶以上的导数，例如，变速运动的加速度就被定义为速度函数对时间的导数：$a=\frac{dv(t)}{dt}=\frac{d}{dt}\left(\frac{ds(t)}{dt}\right)$或者$a=[v(t)]'=[s'(t)]'$，出现了加速度$a(t)$是路程$s(t)$对时间$t$的二阶导数，记为$a(t)=s''(t)$或$a(t)=\frac{d^2s}{dt^2}$.对于高阶导数，我们给出下述定义.

定义 3.3.1　若函数 $y=f(x)$ 的导数 $f'(x)$ 在 x 处仍可导，则把一阶导数的导数 $[f'(x)]'$ 或 $\dfrac{d}{dx}\left(\dfrac{df(x)}{dx}\right)$ 称为函数 $y=f(x)$ 的**二阶导数**，记作

$$[f'(x)]'=f''(x) \text{或者} \frac{d}{dx}\left(\frac{df(x)}{dx}\right)=\frac{d^2 f(x)}{dx^2}$$

也常用 y 代替 $f(x)$ 有 y'' 或 $\dfrac{d^2 y}{dx^2}$.

类似有二阶导数的导数称为**三阶导数**，记作：y''' 或 $\dfrac{d^3 y}{dx^3}$；对于三阶以上的导数，一般改用数字记法，如 $y^{(4)}$ 或 $f^{(4)}(x)$，表示四阶导数；n 阶导数记作

$$y^{(n)} \text{或} f^{(n)}(x), \frac{d^n y}{dx^n} \text{或} \frac{d^n f(x)}{dx^n}$$

我们把二阶及以上的导数，统称为**高阶导数**.

【例 3.3.1】　已知自由落体运动的路程函数 $s(t)=\dfrac{1}{2}gt^2$，求加速度 a.

解：先求速度函数，$v(t)=\dfrac{d}{dt}s(t)=\dfrac{d}{dt}\left(\dfrac{1}{2}gt^2\right)=gt$，再求加速度

$$a=\frac{d}{dt}v(t)=\frac{d}{dt}(gt)=g$$

这个加速度 g，通常称为重力加速度 $g=9.8\ \text{m/s}^2$.

【例 3.3.2】　$y=e^{-\frac{1}{x^2}}$，求 y''，y'''.

解：

$$y'=e^{-\frac{1}{x^2}}\cdot\left(-\frac{1}{x^2}\right)'=\frac{2}{x^3}e^{-\frac{1}{x^2}}$$

$$y''=(y')'=\left(\frac{2}{x^3}e^{-\frac{1}{x^2}}\right)'=-\frac{6}{x^4}e^{-\frac{1}{x^2}}+\frac{2}{x^3}\left(e^{-\frac{1}{x^2}}\right)'$$

$$=\frac{-6}{x^4}e^{-\frac{1}{x^2}}+\frac{2}{x^3}\left(\frac{2}{x^3}e^{-\frac{1}{x^2}}\right)=\left(\frac{4}{x^6}-\frac{6}{x^4}\right)e^{-\frac{1}{x^2}}$$

类似地有

$$y'''=(y'')'=\left[\left(\frac{4}{x^6}-\frac{6}{x^4}\right)e^{-\frac{1}{x^2}}\right]'=\left(\frac{8}{x^9}-\frac{36}{x^7}+\frac{24}{x^5}\right)e^{-\frac{1}{x^2}}$$

【例 3.3.3】　设 $y=c_1\sin x+c_2\cos x$，c_1 与 c_2 是常数，证明 y 满足微分方程

$$y''+y=0$$

证：

$$y'=(c_1\sin x+c_2\cos x)'=c_1\cos x-c_2\sin x$$

$$y''=(y')'=(c_1\cos x-c_2\sin x)'=-c_1\sin x-c_2\cos x$$

将 y 及 y'' 的表达式代入原方程的左边，得到

$$y''+y=(-c_1\sin x-c_2\cos x)+c_1\sin x+c_2\cos x=0$$

故所给的函数满足微分方程.

3.3.2　常见函数的 n 阶求导公式

关于 n 阶导数，与一阶导数类似，仍满足下列线性性质：设 c_1、c_2 是常数，函数 $u(x)$ 与 $v(x)$ 为 n 阶可导，则有

$$[c_1u(x)+c_2v(x)]^{(n)}=c_1[u(x)]^{(n)}+c_2[v(x)]^{(n)}$$

下面介绍几个常见初等函数的 n 阶求导公式：

公式 3.3.1 $y=x^{\mu}$(μ 为实常数)，则有

$$\frac{\mathrm{d}^n(x^{\mu})}{\mathrm{d}x^n}=\mu(\mu-1)\cdots(\mu-n+1)x^{\mu-n}$$

证：

$$y'=\mu x^{\mu-1}$$

$$y''=\mu(\mu-1)x^{\mu-2}$$

$$\cdots\cdots$$

$$y^{(n)}=\mu(\mu-1)\cdots(\mu-n+1)x^{\mu-n}$$

特别，当 $\mu=n$(正整数)时，有

$$(x^n)^{(n)}=n(n-1)\cdots2\cdot1=n!$$

及 $(x^m)^{(n)}=0$(m 为自然数且 $m<n$).

公式 3.3.2 设 ω 与 φ 是常数，

(1) $y=\sin(\omega x+\varphi)$，有 $\frac{\mathrm{d}^n}{\mathrm{d}x^n}[\sin(\omega x+\varphi)]=\omega^n\sin\left(\omega x+\varphi+\frac{n\pi}{2}\right)$;

(2) $y=\cos(\omega x+\varphi)$，有 $\frac{\mathrm{d}^n}{\mathrm{d}x^n}[\cos(\omega x+\varphi)]=\omega^n\cos\left(\omega x+\varphi+\frac{n\pi}{2}\right)$.

该公式的(1)与(2)证明相仿，以下选证(1).

证：

$$\frac{\mathrm{d}}{\mathrm{d}x}[\sin(\omega x+\varphi)]=\omega\cos(\omega x+\varphi)=\omega\sin\left(\omega x+\varphi+\frac{\pi}{2}\right)$$

$$\frac{\mathrm{d}^2}{\mathrm{d}x^2}[\sin(\omega x+\varphi)]=\omega\frac{\mathrm{d}}{\mathrm{d}x}\left[\sin\left(\omega x+\varphi+\frac{\pi}{2}\right)\right]$$

$$=\omega^2\cos\left(\omega x+\varphi+\frac{\pi}{2}\right)=\omega^2\sin\left(\omega x+\varphi+2\times\frac{\pi}{2}\right)$$

以此类推，得到

$$\frac{\mathrm{d}^n}{\mathrm{d}x^n}[\sin(\omega x+\varphi)]=\omega^n\sin\left(\omega x+\varphi+n\times\frac{\pi}{2}\right)$$

当 $\varphi=0$ 时，上述公式化为

$$\frac{\mathrm{d}^n\sin(\omega x)}{\mathrm{d}x^n}=\omega^n\sin\left(\omega x+\frac{n\pi}{2}\right)$$

公式 3.3.3 $y=a^x(a>0,a\neq1)$，有

$$\frac{\mathrm{d}^n}{\mathrm{d}x^n}(a^x)=a^x(\ln a)^n$$

这个公式不难证明，留给学生作为习题.

公式 3.3.4 设 a 为常数，$y=\frac{1}{x+a}$，有

$$\frac{\mathrm{d}^n}{\mathrm{d}x^n}\left(\frac{1}{x+a}\right)=\frac{(-1)^n\cdot n!}{(x+a)^{n+1}}$$

证：$y=(x+a)^{-1}$，故

$$\frac{\mathrm{d}y}{\mathrm{d}x}=(-1)(x+a)^{-2}$$

$$\frac{d^2y}{dx^2}=(-1)(-2)(x+a)^{-3}=(-1)^2\cdot 2!\cdot\frac{1}{(x+a)^3}$$

……

$$\frac{d^ny}{dx^n}=(-1)^n\cdot n!\ \frac{1}{(x+a)^{n+1}}$$

【例 3.3.4】 $y=e^{2x}$，求 $y^{(n)}$.

解：$y=e^{2x}=(e^2)^x$，由公式 3.3.3，得到

$$y^{(n)}=(e^2)^x\cdot(\ln e^2)^n=2^n\cdot e^{2x}$$

本题也可不用公式，逐次求导几次，容易发现规律，即可求出 $y^{(n)}$.

【例 3.3.5】 $y=\cos^2 x$，求 $y^{(n)}$.

解：$y=\cos^2 x=\dfrac{1+\cos 2x}{2}$，故由公式 3.3.2(2)，有

$$y^{(n)}=\left(\frac{1}{2}\right)^{(n)}+\frac{1}{2}(\cos 2x)^{(n)}=\frac{1}{2}\cdot 2^n\cos\left(2x+\frac{n\pi}{2}\right)=2^{n-1}\cos\left(2x+\frac{n\pi}{2}\right)$$

【例 3.3.6】 $y=\ln(2-x)$，求 $y^{(n)}$.

解：先求一阶导数，有

$$y'=[\ln(2-x)]'=\frac{-1}{2-x}=\frac{1}{x-2}$$

因为 $y^{(n)}=(y')^{(n-1)}$，于是将上式代入，并由公式(3.3.4)得到

$$y^{(n)}=\left(\frac{1}{x-2}\right)^{(n-1)}=\frac{(-1)^{n-1}(n-1)!}{(x-2)^{(n-1)+1}}=\frac{(-1)^{n-1}(n-1)!}{(x-2)^n}$$

本题也可不用公式，在 y' 的基础上，逐次求导后可发现规律，由此得出 $y^{(n)}$.

【例 3.3.7】 $y=\dfrac{1+x}{1-2x}$，求 $y^{(n)}$.

解：先用中学数学中除法，将分式 y 变形为

$$y=\frac{1+x}{1-2x}=-\frac{1}{2}+\frac{3}{2}\cdot\frac{1}{1-2x}=-\frac{1}{2}-\frac{3}{4}\frac{1}{x-\frac{1}{2}}$$

由公式(3.3.4)，得到

$$y^{(n)}=-\left(\frac{1}{2}\right)^{(n)}-\frac{3}{4}\left(\frac{1}{x-\frac{1}{2}}\right)^{(n)}=\frac{3}{4}\frac{(-1)^{n+1}\cdot n!}{\left(x-\frac{1}{2}\right)^{n+1}}$$

3.3.3　函数乘积的 n 阶导数的莱布尼兹公式

首先，由乘积求导法则有

$$(u\cdot v)'=u'\cdot v+u\cdot v'$$

上式两边求导一次：

$$(u\cdot v)^{(2)}=u''v+2u'v'+uv''=u^{(2)}v^{(0)}+2u^{(1)}v^{(1)}+u^{(0)}v^{(2)}$$

其中 $v^{(0)}=v$，$u^{(0)}=u$，对上式再求导一次，变为

$$\begin{aligned}(u\cdot v)^{(3)}&=[u^{(2)}v^{(0)}]'+2[u^{(1)}v^{(1)}]'+[u^{(0)}v^{(2)}]'\\&=u^{(3)}v^{(0)}+3u^{(2)}v^{(1)}+3u^{(1)}v^{(2)}+u^{(0)}v^{(3)}\end{aligned}$$

依次求导 n 次,容易得到按下述规律展开的式子

$$(u\cdot v)^{(n)}=u^{(n)}v^{(0)}+nu^{(n-1)}v^{(1)}+\frac{n(n-1)}{1\cdot 2}u^{(n-2)}v^{(2)}+\cdots$$
$$+\frac{n(n-1)\cdots(n-k+1)}{k!}u^{(n-k)}\cdot v^{(k)}+\cdots+u^{(0)}v^{(n)}$$

此式也可用连加符号 Σ 表示为

$$(u\cdot v)^{(n)}=\sum_{k=0}^{n}C_n^k v^{(k)}u^{(n-k)}$$

这个公式,最早由微积分的创始人莱布尼兹所发现,故称为**莱布尼兹公式**,对计算某些函数的 n 阶导数有重要的应用.该公式可用数学归纳法证明,这里从略.

【例 3.3.8】 $y=xe^x$,求 $y^{(n)}$.

解:设 $u=e^x,v=x,y=uv=e^x\cdot x$,于是

$$\begin{aligned}y^{(n)}&=(e^x\cdot x)^{(n)}\\&=(e^x)^{(n)}x^{(0)}+n(e^x)^{(n-1)}\cdot x^{(1)}+0\end{aligned}$$

上式的第三项开始,因为 x 的二阶以上的导数皆为零,注意到 $x^{(0)}=x,(e^x)^{(n)}=e^x$,代入得到

$$y^{(n)}=e^x x+ne^x=e^x(x+n)$$

【例 3.3.9】 $y=x^2\sin x$,求 $y^{(10)}$.

解:将 y 写成 $\sin x\cdot x^2$,$n=10$,由莱布尼兹公式有

$$\begin{aligned}y^{(10)}&=(\sin x\cdot x^2)^{(10)}\\&=(\sin x)^{(10)}\cdot x^2+10(\sin x)^{(9)}\cdot(x^2)^{(1)}+\frac{10\cdot 9}{1\cdot 2}(\sin x)^{(8)}\cdot(x^2)^{(2)}+0\\&=\sin\left(x+\frac{10\pi}{2}\right)\cdot x^2+20\sin\left(x+\frac{9\pi}{2}\right)\cdot x+90\sin\left(x+\frac{8\pi}{2}\right)\\&=-x^2\sin x+20x\cos x+90\sin x\end{aligned}$$

3.3.4 含抽象函数的导数

对于含抽象函数的导数,我们有一个统一的约定:设 $u=u(x)$ 可导,$y=f(u)$ 关于 u 可导,那么我们将导数 $\frac{d}{du}f(u)$ 记作 $f'[u(x)]$,这里要注意不要与记号 $\{f[u(x)]\}'=\frac{d}{dx}\{f[u(x)]\}$ 相混,如 $f'(\ln x)=\frac{d}{du}f(u)$,其中 $u=\ln x$;$f'(e^{\sin x}+\cos x)=\frac{df(u)}{du}$,其中 $u=e^{\sin x}+\cos x$,等.

【例 3.3.10】 设 $f(x)$ 可导,$y=f(\cot^2 x)$,求 $\frac{dy}{dx}$.

解:

$$\begin{aligned}\frac{dy}{dx}&=f'(\cot^2 x)\cdot(\cot^2 x)'\\&=f'(\cot^2 x)\cdot 2\cot x\cdot(-\csc^2 x)\\&=-2f'(\cot^2 x)\csc^2 x\cot x\end{aligned}$$

【例 3.3.11】 若 $f''(x)$存在，$y=f(\mathrm{e}^{2x})$，求$\frac{\mathrm{d}^2y}{\mathrm{d}x^2}$.

解：

$$\frac{\mathrm{d}y}{\mathrm{d}x}=\frac{\mathrm{d}}{\mathrm{d}x}f(\mathrm{e}^{2x})=f'(\mathrm{e}^{2x})\cdot 2\mathrm{e}^{2x}$$

$$\begin{aligned}\frac{\mathrm{d}^2y}{\mathrm{d}x^2}&=\frac{\mathrm{d}}{\mathrm{d}x}[2\mathrm{e}^{2x}f'(\mathrm{e}^{2x})]\\&=2[\mathrm{e}^{2x}\cdot 2f'(\mathrm{e}^{2x})+\mathrm{e}^{2x}f''(\mathrm{e}^{2x})\cdot \mathrm{e}^{2x}\cdot 2]\\&=4\mathrm{e}^{2x}f'(\mathrm{e}^{2x})+4\mathrm{e}^{4x}f''(\mathrm{e}^{2x})\end{aligned}$$

习题 3.3

1. 求下列函数的二阶导数.

(1) $y=\cos\left(2x+\frac{\pi}{4}\right)$；　　(2) $y=a^{3x}$；

(3) $y=x+\ln 2x$；　　(4) $y=\mathrm{e}^{-x}\sin x$；

(5) $y=\sqrt{a^2-x^2}$；　　(6) $y=\frac{2x^3+\sqrt{x}+4}{x}$；

(7) $y=\tan x$；　　(8) $y=(1+x^2)\arctan x$；

(9) $y=\frac{\mathrm{e}^{2x}}{x}+2x^2$；　　(10) $y=\ln(x+\sqrt{1+x^2})$.

2. (1) 设 $f(x)=(x+10)^6$，求 $f'''(0)$；

(2) 设 $f(x)=x\mathrm{e}^{x^2}$，求 $f''(1)$.

3. (1) 验证函数 $y=C_1\mathrm{e}^{\lambda x}+C_2\mathrm{e}^{-\lambda x}$（$\lambda,C_1,C_2$ 是常数）满足关系式 $y''-\lambda^2y=0$；

(2) 验证函数 $y=\mathrm{e}^x\sin x$ 满足关系式 $y''-2y'+2y=0$.

4. 求下列函数的 n 阶导数.

(1) $y=x^n+2x^{n-1}$；　　(2) $y=x^m$（m 是自然数）；

(3) $y=\sin^2 x$；　　(4) $y=\frac{1-x}{1+x}$；

(5) $y=\ln(1-x)$；　　(6) $y=10^{x+2}$.

5. 逐次求导后，找出规律写出 $y^{(n)}$.

(1) $y=\mathrm{e}^{3x+1}$；　　(2) $y=x\ln x$；

(3) $y=x\mathrm{e}^x$；　　(4) $y=\sqrt{1+x}$.

6. 设 $\varphi(x),\psi(x)$为关于 x 的可导函数，且 $\varphi^2+\psi^2\neq 0$，求$\frac{\mathrm{d}y}{\mathrm{d}x}$.

(1) $y=\varphi(x^2)+\psi(\mathrm{e}^x)$；　　(2) $y=\sqrt{\varphi^2(x)+\psi^2(x)}$；

(3) $\varphi(\cot 2x)$；　　(4) $\varphi[\psi(x)]$.

7. 设 $f(x)$二阶可导，$y=f(\ln x)$，求 y''.

8. 用莱布尼兹高阶导数公式求下列各题.

(1) $y=\mathrm{e}^x\cos x$，求 $y^{(4)}$；

(2) $y=x^2\sin 2x$，求 $y^{(50)}$.

3.4 隐函数及由参数方程表示的函数求导法

3.4.1 隐函数求导法则

前面几节讨论了对显函数 $y=f(x)$ 的求导方法，但某些场合函数关系被一个方程给出例如

$$x^2+y^3-2=0 \tag{3.4.1}$$

该方程可解出 $y=\sqrt[3]{2-x^2}$，反之，若将它带回到方程(3.4.1)，就得到了一个恒等式

$$x^2+\left(\sqrt[3]{2-x^2}\right)^3-2\equiv 0$$

上式在 $x\in(-\infty,+\infty)$ 内恒成立，我们称方程(3.4.1)确定了一个隐函数 $y=\sqrt[3]{2-x^2}$.

一般来说，若函数 $y=f(x)$ 可使二元方程 $F(x,y)=0$ 在变量 x 的某一区间上有恒等式 $F[x,f(x)]\equiv 0$ 成立，就称 $y=f(x)$ 是由方程 $F(x,y)=0$ 所确定的隐函数.

对于具有隐函数的方程 $F(x,y)=0$，有时可容易地从方程中解出 $y=f(x)$，如式(3.4.1)，但很多场合不易解出显函数 $y=f(x)$，有的虽可解出来，但已不是初等函数的形式了. 于是，要解决如何不解出 $y=f(x)$ 的表达式，只从已知方程 $F(x,y)=0$ 出发来求出导数 $y'(x)$ 及 $y''(x)$. 这就是下面我们要给出的隐函数求导方法. 对于一般的求导公式，要到下册在多元微分学中才能讲到，下面我们举几个具体的例子.

【例 3.4.1】 求由方程 $x^2+y^2=a^2$ 所确定的隐函数的导数：$\dfrac{\mathrm{d}y}{\mathrm{d}x}$ 及 $\dfrac{\mathrm{d}^2y}{\mathrm{d}x^2}$.

解：对方程两边关于 x 求导，注意到 $y=y(x)$，并用复合函数求导公式

$$\frac{\mathrm{d}}{\mathrm{d}x}(x^2+y^2)=\frac{\mathrm{d}}{\mathrm{d}x}a^2=0 \qquad (a\text{ 是常数})$$

即

$$2x+2y\cdot y'(x)=0$$

解出 $y'(x)$，得到

$$y'=-\frac{x}{y} \tag{3.4.2}$$

为求出 y''，在式(3.4.2)两边再对 x 求导，注意 $y=y(x)$，有

$$\frac{\mathrm{d}y'}{\mathrm{d}x}=y''=-\frac{\mathrm{d}}{\mathrm{d}x}\left(\frac{x}{y}\right)=-\frac{(x)'y-xy'}{y^2}=-\frac{y-xy'}{y^2} \tag{3.4.3}$$

再将式(3.4.2)代入式(3.4.3)，得到

$$y''=-\frac{y-x\left(-\dfrac{x}{y}\right)}{y^2}=-\frac{y^2+x^2}{y^3}=-\frac{a^2}{y^3}$$

对于该题，还可先从方程中解出 $y=\pm\sqrt{1-x^2}$，再求 $\dfrac{\mathrm{d}y}{\mathrm{d}x}$ 和 $\dfrac{\mathrm{d}^2y}{\mathrm{d}x^2}$，其结果与上面所得到的相同. 但是下一个例子，却不能从方程中解出 $y=y(x)$，只能用上例的方法求解.

【例 3.4.2】 求由方程 $\mathrm{e}^y+xy-\mathrm{e}=0$ 所确定的隐函数 $y=y(x)$ 的导数 $y'(x)$，并求出 $y'(0)$，写出通过曲线 $y=f(x)$ 上点$(0,1)$的切线方程.

解：首先可以看到，将 $x=0$ 代入方程 $e^y+xy-e=0$ 得 $e^y-e=0$，解得 $y=1$，即有 $y(0)=1$. 将方程两边对 x 求导，注意 $y=y(x)$，得

$$e^y\cdot y'(x)+y+xy'(x)=0$$

解出 y'，得到

$$y'(x)=-\frac{y(x)}{x+e^{y(x)}}$$

于是，在上式中代入 $x=0$，有 $y'(0)=-\frac{1}{0+e^1}=-\frac{1}{e}$.

因为切点为(0,1)，设切线上动点为(x,y)，则得到所求的切线方程为

$$y-1=-\frac{1}{e}(x-0)$$

或

$$y=-\frac{1}{e}x+1$$

以下介绍两类显函数的求导法：一类就是前面提到的幂指函数 $y=u(x)^{v(x)}$，另一类是由许多因子相乘、除或乘方、开方所得的函数. 对这两类显函数如果直接求导步骤会很复杂，但是若对这些函数先取对数，利用对数的运算性质，可使这两类函数变得简单，在此基础上再用隐函数求导方法即可较容易地求出 $y'(x)$，称此方法为**取对数求导法**.

【例 3.4.3】 $y=x^{\sin x}, x>0$，求 y'.

解：两边取对数，得到

$$\ln y=\sin x\cdot\ln x$$

这是一个隐函数方程，由它确定的函数 $y=y(x)$ 就是本例的显函数，该方程两边对 x 求导，得到

$$\frac{1}{y}y'(x)=\cos x\cdot\ln x+\sin x\cdot\frac{1}{x}$$

于是，解得

$$y'(x)=y\cdot\left(\cos x\cdot\ln x+\frac{1}{x}\sin x\right)=x^{\sin x}\left(\cos x\ln x+\frac{1}{x}\sin x\right)$$

【例 3.4.4】 $y=\sqrt[3]{\frac{(x+1)(x-2)}{(2x+1)^2e^{2x+1}}}$，求$\frac{dy}{dx}$.

解：上式两边取对数，得

$$\begin{aligned}\ln y&=\frac{1}{3}[\ln(x+1)+\ln(x-2)-\ln(2x+1)^2-\ln e^{2x+1}]\\&=\frac{1}{3}[\ln(x+1)+\ln(x-2)-2\ln(2x+1)-(2x+1)]\end{aligned}$$

上式再对 x 求导，并注意 $y=y(x)$，用到复合函数求导公式，有

$$\frac{1}{y}y'=\frac{1}{3}\left(\frac{1}{x+1}+\frac{1}{x-2}-\frac{4}{2x+1}-2\right)$$

上式两边乘以 y，得到

$$y'=\frac{1}{3}\sqrt[3]{\frac{(x+1)(x-2)}{(2x+1)^2e^{2x+1}}}\left(\frac{1}{x+1}+\frac{1}{x-2}-\frac{4}{2x+1}-2\right)$$

3.4.2 由参数方程所确定的函数的求导法

在以后将要学习的物理或者电路与信号课程中，会遇到一类由参数方程所确定的函数，它是把函数曲线上的动点坐标 x,y 分别表成另一个变量的函数，我们称这另一个变量为参变量，通常用字母 t,θ,φ 等记之，这样 x 与 y 的关系可通过下式表示

$$\begin{cases} x=\varphi(t) \\ y=\psi(t) \end{cases} \tag{3.4.4}$$

其中参量 t 在某一个区间内变化. 由参数方程(3.4.4)确定了 y 是 x 的函数 $y=y(x)$(或者 x 是 y 的函数 $x=x(y)$)，我们把该函数称为由参数方程所确定的函数.

例如，一物体以初速 $\boldsymbol{v}=v_1\boldsymbol{i}+v_2\boldsymbol{j}$，以倾角为 α 作向上抛射运动，由中学物理知识，该物体在空中某点的坐标 x 和 y 与时间 t 的函数关系为

$$\begin{cases} x=v_1 t \\ y=v_2 t-\dfrac{1}{2}gt^2 \end{cases}$$

上式是抛射体运动轨迹的参数方程. 若要求出该轨迹曲线的切线方程，将上式消去 t 得到 $y=\dfrac{v_2}{v_1}x-\dfrac{g}{2v_1^2}x^2$，由此式可求出 $y'(x)$，从而容易写出所求的切线方程了. 然而，在很多其他实际问题中，要从参数方程中消去 t 不容易做到，于是一个新的问题是，如何不通过消去 t 的手续，而直接从已知的参数方程中求出 $y'(x)$，这就是下面要讨论的由参数方程所确定的函数的求导方法：

设有参数方程

$$\begin{cases} x=\varphi(t) \\ y=\psi(t) \end{cases} \tag{3.4.5}$$

如果函数 $x=\varphi(t)$ 具有单调连续反函数 $t=\varphi^{-1}(x)$，则由参数方程(3.4.5)所确定的函数 y 可以看成是由函数 $y=\psi(t)$，$t=\varphi^{-1}(x)$ 复合而成的函数. 因此，要计算这个复合函数的导数，只需假定函数 $x=\varphi(t)$ 与 $y=\psi(t)$ 都可导，而且 $\varphi'(t)\neq 0$，于是由复合函数的求导法则及反函数的导数公式，得到

$$\frac{\mathrm{d}y}{\mathrm{d}x}=\frac{\mathrm{d}y}{\mathrm{d}t}\cdot\frac{\mathrm{d}t}{\mathrm{d}x}=\frac{\dfrac{\mathrm{d}y}{\mathrm{d}t}}{\dfrac{\mathrm{d}x}{\mathrm{d}t}}=\frac{\psi'(t)}{\varphi'(t)} \tag{3.4.6}$$

式(3.4.6)就是由参数方程(3.4.5)所确定的函数的求导公式.

如果 $x=\varphi(t)$ 与 $y=\psi(t)$ 还是二阶可导的，如何进一步求出 $\dfrac{\mathrm{d}^2 y}{\mathrm{d}x^2}$ 呢？为此，只需注意到式(3.4.6)中 $\dfrac{\mathrm{d}y}{\mathrm{d}x}$ 是 x 的函数，即

$$\frac{\mathrm{d}y}{\mathrm{d}x}=\frac{\mathrm{d}y}{\mathrm{d}t}\cdot\frac{\mathrm{d}t}{\mathrm{d}x}=\frac{\mathrm{d}y}{\mathrm{d}t}\cdot\frac{1}{\dfrac{\mathrm{d}x}{\mathrm{d}t}}=\left.\frac{\psi'(t)}{\varphi'(t)}\right|_{t=\varphi^{-1}(x)} \tag{3.4.7}$$

我们利用复合函数和反函数的求导公式就可以求 $\dfrac{\mathrm{d}^2 y}{\mathrm{d}x^2}$ 了. 实际上，由复合函数的求导法则

$$\frac{\mathrm{d}^2 y}{\mathrm{d}x^2}=\frac{\mathrm{d}}{\mathrm{d}t}\left(\frac{\psi'(t)}{\varphi'(t)}\right)\cdot\frac{\mathrm{d}t}{\mathrm{d}x}=\frac{\psi''(t)\varphi'(t)-\psi'(t)\varphi''(t)}{\varphi'^2(t)}\cdot\frac{1}{\frac{\mathrm{d}x}{\mathrm{d}t}}$$

$$=\frac{\psi''(t)\varphi'(t)-\psi'(t)\varphi''(t)}{\varphi'^2(t)}\cdot\frac{1}{\varphi'(t)}$$

$$=\frac{\psi''(t)\varphi'(t)-\psi'(t)\varphi''(t)}{\varphi'^3(t)}$$

即

$$\frac{\mathrm{d}^2 y}{\mathrm{d}x^2}=\frac{\psi''(t)\varphi'(t)-\psi'(t)\varphi''(t)}{\varphi'^3(t)}$$

当 $x=\varphi(t)$ 与 $y=\psi(t)$ 二阶可导时，我们还可以从另外的思路来计算$\frac{\mathrm{d}^2 y}{\mathrm{d}x^2}$，由式(3.4.5)和式(3.4.6)知参数方程

$$\begin{cases} x=\varphi(t) \\ y'=\dfrac{\psi'(t)}{\varphi'(t)} \end{cases} \tag{3.4.8}$$

确定了变量 x 与 y' 之间的函数关系，于是用式(3.4.6)所给出求导方法，可得

$$\frac{\mathrm{d}^2 y}{\mathrm{d}x^2}=\frac{\mathrm{d}(y')}{\mathrm{d}x}=\frac{\frac{\mathrm{d}(y')}{\mathrm{d}t}}{\frac{\mathrm{d}x}{\mathrm{d}t}}=\frac{\frac{\mathrm{d}}{\mathrm{d}t}\left(\frac{\psi'(t)}{\varphi'(t)}\right)}{\varphi'(t)}=\frac{\psi''(t)\varphi'(t)-\psi'(t)\varphi''(t)}{\varphi'^3(t)}$$

这与前面的计算结果一致.

这个求导公式不必记，只要理解并记住式(3.4.7)并会用复合函数和反函数的求导法则就可以求出$\frac{\mathrm{d}^2 y}{\mathrm{d}x^2}$，或者列出参数方程(3.4.8)，再用式(3.4.6)由参数方程所确定的函数的求导法即可求出$\frac{\mathrm{d}^2 y}{\mathrm{d}x^2}$.

【例 3.4.5】 已知椭圆的直角坐标方程为

$$\frac{x^2}{a^2}+\frac{y^2}{b^2}=1$$

(1) 写出椭圆的参数方程；

(2) 求$\frac{\mathrm{d}y}{\mathrm{d}x}$及$\frac{\mathrm{d}^2 y}{\mathrm{d}x^2}$.

解：(1) 令 $x=a\cos t$ 代入椭圆方程，解得 $y=b\sin t$，设 $0\leqslant t<2\pi$，当参变量 t 从 $t=0$ 变化到 $t=2\pi$ 时，椭圆的动点 M 就从点$(a,0)$绕椭圆一周回到点$(a,0)$. 于是得椭圆的参数方程为

$$\begin{cases} x=\varphi(t)=a\cos t \\ y=\psi(t)=b\sin t \end{cases}$$

(2) 先求$\frac{\mathrm{d}y}{\mathrm{d}x}$，由(1)写出的参数方程有

$$\frac{\mathrm{d}y}{\mathrm{d}x}=\frac{\psi'(t)}{\varphi'(t)}=\frac{(b\sin x)'}{(a\cos x)'}=\frac{b\cos t}{-a\sin t}=-\frac{b}{a}\cot t$$

为求$\frac{d^2y}{dx^2}$,列出参数方程

$$\begin{cases} x=a\cos t \\ y'=-\frac{b}{a}\cot t \end{cases}$$

再用由参数方程确定的函数的求导方法,有

$$\frac{d^2y}{dx^2}=\frac{\left(-\frac{b}{a}\cot t\right)'}{(a\cos t)'}=\frac{\frac{b}{a}\csc^2 t}{-a\sin t}=-\frac{b}{a^2}\csc^3 t$$

【例 3.4.6】 设曲线 C 的参数方程为$\begin{cases} x=1-t^2 \\ y=t-t^3 \end{cases}$

(1) 求曲线 C 当 $t=\frac{1}{2}$时所对应的点 M_0 处的切线与法线方程;

(2) 如果把曲线 C 看成为 x 是 y 的函数图形,求$\frac{dx}{dy}$.

解:(1) 由 C 参数方程得

$$\frac{dy}{dx}=\frac{(t-t^3)'}{(1-t^2)'}=\frac{1-3t^2}{-2t}$$

于是,所求切线的斜率 $k_1=\left.\frac{dy}{dx}\right|_{t=\frac{1}{2}}=\frac{1-3\times\left(\frac{1}{2}\right)^2}{-2\times\frac{1}{2}}=-\frac{1}{4}$,相应法线的斜率 $k_2=-\frac{1}{k_1}=4$;又当 $t=\frac{1}{2}$时,曲线 C 上对应点 M_0 的横坐标和纵坐标分别为

$$x_0=1-\left(\frac{1}{2}\right)^2=\frac{3}{4},y_0=\frac{1}{2}-\left(\frac{1}{2}\right)^3=\frac{3}{8}$$

于是由点斜式得到切线方程为

$$y-\frac{3}{8}=-\frac{1}{4}\left(x-\frac{3}{4}\right),\text{或 } 4x+16y-9=0$$

而法线方程为

$$y-\frac{3}{8}=4\left(x-\frac{3}{4}\right),\text{或 } 32x-8y-21=0$$

(2) 此时,因为 y 当作自变量,故可令 $y=t-t^3=\varphi(t)$,又 x 当作因变量,就令 $x=1-t^2=\psi(t)$. 在此基础上使用参数方程所确定的函数 $x=x(y)$的求导公式有

$$\frac{dx}{dy}=x'(y)=\frac{\psi'(t)}{\varphi'(t)}=\frac{(1-t^2)'}{(t-t^3)'}=-\frac{2t}{1-3t^2}$$

习题 3.4

1. 求由下列方程确定的隐函数的导数$\frac{dy}{dx}$.

(1) $\sqrt{x}+\sqrt{y}=1$;　　(2) $y=1-xe^y$;

(3) $y-\cos(x+y)=0$；　　(4) $\arctan\frac{y}{x}=\ln\sqrt{x^2+y^2}$.

2. 求隐函数在指定点的导数$\frac{\mathrm{d}y}{\mathrm{d}x}\big|_{(x_0,y_0)}$.

(1) $y=\cos x+\frac{1}{2}\sin y$，$x=\frac{\pi}{2}$，$y=0$；

(2) $y\mathrm{e}^x+\ln y-1=0$，问当 $y=1$ 时，$x=x_0$ 为何值，能使点$(x_0,1)$位于隐函数曲线上，并求出 $y'(x_0)$及曲线在该点的切线方程.

3. 求下列方程所确定隐函数的二阶导数$\frac{\mathrm{d}^2y}{\mathrm{d}x^2}$.

(1) $x^2-y^2=1$；　　(2) $y=\tan(x+y)$.

4. 利用对数求导法，求下列各函数的导数 $y'(x)$.

(1) $y=\left(\frac{x}{1+x}\right)^x$；　　(2) $y=(\sin x)^{\cos x}$；

(3) $y=\frac{\sqrt[3]{x+1}\,(2-x)^4}{x^2\,(x-1)^3}$；　　(4) $y=\sqrt{x\sin x\cdot\sqrt{\mathrm{e}^x-1}}$.

5. 求下列参数方程所确定的函数的导数.

(1) $\begin{cases}x=\sin^2t\\y=\cos^2t\end{cases}$求$\frac{\mathrm{d}y}{\mathrm{d}x}$；

(2) $\begin{cases}x=\ln(1+t^2)\\y=t-\arctan t\end{cases}$求$\frac{\mathrm{d}y}{\mathrm{d}x},\frac{\mathrm{d}^2y}{\mathrm{d}x^2}$；

(3) $\begin{cases}x=f'(t)\\y=tf'(t)-f(t)\end{cases}$求$\frac{\mathrm{d}y}{\mathrm{d}x},\frac{\mathrm{d}^2y}{\mathrm{d}x^2}$.

6. 设曲线 C 的参数方程为$\begin{cases}x=t-\sin t\\y=1-\cos t\end{cases}$.

(1) 求$\frac{\mathrm{d}y}{\mathrm{d}x}\big|_{t=\frac{\pi}{2}}$；

(2) 求当 $t=\frac{\pi}{2}$时，曲线 C 上对应点(x_0,y_0)处的切线方程与法线方程.

7. 设有参数方程为$\begin{cases}x=2\mathrm{e}^t,\\y=\mathrm{e}^{-t},\end{cases}$求$\frac{\mathrm{d}x}{\mathrm{d}y},\frac{\mathrm{d}^2x}{\mathrm{d}y^2}$.

3.5　函数的微分及其应用

前面几节我们讨论了函数的导数概念与运算，我们已经知道一个可导函数在 $x=x_0$ 处函数的增量与导数有密切关系 $\Delta y=f'(x_0)\Delta x+\Delta x\cdot\alpha$（$\alpha$ 是当 $\Delta x\to 0$ 时的无穷小），在很多实际问题中，常常需要估计增量 Δy 的近似值，由上式推测，它右边的 $f'(x_0)\Delta x$ 就可作为所需要的近似部分，经过对这种推测理由的深入分析，得出了下面要研究的所谓微分的概念.

3.5.1 微分的概念及函数可微与可导的关系

1. 微分定义的引出

我们先考虑一块边长为 x 的正方形铁片,如图3.8所示.因受冷热影响,边长改变量为 Δx,问该铁片的面积变化了多少?

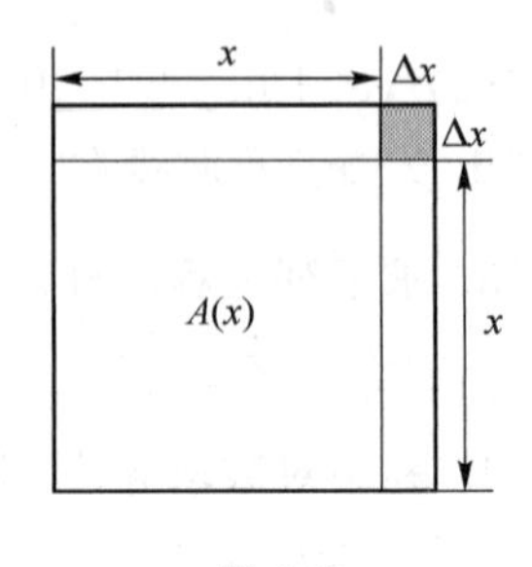

图3.8

设原铁片正方形的面积为 $A(x)=x^2$,当 x 获得增量 Δx 时,面积的改变量为

$$\Delta A=(x+\Delta x)^2-x^2=2x\cdot\Delta x+(\Delta x)^2 \qquad (3.5.1)$$

容易发现,式(3.5.1)右边的第一部分 $2x\cdot\Delta x$ 是 Δx 的一个一次函数,我们称它为线性部分,第二部分 $(\Delta x)^2$ 是 Δx 的高阶无穷小,写作 $(\Delta x)^2=o(\Delta x)(\Delta x\to 0)$,由此可见,当 $|\Delta x|$ 较小时,用 $2x\Delta x$ 作为增量 ΔA 的一个近似值,所得的误差是比 $|\Delta x|$ 更高阶的无穷小,因而可以忽略不计,得到 $\Delta A\approx 2x\Delta x$,我们就把增量 $\Delta A(x)$ 的线性部分 $2x\Delta x$ 称为函数 $A(x)=x^2$ 在点 x 的微分,记成 $\mathrm{d}A=2x\Delta x$.

下面将以上的实例推广到一般情形.

定义 3.5.1 设函数 $y=f(x)$ 在某个区间内有定义,如果在点 x 处函数的增量 Δy 可以表示为

$$\Delta y=f(x+\Delta x)-f(x)=\varphi(x)\cdot\Delta x+o(\Delta x) \qquad (3.5.2)$$

其中函数 $\varphi(x)$ 也可以是常数,并且它与 Δx 无关,当 $\Delta x\to 0$ 时 $o(\Delta x)$ 是比 Δx 高阶的无穷小,于是我们称函数 $y=f(x)$ 在点 x 可微,并将 Δy 的线性部分 $\varphi(x)\cdot\Delta x$ 称为函数 $y=f(x)$ 在点 x 的微分,记作 $\mathrm{d}y$ 或 $\mathrm{d}f(x)$,即

$$\mathrm{d}y=\mathrm{d}f(x)=\varphi(x)\cdot\Delta x \qquad (3.5.3)$$

通常我们也把自变量 x 的增量 Δx 记作 $\mathrm{d}x$,于是(3.5.3)式也写为 $\mathrm{d}y=\varphi(x)\mathrm{d}x$.

【例 3.5.1】 已知半径为 r 的球体积 $V=\frac{4}{3}\pi r^3$,求出当半径 r 有增量 Δr 时,球体积的增量 ΔV 及微分 $\mathrm{d}V$.

解:因为当 r 有增量 Δr 时,半径变化到 $r+\Delta r$,于是有

$$\Delta V=\frac{4}{3}\pi(r+\Delta r)^3-\frac{4}{3}\pi r^3=4\pi r^2\cdot\Delta r+\left[4\pi r(\Delta r)^2+\frac{4}{3}\pi(\Delta r)^3\right] \qquad (3.5.4)$$

上式右边的两部分中,第一部分是 Δr 的线性函数,第二部分如果除以 Δr,再令 $\Delta r\to 0$ 其商的极限是零,即第二部分确是 Δr 的高阶无穷小,我们把它记成 $o(\Delta r)$,于是有

$$\Delta V=4\pi r^2\cdot\Delta r+o(\Delta r) \qquad (3.5.5)$$

由式(3.5.5)及微分的定义可知球体积 V 的微分为

$$\mathrm{d}V=4\pi r^2\Delta r=4\pi r^2\mathrm{d}r$$

而式(3.5.4)就是所求的球体积 V 的增量 ΔV.

2. 可微与可导的关系

由上面的实例知铁片面积 $A(x)=x^2$,其微分为 $\mathrm{d}A=2x\Delta x$;再由例3.5.1又知球体积

$v(r)=\frac{4}{3}\pi r^3$，其微分为 $\mathrm{d}v=4\pi r^2\Delta r$，不难发现微分中自变量增量的系数恰是已知函数的导数 $[A(x)]'=2x$，$[v(r)]'=4\pi r^2$，那么对更一般的情形，如果 $\mathrm{d}f(x)=\varphi(x)\Delta x$，是否有关系 $f'(x)=\varphi(x)$ 成立呢？或者更深入的问题是：函数 $f(x)$ 在点 x 可导与可微之间有什么关系？下述定理回答了这些问题.

定理 3.5.1　函数 $y=f(x)$ 在点 x 可微的充分必要条件是 $y=f(x)$ 在点 x 可导，且当函数可微时，有 $\mathrm{d}y=f'(x)\mathrm{d}x$ 成立.

证：必要性. 已知函数 $y=f(x)$ 在点 x 可微，故有

$$\Delta y=\varphi(x)\Delta x+o(\Delta x)$$

其中 $\varphi(x)$ 与 Δx 无关，上式两边除以 Δx，得到

$$\frac{\Delta y}{\Delta x}=\varphi(x)+\frac{o(\Delta x)}{\Delta x}$$

并令 $\Delta x\to 0$ 取极限，注意到 $\lim\limits_{\Delta x\to 0}\frac{o(\Delta x)}{\Delta x}=0$，有

$$\lim_{\Delta x\to 0}\frac{\Delta y}{\Delta x}=\varphi(x)$$

这就告诉我们，函数 $y=f(x)$ 在 x 处的增量比的极限存在，即函数 $f(x)$ 在点 x 可导，且 $f'(x)=\varphi(x)$ 成立. 这个结果也就导出了定理中所述的下列结论：函数 $y=f(x)$ 在点 x 可微的必要的条件是 $y=f(x)$ 在点 x 可导，且微分 $\mathrm{d}y=f'(x)\mathrm{d}x$ 在 $f(x)$ 可微前提下确实成立.

充分性. 已知函数 $y=f(x)$ 可导，由导数定义有

$$\lim_{\Delta x\to 0}\frac{\Delta y}{\Delta x}=f'(x)$$

再由被求极限的变量 $\frac{\Delta y}{\Delta x}$ 与其极限值 $f'(x)$ 相差一个无穷小的性质，得到

$$\frac{\Delta y}{\Delta x}=f'(x)+\alpha\ (\alpha \text{ 是当 } \Delta x\to 0 \text{ 时的无穷小}).$$

上式两边乘以 Δx，得到增量 Δy 为

$$\Delta y=f'(x)\Delta x+\alpha\cdot\Delta x \tag{3.5.6}$$

式(3.5.6)中第一部分 $f'(x)\Delta x$ 是 Δx 的线性函数，而第二部分有 $\lim\limits_{\Delta x\to 0}\frac{\alpha\Delta x}{\Delta x}=0$ 成立，即 $\alpha\cdot\Delta x$ 比 Δx 是高阶无穷小，记 $\alpha\cdot\Delta x=o(\Delta x)$，于是式(3.5.6)可写为

$$\Delta y=f'(x)\Delta x+o(\Delta x)$$

由上式及函数可微的定义，即得 $y=f(x)$ 在点 x 可微. 这个结论就是定理中所述的，函数在点 x 可导是函数在点 x 处可微的充分条件.

3. 微分的几何意义与物理意义

(1) 微分的几何意义

由第 2 段的内容知道微分与导数的关系为

$$\mathrm{d}y=f'(x)\Delta x=f'(x)\mathrm{d}x \tag{3.5.7}$$

因而微分的几何意义必与导数的几何意义有密切关系，为此，我们在直角坐标系中作出函数

曲线 $C: y=f(x)$ 的图像,并在 C 上取一点 $M(x,y)$,过点 M 的切线 MT 的倾角为 α 如图 3.9 所示,于是,当自变量 x 有微小的增量 Δx 时,就得到曲线 C 上另一点 $N(x+\Delta x, y+\Delta y)$. 由图 3.9 可知:

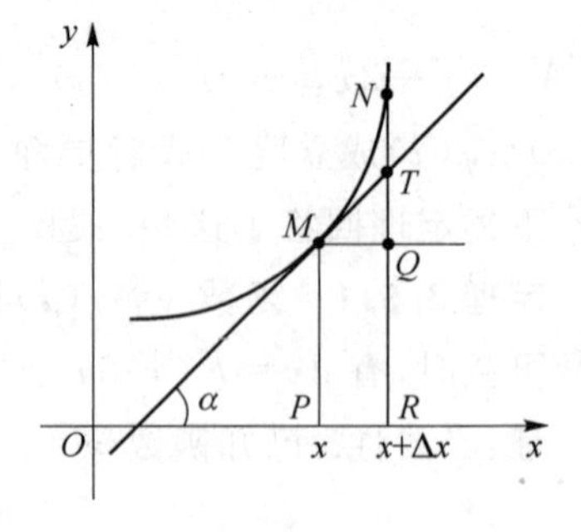

图 3.9

$$MQ=\Delta x$$

$$QN=\Delta y$$

$$\tan\alpha=f'(x)=\frac{TQ}{MQ}$$

所以有

$$TQ=\tan\alpha\cdot MQ=f'(x)\Delta x$$

于是,由式(3.5.7)可见 $\mathrm{d}y=TQ=TR-MP$,也即函数 $y=f(x)$ 在点 x 处的微分 $\mathrm{d}y$,恰好是曲线在点 $M(x,y)$ 处的切线纵坐标的改变量,这就是函数微分的几何意义. 另外由 $MQ=\Delta x=\mathrm{d}x$,因此我们也把图 3.9 中的三角形 MQT 称作微分三角形,以后讨论曲线弧长时,还要进一步给出该三角形的斜边 MT 又恰是弧长函数的微分.

(2) 微分的物理意义

当 $y=f(x)$ 换为变速运动的位置函数 $s=s(t)$ 时,其微分式

$$\mathrm{d}s=s'(t)\Delta t=s'(t)\mathrm{d}t$$

它表示在时间间隔 Δt 内,物体以速度 $s'(t)$ 作直线运动所走过的路程,这乃是从运动学意义上给出的路程函数 $s(t)$ 的微分 $\mathrm{d}s$ 的含义. 当然由于物理内容的多样性,对某个特定物理函数的微分,也有不同的物理意义.

3.5.2 微分的运算公式与法则

由微分与导数的基本关系,即 $\mathrm{d}y=f'(x)\mathrm{d}x$,我们很容易得到任何一个初等函数的微分,并不需要给出另外一套特殊公式. 例如,对一些基本初等函数而言,可直接写出它的微分:

$\mathrm{d}c=(c)'\mathrm{d}x=0$;$\mathrm{d}x^{\mu}=(x^{\mu})'\mathrm{d}x=\mu x^{\mu-1}\mathrm{d}x$;$\mathrm{d}\ln x=(\ln x)'\mathrm{d}x=\frac{1}{x}\mathrm{d}x$;$\mathrm{d}\sin x=(\sin x)'\mathrm{d}x=\cos x\mathrm{d}x$;$\mathrm{d}(\arctan x)=(\arctan x)'\mathrm{d}x=\frac{1}{1+x^2}\mathrm{d}x$;等等.

对较复杂的初等函数,也不难求出它的微分.

【例 3.5.2】 $y=\frac{\sin 2x}{x^2}$,求 $\mathrm{d}y$.

解:先求出 y',有

$$y'=\left(\frac{\sin 2x}{x^2}\right)'=\frac{(\sin 2x)'x^2-\sin 2x\cdot(x^2)'}{x^4}=\frac{2x\cos 2x-2\sin 2x}{x^3}$$

故得

$$\mathrm{d}y=y'\mathrm{d}x=\frac{2x\cos 2x-2\sin 2x}{x^3}\mathrm{d}x$$

另外,由导数的运算法则通过关系式 $\mathrm{d}y=f'(x)\mathrm{d}x$,可以得到相应的微分运算法则:

设 $u=u(x)$，$v=v(x)$ 均在点 x 处可导，则有法则

(1) $\mathrm{d}(c_1u+c_2v)=c_1\mathrm{d}u+c_2\mathrm{d}v$（$c_1$ 与 c_2 是常数）；

(2) $\mathrm{d}(u\cdot v)=u\mathrm{d}v+v\mathrm{d}u$；

(3) $\mathrm{d}\left(\dfrac{u}{v}\right)=\dfrac{v\mathrm{d}u-u\mathrm{d}v}{v^2}(v\neq 0)$；

(4) 设 $y=f(u)$ 关于 u 可导，$u=\varphi(x)$ 关于 x 可导，则有复合函数 $y=f[\varphi(x)]$ 的微分为

$$\mathrm{d}y=\frac{\mathrm{d}}{\mathrm{d}x}f[\varphi(x)]\cdot\mathrm{d}x=f'(u)\mathrm{d}u$$

选证(2). 因为

$$\mathrm{d}(uv)=(uv)'\mathrm{d}x=(uv'+vu')\mathrm{d}x=u(v'\mathrm{d}x)+v(u'\mathrm{d}x)=u\mathrm{d}v+v\mathrm{d}u$$

选证(4). 因为

$$\mathrm{d}f[u(x)]=\frac{\mathrm{d}f[u(x)]}{\mathrm{d}x}\cdot\mathrm{d}x=f'(u)\cdot u'(x)\mathrm{d}x=f'(u)[u'(x)\mathrm{d}x]=f'(u)\mathrm{d}u$$

复合函数的微分运算法则中，两种运算形式有相似性

$$\mathrm{d}y=\frac{\mathrm{d}}{\mathrm{d}x}f[\varphi(x)]\cdot\mathrm{d}x=\frac{\mathrm{d}}{\mathrm{d}u}f(u)\cdot\mathrm{d}u$$

我们称它为一阶微分形式的不变性.

【例 3.5.3】 $y=\arccos\sqrt{1-x^2}$，求 $\mathrm{d}y$.

解：该题除直接用 $\mathrm{d}y=(\arccos\sqrt{1-x^2})'\mathrm{d}x$ 公式计算外，还可用复合函数求微分的法则进行计算，为此，令 $u=\sqrt{1-x^2}$，于是有 $y=\arccos u$，则

$$\mathrm{d}y=y'(u)\mathrm{d}u=-\frac{1}{\sqrt{1-u^2}}\mathrm{d}u \tag{3.5.8}$$

又因为

$$\mathrm{d}u=(\sqrt{1-x^2})'\mathrm{d}x=-\frac{x}{\sqrt{1-x^2}}\mathrm{d}x \tag{3.5.9}$$

将 $u=\sqrt{1-x^2}$ 及式(3.5.9)代入式(3.5.8)，有

$$\mathrm{d}y=\frac{-1}{\sqrt{1-(1-x^2)}}\cdot\frac{-x}{\sqrt{1-x^2}}\mathrm{d}x=\frac{x}{|x|\sqrt{1-x^2}}\mathrm{d}x$$

【例 3.5.4】 用商的微分运算法则，求下列函数 $y=\dfrac{\sin 3x}{\ln 2x}$ 的微分.

解：

$$\begin{aligned}\mathrm{d}y&=\frac{(\mathrm{d}\sin 3x)\cdot\ln 2x-\sin 3x\cdot(\mathrm{d}\ln 2x)}{\ln^2 2x}\\&=\frac{3\cos 3x\cdot\ln 2x\mathrm{d}x-\sin 3x\cdot\dfrac{1}{2x}2\mathrm{d}x}{\ln^2 2x}\\&=\frac{3x\cos 3x\ln 2x-\sin 3x}{x\ln^2 2x}\mathrm{d}x\end{aligned}$$

【例 3.5.5】 在下列等式右端的括号内填入适当的函数.

(1) $x^2\mathrm{d}x=\mathrm{d}(\quad)$；　(2) $\dfrac{1}{\sqrt{x}}\mathrm{d}x=\mathrm{d}(\quad)$；　(3) $5^x\mathrm{d}x=\mathrm{d}(\quad)$.

解:(1) 由公式 $\mathrm{d}(x^3)=3x^2\mathrm{d}x$,故 $\mathrm{d}\left(\frac{1}{3}x^3\right)=x^2\mathrm{d}x$,又因为常数的微分为零,于是有,$\mathrm{d}\left(\frac{1}{3}x^3+C\right)=x^2\mathrm{d}x$,故应填$\frac{1}{3}x^3+C$($C$ 为常数),或$\frac{1}{3}x^3+$任一常数,例如$\frac{1}{3}x^3$,$\frac{1}{3}x^3+1$,等等.

(2) 由公式 $\mathrm{d}(\sqrt{x})=\frac{1}{2\sqrt{x}}\mathrm{d}x$,故 $\mathrm{d}(2\sqrt{x})=\frac{1}{\sqrt{x}}\mathrm{d}x$,于是有 $\mathrm{d}(2\sqrt{x}+C)=\frac{1}{\sqrt{x}}\mathrm{d}x$($C$ 为常数),故应填 $2\sqrt{x}+C$(C 为常数),或 $2\sqrt{x}+$任一常数,例如 $2\sqrt{x}$,$2\sqrt{x}+0.5$,等等.

(3) 由公式 $\mathrm{d}(5^x)=5^x\ln 5\mathrm{d}x$,故 $\mathrm{d}\left(\frac{1}{\ln 5}5^x\right)=5^x\mathrm{d}x$,于是有,$\mathrm{d}\left(\frac{1}{\ln 5}5^x+C\right)=5^x\mathrm{d}x$,故应填$\frac{1}{\ln 5}5^x+C$($C$ 为常数),或$\frac{1}{\ln 5}5^x+$任一常数,例如$\frac{1}{\ln 5}5^x+2$,$\frac{1}{\ln 5}5^x+1.5$,等等.

3.5.3 微分的应用

1. 导数作为微分之商的应用

我们将可微函数的基本关系

$$\mathrm{d}y=f'(x)\mathrm{d}x$$

改写成

$$f'(x)=\frac{\mathrm{d}y}{\mathrm{d}x} \tag{3.5.10}$$

上式表示函数的导数是因变量的微分与自变量的微分之商,因此导数的另一个名称称为微商. 利用这个关系我们可以简化某些函数类型的求导.

【例 3.5.6】 计算由摆线的参数方程

$$C:\begin{cases}x=a(t-\sin t)\\ y=a(1-\cos t)\end{cases}$$

所确定的函数的有关导数$\frac{\mathrm{d}y}{\mathrm{d}x}$,$\frac{\mathrm{d}x}{\mathrm{d}y}$,$\frac{\mathrm{d}^2y}{\mathrm{d}x^2}$.

解:我们可以不去理会参数方程的求导法,在式(3.5.10)中将分子与分母代入 y 与 x 的表达式后,即

$$\frac{\mathrm{d}y}{\mathrm{d}x}=\frac{\mathrm{d}[a(1-\cos t)]}{\mathrm{d}[a(t-\sin t)]}=\frac{-a\mathrm{d}\cos t}{a\ \mathrm{d}(t-\sin t)}=\frac{\sin t\ \mathrm{d}t}{(1-\cos t)\ \mathrm{d}t}=\frac{\sin t}{1-\cos t} \tag{3.5.11}$$

类似由式(3.5.10)有$\frac{\mathrm{d}x}{\mathrm{d}y}=\frac{1-\cos t}{\sin t}$. 另外,由$\frac{\mathrm{d}^2y}{\mathrm{d}x^2}=\frac{\mathrm{d}\left(\frac{\mathrm{d}y}{\mathrm{d}x}\right)}{\mathrm{d}x}$,将式(3.5.11)代入有

$$\begin{aligned}\frac{\mathrm{d}^2y}{\mathrm{d}x^2}&=\frac{\mathrm{d}\left(\frac{\sin t}{1-\cos t}\right)}{\mathrm{d}x}=\frac{\left(\frac{\sin t}{1-\cos t}\right)'\mathrm{d}t}{a(1-\cos t)\mathrm{d}t}\\&=\frac{\cos t(1-\cos t)-\sin^2 t}{a\ (1-\cos t)^3}=\frac{-1}{a\ (1-\cos t)^2}\end{aligned}$$

【例 3.5.7】　设由方程 $x^2+xy+y^2=1$ 确定的隐函数为 $y=y(x)$，求 $\frac{dy}{dx}$.

解：方程两边求微分，有

$$d(x^2+xy+y^2)=d(1)=0$$

由微分的运算法则，有

$$d(x^2)+d(xy)+d(y^2)=0$$
$$2xdx+ydx+xdy+2ydy=0$$
$$(2x+y)dx+(x+2y)dy=0$$

由上式得到

$$\frac{dy}{dx}=-\frac{2x+y}{x+2y}$$

【例 3.5.8】　试从 $\frac{dx}{dy}=\frac{1}{y'}$，求证：$\frac{d^2x}{dy^2}=-\frac{y''}{(y')^3}$.

证：由 $\frac{d^2x}{dy^2}=\frac{d}{dy}\left(\frac{dx}{dy}\right)$，将 $\frac{dx}{dy}=\frac{1}{y'}$ 代入并求它的微分有

$$\frac{d^2x}{dy^2}=\frac{d\left(\frac{1}{y'}\right)}{dy}=\frac{1}{dy}\left[-\frac{1}{(y')^2}\cdot dy'\right]$$
$$=-\frac{1}{(y')^2}\cdot\frac{(y''dx)}{dy}=-\frac{y''}{(y')^2}\cdot\frac{dx}{dy}=-\frac{y''}{(y')^3}$$

由上面三个例子可见，若将导数 $\frac{dy}{dx}=f'(x)$ 看成微分之商或比，再结合微分运算法则，能简化某些复杂的求导问题.

***2. 微分在近似计算中的应用**

在工程问题中，经常会遇到一些复杂的计算公式. 微分的一个基本性质是，当 $|\Delta x|$ 很小时，有 $\Delta y\approx dy$，利用这个性质，可将上述的复杂公式改变为较简单而且便于计算的近似公式.

它的原理是，设函数 $y=f(x)$ 在点 x_0 可微，当 $|\Delta x|$ 很小时，有

$$\Delta y\approx dy=f'(x_0)\Delta x$$

即

$$\Delta y=f(x_0+\Delta x)-f(x_0)\approx f'(x_0)\Delta x$$

移项，得到

$$f(x_0+\Delta x)\approx f(x_0)+f'(x_0)\Delta x$$

记 $x=x_0+\Delta x$，上式可写成：

$$f(x)\approx f(x_0)+f'(x_0)(x-x_0)\tag{3.5.12}$$

式(3.5.12)的几何意义是，在 x_0 的小邻域内，在点 $x=x_0+\Delta x$ 的函数值，可用过点 $(x_0,f(x_0))$ 的切线在 x 的纵坐标(式(3.5.12)的右边)来近似代替.

特别地，当 $x_0=0$ 且当 $|x|$ 充分小时，有

$$f(x)\approx f(0)+f'(0)x\tag{3.5.13}$$

【例 3.5.9】　求证当 $|x|$ 充分小时，有

$$\sqrt[n]{1+x}\approx 1+\frac{1}{n}x$$

证：设 $f(x)=\sqrt[n]{1+x}$，则有 $f(0)=1$，且有

$$f'(0)=\frac{1}{n}(1+x)^{\frac{1}{n}-1}|_{x=0}=\frac{1}{n}$$

由式(3.5.13)得

$$f(x) \approx f(0)+f'(0)x=1+\frac{1}{n}x$$

【例 3.5.10】 求 $\sin 31^\circ$的近似值.

解：令 $f(x)=\sin x, x_0=30^\circ=\frac{\pi}{6}, \Delta x=1^\circ=\frac{\pi}{180}$，于是由式(3.5.12)有

$$\sin 31^\circ=\sin\left(\frac{\pi}{6}+\frac{\pi}{180}\right) \approx \sin\frac{\pi}{6}+\cos\frac{\pi}{6}\times\frac{\pi}{180}$$

$$=\frac{1}{2}+\frac{\sqrt{3}}{2}\times 0.01745 \approx 0.5151$$

【例 3.5.11】 有一批半径为 1 cm 的球要镀一层铜，厚度为 0.01 cm，估计每个球需用铜多少克(g)(铜的密度是 8.9 g/cm^3)？

解：半径是 R 的球体积为

$$V=f(R)=\frac{4}{3}\pi R^3$$

当 $R_0=1, \Delta R=0.01$ 时，镀铜后所增加的球体积为

$$\Delta V \approx V'(R_0)\cdot\Delta R=4\pi R_0^2\cdot\Delta R$$

$$=4\times 3.14\times 1^2\times 0.01=0.14(\text{cm}^3)$$

于是每个球需镀的铜约为

$$8.9\times 0.14=1.246(\text{g})$$

习题 3.5

1. 设圆半径为 r，当半径 r 有增量 Δr 时，求圆面积 $S(r)$的增量及其微分.

2. 用记号："⇒"表示可导出；"⇔"可互相导出；"⇏"不能导出，表示下列三个命题之间的关系：

① $f(x)$在点 x 处连续；　② $f(x)$在点 x 处可导；　③ $f(x)$在点 x 处可微.

3. 画出曲线 $y=\ln x$ 的图像，用微分是切线纵坐标增量的有关结论，在区间$[x, x+\Delta x]$ $(\Delta x>0)$上，用线段之差表示出函数在 x 处的微分 $\mathrm{d}y$，并指出它的符号.

4. 求下列函数的微分

(1) $y=\frac{1}{x}+2\sqrt{x}$；　(2) $y=x^2\sin 2x$；

(3) $y=\frac{x^2}{\ln x}$；　(4) $y=\ln(\sin a^x)$；

(5) $y=\arctan\frac{1-x^2}{1+x^2}$；　(6) $y=\arcsin\sqrt{1-x^2}$.

5. 求下列函数在指定点的微分：

(1) $y=1+\frac{1}{a}\arctan\frac{x}{a}, x=0$；

(2) $y=\frac{1}{x}+2\sqrt{x}+x^3$，$x=1$ 且 $\Delta x=0.1$.

6. 用商的微分运算法则，计算 $\mathrm{d}y$.

(1) $y=\frac{\arctan x}{x}$；　　(2) $y=\frac{\sqrt{x^2+1}-1}{\sqrt{x^2+1}+1}$.

7. 设 $y=\sin 3u$，$u=\ln 2x$，用复合函数的微分法则求 $\mathrm{d}y$.

8. 在下列等式右端的括号内填入适当的函数，使等式成立

(1) $x\mathrm{d}x=\mathrm{d}(\quad)$；　　(2) $\sin x\mathrm{d}x=\mathrm{d}(\quad)$；

(3) $\mathrm{e}^{2x}\mathrm{d}x=\mathrm{d}(\quad)$；　　(4) $\frac{1}{\sqrt{1-x^2}}\mathrm{d}x=\mathrm{d}(\quad)$；

(5) $3^x\mathrm{d}x=\mathrm{d}(\quad)$；　　(6) $\frac{1}{x^2}\mathrm{d}x=\mathrm{d}(\quad)$.

9*. (1) 试用导数$\frac{\mathrm{d}y}{\mathrm{d}x}$等于微分之商(比)及有关微分运算法则求解下题：

设有参数方程$\begin{cases}x=3\mathrm{e}^{-t},\\ y=2\mathrm{e}^{t},\end{cases}$求$\frac{\mathrm{d}x}{\mathrm{d}y}$，$\frac{\mathrm{d}^2x}{\mathrm{d}y^2}$.

(2) 设方程 $xy=\mathrm{e}^{x+y}$确定函数 $y=y(x)$，试用先在方程两边求微分，再求出微分之商$\frac{\mathrm{d}y}{\mathrm{d}x}$的方法，求出导数 $y'(x)$.

10. 当$|x|$很小时，求证 $\ln(1+x)\approx x$.

11*. 求下列各式近似值：

(1) $\sin 29°$；　　(2) $\sqrt[3]{1.02}$.

12*. 水管壁的正截面是一个圆环，它的内半径为 R_0，壁厚为 h(外半径减去内半径)，利用微分计算该圆环面积的近似值.

3.6 本章小结

3.6.1 内容提要

1. 导数与微分的概念及其关系

(1) 导数

① $f'(x_0)=\frac{\mathrm{d}f(x)}{\mathrm{d}x}\Big|_{x=x_0}=\lim\limits_{\Delta x\to 0}\frac{\Delta y}{\Delta x}=\lim\limits_{\Delta x\to 0}\frac{f(x_0+\Delta x)-f(x_0)}{\Delta x}$(若存在)

$\overset{\text{或}}{=}\lim\limits_{h\to 0}\frac{f(x_0+h)-f(x_0)}{h}$

$\overset{\text{或}}{=}\lim\limits_{x\to x_0}\frac{f(x)-f(x_0)}{x-x_0}$(常用于分段函数在分界点上求导)

② $f'(x_0)$存在(或 $f(x)$在 x_0 可导)$\Leftrightarrow f'_+(x_0)=f'_-(x_0)$(存在).

③ 几何意义：$f'(x_0)=\tan\alpha$（α 是曲线 $y=f(x)$ 在点 $M_0(x_0,y_0)$ 切线的倾角）.

切线方程：$y-y_0=f'(x_0)(x-x_0)$

法线方程：$y-y_0=\dfrac{-1}{f'(x_0)}(x-x_0)$

④ 二阶导数：$\dfrac{\mathrm{d}^2y}{\mathrm{d}x^2}=\dfrac{\mathrm{d}}{\mathrm{d}x}\left(\dfrac{\mathrm{d}y}{\mathrm{d}x}\right)$ 或 $y''=(y')'$

n 阶导数：$\dfrac{\mathrm{d}^ny}{\mathrm{d}x^n}=\underbrace{\dfrac{\mathrm{d}}{\mathrm{d}x}\left(\dfrac{\mathrm{d}}{\mathrm{d}x}\left(\cdots\dfrac{\mathrm{d}}{\mathrm{d}x}\left(\dfrac{\mathrm{d}y}{\mathrm{d}x}\right)\cdots\right)\right)}_{n\text{个}\frac{\mathrm{d}}{\mathrm{d}x}}$

(2) 微分，导数与微分关系

① 若 $\Delta y=\varphi(x)\Delta x+o(\Delta x)$，有 $\mathrm{d}y=\varphi(x)\Delta x=\varphi(x)\mathrm{d}x$（称 $y=f(x)$ 在 x 处可微）

② $f(x)$ 在点 x 可微$\Leftrightarrow f(x)$ 在点 x 可导$\Rightarrow$有关系：$\mathrm{d}y=f'(x)\mathrm{d}x$ 或 $f'(x)=\dfrac{\mathrm{d}y}{\mathrm{d}x}$（微分之商）.

③ 微分的几何意义：$\mathrm{d}y$ 等于曲线在点 (x,y) 的切线上纵坐标的增量.

④ 近似关系：若 $f(x)$ 在 x_0 可导，有 $\Delta y\approx\mathrm{d}y$.

(3) 可导（或可微）与连续的关系：

若 $f(x)$ 在 x_0 可导（或可微）$\Rightarrow f(x)$ 在 x_0 连续. 但是反之不一定成立：在 x_0 连续的函数可以在 x_0 处可导，也可以不可导.

2. 导数与微分的运算公式与法则

(1) 基本初等函数的求导或求微分公式：

① $(c)'=0\Leftrightarrow \mathrm{d}(c)=0$ （c 为常数）；

② $(x^\mu)'=\mu x^{\mu-1}\Leftrightarrow \mathrm{d}(x^\mu)=\mu x^{\mu-1}\mathrm{d}x$（$\mu$ 常数）；

③ $(a^x)'=a^x\ln a\Leftrightarrow \mathrm{d}(a^x)=a^x\ln a\mathrm{d}x\ (a>0,a\neq1)$；

特别：$(\mathrm{e}^x)'=\mathrm{e}^x\Leftrightarrow \mathrm{d}(\mathrm{e}^x)=\mathrm{e}^x\mathrm{d}x$；

④ $(\log_a x)'=\dfrac{1}{x\ln a}\Leftrightarrow \mathrm{d}(\log_a x)=\dfrac{1}{x\ln a}\mathrm{d}x\ (a>0,a\neq1)$；

特别：$(\ln x)'=\dfrac{1}{x}\Leftrightarrow \mathrm{d}(\ln x)=\dfrac{1}{x}\mathrm{d}x$；

⑤ $(\sin x)'=\cos x\Leftrightarrow \mathrm{d}(\sin x)=\cos x\mathrm{d}x$；

⑥ $(\cos x)'=-\sin x\Leftrightarrow \mathrm{d}(\cos x)=-\sin x\mathrm{d}x$；

⑦ $(\tan x)'=\sec^2x\Leftrightarrow \mathrm{d}(\tan x)=\sec^2x\mathrm{d}x$；

⑧ $(\cot x)'=-\csc^2x\Leftrightarrow \mathrm{d}(\cot x)=-\csc^2x\mathrm{d}x$；

⑨ $(\sec x)'=\sec x\tan x\Leftrightarrow \mathrm{d}(\sec x)=\sec x\tan x\mathrm{d}x$；

⑩ $(\csc x)'=-\csc x\cot x\Leftrightarrow \mathrm{d}(\csc x)=-\csc x\cot x\mathrm{d}x$；

⑪ $(\arcsin x)'=\dfrac{1}{\sqrt{1-x^2}}\Leftrightarrow \mathrm{d}(\arcsin x)=\dfrac{1}{\sqrt{1-x^2}}\mathrm{d}x$；

⑫ $(\arccos x)'=\dfrac{-1}{\sqrt{1-x^2}}\Leftrightarrow \mathrm{d}(\arccos x)=\dfrac{-1}{\sqrt{1-x^2}}\mathrm{d}x$；

⑬ $(\arctan x)'=\frac{1}{1+x^2}\Leftrightarrow \mathrm{d}(\arctan x)=\frac{1}{1+x^2}\mathrm{d}x$；

⑭ $(\operatorname{arccot} x)'=\frac{-1}{1+x^2}\Leftrightarrow \mathrm{d}(\operatorname{arccot} x)=\frac{-1}{1+x^2}\mathrm{d}x$；

（2）求导或微分运算法则

设 $u=u(x)$，$v=v(x)$均在点 x 处可导，则：

① $(c_1u+c_2v)'=c_1u'+c_2v'\Leftrightarrow \mathrm{d}(c_1u+c_2v)=c_1\mathrm{d}u+c_2\mathrm{d}v$；（$c_1$ 与 c_2 是常数）；

② $(uv)'=u'\cdot v+u\cdot v'\Leftrightarrow \mathrm{d}(u\cdot v)=v\mathrm{d}u+u\mathrm{d}v$；

③ $\left(\frac{u}{v}\right)'=\frac{u'v-uv'}{v^2}\Leftrightarrow \mathrm{d}\left(\frac{u}{v}\right)=\frac{v\mathrm{d}u-u\mathrm{d}v}{v^2}(v\neq0)$；

④ 设 $y=f(u)$对 u 可导，$u=\varphi(x)$对 x 可导，则有

$$(f[\varphi(x)])'=f'[\varphi(x)]\cdot\varphi'(x)\Leftrightarrow \mathrm{d}y=f'(u)\mathrm{d}u=f'[\varphi(x)]\cdot\varphi'(x)\mathrm{d}x$$

⑤ 反函数求导法则：设 $x=\varphi(y)$与 $y=f(x)$互为反函数，$x=\varphi(y)$关于 y 可导，且 $\varphi'(y)\neq0$，则 $f'(x)=\frac{1}{\varphi'(y)}$.

（3）常用函数的 n 阶导数公式

① $(x^\mu)^{(n)}=\mu(\mu-1)\cdots(\mu-n+1)x^{\mu-n}$；

② $[\sin(\omega x+\varphi)]^{(n)}=\omega^n\cdot\sin\left(\omega x+\varphi+\frac{n\pi}{2}\right)$；

③ $[\cos(\omega x+\varphi)]^{(n)}=\omega^n\cdot\cos\left(\omega x+\varphi+\frac{n\pi}{2}\right)$；

④ $(a^x)^{(n)}=a^x\cdot(\ln a)^n(a>0,a\neq1)$；

⑤ $\left(\frac{1}{x+a}\right)^{(n)}=\frac{(-1)^n\cdot n!}{(x+a)^{n+1}}$.

（4）隐函数求导方法

设由方程 $F(x,y)=0$，$y=y(x)$.

① 先在方程两边对 x 求导，再解出 $y'(x)$；

② 或者先在方程两边求微分，利用微分法则，再整理成为 $\varphi(x,y)\mathrm{d}x+\psi(x,y)\mathrm{d}y=0$，最后求出微分之比：

$$\frac{\mathrm{d}y}{\mathrm{d}x}=y'(x)=-\frac{\varphi(x,y)}{\psi(x,y)}$$

③ 若再求$\frac{\mathrm{d}^2y}{\mathrm{d}x^2}$，可对已得的 $y'(x)$再求导一次，遇到 y'产生，再将上式代入后化简即得结果.

（5）参数方程求导

设有参数方程$\begin{cases}x=\varphi(t),\\ y=\psi(t),\end{cases}$则 $\frac{\mathrm{d}y}{\mathrm{d}x}=\frac{\psi'(t)}{\varphi'(t)}$；$\frac{\mathrm{d}^2y}{\mathrm{d}x^2}=\frac{\left[\frac{\psi'(t)}{\varphi'(t)}\right]'}{\varphi'(t)}$.

3.6.2　基本要求

（1）理解导数和微分的概念，理解导数的几何意义，会求平面曲线的切线方程和法线方程，了解导数的物理意义，会用导数描述一些物理量，理解函数的可导性与连续性之间的关系；

(2) 掌握导数的四则运算法则和复合函数的求导法，掌握基本初等函数的导数公式，了解微分的四则运算法则和一阶微分形式的不变性，了解微分在近似计算中的应用；

(3) 了解高阶导数的概念，会求简单的 n 阶导数；

(4) 会求分段函数的导数；

(5) 会求隐函数和参数方程所确定的函数的一阶，二阶导数，会求反函数的导数.

综合练习题

一、单项选择题

1. 函数在 x_0 连续是函数在 x_0 的左、右导数存在且相等的(　　).

(A) 充分条件　　(B) 必要条件

(C) 充分且必要条件　　(D) 既非充分也非必要条件

2. 设函数 $f(x)$ 在 $x=x_0$ 处可导，则由 $\lim\limits_{x\to 0}\dfrac{x}{f(x_0-2x)-f(x_0)}=\dfrac{1}{4}$，有 $f'(x_0)=$(　　).

(A) 4　　(B) -4　　(C) 2　　(D) -2

3. 设函数

$$f(x)=\begin{cases}\dfrac{x}{1+e^{\frac{1}{x}}}, & x\neq 0,\\ 0, & x=0,\end{cases}$$

则 $f(x)$ 在 $x=0$ 处(　　).

(A) 左导数不存在　　(B) 右导数不存在

(C) $f'(0)=1$　　(D) 不可导

4. 若 $f(u)$ 可导，且 $y=f(\ln^2 x)$，则 $y'=$(　　).

(A) $f'(\ln^2 x)$　　(B) $2\ln x f'(\ln^2 x)$

(C) $\dfrac{2\ln x}{x}f'(\ln^2 x)$　　(D) $\dfrac{1}{x}f'(\ln^2 x)$

5. 设 $f(x)=x(x-1)(x-2)\cdots(x-100)$，则 $f'(0)=$(　　).

(A) $100!$　　(B) 0　　(C) 100　　(D) -100

二、填空题

1. 设函数 $f(x)=\begin{cases}\dfrac{2}{x^2+1}, x\leqslant 1,\\ ax+b, x>1,\end{cases}$ 在点 $x=1$ 处可导，则 a 与 b 分别等于__________.

2. 已知 $\dfrac{d}{dx}\left[f\left(\dfrac{1}{x^2}\right)\right]=\dfrac{1}{x}$，则 $f'\left(\dfrac{1}{2}\right)=$__________.

3. 曲线 $y=e^{1-x^2}$ 的平行于直线 $y=2x$ 的切线方程为__________.

4. 已知 $f'(x)=\dfrac{2x}{\sqrt{1-x^2}}$，则 $\dfrac{d}{dx}\left[f(\sqrt{1-x^2})\right]=$__________.

5. 设 $f(x)=\sin\dfrac{x}{2}+\cos 2x$，则 $f^{(27)}(\pi)=$__________.

三、计算题与证明题

1. 若 $S(1)=1, S'(1)=2, S''(1)=3, S'''(1)=4$，求 $\lim\limits_{x\to 1}\dfrac{S(x)+S'(x)+S''(x)-6}{x-1}$.

2. 设 $f(u)$ 在 $u=t$ 可导，求 $\lim\limits_{n\to\infty} n\left[f\left(t+\dfrac{1}{na}\right)-f\left(t-\dfrac{1}{na}\right)\right]$，($a\neq 0$ 且为常数).

3. 设函数 $f(x)=\begin{cases}\dfrac{x^2}{1-e^x}, & x\neq 0\\ 0, & x=0\end{cases}$.

(1) $f(x)$ 在 $x=0$ 是否连续？

(2) $f(x)$ 在 $x=0$ 是否可导？若可导求 $f'(x)$；

(3) $f(x)$ 在 $x=0$ 处二阶导数是否存在？

4. $y=x^{x^a}+x^{a^x}$，求 y'，($a>0, x>0$).

5. 已知 $y=f(u)$，$u=\dfrac{3x-2}{3x+2}$，且 $f'(x)=\arctan x^2$，求 $\dfrac{dy}{dx}\Big|_{x=0}$.

6. (1) $y=\sin^3(xe^x)$，求 dy；

(2) $y=\sin[f(x^2)]$，$f(u)$ 有二阶导数，求 $\dfrac{d^2y}{dx^2}$.

7. $y=\dfrac{1}{x^2-2x-3}$，求 $y^{(n)}$.

8. $\begin{cases}x=a\left[\ln\left(\tan\dfrac{t}{2}\right)+\cos t\right]\\ y=a\sin t\end{cases}$，($a>0, 0<t<\pi$)，求 $\dfrac{dy}{dx}$，并证明在上述曲线上任一点的切线与 x 轴的交点到切点的距离恒为常数.

9. 设星形曲线 $x^{\frac{2}{3}}+y^{\frac{2}{3}}=a^{\frac{2}{3}}$ ($a>0$)，令 $x=a\cos^3\theta$，求出 $y=\varphi(\theta)$ 使满足曲线方程，并证明该曲线的切线介于坐标轴之间部分的长度为一个常量.

10. 设 $f(x)$ 可导，$F(x)=f(x)(1+|\sin x|)$，证明：$f(0)=0$ 是 $F(x)$ 在 $x=0$ 处可导的充分必要条件.

11. 已知 $\dfrac{dx}{dy}=\dfrac{1}{y'}$，证明：$\dfrac{d^3x}{dy^3}=\dfrac{3(y'')^2-y'y'''}{(y')^5}$.

12. 已知 $e^{xy}=a^xb^y$ ($a,b>0$ 且不等于 1)，确定隐函数 $y=y(x)$，证明：$y=y(x)$ 满足方程 $(y-\ln a)y''-2(y')^2=0$.

13. 设 $f(x)$ 可导，且满足：

(1) 对任意 x_1, x_2 有 $f(x_1+x_2)=f(x_1)f(x_2)$；

(2) $f(x)=1+xg(x)$；

(3) $\lim\limits_{x\to 0} g(x)=1$

证明：$y=f(x)$ 满足方程 $y'=y$.

14. 设曲线 $y=x^n$ (n 为正整数)上点(1,1)处的切线交 x 轴于点(ξ_n,0)，证明 $\lim\limits_{n\to\infty} y(\xi_n)=\dfrac{1}{e}$.

第4章　微分中值定理与导数的应用

在第3章我们引入了函数导数的概念及其运算.函数在某一点处的导数反映了函数在该点处变化快慢程度的局部性质.然而,我们不仅要研究函数的局部性质,还要研究函数的一些重要的整体性质,要解决这类问题只靠导数的概念是不够的,深入的分析会发现,要研究的性质都和自变量区间内部某个中间值的特殊等式有关,这些等式就是沟通导数值与函数值之间的桥梁,这就是我们本章要学的微分中值定理.掌握这些知识不但能进一步推动函数性态的研究,而且还能解决其他重要的数学问题.

4.1　微分中值定理

微分中值定理包括以下四个部分:第一个是罗尔(Rolle)定理,由它可导出第二个及第三个中值定理:拉格朗日(Lagrange)中值定理与柯西(Cauchy)中值定理;利用这些中值定理就可以解决一些重要的数学问题:例如给出某些不等式或恒等式的证明方法,研究函数及其图形的某些重要性态等.以上三个中值定理是本节的内容.另外,由柯西中值定理导出的计算函数极限的新方法,及第四个中值定理即泰勒(Taylor)中值定理,作为拉格朗日中值定理的推广形式,它是以后关于函数的幂级数展开的理论基础.

4.1.1　罗尔定理及简单应用

定理 4.1.1　设函数 $f(x)$满足下列条件:

(1) 在闭区间$[a,b]$上连续;

(2) 在开区间(a,b)内可导;

(3) 在区间端点的函数值相等,即 $f(a)=f(b)$.

则在开区间(a,b)内,至少存在一点 ξ,使得函数 $f(x)$在该点的导数等于零,即有

$$f'(\xi)=0,a<\xi<b$$

在证明这个定理之前,先考查一下它的几何意义:定理给出的第一个条件相当于曲线$y=f(x)$在闭区间$[a,b]$上是一条连续的曲线弧;第(2)个条件指出除端点外的开区间内每一点处,都有不垂直于 x 轴的切线;最后一个条件表明在曲线的两个端点处有相同的纵坐标,定理的结论等价于在曲线弧上至少存在一点$(\xi,f(\xi))$,使得过该点所作的切线平行于 x 轴,如图 4.1 所示.

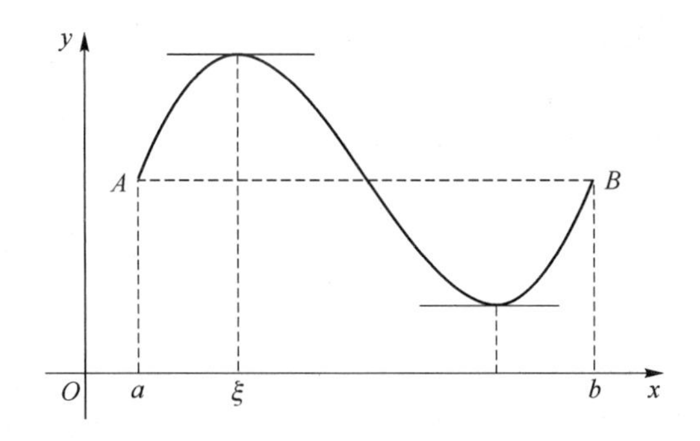

图 4.1

由图 4.1 我们发现，上述结论中的水平切线出现在曲线的最高点处，或最低点处，以下我们就从这里入手证明罗尔定理.

证：首先，由定理条件(1)：$f(x)$在闭区间$[a,b]$上必能取得最大值 M 和最小值 m，我们分两种情形讨论.

情形ⅰ：若 $M=m$，因为 $m\leqslant f(x)\leqslant M$，故 $f(x)$在$[a,b]$上必为常数，即 $f(x)=M$ 或 m，于是必有 $f'(x)=0$，这样在(a,b)内可任取一点 ξ，均有 $f'(\xi)=0$，即定理成立.

情形ⅱ：若 $M\neq m$，因已知 $f(a)=f(b)$，故至少有 M 或 m 不等于 $f(a)$或$(f(b))$，不妨设 $M\neq f(a)$，于是由开始所指出的最大值 $M=f(\xi)$，$a<\xi<b$，此时，无论 Δx 取正还是负，只要 $\xi+\Delta x\in(a,b)$，总有 $f(\xi+\Delta x)\leqslant f(\xi)$，也即 $f(\xi+\Delta x)-f(\xi)\leqslant 0$，于是当 $\Delta x>0$ 时，有不等式

$$\frac{f(\xi+\Delta x)-f(\xi)}{\Delta x}\leqslant 0$$

成立，再令 $\Delta x\to 0^+$，由已知条件(2)，$f(x)$在(a,b)内可导，得到

$$\lim_{\Delta x\to 0^+}\frac{f(\xi+\Delta x)-f(\xi)}{\Delta x}=f'_+(\xi)=f'(\xi)\leqslant 0 \tag{4.1.1}$$

类似地，当 $\Delta x<0$ 时，有不等式

$$\frac{f(\xi+\Delta x)-f(\xi)}{\Delta x}\geqslant 0$$

成立，令 $\Delta x\to 0^-$，有极限

$$\lim_{\Delta x\to 0^-}\frac{f(\xi+\Delta x)-f(\xi)}{\Delta x}=f'_-(\xi)=f'(\xi)\geqslant 0 \tag{4.1.2}$$

由式(4.1.1)和式(4.1.2)，推得 $f'(\xi)=0$，于是定理成立.

综合上述情形ⅰ和ⅱ，只要 $f(x)$满足定理中的三个条件，总有 $\xi\in(a,b)$，使得 $f'(\xi)=0$ 成立.

需要注意的是：定理中的三个条件同时满足是罗尔定理结论成立的充分条件，若有其中一个条件不满足，则罗尔定理的结论可能不成立.

【例 4.1.1】 设函数 $f(x)=|x|$，$-1\leqslant x\leqslant 1$，问该函数在区间$[-1,1]$上，罗尔定理中的什么条件不满足？定理的结论是否成立？

解：如图 4.2 所示.

易见函数 $f(x)=|x|=\begin{cases} x, & 0\leqslant x\leqslant 1 \\ -x, & -1\leqslant x\leqslant 0 \end{cases}$

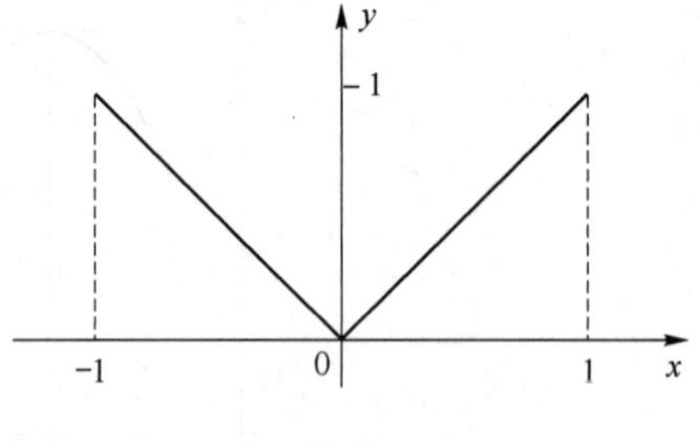

图 4.2

在闭区间$[-1,1]$上连续，又 $f(-1)=|-1|=|+1|=f(1)$，因而罗尔定理中的条件(1)与(3)满足，但该函数在 $x=0$ 不可导，即在开区间$(-1,1)$内 $f(x)$可导的条件(2)不满足，且有

$$f'(x)=\begin{cases}1, & 0<x<1\\ -1, & -1<x<0\end{cases}$$

由上式知，对给定的函数 $f(x)=|x|$，在开区间$(-1,1)$内不存在 ξ，使等式 $f'(\xi)=0$ 成立，即对该函数而言罗尔定理的结论不成立.

【例 4.1.2】 在区间$[0,1]$上对函数 $f(x)=x^2-x$ 验证罗尔定理.

解：它在闭区间$[0,1]$上是连续的，又在开区间$(0,1)$内可导且有 $f'(x)=2x-1$，另外有 $f(0)=f(1)=0$ 成立，故对所给定的函数来说，罗尔定理的三个条件都满足. 若我们令 $f'(x)=0$，即 $2x-1=0$，由此得到一个点 $x=\frac{1}{2}$，并令它等于 ξ，于是有 $\xi=\frac{1}{2}\in(0,1)$使得罗尔定理的结论 $f'(\xi)=0$ 成立，这就验证了罗尔定理对本例的正确性.

对满足罗尔定理条件的具体函数，有时可以求出位于开区间内确切的 ξ 值(见上例)，但有时则不能. 特别是对于抽象的函数 $f(x)$，定理的结论只肯定了 ξ 的存在性，可以不止一个这样的值位于开区间(a,b)内，使得 $f'(\xi)=0$ 成立，也就是说导函数 $f'(x)$在区间(a,b)内存在零点，即方程 $f'(x)=0$ 在区间(a,b)内有实根，于是由罗尔定理可证明某些方程解的存在性及大致分布情况.

【例 4.1.3】 设函数 $f(x)$在区间(a,b)内可导，并在该区间内有两个零点 x_1 与 x_2，证明方程 $f'(x)=0$ 在上述的两个零点之间也至少有一个实根.

证：不妨设 $x_1<x_2$，由已知条件可知，函数 $f(x)$在闭区间$[x_1,x_2]\subset(a,b)$上可导，于是也在$[x_1,x_2]$上连续，在开区间(x_1,x_2)内可导，由已知条件，又有 $f(x_1)=0=f(x_2)$，故罗尔定理条件满足，于是至少有一个 $\xi\in(x_1,x_2)$，使得 $f'(\xi)=0$ 成立，即 ξ 就是方程 $f'(x)=0$ 在 x_1 与 x_2 之间的一个实根.

【例 4.1.4】 设函数 $\varphi(x)$在闭区间$[0,1]$上连续，在开区间$(0,1)$内可导，且 $\varphi(0)=0$，$\varphi(1)=\frac{\pi}{4}$，证明方程

$$\varphi'(x)-\frac{1}{1+x^2}=0$$

在区间$(0,1)$内至少有一个实根.

证：因为方程 $\varphi'(x)-\frac{1}{1+x^2}=0$ 与方程 $\varphi'(x)-(\arctan x)'=0$ 等价，也即与方程 $[\varphi(x)-\arctan x]'=0$等价，于是可作一个辅助函数

$$f(x)=\varphi(x)-\arctan x$$

由已知条件易知函数 $f(x)$在闭区间$[0,1]$上连续，在开区间$(0,1)$内可导，且有 $f(0)=\varphi(0)=0$，$f(1)=\varphi(1)-\arctan 1=\frac{\pi}{4}-\frac{\pi}{4}=0$，因而 $f(0)=f(1)$，于是对于函数 $f(x)$来说，罗尔定理的条件满足，故至少存在一个 $\xi\in(0,1)$，使得 $f'(\xi)=0$ 成立，即

$$f'(\xi)=\varphi'(\xi)-\frac{1}{1+\xi^2}=0$$

成立，本例结论得证.

4.1.2　拉格朗日中值定理及简单应用

罗尔定理中的第三个条件要求 $f(a)=f(b)$，即曲线两端的割线 AB'既平行于 x 轴又平行于最高点（或最低点）处的切线 C'，其切点的横坐标恰好是罗尔定理结论中的中值 ξ'.

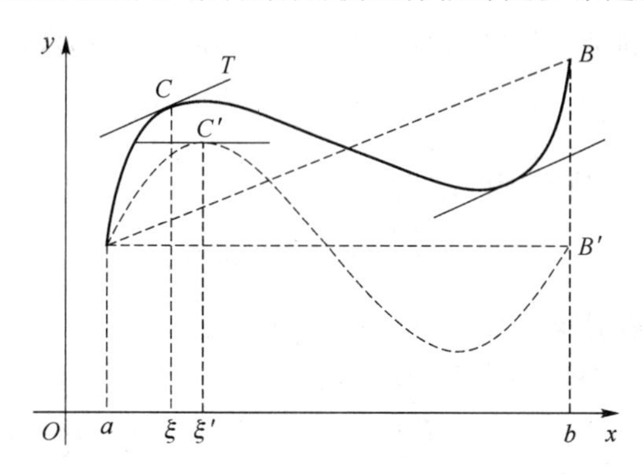

图 4.3

现在若取消条件 $f(a)=f(b)$，例如 $f(a)<f(b)$，即曲线在区间$[a,b]$上两端之间的割线 AB 不再与 x 轴平行，但是函数曲线 $y=f(x)$仍保持罗尔定理中的前两个条件：$f(x)$在$[a,b]$上连续，在(a,b)内可导，此时曲线如图 4.3 中的实线，那么在该曲线上还是否能有切线 C，仍保持与割线 AB 平行呢？由图 4.3 我们发现这种猜想是合乎实际的，在曲线上确实能找到至少一条切线 CT 平行于割线 AB，若该切点 C 的横坐标为 ξ，于是有 $\xi\in(a,b)$使得下式成立：

$$f'(\xi)=\frac{f(b)-f(a)}{b-a}$$

上式右边正是割线 AB 的斜率，它给出了下面就要介绍的拉格朗日中值定理的结论.

1. 拉格朗日中值定理

定理 4.1.2　如果函数 $f(x)$满足：

(1) 在闭区间$[a,b]$上连续.

(2) 在开区间(a,b)内可导.

则在开区间(a,b)内至少存在一点 ξ，使得

$$f'(\xi)=\frac{f(b)-f(a)}{b-a},a<\xi<b$$

或者

$$f(b)-f(a)=f'(\xi)(b-a),a<\xi<b$$

证：我们用罗尔定理来证明上述定理，为此要构造一个满足罗尔定理条件的函数$F(x)$，用求解例 4.1.4 相仿的思路：

要证 $f'(\xi)=\dfrac{f(b)-f(a)}{b-a}$，即 $\left[f'(x)-\dfrac{f(b)-f(a)}{b-a}\right]\Bigg|_{x=\xi}=0$，或只要证

$\left[f(x)-\frac{f(b)-f(a)}{b-a}x\right]'\Big|_{x=\xi}=0$. 于是,令

$$F(x)=f(x)-\frac{f(b)-f(a)}{b-a}x$$

对于函数 $F(x)$,显然满足在闭区间$[a,b]$上连续,在开区间(a,b)内可导的条件. 再将 $x=a$与 b 分别代入 $F(x)$,易得

$$F(a)=F(b)=\frac{bf(a)-af(b)}{b-a}$$

即函数 $F(x)$在$[a,b]$上满足罗尔定理的条件,于是存在 $\xi\in(a,b)$,有

$$F'(\xi)=0,\quad 即\ f'(\xi)-\frac{f(b)-f(a)}{b-a}=0$$

成立,移项得到拉格朗日中值定理的结论

$$f'(\xi)=\frac{f(b)-f(a)}{b-a},a<\xi<b$$

拉格朗日中值定理有时也简称为"拉普拉斯中值定理".

【例 4.1.5】 验证拉格朗日中值定理对函数 $f(x)=\ln x$ 在区间$[1,\mathrm{e}]$上的正确性.

解:首先,易知函数 $f(x)=\ln x$ 在闭区间$[1,\mathrm{e}]$上连续,在开区间$(1,\mathrm{e})$内可导,且有 $f'(x)=\frac{1}{x}$,于是拉格朗日中值定理的条件成立.

以下,只要验证是否能找到 $\xi\in(1,\mathrm{e})$,并使

$$f'(\xi)=\frac{f(\mathrm{e})-f(1)}{\mathrm{e}-1},即\ \frac{1}{\xi}=\frac{1}{\mathrm{e}-1}$$

成立? 对它的回答是肯定的,事实上只要令 $\xi=\mathrm{e}-1$,它显然满足不等式 $1<\xi<\mathrm{e}$,另外由 ξ 的取值自然有$\frac{1}{\xi}=\frac{1}{\mathrm{e}-1}$成立,这样就验证了拉格朗日中值定理对函数 $f(x)=\ln x$ 在$[1,\mathrm{e}]$上的正确性.

2. 用拉格朗日中值定理证明有关不等式或恒等式

(1) 用拉格朗日中值定理证明不等式

要利用拉格朗日中值等式 $f(b)-f(a)=f'(\xi)(b-a),a<\xi<b$ 证明不等式,首先要根据所要证明的不等式找出相应的函数 $f(x)$及区间$[a,b]$,然后利用 $a<\xi<b$ 对 $f'(\xi)$进行放大或缩少,从而得证其不等式.

【例 4.1.6】 证明 $\frac{b-a}{b}<\ln\frac{b}{a}<\frac{b-a}{a}\qquad(0<a<b)$

证:由 $\ln\frac{b}{a}=\ln b-\ln a$,可设 $f(x)=\ln x$,它在区间$[a,b]$上满足拉格朗日中值定理,于是有

$$\ln b-\ln a=\frac{1}{\xi}\cdot(b-a),0<a<\xi<b \tag{4.1.3}$$

由上式右边发现:由 $\frac{1}{b}<\frac{1}{\xi}<\frac{1}{a}$,因而有

$$\frac{b-a}{b}<\frac{b-a}{\xi}<\frac{b-a}{a} \tag{4.1.4}$$

由式(4.1.3)，将式(4.1.4)中间的分式 $\frac{b-a}{\xi}$ 用 $\ln b-\ln a$ 代入，有

$$\frac{b-a}{b}<\ln b-\ln a<\frac{b-a}{a}$$

于是就证明了不等式

$$\frac{b-a}{b}<\ln\frac{b}{a}<\frac{b-a}{a}$$

【例 4.1.7】 设 $x>0$，证明不等式

$$\ln(1+x)>\frac{x}{1+x}$$

证：要证 $\ln(1+x)>\frac{x}{1+x}$，只要证 $\frac{\ln(1+x)}{x}>\frac{1}{1+x}$，

或者不等式

$$\frac{\ln(1+x)-\ln(1+0)}{x-0}>\frac{1}{1+x}$$

于是可设辅助函数 $f(x)=\ln(1+x)$，它在闭区间$[0,x]$上连续，在开区间$(0,x)$内可导$(x>0)$，由拉格朗日中值定理有

$$\frac{f(x)-f(0)}{x-0}=\frac{\ln(1+x)-\ln(1+0)}{x-0}=f'(\xi)=\frac{1}{1+\xi},\quad 0<\xi<x$$

由上式右边发现不等式$\frac{1}{1+\xi}>\frac{1}{1+x}$ 成立，由此，立即可得上式左边分式满足相应不等式

$$\frac{\ln(1+x)-\ln 1}{x-0}>\frac{1}{1+x}$$

即得

$$\frac{\ln(1+x)}{x}>\frac{1}{1+x}$$

于是

$$\ln(1+x)>\frac{x}{1+x}\quad (x>0)$$

成立.

(2) 用拉格朗日中值定理证明恒等式

证明恒等式的原理来自下面由拉格朗日中值定理导出的推论.

推论　如果函数 $f(x)$在(a,b)内可导，且在该区间内 $f'(x)\equiv 0$，则在(a,b)内 $f(x)$为一常数.

证：在区间(a,b)内任取两点 x_1,x_2，不妨设 $x_1<x_2$，由已知条件易知函数 $f(x)$在闭区间$[x_1,x_2]\subset(a,b)$上连续，在开区间(x_1,x_2)内可导. 于是在$[x_1,x_2]$上应用拉格朗日中值定理，有

$$f(x_2)-f(x_1)=f'(\xi)(x_2-x_1),\ \xi\in(x_1,x_2)\subset(a,b)$$

因为已知 $f'(x)\equiv 0$ 在(a,b)内成立，于是有 $f'(\xi)=0$，所以以上等式变为

$$f(x_2)-f(x_1)=0,\ 即\ f(x_1)=f(x_2)$$

也就是说，将(a,b)内任意两点代入 $f(x)$都能保持相同的函数值，这就证明了函数 $f(x)$在(a,b)内为一常数.

那么如何算出这个常数呢？我们只要在区间(a,b)内，选一个特殊的点x_0，使得$f(x_0)$便于计算即可求得该常数了.

【例 4.1.8】 证明恒等式

$$\arcsin x+\arccos x=\frac{\pi}{2},\ x\in[-1,1]$$

证：设 $f(x)=\arcsin x+\arccos x$

当$x\in(-1,1)$时，因为$f'(x)=\dfrac{1}{\sqrt{1-x^2}}+\dfrac{-1}{\sqrt{1-x^2}}=0$，由上述推论得到

$$f(x)=C,x\in(-1,1)$$

取$x=\dfrac{1}{\sqrt{2}}\in(-1,1)$，有

$$f\left(\frac{1}{\sqrt{2}}\right)=\arcsin\frac{1}{\sqrt{2}}+\arccos\frac{1}{\sqrt{2}}=\frac{\pi}{4}+\frac{\pi}{4}=\frac{\pi}{2}=C$$

故，当$x\in(-1,1)$时，证得

$$\arcsin x+\arccos x=\frac{\pi}{2}$$

另外，当$x=1$时，代入上式左边有

$$\arcsin 1+\arccos 1=\frac{\pi}{2}+0=\frac{\pi}{2}$$

类似地，当$x=-1$时，也有

$$\arcsin(-1)+\arccos(-1)=-\frac{\pi}{2}+\pi=\frac{\pi}{2}$$

于是可知在$[-1,1]$上，有$\arcsin x+\arccos x=\dfrac{\pi}{2}$.

3. 由拉格朗日中值定理导出的有限增量公式

拉格朗日中值定理还可变换为另外一种形式：设在开区间(a,b)内有任意两个点x和$x+\Delta x$（Δx可正、可负），设$f(x)$在(a,b)内可导，若$\Delta x>0$，将$f(x)$在区间$[x,x+\Delta x]$上使用拉格朗日中值定理有

$$f(x+\Delta x)-f(x)=f'(\xi)[(x+\Delta x)-x] \tag{4.1.5}$$

其中$\xi\in(x,x+\Delta x)$，将ξ写成$x+\dfrac{\xi-x}{\Delta x}\cdot\Delta x=x+\theta\cdot\Delta x$，这里$\theta=\dfrac{\xi-x}{\Delta x}$是个真分数，即$0<\theta<1$，于是式(4.1.5)就变为

$$f(x+\Delta x)-f(x)=f'(x+\theta\cdot\Delta x)\cdot\Delta x \tag{4.1.6}$$

若$\Delta x<0$，只要在区间$[x+\Delta x,x]$上使用拉格朗日中值定理，同样可得到式(4.1.6)，我们常将式(4.1.6)称为有限增量公式. 这是由于式(4.1.6)的左边恰是函数的增量Δy，它等于函数在区间$(x,x+\Delta x)$内（或区间$(x+\Delta x,x)$内）某一点的导数与自变量的增量Δx的乘积，即

$$\Delta y=f'(x+\theta\cdot\Delta x)\cdot\Delta x,\ 0<\theta<1$$

如果在式(4.1.6)中，令$x=x_0$代入，有

$$f(x_0+\Delta x)-f(x_0)=f'(x_0+\theta\cdot\Delta x)\cdot\Delta x$$

在上式中，将 $x_0+\Delta x=x$ 看成在区间(a,b)内的动点，并且移项后又可得到

$$f(x)=f(x_0)+f'[x_0+\theta\cdot(x-x_0)]\cdot(x-x_0) \tag{4.1.7}$$

其中 $x_0+\theta\cdot(x-x_0)=\xi$ 是位于 x_0 与 x 之间的某一点. 式(4.1.7)就是我们以后将要研究的泰勒中值公式的一个特殊情形.

此外，我们还可以把拉格朗日中值定理向另外一种形式推广，这就是我们下面要介绍的柯西中值定理.

4.1.3　柯西中值定理

定理 4.1.3　如果函数 $f(x)$与 $g(x)$满足

(1) 在闭区间$[a,b]$上连续.

(2) 在开区间(a,b)内可导，且 $g'(x)\neq 0, x\in(a,b)$.

则在区间(a,b)内至少存在一点 ξ，使得

$$\frac{f(b)-f(a)}{g(b)-g(a)}=\frac{f'(\xi)}{g'(\xi)},\ a<\xi<b$$

*__证__：我们先指出，上式左边分母 $g(b)-g(a)\neq 0$. 因为，若 $g(b)=g(a)$，将 $g(x)$在$[a,b]$上应用罗尔定理，有 $g'(\eta)=0, \eta\in(a,b)$，但这与 $g'(x)\neq 0, x\in(a,b)$的已知条件相矛盾，所以 $g(b)-g(a)\neq 0$ 成立.

以下仿照拉格朗日中值定理的证明思路，要证

$$\frac{f(b)-f(a)}{g(b)-g(a)}=\frac{f'(\xi)}{g'(\xi)}$$

也即

$$\left[f'(x)-\frac{f(b)-f(a)}{g(b)-g(a)}\cdot g'(x)\right]_{x=\xi}=0$$

成立，于是构作辅助函数

$$F(x)=f(x)-\frac{f(b)-f(a)}{g(b)-g(a)}\cdot g(x)$$

由已知条件易得 $F(x)$在$[a,b]$上连续，在(a,b)内可导，且有

$$F(a)=F(b)=\frac{f(a)g(b)-f(b)g(a)}{g(b)-g(a)}$$

于是可将函数 $F(x)$在区间$[a,b]$上应用罗尔定理，有 $F'(\xi)=0, a<\xi<b$，也即

$$f'(\xi)-\frac{f(b)-f(a)}{g(b)-g(a)}\cdot g'(\xi)=0$$

变形得到柯西中值定理的结论：

$$\frac{f(b)-f(a)}{g(b)-g(a)}=\frac{f'(\xi)}{g'(\xi)}, a<\xi<b$$

【例 4.1.9】　试问函数 $f(x)=\cos x$ 及 $g(x)=1+\sin x$ 在闭区间$\left[0,\frac{\pi}{2}\right]$上能否使用柯西中值定理，并求出相应的 ξ 值.

解：函数 $f(x)=\cos x$ 及 $g(x)=1+\sin x$ 在闭区间$\left[0,\frac{\pi}{2}\right]$上连续，在开区间$\left(0,\frac{\pi}{2}\right)$内

可导,又因为 $g'(x)=\cos x$ 在区间 $\left(0,\frac{\pi}{2}\right)$ 内不为零,故所给的函数能应用柯西中值定理.于是有

$$\frac{f\left(\frac{\pi}{2}\right)-f(0)}{g\left(\frac{\pi}{2}\right)-g(0)}=\frac{f'(\xi)}{g'(\xi)}$$

即

$$\frac{\cos\frac{\pi}{2}-\cos 0}{\left(1+\sin\frac{\pi}{2}\right)-(1+\sin 0)}=\frac{-\sin\xi}{\cos\xi}$$

或 $\frac{-1}{1}=-\tan\xi$,即 $\xi=\frac{\pi}{4}\in\left(0,\frac{\pi}{2}\right)$.

习题 4.1

1. 验证罗尔定理对函数 $f(x)=\sin x$ 在区间 $[0,\pi]$ 上的正确性.

2. 设函数 $f(x)=x^{\frac{2}{3}}$, $x\in[-1,1]$,问该函数在区间 $[-1,1]$ 上不满足罗尔定理中的哪个条件?定理的结论对该函数是否成立?

3. 设函数 $f(x)=(x-1)(x-2)(x-3)$,试用罗尔定理说明方程 $f'(x)=0$ 有几个实根,并指出这些根所在的区间,最后证明存在 $\xi\in(1,3)$,使得 $f''(\xi)=0$.

4. 设有两个方程:

$$f(x)=a_0x^n+a_1x^{n-1}+\cdots+a_{n-1}x=0$$
$$\varphi(x)=a_0nx^{n-1}+a_1(n-1)x^{n-2}+\cdots+a_{n-1}=0$$

(1) 函数 $f(x)$ 与 $\varphi(x)$ 之间有何关系?

(2) 若方程 $f(x)=0$ 有一个正根 $x=x_0$,证明方程 $\varphi(x)=0$ 必有一个小于 x_0 的正根.

5. 设 $f(x)$ 在闭区间 $[0,a]$ 上连续,在开区间 $(0,a)$ 内可导, $f(a)=0$,证明方程 $\cos x\cdot f(x)+\sin x\cdot f'(x)=0$,在区间 $(0,a)$ 内至少有一个实根.

6. 验证拉格朗日中值定理对函数 $f(x)=\arctan x$ 在区间 $[0,1]$ 上的正确性.

7. 设函数 $f(x)=px^2+qx+r$,将 $f(x)$ 在区间 $[a,b]$ 上应用拉格朗日中值定理,求出相应的中值 ξ,并说明该 ξ 的值在区间 (a,b) 内有什么几何特征?

8. 利用拉格朗日中值定理证明下列不等式:

(1) $na^{n-1}(b-a)<b^n-a^n<nb^{n-1}(b-a)$, $(n>1,0<a<b)$;

(2) $|\arctan b-\arctan a|\leqslant|b-a|$;

(3) 当 $x>1$ 时, $e^x>e\cdot x$

9. 证明恒等式: $\arctan x+\operatorname{arccot} x=\frac{\pi}{2}$, $x\in(-\infty,+\infty)$.

10. 证明:若函数 $f(x)$ 在 $(-\infty,+\infty)$ 内满足关系式 $f'(x)=f(x)$,则 $\frac{f(x)}{e^x}$ 在 $(-\infty,+\infty)$ 恒

为常数.

11. 试问函数 $f(x)=x^2$, $g(x)=\sqrt{x}$ 能否在区间 $[1,4]$ 上应用柯西中值定理,如果能应用,求出定理中的 ξ.

12. 设 $a\cdot b>0$,证明等式:

$a\cdot\arctan b-b\cdot\arctan a=\left(\arctan\xi-\dfrac{\xi}{1+\xi^2}\right)(a-b)$, $\xi\in(a,b)$ 或 (b,a).

13. 设 $f(x)$ 在 $[a,b]$ 上为正值且为可导函数,证明存在 $\xi\in(a,b)$,使得

$$\ln\frac{f(b)}{f(a)}=\frac{f'(\xi)}{f(\xi)}\cdot(b-a)$$

4.2　未定式极限的计算(罗必塔法则)

由第 2 章极限运算的众多例子可以看到,当自变量在某个变化过程中,函数 $f(x)$ 与 $g(x)$ 同时趋于零或同时趋于无穷大时,极限 $\lim\dfrac{f(x)}{g(x)}$ 可能存在,也可能不存在. 通常,我们称这种极限形式为未定式,并记作 $\dfrac{0}{0}$ 或者 $\dfrac{\infty}{\infty}$,对于此类极限,我们不能简单地用"商的极限等于极限的商"这个法则来计算它的极限. 以下我们将介绍,由柯西中值定理所导出的一种计算这类极限的新方法,即所谓罗必塔(L'Hospital)法则.

4.2.1　两个无穷小之比的极限 $\left(\dfrac{0}{0}\text{型}\right)$

1. $x\to x_0$ 的情形

定理 4.2.1　设函数 $f(x)$ 与 $g(x)$ 满足下列条件:

(1) 当 $x\to x_0$ 时,函数 $f(x)$、$g(x)$ 均趋于零;

(2) 两个函数在 x_0 的去心邻域内可导,且 $g'(x)\neq 0$;

(3) 该两个函数的导数之比的极限 $\lim\limits_{x\to x_0}\dfrac{f'(x)}{g'(x)}$ 存在(或无穷大),

则

$$\lim_{x\to x_0}\frac{f(x)}{g(x)}=\lim_{x\to x_0}\frac{f'(x)}{g'(x)}$$

证:由条件(1)可知 $x=x_0$ 为函数 $f(x)$、$g(x)$ 的连续点或可去间断点. 若是连续点,显然有 $f(x_0)=g(x_0)=0$;若是可去间断点,可补充定义或者改变定义也可使该两个函数在点 $x=x_0$ 处连续,从而有 $f(x_0)=g(x_0)=0$ 成立.

于是,我们设 x 为 x_0 的去心邻域内的一点,由条件(2),对函数 $f(x)$ 与 $g(x)$ 运用柯西中值定理,得到

$$\frac{f(x)}{g(x)}=\frac{f(x)-f(x_0)}{g(x)-g(x_0)}=\frac{f'(\xi)}{g'(\xi)}\tag{4.2.1}$$

因为上式 ξ 在 x_0 与 x 之间,当 $x\to x_0$ 时也有 $\xi\to x_0$,这样,在式(4.2.1)两边令 $x\to x_0$ 求极限,得到

$$\lim_{x\to x_0}\frac{f(x)}{g(x)}=\lim_{\xi\to x_0}\frac{f'(\xi)}{g'(\xi)}$$

如果导函数之比又出现$\frac{0}{0}$的未定式，只要 $f'(x)$与 $g'(x)$继续满足定理 4.2.1 的条件，则可再次利用罗必塔法则求出极限：

$$\lim_{x\to x_0}\frac{f'(x)}{g'(x)}=\lim_{x\to x_0}\frac{f''(x)}{g''(x)}$$

这种做法可连续进行有限次.

【例 4.2.1】 求 $\lim\limits_{x\to 0}\frac{e^x-e^{-x}-2x}{x-\sin x}$

解：$\lim\limits_{x\to 0}\frac{e^x-e^{-x}-2x}{x-\sin x}\overset{\frac{0}{0}}{=}\lim\limits_{x\to 0}\frac{e^x+e^{-x}-2}{1-\cos x}\overset{\frac{0}{0}}{=}\lim\limits_{x\to 0}\frac{e^x-e^{-x}}{\sin x}\overset{\frac{0}{0}}{=}\lim\limits_{x\to 0}\frac{e^x+e^{-x}}{\cos x}=2.$

注：有时虽遇到$\frac{0}{0}$型，但有以下两种情形可先进行简化处理：若在分子或分母中有极限不为零的因子，可先将该因子用它的极限值替代；又若遇到无穷小的因子可用比该因子更简单的等价无穷小替代. 经上述简化后的$\frac{0}{0}$型，再用罗必塔法，则可减少计算量.

【例 4.2.2】 求下列极限：

$$I=\lim_{x\to 0}\frac{e^{2x}(\sin^2 x-x\sin x\cos x)}{x\cdot\ln(1+x^3)}$$

解：注意到当 $x\to 0$ 时分子有因子 $e^{2x}\to 1\neq 0$，又分母中有因子 $\ln(1+x^3)\sim x^3\ (x\to 0)$，于是有

$$I=\lim_{x\to 0}\frac{1\cdot(\sin^2 x-x\sin x\cos x)}{x\cdot x^3}$$

上式虽是$\frac{0}{0}$型，但分子还有因子 $\sin x\sim x(x\to 0)$，有

$$I=\lim_{x\to 0}\frac{\sin x\cdot(\sin x-x\cos x)}{x^4}=\lim_{x\to 0}\frac{x\cdot(\sin x-x\cos x)}{x^4}=\lim_{x\to 0}\frac{\sin x-x\cos x}{x^3}$$

对上式用罗必塔法则有

$$I=\lim_{x\to 0}\frac{\cos x-(\cos x-x\sin x)}{3x^2}=\lim_{x\to 0}\frac{x\cdot\sin x}{3x^2}=\frac{1}{3}$$

另外，对于 $x\to x_0^+$ 或 $x\to x_0^-$ 的情形可与 $x\to x_0$ 的情形同法处理.

2. $x\to\infty$的情形

对于 $x\to+\infty$的情况有如下定理.

定理 4.2.2 设函数 $f(x)$与 $g(x)$满足下列条件：

(1) 在区间$(a,+\infty)$内连续，且 $\lim\limits_{x\to+\infty}f(x)=\lim\limits_{x\to+\infty}g(x)=0$；

(2) 在区间$(a,+\infty)$内可导，且 $g'(x)\neq 0$；

(3) $\lim\limits_{x\to+\infty}\frac{f'(x)}{g'(x)}$存在(或无穷大)；

则

$$\lim_{x\to+\infty}\frac{f(x)}{g(x)}=\lim_{x\to+\infty}\frac{f'(x)}{g'(x)}$$

证：令 $x=\frac{1}{t}$，因为考查 $x\to+\infty$ 的极限与左端点 a 取什么定值无关，可设 $a>0$，同时函数变换为 $f\left(\frac{1}{t}\right)$ 与 $g\left(\frac{1}{t}\right)$，且不难验证，这两个函数在区间 $\left(0,\frac{1}{a}\right)$ 内满足定理 4.2.1 的条件，于是有

$$\lim_{x\to+\infty}\frac{f(x)}{g(x)}=\lim_{t\to0^+}\frac{f\left(\frac{1}{t}\right)}{g\left(\frac{1}{t}\right)}\overset{\frac{0}{0}}{=}\lim_{t\to0^+}\frac{f'\left(\frac{1}{t}\right)\cdot\frac{-1}{t^2}}{g'\left(\frac{1}{t}\right)\cdot\frac{-1}{t^2}}=\lim_{x\to+\infty}\frac{f'(x)}{g'(x)}$$

对 $x\to-\infty$ 及 $x\to\infty$ 情况，有类似的结论.

【例 4.2.3】 求 $\lim\limits_{x\to+\infty}\dfrac{\ln\left(1+\frac{1}{x}\right)}{\operatorname{arccot} x}$

解：分子、分母当 $x\to+\infty$ 时，都趋向于零，并且在区间 $(a,+\infty)$ 内它们满足定理 4.2.2 的条件，于是有

$$\lim_{x\to+\infty}\frac{\ln\left(1+\frac{1}{x}\right)}{\operatorname{arccot} x}=\lim_{x\to+\infty}\frac{\ln(x+1)-\ln x}{\operatorname{arccot} x}\overset{\frac{0}{0}}{=}\lim_{x\to+\infty}\frac{\frac{1}{x+1}-\frac{1}{x}}{\frac{-1}{1+x^2}}=\lim_{x\to+\infty}\frac{1+x^2}{x(x+1)}=1$$

注意：只有在导数比的极限 $\lim\frac{f'(x)}{g'(x)}$ 存在或为 $\pm\infty$ 的前提下，才有 $\lim\frac{f(x)}{g(x)}=\lim\frac{f'(x)}{g'(x)}$. 若导数比的极限不存在（非 $\pm\infty$ 型），并不能说函数之比的极限也一定不存在，此时需改用其他方法计算之.

【例 4.2.4】 求极限 $\lim\limits_{x\to0}\dfrac{x^2\sin\frac{1}{x}}{\tan x}$.

解：

$$\lim_{x\to0}\frac{x^2\sin\frac{1}{x}}{\tan x}=\lim_{x\to0}\frac{x}{\tan x}\cdot x\sin\frac{1}{x}=1\times0=0 \tag{4.2.2}$$

但若使用定理 4.2.1 的结论：

$$\text{原式}=\lim_{x\to0}\frac{2x\sin\frac{1}{x}-\cos\frac{1}{x}}{\sec^2 x}$$

但上式分母的极限为 1，而分子中的被减式趋于零，而减式 $\cos\frac{1}{x}$，当 $x\to0$ 时，无极限，也就是说导数比的极限不存在，但由式(4.2.2)，原式的极限存在且等于零，可见不能用定理 4.2.1计算.（事实上，对于此例，定理 4.2.1 的条件(3)不满足.）

4.2.2　两个无穷大量之比的极限$\left(\frac{\infty}{\infty}\text{型}\right)$

两个无穷大量之比，也有与两个无穷小量之比类似的结果，但其证明需要更深的知识，故而从略.

1. $x \to x_0$ 的情形

定理 4.2.3 设函数 $f(x)$ 与 $g(x)$ 满足下列条件:

(1) 两个函数在 x_0 的某个去心邻域内有定义,且 $\lim\limits_{x\to x_0} f(x)=\infty$, $\lim\limits_{x\to x_0} g(x)=\infty$;

(2) 两个函数在上述去心邻域内可导,且 $g'(x)\neq 0$;

(3) $\lim\limits_{x\to x_0}\dfrac{f'(x)}{g'(x)}$存在或为无穷大,则

$$\lim_{x\to x_0}\frac{f(x)}{g(x)}=\lim_{x\to x_0}\frac{f'(x)}{g'(x)}$$

2. $x \to \infty$的情形

定理 4.2.4 设函数 $f(x)$ 与 $g(x)$ 满足下列条件:

(1) 两个函数当 $x>a>0$ 时有定义,且当 $x\to+\infty$时,都趋无穷大;

(2) 两个函数的导数当 $x>a>0$ 时存在,且 $g'(x)\neq 0$;

(3) $\lim\limits_{x\to+\infty}\dfrac{f'(x)}{g'(x)}$存在或为无穷大,则

$$\lim_{x\to+\infty}\frac{f(x)}{g(x)}=\lim_{x\to+\infty}\frac{f'(x)}{g'(x)}$$

对于 $x\to-\infty$或 $x\to+\infty$的情形,有类似的结论.

上述由定理 4.2.1～定理 4.2.4 给出的通过导数求极限的方法统称为罗必塔法则.

【例 4.2.5】 求 $\lim\limits_{x\to+\infty}\dfrac{\ln^2 x}{x^{\mu}}(\mu>0)$.

解:该题为当 $x\to+\infty$时的$\dfrac{\infty}{\infty}$型,由罗必塔法则,有

$$\lim_{x\to+\infty}\frac{\ln^2 x}{x^{\mu}}\overset{\frac{\infty}{\infty}}{=}\lim_{x\to+\infty}\frac{2\ln x}{\mu x^{\mu}}\overset{\frac{\infty}{\infty}}{=}\lim_{x\to+\infty}\frac{2}{\mu^2 x^{\mu}}=0$$

读者可仿此证明:对任意自然数 n 及 $\mu>0$,均有

$$\lim_{x\to+\infty}\frac{\ln^n x}{x^{\mu}}=0 \tag{4.2.3}$$

【例 4.2.6】 求 $\lim\limits_{x\to+\infty}\dfrac{x^3}{e^{\lambda x}}$ $(\lambda>0)$

解:易验证本例也属于$\dfrac{\infty}{\infty}$型的未定式,由罗必塔法则,有

$$\lim_{x\to+\infty}\frac{x^3}{e^{\lambda x}}=\lim_{x\to+\infty}\frac{3x^2}{\lambda e^{\lambda x}}=\lim_{x\to+\infty}\frac{3\cdot 2x}{\lambda^2 e^{\lambda x}}=\lim_{x\to+\infty}\frac{3!}{\lambda^3 e^{\lambda x}}=0$$

读者也可仿此证明:对任意自然数 n,有

$$\lim_{x\to+\infty}\frac{x^n}{e^{\lambda x}}=0(\lambda>0) \tag{4.2.4}$$

由式(4.2.3)和式(4.2.4)可知,当 $x\to+\infty$时,若按函数值增大最快到最慢排列三个函数的顺序为 $e^{\lambda x}$,x^n,$\ln^n x$,即当 $x\to+\infty$时,x^n 是比$\ln^n x$ 高阶无穷大,$e^{\lambda x}$是比 x^n 高阶的无穷大.

【例 4.2.7】 能否用罗必塔法则计算极限 $\lim\limits_{x\to+\infty}\dfrac{x+\sin x}{x+\ln x}$，若不能，改用其他方法计算.

解：原式虽然属于$\dfrac{\infty}{\infty}$类型，但考查导数比的极限有

$$\lim_{x\to+\infty}\frac{(x+\sin x)'}{(x+\ln x)'}=\lim_{x\to+\infty}\frac{1+\cos x}{1+\dfrac{1}{x}}$$

上式分母趋于 1，但分子无极限，故不能用罗必塔法则求出. 若将分式中分子、分母除 x 有

$$\lim_{x\to+\infty}\frac{1+\dfrac{\sin x}{x}}{1+\dfrac{\ln x}{x}}=\frac{1+0}{1+0}=1$$

4.2.3　其他类型的未定式

以上介绍的罗必塔法则，给出了两个最基本未定式$\dfrac{0}{0}$与$\dfrac{\infty}{\infty}$极限计算的新方法. 用这种方法还能进一步解决形如：$0\cdot\infty$（或$\infty\cdot 0$），$\infty-\infty$，0^0，∞^0，1^∞ 等类型的未定式极限的计算问题，以下是计算这些未定式的思路.

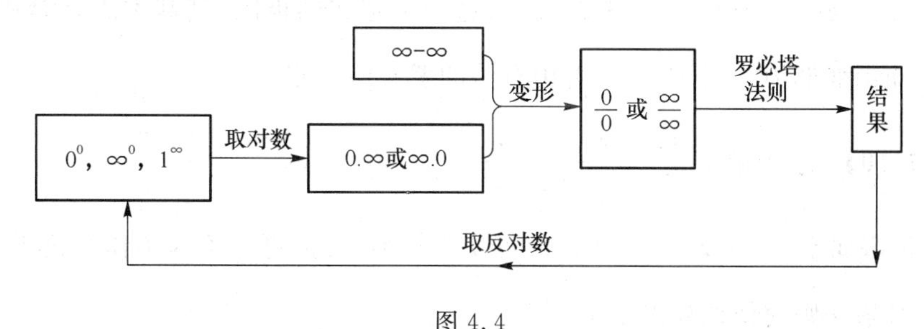

图 4.4

1. 0·∞或∞·0 型

当自变量为某一个趋向时，若 $f(x)\to 0$（或 $f(x)\to\infty$），$g(x)\to\infty$（或 $g(x)\to 0$），称极限 $\lim f(x)\cdot g(x)$ 为 $0\cdot\infty$（或$\infty\cdot 0$）型未定式.

计算 $0\cdot\infty$（或$\infty\cdot 0$）型未定式的极限基本思路是，用代数或三角函数的知识变形为$\dfrac{0}{0}$或$\dfrac{\infty}{\infty}$型，再用第一、二段中介绍的有关罗必塔法则求出极限.

【例 4.2.8】 求极限 $\lim\limits_{x\to+\infty} x\cdot\left(\dfrac{\pi}{2}-\arctan x\right)$.

解：它属于$\infty\cdot 0$ 型的未定式，变形后为

$$\lim_{x\to+\infty}\frac{\dfrac{\pi}{2}-\arctan x}{\dfrac{1}{x}}\overset{\frac{0}{0}}{=}\lim_{x\to+\infty}\frac{-\dfrac{1}{1+x^2}}{-\dfrac{1}{x^2}}=\lim_{x\to+\infty}\frac{x^2}{1+x^2}=1$$

【例 4.2.9】 求极限$\lim\limits_{x\to\frac{\pi}{4}}\sin\left(x-\dfrac{\pi}{4}\right)\cdot\tan 2x$.

解：它属于 $0\cdot\infty$型的未定式，将因子 $\tan 2x$ 变为$\dfrac{1}{\cot 2x}$后有

$$\lim_{x\to\frac{\pi}{4}}\sin\left(x-\frac{\pi}{4}\right)\cdot\tan 2x=\lim_{x\to\frac{\pi}{4}}\frac{\sin\left(x-\frac{\pi}{4}\right)}{\cot 2x}\overset{\frac{0}{0}}{=}\lim_{x\to\frac{\pi}{4}}\frac{\cos\left(x-\frac{\pi}{4}\right)}{-\frac{1}{\sin^2 2x}\cdot 2}=\frac{1}{(-1)\cdot 2}=-\frac{1}{2}$$

要注意的是,本题若改为将因子 $\sin\left(x-\frac{\pi}{4}\right)$变为$\frac{1}{\csc\left(x-\frac{\pi}{4}\right)}$,极限变为$\frac{\infty}{\infty}$的未定式

$$\lim_{x\to\frac{\pi}{4}}\frac{\tan 2x}{\csc\left(x-\frac{\pi}{4}\right)}$$

再用罗必塔法则,上式成为

$$\lim_{x\to\frac{\pi}{4}}\frac{2\sec^2 2x}{-\csc\left(x-\frac{\pi}{4}\right)\cdot\cot\left(x-\frac{\pi}{4}\right)}$$

这样使得计算变得更为复杂.

2. ∞－∞型

当自变量为某一个趋向时,若 $f(x)\to+\infty,g(x)\to+\infty$,或 $f(x)\to-\infty,g(x)\to-\infty$,称极限 $\lim[f(x)-g(x)]$为$\infty-\infty$的未定式.求这种未定式的极限,其基本思路是用代数或三角函数有关知识变形为$\frac{0}{0}$型或$\frac{\infty}{\infty}$型,再用有关的罗必塔法则.

【例 4.2.10】 求极限$\lim\limits_{x\to 0}\left[\frac{1}{\ln(1+x)}-\frac{1}{x}\right]$.

解:该极限属于$\infty-\infty$型,将分式通分可变为$\frac{0}{0}$型,若再将有关因子作等价无穷小替代,就可以用罗必塔法则简便地算出结果:

$$\lim_{x\to 0}\left[\frac{1}{\ln(1+x)}-\frac{1}{x}\right]=\lim_{x\to 0}\frac{x-\ln(1+x)}{x\ln(1+x)}=\lim_{x\to 0}\frac{x-\ln(1+x)}{x^2}$$

$$=\lim_{x\to 0}\frac{1-\frac{1}{1+x}}{2x}=\lim_{x\to 0}\frac{1}{2(1+x)}=\frac{1}{2}$$

【例 4.2.11】 求极限$\lim\limits_{x\to\infty}\left[x-x^2\ln\left(1+\frac{1}{x}\right)\right]$.

解:当 $x\to\infty$($+\infty$或$-\infty$)时,中括号内的被减式 x 显然趋于$+\infty$(或$-\infty$),减式的变化趋向为

$$\lim_{x\to\infty}x^2\ln\left(1+\frac{1}{x}\right)=\lim_{x\to\infty}\frac{\ln\left(1+\frac{1}{x}\right)}{\frac{1}{x^2}}=\lim_{x\to\infty}\frac{\frac{1}{x}}{\frac{1}{x^2}}=+\infty(\text{或}-\infty)$$

于是本例属于$\infty-\infty$型,但是它不能立即通分,我们可以先作变换 $x=\frac{1}{t}$,使它产生一个分母再通分

$$\lim_{x\to\infty}\left[x-x^2\ln\left(1+\frac{1}{x}\right)\right]=\lim_{t\to0}\left[\frac{1}{t}-\frac{1}{t^2}\ln(1+t)\right]$$

$$=\lim_{t\to0}\frac{t-\ln(1+t)}{t^2}\overset{\frac{0}{0}}{=}\lim_{t\to0}\frac{1-\frac{1}{1+t}}{2t}=\frac{1}{2}$$

3. 0^0，1^∞，∞^0 型未定式

当自变量为某一个趋向时，若 $f(x)\to0^+$，$g(x)\to0$，$h(x)\to1$，$p(x)\to+\infty$，$q(x)\to\infty$，称 $\lim f(x)^{g(x)}$ 为 0^0 型未定式，$\lim h(x)^{q(x)}$ 为 1^∞ 型未定式，$\lim p(x)^{g(x)}$ 为∞^0型未定式.

以上这些未定式的共性是均为幂指函数 $A(x)^{B(x)}$ 求极限，其求解的基本思路是，先将幂指函数取对数，在自变量的同一趋向下变为 $0\cdot\infty$型，然后用第(一)段的做法化为$\frac{0}{0}$或$\frac{\infty}{\infty}$型，用罗必塔法则求出极限再取它的反对数即可得到结果.

【例 4.2.12】 求极限 $\lim\limits_{x\to0^+}x^{\sin x}$.

解：本例属于 0^0 型未定式，令 $y=x^{\sin x}$，两边取对数，再令 $x\to0^+$ 求极限，得到

$$\lim_{x\to0^+}\ln y=\lim_{x\to0^+}\ln(x^{\sin x})=\lim_{x\to0^+}\sin x\cdot\ln x$$

先用等价无穷小 $\sin x\sim x(x\to0^+)$将 $\sin x$ 换为 x，有

$$\lim_{x\to0^+}\ln y=\lim_{x\to0^+}x\cdot\ln x=\lim_{x\to0^+}\frac{\ln x}{\frac{1}{x}}$$

上式变为$\frac{\infty}{\infty}$，用罗必塔法则，有

$$\lim_{x\to0^+}\ln y=\lim_{x\to0^+}\frac{\frac{1}{x}}{-\frac{1}{x^2}}=\lim_{x\to0^+}(-x)=0$$

于是有原式$=\lim\limits_{x\to0^+}y=e^0=1$.

【例 4.2.13】 求极限$\lim\limits_{x\to1}x^{\frac{1}{1-x}}$.

解：这是 1^∞ 型未定式，令 $y=x^{\frac{1}{1-x}}$，取对数后，再令 $x\to1$，有

$$\lim_{x\to1}\ln y=\lim_{x\to1}\ln x^{\frac{1}{1-x}}=\lim_{x\to1}\frac{\ln x}{1-x}\overset{\frac{0}{0}}{=}\lim_{x\to1}\frac{\frac{1}{x}}{-1}=-1$$

于是原式$=\lim\limits_{x\to1}y=e^{-1}$.

习题 4.2

1. 用罗必塔法则求下列$\frac{0}{0}$型未定式的极限.

(1) $\lim\limits_{x\to a}\frac{x^m-a^m}{x^n-a^n}(a\neq0)$；　　(2) $\lim\limits_{x\to\pi}\frac{\sin 3x}{\tan 5x}$；

(3) $\lim\limits_{x\to 0}\dfrac{e^{x^2}-1}{\cos x-1}$；　　(4) $\lim\limits_{x\to 0}\dfrac{e^x-e^{-x}-2x}{x-\sin x}$；

(5) $\lim\limits_{x\to 0}\dfrac{\ln(1+x^2)}{\sec x-\cos x}$；　　(6) $\lim\limits_{x\to 0}\dfrac{e^{\sin x}-e^x}{\sin x-x}$.

2. 验证：当 $x\to+\infty$时，函数 $f(x)=e^{\frac{1}{x}}-1$ 与 $g(x)=\dfrac{\pi}{2}-\arctan x$ 之比为$\dfrac{0}{0}$的情形，并求 $\lim\limits_{x\to+\infty}\dfrac{f(x)}{g(x)}$.

3. 验证极限$\lim\limits_{x\to 0}\dfrac{x^2\cos\dfrac{1}{x}}{\sin x}$存在，但不能用罗必塔法则算出其结果.

4. 用罗必塔法则求下列$\dfrac{\infty}{\infty}$型的极限.

(1) $\lim\limits_{x\to+\infty}\dfrac{e^{2x}}{\ln 3x}$；　　(2) $\lim\limits_{x\to+\infty}\dfrac{x^3}{\ln^2 x}$；　　(3) $\lim\limits_{x\to 0^+}\dfrac{\ln x}{e^{\frac{1}{x}}}$.

5. 能否用罗必塔法则求极限：$\lim\limits_{x\to+\infty}\dfrac{x-\sin x}{x+\sin x}$，若不能，改用其他方法求出.

6. 求下列未定式的极限.

(1) $\lim\limits_{x\to 1}(1-x)\tan\dfrac{\pi x}{2}$；　　(2) $\lim\limits_{x\to\infty}[x\cdot(e^{\frac{1}{x}}-1)]$；

(3) $\lim\limits_{x\to 0}x\cdot\cot 2x$；　　(4) $\lim\limits_{x\to 1^+}\ln x\cdot\ln(x-1)$.

7. 求下列未定式的极限.

(1) $\lim\limits_{x\to 1}\left(\dfrac{2}{x^2-1}-\dfrac{1}{x-1}\right)$；　　(2) $\lim\limits_{x\to 1}\left(\dfrac{x}{x-1}-\dfrac{1}{\ln x}\right)$；　　(3) $\lim\limits_{x\to\infty}\left(x^2-\cot^2\dfrac{1}{x}\right)$.

8. 求下列未定式的极限.

(1) $\lim\limits_{x\to 0^+}x^x$；　　(2) $\lim\limits_{x\to\infty}\left(\dfrac{2x}{2x-1}\right)^x$；

(3) $\lim\limits_{x\to 1}\left(\tan\dfrac{\pi x}{4}\right)^{\tan\frac{\pi}{2}x}$　　(4) $\lim\limits_{x\to 0^+}(\cot x)^{\sin x}$.

4.3 泰勒公式

在介绍微分中值定理的知识时，我们曾指出，拉格朗日中值定理有一个重要变形. 若函数 $f(x)$在 x_0 的邻域内有一阶导数，则有

$$f(x)=f(x_0)+f'(\xi)(x-x_0),\ \xi\text{ 位于 }x_0\text{ 与 }x\text{ 之间}$$

上式被称为有限增量公式.

如果把条件再深化一步，函数 $f(x)$在 x_0 的邻域内有二阶导数，那么上述公式会有什么变化呢？这就是下面要深入介绍的一阶泰勒中值公式，以及更一般的推广公式：n 阶泰勒中值公式. 泰勒中值公式简称为泰勒公式.

4.3.1　一阶泰勒公式

定理 4.3.1　设 $f(x)$在包含点 x_0 的开区间(a,b)内有二阶导数,则当 $x\in(a,b)$时,函数 $f(x)$可表示为

$$f(x)=f(x_0)+f'(x_0)(x-x_0)+\frac{f''(\xi)}{2!}(x-x_0)^2 \tag{4.3.1}$$

ξ是位于 x_0 与 x 之间某一点.并称式(4.3.1)为 $f(x)$在 x_0 处的**一阶泰勒(Taylor)公式**,其中最后一项记作

$$R_1(\xi,x)=\frac{f''(\xi)}{2!}(x-x_0)^2$$

也常将 $R_1(\xi,x)$简记为 $R_1(x)$.并称它为一阶泰勒公式的**拉格朗日余项**.

证明:设一个待定函数 $D(x)$,使下式成立:

$$f(x)-f(x_0)-f'(x_0)(x-x_0)=D(x)(x-x_0)^2 \tag{4.3.2}$$

以下要证 $D(x)=\frac{f''(\xi)}{2!}$.为此将式(4.3.2)的两边除以$(x-x_0)^2$,并令其中分子为 $F(x)$,分母为 $G(x)$,有

$$D(x)=\frac{f(x)-f(x_0)-f'(x_0)(x-x_0)}{(x-x_0)^2}=\frac{F(x)}{G(x)} \tag{4.3.3}$$

注意到 $F(x_0)=G(x_0)=0$,易知在区间$(a,b)-\{x_0\}$内 $F(x)$,$G(x)$满足柯西定理的条件,于是有

$$D(x)=\frac{F(x)-F(x_0)}{G(x)-G(x_0)}=\frac{F'(\xi_1)}{G'(\xi_1)},\xi_1 \text{ 在 } x_0 \text{ 与 } x \text{ 之间} \tag{4.3.4}$$

因为

$$F'(x)\big|_{x=\xi_1}=[f'(x)-f'(x_0)]\big|_{x=\xi_1}=f'(\xi_1)-f'(x_0)$$
$$G'(x)\big|_{x=\xi_1}=2(x-x_0)\big|_{x=\xi_1}=2(\xi_1-x_0)$$

以上两式代入式(4.3.4),再对函数 $f'(x)$在区间$[\xi_1,x_0]$(或$[x_0,\xi_1]$)上应用拉格朗日中值定理有

$$D(x)=\frac{1}{2}\frac{f'(\xi_1)-f'(x_0)}{\xi_1-x_0}=\frac{1}{2}f''(\xi_2)$$

上式右边的 ξ_2 在 ξ_1 与 x_0 之间,于是令 $\xi=\xi_2$ 代入上式得到

$$D(x)=\frac{1}{2}f''(\xi)=\frac{f''(\xi)}{2!} \tag{4.3.5}$$

上式 ξ 即 ξ_2 位于 ξ_1 与 x_0 之间,因而也位于 x_0 与 x 之间.最后将式(4.3.5)代入式(4.3.2),移项得到

$$f(x)=f(x_0)+f'(x_0)(x-x_0)+\frac{f''(\xi)}{2!}(x-x_0)^2$$

如果定理中的区间(a,b)含有原点,并取 $x_0=0$,便得到下面的推论.

推论　若函数 $f(x)$在包含原点 $x_0=0$ 的开区间(a,b)内有二阶导数,则有

$$f(x)=f(0)+f'(0)x+\frac{f''(\xi)}{2!}x^2 \tag{4.3.6}$$

其中 ξ 在 $x_0=0$ 与 x 之间.有时也记 $\xi=\theta x,0<\theta<1$.称(4.3.6)式为 $f(x)$的**一阶麦克劳林**

(**Maclaurin**)公式.

【例 4.3.1】 设函数 $f(x)=e^x$,写出它的一阶麦克劳林公式,并证明不等式:$e^x\geqslant 1+x$,$x\in(-\infty,+\infty)$.

解:首先函数 $f(x)=e^x$ 在区间$(-\infty,+\infty)$内有一、二阶导数,且 $f'(x)=e^x$,$f''(x)=e^x$,求得 $f'(0)=e^0=1$,$f''(\xi)=e^\xi$,ξ 位于 $x_0=0$ 及 x 之间,由上述推论有

$$f(x)=e^x=f(0)+f'(0)x+\frac{f''(\xi)}{2!}x^2=1+x+\frac{e^\xi}{2}x^2,x\in(-\infty,+\infty) \tag{4.3.7}$$

这就是所要求的函数 $f(x)=e^x$ 的一阶麦克劳林公式.

以下再证不等式:$e^x\geqslant 1+x$.

事实上,由式(4.3.7)对任意 $x\in(-\infty,+\infty)$,有

$$e^x-(1+x)=\frac{e^\xi}{2}x^2\geqslant 0$$

恒成立,移项即证得不等式:$e^x\geqslant 1+x$,$x\in(-\infty,+\infty)$.

4.3.2 *n* 阶泰勒公式

由一阶泰勒公式容易推广到 n 阶泰勒公式.

定理 4.3.2 设函数 $f(x)$在包含点 x_0 的开区间(a,b)内具有 $n+1$ 阶导数,则对任意 $x\in(a,b)$,有

$$f(x)=f(x_0)+f'(x_0)(x-x_0)+\frac{f''(x_0)}{2!}(x-x_0)^2+\cdots+\frac{f^{(n)}(x_0)}{n!}(x-x_0)^n+R_n(x) \tag{4.3.8}$$

其中 $R_n(x)=\frac{f^{(n+1)}(\xi)}{(n+1)!}(x-x_0)^{n+1}$,称为拉格朗日余项,$\xi$ 为 x_0 到 x 之间的某个值,并称式(4.3.8)为带有拉格朗日余项的 ***n* 阶泰勒公式**. 因为当 $x\to x_0$ 时,余项 $R_n(x)$是关于$(x-x_0)^n$ 的高阶无穷小,故余项又可表示为 $R_n(x)=o((x-x_0)^n)$,这种形式的余项称为**皮亚诺(Peano)余项**.

我们可以用类似于证明一阶泰勒公式的方法,证明 n 阶泰勒公式,有兴趣的读者可以自己阅读.

* **证明**:记

$$P_n(x)=f(x_0)+f'(x_0)(x-x_0)+\frac{f''(x_0)}{2!}(x-x_0)^2+\cdots+\frac{f^{(n)}(x_0)}{n!}(x-x_0)^n$$

$$R_n(x)=\frac{f^{(n+1)}(\xi)}{(n+1)!}(x-x_0)^{n+1}$$

以下我们证明用 $P_n(x)$表示 $f(x)$的余项 $R_n(x)$确如上式所表出的即可. 为此,我们设

$$R_n(x)=f(x)-P_n(x)$$

上式两边求 n 阶导数有

$$R_n^{(n)}(x)=f^{(n)}(x)-P_n^{(n)}(x)$$

注意到 $P_n(x)$是$(x-x_0)$的 n 次多项式,上式再求导得

$$R_n^{(n+1)}(x)=f^{(n+1)}(x)$$

显然有

$$R_n(x_0)=[f(x)-P_n(x)]_{x=x_0}=f(x_0)-f(x_0)=0$$

$$R'_n(x_0)=[f'(x)-P'_n(x)]_{x=x_0}=f'(x_0)-f'(x_0)=0$$

以此类推，有

$$R_n^{(n)}(x_0)=0$$

以下不妨设 $x_0<x$，因为函数 $R_n(x)$ 与 $(x-x_0)^{n+1}$ 在区间 $[x_0,x]$ 上满足柯西中值定理的条件，于是有

$$\frac{R_n(x)}{(x-x_0)^{n+1}}=\frac{R_n(x)-R_n(x_0)}{(x-x_0)^{n+1}-0}=\frac{R'_n(\xi_1)}{(n+1)(\xi_1-x_0)^n},x_0<\xi_1<x$$

以下再对两个函数 $R'_n(x)$ 与 $(n+1)(x-x_0)^n$ 在区间 $[x_0,\xi_1]$ 上应用柯西中值定理，有

$$\frac{R'_n(\xi_1)}{(n+1)(\xi_1-x_0)^n}=\frac{R'_n(\xi_1)-R'_n(x_0)}{(n+1)(\xi_1-x_0)^n-0}=\frac{R''_n(\xi_2)}{(n+1)n(\xi_2-x_0)^{n-1}},x_0<\xi_2<\xi_1<x$$

依照上述方法，连续应用柯西中值定理 $n+1$ 次，得最后一个等号的右边变为

$$\frac{R_n{}^{(n+1)}(\xi_{n+1})}{(n+1)\cdot n\cdots 2\cdot 1\,(\xi_{n+1}-x_0)^{n-n}}=\frac{R_n{}^{(n+1)}(\xi_{n+1})}{(n+1)!}$$

令 $\xi_{n+1}=\xi$，且有 $x_0<\xi<\xi_n<\xi_{n-1}<\cdots<\xi_1<x$，这样就导出了

$$\frac{R_n(x)}{(x-x_0)^{n+1}}=\frac{R'_n(\xi)}{(n+1)(\xi_1-x_0)^n}=\cdots=\frac{R_n{}^{(n+1)}(\xi)}{(n+1)!}=\frac{f^{(n+1)}(\xi)}{(n+1)!}$$

即有

$$R_n(x)=\frac{f^{(n+1)}(\xi)}{(n+1)!}(x-x_0)^{n+1}\text{成立}$$

推论　若函数 $f(x)$ 在包含原点 $x_0=0$ 的开区间 (a,b) 内有直到 $(n+1)$ 阶导数，则对任意的 $x\in(a,b)$，有麦克劳林公式

$$f(x)=f(0)+\frac{f'(0)}{1!}x+\frac{f''(0)}{2!}x^2+\cdots+\frac{f^{(n)}(0)}{n!}x^n+R_n(x) \tag{4.3.9}$$

4.3.3　常见函数的 n 阶麦克劳林公式举例

【例 4.3.2】　求函数 $f(x)=e^x$ 的带有拉格朗日余项的 n 阶麦克劳林公式.

解：在式(4.3.9)中取拉格朗日余项有一般公式：

$$f(x)=f(0)+\frac{f'(0)}{1!}x+\frac{f''(0)}{2!}x^2+\cdots+\frac{f^{(n)}(0)}{n!}x^n+\frac{f^{(n+1)}(\xi)}{(n+1)!}x^{n+1} \tag{4.3.10}$$

先求出

$$f^{(n)}(x)=(e^x)^{(n)}=e^x,\ (n=0,1,2,\cdots n)\text{及 } f^{(n+1)}(x)=e^x,x\in(-\infty,+\infty)$$

于是有

$$f(0)=e^0=1,f'(0)=e^0=1,\ \cdots,f^{(n)}(0)=e^0=1,\text{及 } f^{(n+1)}(\xi)=e^\xi$$

ξ 在 0 与 x 之间. 以上代入式(4.3.10)，得到函数 $f(x)=e^x$ 在 $(-\infty,+\infty)$ 内带有拉格朗日余项的 n 阶麦克劳林公式

$$e^x=1+x+\frac{1}{2!}x^2+\cdots+\frac{1}{n!}x^n+\frac{e^\xi}{(n+1)!}x^{n+1}$$

上式拉格朗日余项中的 ξ 也可用 $\theta x(0<\theta<1)$ 代替.

【例 4.3.3】　求函数 $f(x)=\sin x$ 的 n 阶及 $n=2m$ 阶带有拉格朗日余项的麦克劳林公式.

解：先写出一般 n 阶麦克劳林公式如式(4.3.10)所示.

由高阶导数公式有

$$(\sin x)^{(n)}=\sin\left(x+\frac{n\pi}{2}\right)及(\sin x)^{(n+1)}=\sin\left(x+\frac{(n+1)\pi}{2}\right)$$

于是得到

$$f(0)=\sin 0=0, f'(0)=\sin\left(0+\frac{\pi}{2}\right)=1, f''(0)=\sin\left(0+\frac{2\pi}{2}\right)=0$$

$$f^{(3)}(0)=\sin\left(0+\frac{3\pi}{2}\right)=-1, \cdots\cdots, f^{(n)}(0)=\sin\frac{n\pi}{2}, f^{(n+1)}(\xi)=\sin\left(\xi+\frac{(n+1)\pi}{2}\right)$$

ξ 在 0 与 x 之间，$x\in(-\infty,+\infty)$. 以上代入式(4.3.10)，得到函数 $f(x)=\sin x$ 在$(-\infty,+\infty)$内带有拉格朗日余项的 n 阶麦克劳林公式

$$\begin{aligned}\sin x&=0+x+0-\frac{x^3}{3!}+\cdots+\frac{\sin\frac{n\pi}{2}}{n!}x^n+\frac{\sin\left(\xi+\frac{(n+1)\pi}{2}\right)}{(n+1)!}x^{n+1}\\&=x-\frac{x^3}{3!}+\cdots+\frac{\sin\frac{n\pi}{2}}{n!}x^n+\frac{\sin\left(\xi+\frac{(n+1)\pi}{2}\right)}{(n+1)!}x^{n+1}\end{aligned}$$

当 $n=2m$ 时，因为 $n=2,4,\cdots,2m$，有 $\sin\frac{n\pi}{2}=0$，因而 $P_{2m}(x)$ 皆由奇数幂次项构成，于是得到

$$\sin x=x-\frac{x^3}{3!}+\frac{x^5}{5!}-\frac{x^7}{7!}+\cdots+(-1)^{m-1}\frac{x^{2m-1}}{(2m-1)!}+\frac{\sin\left[\xi+(2m+1)\frac{\pi}{2}\right]}{(2m+1)!}x^{2m+1} \tag{4.3.11}$$

ξ 在 0 与 x 之间.

这里要注意的是，式(4.3.11)右边的多项式 $P_{2m}(x)$，其最高次数原本应为 x^{2m}，但因它的系数 $\frac{\sin\frac{2m\pi}{2}}{(2m)!}=0$，因而该项消失，就变成式(4.3.11)的形式.

【例 4.3.4】 求函数 $f(x)=\mathrm{e}^{\cos x}$ 带有皮亚诺余项的二阶麦克劳林公式.

解：先写出带有皮亚诺余项的二阶麦克劳林公式一般形式：

$$f(x)=f(0)+\frac{f'(0)}{1!}x+\frac{f''(0)}{2!}x^2+o(x^2) \tag{4.3.12}$$

再求出

$$f(0)=\mathrm{e}^{\cos 0}=\mathrm{e}, f'(0)=(\mathrm{e}^{\cos x})'|_{x=0}=[\mathrm{e}^{\cos x}\cdot(-\sin x)]_{x=0}=0$$

$$f''(0)=[-\sin x\cdot \mathrm{e}^{\cos x}]'|_{x=0}=[\mathrm{e}^{\cos x}(\sin^2 x-\cos x)]_{x=0}=-\mathrm{e}$$

将以上结果代入式(4.3.12)，得到具有皮亚诺余项的二阶麦克劳林公式

$$f(x)=\mathrm{e}-\frac{\mathrm{e}}{2}x^2+o(x^2)$$

在泰勒公式中有关自变量 x 的区间，它实际上就是使函数 $f(x)$ 有直到所需的最高阶导数时，自变量 x 所允许的最大区间，当泰勒公式被用于研究某些数学问题时，常需要标出这种区间，但如果只是求出泰勒公式的表达式，就不需要特别写出这种区间.

*4.3.4　泰勒公式在近似计算中的应用

运用泰勒公式可以计算函数的近似值，并可以估计误差. 事实上，由泰勒公式

$$f(x)=f(x_0)+f'(x_0)(x-x_0)+\frac{f''(x_0)}{2!}(x-x_0)^2+\cdots+\frac{f^{(n)}(x_0)}{n!}(x-x_0)^n+R_n(x)$$

可知，当$|x-x_0|$很小时，余项$R_n(x)$可忽略，于是便有

$$f(x)\approx f(x_0)+f'(x_0)(x-x_0)+\frac{f''(x_0)}{2!}(x-x_0)^2+\cdots+\frac{f^{(n)}(x_0)}{n!}(x-x_0)^n \tag{4.3.13}$$

若记

$$P_n(x)=f(x_0)+f'(x_0)(x-x_0)+\frac{f''(x_0)}{2!}(x-x_0)^2+\cdots+\frac{f^{(n)}(x_0)}{n!}(x-x_0)^n$$

用式(4.3.13)及其拉格朗日余项，所产生的误差为

$$|f(x)-P_n(x)|=|R_n(x)|=\left|\frac{f^{(n+1)}(\xi)}{(n+1)!}(x-x_0)^{n+1}\right|,\xi\text{在 }x_0\text{ 与 }x\text{ 之间} \tag{4.3.14}$$

特别，若$x_0=0$，且当$|x|$很小时，有

$$f(x)\approx f(0)+f'(0)x+\frac{f''(0)}{2!}x^2+\cdots+\frac{f^{(n)}(0)}{n!}x^n \tag{4.3.15}$$

由式(4.3.15)所产生的误差为

$$|R_n(x)|=\left|\frac{f^{(n+1)}(\xi)}{(n+1)!}x^{n+1}\right|=\left|\frac{f^{(n+1)}(\theta x)}{(n+1)!}x^{n+1}\right|,(0<\theta<1) \tag{4.3.16}$$

式(4.3.13)或式(4.3.15)的右边称作函数$f(x)$的n次近似多项式.

【例 4.3.5】　分别求出函数$f(x)=\sin x$的一、三、五次近似多项式，若$|x|<1$，写出相应误差的最大范围.

解：由式(4.3.11)，有

$$\sin x=x-\frac{x^3}{3!}+\frac{x^5}{5!}-\frac{x^7}{7!}+\cdots+(-1)^{m-1}\frac{x^{2m-1}}{(2m-1)!}+R_{2m}(x)$$

其中$R_{2m}(x)=\dfrac{\sin\left[\xi+(2m+1)\frac{\pi}{2}\right]}{(2m+1)!}x^{2m+1}$，$\xi$在 0 与$x$之间. 于是，当$m=1$时，有$\sin x\approx x$，

误差为　$|R_2(x)|=\left|\dfrac{\sin\left[\xi+\frac{3\pi}{2}\right]}{3!}x^3\right|\leqslant\dfrac{|x|^3}{6}$，当$|x|<1$时，有$|R_2(x)|<\dfrac{1}{6}$；

当$m=2$时，有$\sin x\approx x-\dfrac{1}{3!}x^3=x-\dfrac{x^3}{6}$；

误差为　$|R_4(x)|=\left|\dfrac{\sin\left[\xi+\frac{5\pi}{2}\right]}{5!}x^5\right|\leqslant\dfrac{|x|^5}{120}$，当$|x|<1$时，有$|R_4(x)|<\dfrac{1}{120}$；

当$m=3$时，有$\sin x\approx x-\dfrac{1}{3!}x^3+\dfrac{1}{5!}x^5=x-\dfrac{x^3}{6}+\dfrac{x^5}{120}$，

误差为：$|R_6(x)|=\left|\dfrac{\sin\left[\xi+\frac{7\pi}{2}\right]}{7!}x^7\right|\leqslant\dfrac{|x|^7}{5\,040}$，当$|x|<1$时，有$|R_6(x)|<\dfrac{1}{5\,040}$.

上述函数及三个近似多项式的图形如图4.5所示.

由图4.5我们可以看到,在同一段区间$[0,a]$上,近似多项式的次数越高,它的曲线就越贴近函数$f(x)=\sin x$的曲线.

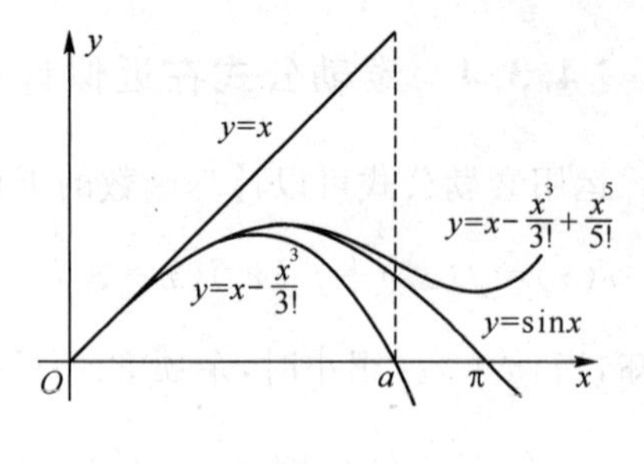

图4.5

【例4.3.6】 用$f(x)=\sin x$的三次近似多项式计算$\sin 9°$的近似值,并估计其误差.

解:由例4.3.5知,$f(x)=\sin x$的三次近似多项式为:$P_3(x)=x-\frac{x^3}{6}$,于是

$$\sin 9°=\sin\frac{\pi}{20}\approx P_3\left(\frac{\pi}{20}\right)=\frac{\pi}{20}-\frac{1}{6}\left(\frac{\pi}{20}\right)^3\approx 0.156\,4$$

其误差不超过$\frac{1}{120}\left(\frac{\pi}{20}\right)^5\approx 0.000\,000\,8$,即误差不超过百万分之一.

习题4.3

1. 设函数$f(x)=\sqrt[3]{1+x}$,求$f(x)$在区间$(-1,1)$内的一阶麦克劳林公式,并证明不等式:$(1+x)^{\frac{1}{3}}\leqslant 1+\frac{1}{3}x, |x|<1$.

2. 求出下列各函数的n阶具有拉格朗日余项的麦克劳林公式:

(1) $f(x)=\cos x$　　(2) $f(x)=xe^x$

3. 求出函数$f(x)=e^{\sin x}$的具有皮亚诺余项二阶的麦克劳林公式.

4. 求当$x_0=-1$时,函数$f(x)=\frac{1}{x}$的三阶泰勒公式.

5. 由2(1)题的结果,

(1) 写出函数$f(x)=\cos x$的$2m+1$阶麦克劳林公式;

(2) 写出$f(x)=\cos x$的二次与四次近似多项式;

*(3) 用$f(x)=\cos x$的二次近似多项式,计算$\cos 9°$的近似值,并估计其误差.

4.4 函数的单调性与极值

前几节介绍了导数运算和微分中值定理,而中值定理又是沟通区间上的函数值与区间内某点导数的桥梁,中值定理是研究本节内容的理论基础.

4.4.1 函数单调性的判定法及其应用

1. 函数单调性的判定法

在第1章已经介绍过函数单调性的概念.

下面我们研究函数在区间上的单调性与函数的导数之间的关系，如图 4.6 及图 4.7 所示. 如果函数 $y=f(x)$ 在区间 $[a,b]$ 上单调增加（单调减少），则它的图形是一条沿 x 轴正向上升（下降）的曲线，此时，如图 4.6（图 4.7）所示，曲线上各点处的切线斜率为非负（为非正），即 $f'(x)\geqslant 0$（$f'(x)\leqslant 0$），因而可见函数的单调性与导数的符号有着密切的联系.

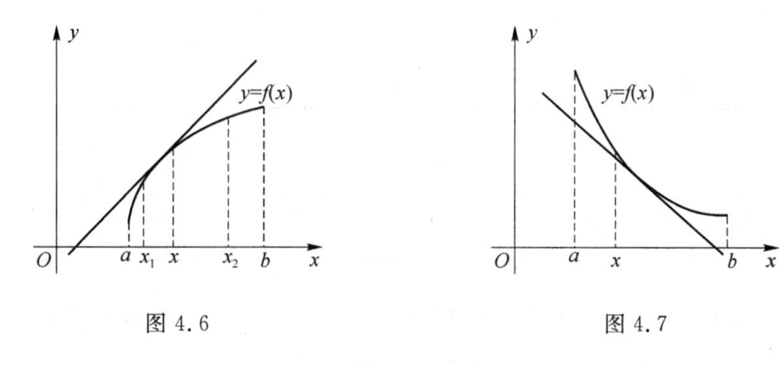

图 4.6　　　　图 4.7

那么，反之能否用导数的符号来判定函数的单调性呢？以下定理给出了这个问题的解答.

定理 4.4.1（函数单调性的判定定理）　设函数 $y=f(x)$ 在区间 $[a,b]$ 上连续，在 (a,b) 内可导，则有：

若在 (a,b) 内 $f'(x)>0$（或 $f'(x)<0$），则函数 $y=f(x)$ 在区间 $[a,b]$ 上单调增加（或减少）

证明：只对 $f'(x)>0$ 的情况给出证明. 在 $[a,b]$ 上任取两点 $x_1,x_2,(x_1<x_2)$，由拉格朗日中值定理，得到

$$f(x_2)-f(x_1)=f'(\xi)(x_2-x_1),x_1<\xi<x_2 \tag{4.4.1}$$

由已知 $x_2-x_1>0$，且 $f'(\xi)>0,\xi\in(x_1,x_2)\subset[a,b]$，于是式(4.4.1)的右边为正，故也有

$$f(x_2)-f(x_1)>0,\text{即 } f(x_2)>f(x_1) \tag{4.4.2}$$

再由 $x_1,x_2(x_1<x_2)$ 在闭区间 $[a,b]$ 上选取的任意性，得到 $f(x)$ 在区间 $[a,b]$ 上单调增加.

对于 $f'(x)<0$ 的情形类似可证，我们把它留给读者作为一个练习.

另外，如果把定理 4.4.1 中的区间换成其它各种区间（包括无穷区间），结论仍成立.

【例 4.4.1】　判定函数 $f(x)=\arctan x$ 在 $(-\infty,+\infty)$ 内的单调性.

解：因为在 $(-\infty,+\infty)$ 内

$$y'=(\arctan x)'=\frac{1}{1+x^2}>0$$

故由定理 4.4.1 可知，函数 $f(x)=\arctan x$ 在 $(-\infty,+\infty)$ 内单调增加.

下面，先通过图 4.8 考查哪类点可能是函数单调增、减区间的分界点？

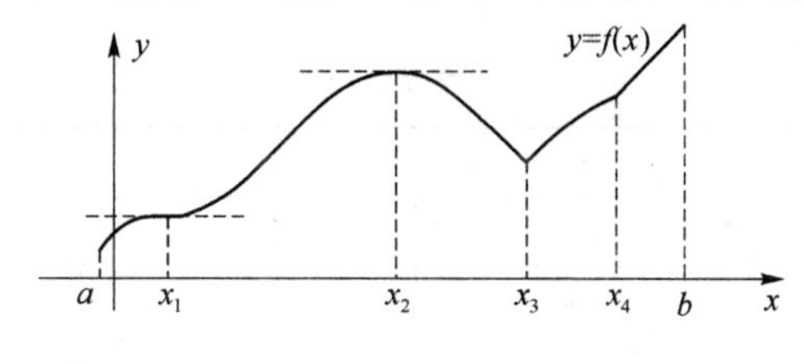

图 4.8

由图 4.8,我们发现,在 $x=x_2$ 处 $f'(x_2)=0$,在 $x=x_3$ 处 $f'(x_3)$ 不存在,且在 x_2、x_3 处的两侧附近,函数 $f(x)$ 有相反的增减性;然而,在 x_1 及 x_4 处,虽然有 $f'(x_1)=0$ 及 $f'(x_4)$ 不存在,但在 x_1、x_4 处的两侧附近,函数有相同的增减性. 这样,我们可以将上述两种情形,用表格方式表示出 $f(x)$ 在总区间 $[a,b]$ 上,各段子区间内导数的符号与函数值的增减变化,如表 4.1 所示.

表 4.1

x	$[a,x_1)$	x_1	(x_1,x_2)	x_2	(x_2,x_3)	x_3	(x_3,x_4)	x_4	$(x_4,b]$
y'	+	0	+	0	−	无	+	无	+
y	↗		↗		↘		↗		↗

由图 4.8 及表 4.1 知,$f(x)$ 的单调增区间为 $[a,x_2]$,$[x_3,b]$;单调减区间为 $[x_2,x_3]$,其中两个增区间 $[a,x_1]$ 与 $[x_1,x_2]$ 可合并为 $[a,x_2]$ 的原因为,$f(x)$ 在 x_1 处连续,且从 x_1 开始函数继续增加. 由相同的原因将 $[x_3,x_4]$ 与 $[x_4,b]$ 合并为 $[x_3,b]$.

【例 4.4.2】 确定函数 $f(x)=2x^3-9x^2+12x-3$ 的单调区间.

解:该函数的定义域为 $(-\infty,+\infty)$,又 $f(x)$ 在 $(-\infty,+\infty)$ 可导,故只要求出函数的导数:

$$f'(x)=6x^2-18x+12=6(x-1)(x-2)$$

并令 $f'(x)=0$,即 $6(x-1)(x-2)=0$,得到 $x_1=1$,$x_2=2$,有 $f'(1)=0$ 及 $f'(2)=0$,对 $x\in(-\infty,+\infty)$,列表如表 4.2 所示.

表 4.2

x	$(-\infty,1)$	1	$(1,2)$	2	$(2,+\infty)$
y'	+	0	−	0	+
y	↗		↘		↗

由表 4.2 得到,$f(x)$ 的单调增区间为 $(-\infty,1]$,$[2,+\infty)$,单调减区间为 $[1,2]$.

【例 4.4.3】 确定函数 $f(x)=\sqrt[3]{x-1}$ 的单调区间.

解:该函数的定义域为 $(-\infty,+\infty)$,求出 y' 为

$$y'=(\sqrt[3]{x-1})'=\frac{1}{3}(x-1)^{-\frac{2}{3}}=\frac{1}{3}\frac{1}{\sqrt[3]{(x-1)^2}}$$

由此可知函数不存在导数为零的点,但当 $x=1$ 时,有 $y'=\infty$,但函数在该点连续,故列表如表 4.3 所示.

表 4.3

x	$(-\infty,1)$	1	$(1,+\infty)$
y'	+	无	+
y	↗		↗

由表 4.3 知，$f(x)$只有单调增区间为$(-\infty,+\infty)$.

【例 4.4.4】 确定函数 $f(x)=\dfrac{x^2+1}{x}$的单调区间.

解：显然在 $x=0$ 处函数无定义，其定义域为$(-\infty,0)\cup(0,+\infty)$. 求 y'为

$$y'=\left(\frac{x^2+1}{x}\right)'=\left(x+\frac{1}{x}\right)'=1-\frac{1}{x^2}=\frac{(x+1)(x-1)}{x^2}$$

于是有 $y'=0$ 的点为 $x_1=-1,x_3=1$；$x_2=0$ 时函数无定义. 上述这些点可能是函数增减区间的分界点，列表如表 4.4.

表 4.4

x	$(-\infty,-1)$	-1	$(-1,0)$	0	$(0,1)$	1	$(1,+\infty)$
y'	$+$	0	$-$	无	$-$	0	$+$
y	↗		↘		↘		↗

在表 4.4 中，由于在 $x=0$ 处函数无定义，故其两侧单调减区间分开写出为$[-1,0)$与$(0,1]$；函数的单调增区间为$(-\infty,-1]$与$[1,+\infty)$.

2. 函数单调性判定法的应用

(1) 证明不等式

现给出证明以下不等式的思路.

设当 $x\geqslant a$ 时，$f(x)$和 $g(x)$连续，且当 $x>a$ 时，$f(x)$和 $g(x)$可导，证明：当 $x\geqslant a$ 时，$f(x)\geqslant g(x)$.

① 作辅助函数 $\varphi(x)=f(x)-g(x)$，考证 $\varphi(x)$是否满足 $\varphi(a)=0$；

② 再考证当 $x>a$ 时，导数 $\varphi'(x)$是否为正；

③ 若考证②成立，由函数单调性的判定法即可导出不等式：$\varphi(x)\geqslant\varphi(a)$，$x\geqslant a$ 成立，再由考证①的结果：$\varphi(a)=0$ 及结果③，得到当 $x\geqslant a$ 时，有不等式

$$\varphi(x)\geqslant 0\text{，即 } f(x)-g(x)\geqslant 0 \text{ 成立}$$

最后移项就证明了所给的不等式.

另外，若条件变为 $x>a$，以上证明的思路仍适用.

【例 4.4.5】 证明：当 $x>1$ 时，$2\sqrt{x}>3-\dfrac{1}{x}$.

证：令 $\varphi(x)=2\sqrt{x}-\left(3-\dfrac{1}{x}\right)$，显然函数 $\varphi(x)$在$[1,+\infty)$上连续，且 $\varphi(1)=0$. 再求出导数

$$\varphi'(x)=\frac{1}{\sqrt{x}}-\frac{1}{x^2}=\frac{1}{x^2}(x\sqrt{x}-1)$$

由上式知，当 $x>1$ 时，有 $\varphi'(x)>0$，由 $\varphi(x)$在$[1,+\infty)$上的连续性，及函数单调性的判定定理，得到 $\varphi(x)$在$[1,+\infty)$上单调增加，于是当 $x>1$ 时，有 $\varphi(x)>\varphi(1)=0$，即

$$2\sqrt{x}-\left(3-\frac{1}{x}\right)>0\text{，也即}\quad 2\sqrt{x}>3-\frac{1}{x}\quad(x>1)$$

【例 4.4.6】 证明:当 $x\geqslant 0$ 时,有 $\frac{\arctan x}{1+x}\leqslant\ln(1+x)$.

证:因为当 $x\geqslant 0$ 时,$1+x>0$,所以要证明的不等式可化为证明不等式:$(1+x)\ln(1+x)\geqslant\arctan x$.

令 $\varphi(x)=(1+x)\ln(1+x)-\arctan x$,显然 $\varphi(x)$ 在 $x\geqslant 0$ 上连续,且 $\varphi(0)=0$. 又

$$\varphi'(x)=\ln(1+x)+\frac{x^2}{1+x^2}>0(x>0)$$

于是 $\varphi(x)$ 在 $[0,+\infty)$ 单调增加,因而有 $\varphi(x)\geqslant\varphi(0)=0$,即

$$(1+x)\ln(1+x)-\arctan x\geqslant 0$$

故原不等式得证.

(2) 证明方程实根的唯一性

如果用零点定理已证明方程 $f(x)=0$ 在区间 $[a,b]$ 上(或 (a,b) 内)存在实根,若再证明连续函数在区间 $[a,b]$ 上(或 (a,b) 内)单调增加或减少,那么,函数曲线 $y=f(x)$ 与 x 轴在上述区间内只有一个交点,也就是说,方程 $f(x)=0$ 在上述区间内只有一个实根.

【例 4.4.7】 证明方程 $e^{-x}=2x$ 在 $(-\infty,+\infty)$ 内只有一个实根.

证:作辅助函数 $f(x)=e^{-x}-2x$,显然有 $\lim\limits_{x\to-\infty}f(x)=+\infty$,$\lim\limits_{x\to+\infty}f(x)=-\infty$,于是存在一个负数 x_1,使 $f(x_1)>0$,存在一个正数 x_2,使 $f(x_2)<0$,又因为函数 $f(x)=e^{-x}-2x$ 在闭区间 $[x_1,x_2]$ 上连续,且 $f(x_1)$ 与 $f(x_2)$ 异号,由零点定理推得,函数 $f(x)$ 在区间 (x_1,x_2) 与 x 轴至少相交一次,从而也在区间 $(-\infty,+\infty)$ 内存在实根.

为证明只有一个实根,再求导数 $f'(x)=-e^{-x}-2<0$,对任意 $x\in(-\infty,+\infty)$ 成立,故函数 $f(x)$ 在 $(-\infty,+\infty)$ 内单调减少,知连续曲线 $y=f(x)=e^{-x}-2x$ 在 $(-\infty,+\infty)$ 内与 x 轴只有一个交点,这就证明了方程:$e^{-x}-2x=0$,即 $e^{-x}=2x$ 只有一个实根.

本例的结论等价于曲线 $y=e^{-x}$ 与直线 $y=2x$ 只有一个交点,如图 4.9 所示,以上是给出了对这一很明显的几何现象的数学证明.

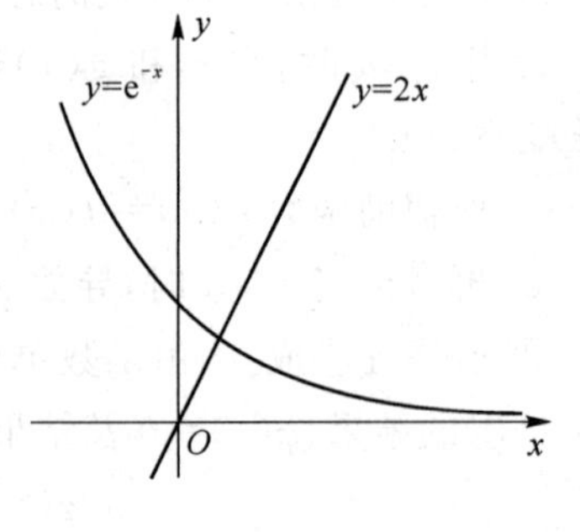

图 4.9

4.4.2 函数的极值与最大最小值问题

1. 函数的极值及其求法

在本节第一段的图 4.8 中,已指出点 x_2(或 x_3)是函数单调区间的分界点,其特点是在点 $x_2(x_3)$ 的左侧邻近,函数 $f(x)$ 单调增加(减少),在点 $x_2(x_3)$ 的右侧邻近,函数 $f(x)$ 单调减少(增加). 于是存在点 $x_2(x_3)$ 的一个邻域,对于该邻域内的任何点 x,除去 $x_2(x_3)$ 外,均有 $f(x)<f(x_2)$ $(f(x)>f(x_3))$ 成立. 具有上述性质的点在应用上有重要意义,我们给出下面的定义.

定义 4.4.1 设函数 $f(x)$ 在区间 (a,b) 内有定义,如果存在点 x_0 的一个邻域,对于该邻域内的任何点 x,除点 x_0 外,有 $f(x)<f(x_0)$(或 $f(x)>f(x_0)$)均成立,就称 $f(x_0)$ 是函数 $f(x)$ 的一个**极大值**(或**极小值**). 极大值与极小值统称**函数的极值**,使函数取得极值的点 x_0 称为**极值点**.

例如，图 4.8 中的点 x_2 处，函数有极大值 $f(x_2)$；在点 x_3 处，函数有极小值 $f(x_3)$；点 x_2 与 x_3 均是函数的极值点.

这里要注意的是，函数的极大值和极小值概念是局部性的. 若说 $f(x_2)$ 是函数 $f(x)$ 的一个极大值，是对 x_2 附近的一个邻域范围而言，哪怕该邻域小至肉眼难以观察，只要在这小邻域内的函数值，除去 x_2 外，均满足 $f(x)<f(x_2)$，就可称 $f(x)$ 在 x_2 取得极大值，因而不能与最大值混为一谈. 如图 4.8 所示，函数 $f(x)$ 在区间 $[a,b]$ 上的最大值并不是在点 x_2 上达到，而是在端点 b 处达到.

在图 4.8 中，我们还看到，在函数取得极值处所对应的曲线上的点，如点 $(x_1, f(x_1))$，曲线在该点的切线平行于 x 轴，而有的点如 $(x_3, f(x_3))$ 处无这种几何现象，那么函数满足什么条件能保证在取得极值处对应曲线上的点，其切线平行于 x 轴呢？

另外，由图 4.8 我们又发现，在曲线上切线平行于 x 轴的点，其横坐标也不一定是极值点，如该图中的点 x_1，于是反过来问，曲线上切线平行于 x 轴的点，需要具备什么条件，能使函数在该点的横坐标处取得极值？

下面我们给出使函数取得极值的必要条件和充分条件.

定理 4.4.1（必要条件） 设函数 $f(x)$ 在点 x_0 处可导，且在 x_0 处取得极值，则该函数在 x_0 处的导数 $f'(x_0)=0$，即在点 $(x_0, f(x_0))$ 处，函数曲线的切线平行于 x 轴.

证：只对 $f(x_0)$ 是极大值的情形给出证明（对极小值的情形可类似地证明）. 由极大值的定义，对 x_0 的某个邻域内的任意 x，除去 x_0 外，不等式 $f(x)<f(x_0)$ 均成立，于是有

$$\text{当 } x<x_0 \text{ 时}，\frac{f(x)-f(x_0)}{x-x_0}>0$$

由函数 $f(x)$ 在 x_0 可导，令 $x\to x_0^-$，得到

$$f'(x_0)=f'_-(x_0)=\lim_{x\to x_0^-}\frac{f(x)-f(x_0)}{x-x_0}\geqslant 0 \tag{4.4.3}$$

$$\text{当 } x>x_0 \text{ 时}，\frac{f(x)-f(x_0)}{x-x_0}<0$$

令 $x\to x_0^+$，可得

$$f'(x_0)=f'_+(x_0)=\lim_{x\to x_0^+}\frac{f(x)-f(x_0)}{x-x_0}\leqslant 0 \tag{4.4.4}$$

由式(4.4.3)及式(4.4.4)，得 $f'(x_0)$ 满足下式 $0\leqslant f'(x_0)\leqslant 0$，于是有 $f'(x_0)=0$ 成立.

使得导数 $f'(x)$ 为零的点 x_0 称函数 $y=f(x)$ 的驻点.

下面的定理给出了前面提出的第二个问题的一个解答.

定理 4.4.2（由单调性判定极值的第一充分条件） 设函数 $f(x)$ 在点 x_0 的一个邻域内可导，且 x_0 是驻点，即 $f'(x_0)=0$.

若当 x 取 x_0 左侧邻近的值时，$f'(x)$ 恒为正（或恒为负）；当 x 取 x_0 右侧邻近的值时，$f'(x)$ 恒为负（或恒为正），则函数在 x_0 处取得极大值（或极小值）；

若当 x 取 x_0 左右两侧邻近的值时，$f'(x)$ 的符号不变，则函数 $f(x)$ 在 x_0 处无极值.

事实上，以极大值为例，若将上述情形写成如表 4.5 的形式，并结合极值的定义，那么结论的正确性显然成立.

表 4.5

x	(x_1,x_0)	x_0	(x_0,x_2)
y'	+	0	−
y	↗	$f(x_0)$	↘

由极大值的定义及上表的最后一行,立即得到 $f(x_0)$就是函数 $f(x)$的一个极大值.

其他两种情况的证明类似.

另外要指出的是,若将上述定理中的 x_0 为驻点的假定换为 $f(x)$在 x_0 不可导但连续,而定理的其他条件不变,则定理的结论依然成立.

【例 4.4.8】 求函数 $y=(x-1)\sqrt[3]{x^2}$ 的极值.

解:函数的定义域为$(-\infty,+\infty)$.下面,我们求出函数的导数

$$y'=\sqrt[3]{x^2}+\frac{2}{3}(x-1)x^{-\frac{1}{3}}=\frac{5\left(x-\frac{2}{5}\right)}{3\sqrt[3]{x}}$$

令 $y'=0$,得出驻点为$\frac{2}{5}$,而当 $x=0$ 时,$y'=\infty$,以分点 0 与$\frac{2}{5}$在$(-\infty,+\infty)$内列表如表 4.6 所示.

表 4.6

x	$(-\infty,0)$	0	$\left(0,\frac{2}{5}\right)$	$\frac{2}{5}$	$\left(\frac{2}{5},+\infty\right)$
y'	+	无	−	0	+
y	↗	$f(0)$	↘	$f\left(\frac{2}{5}\right)$	↗

由表 4.6 可见,当 $x=0$ 时,有极大值 $f(0)=0$;当 $x=\frac{2}{5}$时,有极小值 $f\left(\frac{2}{5}\right)=-\frac{3}{5}\sqrt[3]{\frac{4}{25}}$.

【例 4.4.9】 求函数 $f(x)=|x-1|$的极值.

解:将函数 $f(x)$写成分段定义的形式:$f(x)=\begin{cases}x-1, & x\geqslant 1\\ -x+1, & x<1\end{cases}$,该函数的定义域为$(-\infty,+\infty)$,而 $f(x)$在 $x=1$ 处连续但不可导,导函数 $f'(x)$为

$$f'(x)=\begin{cases}1, & x>1\\ -1, & x<1\end{cases}$$

由上式立即可得,$f(x)$在 $x=1$ 处取得极小值 $f(1)=0$.

【例 4.4.10】 求函数 $y=1-(x-1)^{\frac{1}{3}}$的极值.

解:该初等函数在其定义域$(-\infty,+\infty)$内连续.求导数

$$y'=-\frac{1}{3}(x-1)^{-\frac{2}{3}}=-\frac{1}{3\sqrt[3]{(x-1)^2}}$$

无驻点,但有导数不存在的点 $x=1$,列表如下:

表 4.7

x	$(-\infty,1)$	1	$(1,+\infty)$
y'	$-$	无	$-$
y	↘		↘

由表 4.7 知，在 $x=1$ 的两侧，导数 y' 不变号，因而所给的函数无极值.

以下我们再介绍判别极值的第二个充分条件.

定理 4.4.3（由单调性判定极值的第二充分条件） 设函数 $f(x)$ 在点 x_0 处具有二阶导数，且 $f'(x_0)=0$，$f''(x_0)\neq 0$，则当 $f''(x_0)<0$（或 $f''(x_0)>0$）时，函数 $f(x)$ 在 x_0 处取得极大值（或极小值）.

证：只对 $f''(x_0)<0$ 的情况给出证明（对 $f''(x_0)>0$ 类似可证）. 因为 $f''(x_0)<0$，由二阶导数的定义有

$$f''(x_0)=\lim_{x\to x_0}\frac{f'(x)-f'(x_0)}{x-x_0}<0$$

由函数极限的性质，当 x 在 x_0 的足够小的去心邻域内有

$$\frac{f'(x)-f'(x_0)}{x-x_0}<0$$

再由已知 $f'(x_0)=0$，上式即 $\frac{f'(x)}{x-x_0}<0$. 由上式易知，当 x 位于 x_0 的左半邻域时，即当 $x<x_0$ 时，要使上面的分式保持负号，只能是 $f'(x)>0$；同理，当 x 位于 x_0 的右半邻域时，即当 $x>x_0$ 时，有 $f'(x)<0$. 于是由定理 4.4.2，得到函数 $f(x)$ 在 x_0 处取得极大值.

【例 4.4.11】 求函数 $y=\sin x+\cos x$ 在 $[0,2\pi]$ 上的极值.

解：求出导数 $y'=\cos x-\sin x$，令 $y'=0$，求得驻点 $x=\frac{\pi}{4}$，$x=\frac{5\pi}{4}\in(0,2\pi)$. 再求出二阶导数 $y''=-\sin x-\cos x$，将上述两个驻点分别代入 y''，得到

$$y''\left(\frac{\pi}{4}\right)=-\sin\frac{\pi}{4}-\cos\frac{\pi}{4}<0$$

$$y''\left(\frac{5\pi}{4}\right)=-\sin\frac{5\pi}{4}-\cos\frac{5\pi}{4}=\sin\frac{\pi}{4}+\cos\frac{\pi}{4}>0$$

由极值第二判别法知，函数在 $x=\frac{\pi}{4}$ 处达到极大值 $y\left(\frac{\pi}{4}\right)=\sqrt{2}$，在 $x=\frac{5\pi}{4}$ 处达到极小值 $y\left(\frac{5\pi}{4}\right)=-\sqrt{2}$.

要注意，上述第二判别法要求导数 $f''(x_0)$ 异于零，如果 $f'(x_0)=0$（或 $f'(x_0)$ 不存在），且 $f''(x_0)=0$，此时不能再应用第二判别法，但可用第一判别法. 例如函数 $f(x)=x^3$，在 $x=0$ 处，均有 $f'(0)=0$，$f''(0)=0$，于是换用第一判别法，因为 $f'(x)=3x^2$，它在 $x=0$ 的左右两侧不变号，故函数 $f(x)=x^3$ 无极值.

2. 函数在闭区间上的最大、最小值问题

(1) 连续函数在闭区间上的最大、最小值问题

我们知道，在闭区间上连续函数必达到最大、最小值，如何求出这些值呢？这里分两种

情形进行考查:首先,若这些值在开区间的内部达到,那么函数达到最大、最小值的点,必然是极值点;其次,也可能在区间的端点上达到;于是我们只需先计算出函数在区间内部的驻点或不可导点,以及在区间端点处的函数值,再从这有限个函数值中,选出最大和最小的值,他们分别就是我们所要求的函数在闭区间上的最大值和最小值.

【例 4.4.12】 求函数 $f(x)=x^4-2x^2+5$ 在闭区间 $[-2,2]$ 上的最大、最小值.

解:因为该函数在开区间 $(-2,2)$ 内可导,先求出驻点,令 $f'(x)=4x^3-4x=0$,得到驻点 $x=0$ 及 $x=\pm 1$,再求出驻点与端点的函数值:

$$f(0)=5,f(\pm 1)=4,f(\pm 2)=13$$

于是可得函数在 $x=\pm 1$ 处达到最小值4,在端点 ± 2 处达到最大值13.

(2) 在开区间上可导函数有唯一驻点的情形

若在开区间上可导函数只有唯一驻点,那么该函数有一个很明显的性质:如果该函数在这个驻点处达到极大值(或极小值),则函数也在该驻点处达到最大值(或最小值).

事实上,如图4.10所示,设函数 $f(x)$ 在区间 (a,b) 内有唯一驻点 x_0,且是极大值点.若函数不在 x_0 达到最大值,那么必在 x_0 的某一侧,如 $x_1\in(x_0,b)$,使 $f(x_1)>f(x_0)$,由极大值的定义及函数的连续性知,在 (x_0,x_1) 内必存在点 x_2,使 $f(x_2)$ 达到极小值,由 $f(x)$ 在 $(x_0,x_1)(\subset(a,b))$ 内可导,推得 $f(x_2)=0$,这与 x_0 是唯一驻点矛盾,因而 $f(x)$ 必在 x_0 达到最大值.

下面若将 $f(x)$ 的定义扩充到左端点 a(或右端点 b),只要函数在该端点右连续(或左连续),那么结论仍然成立,如图4.11所示.

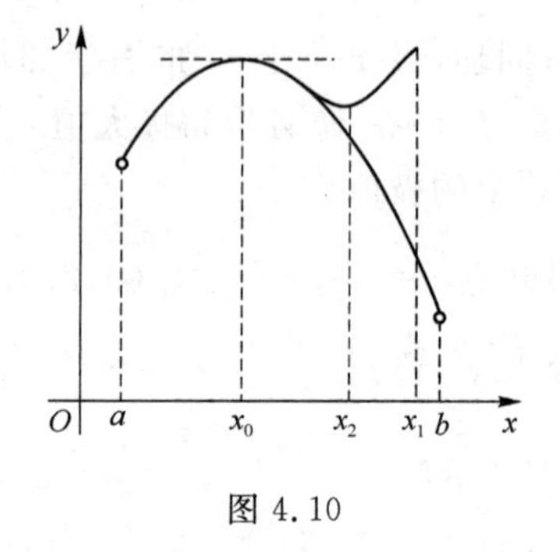

图 4.10

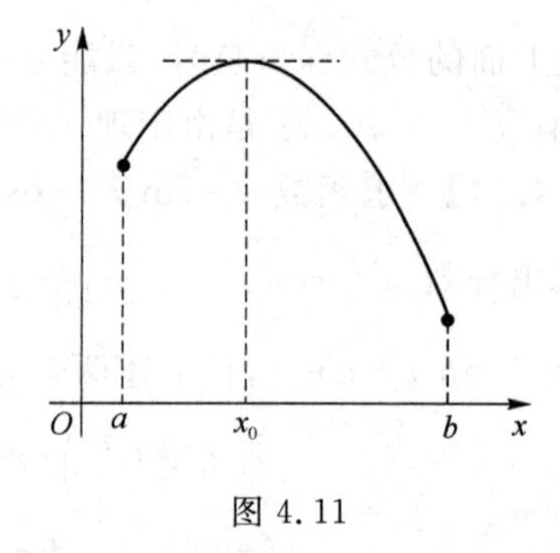

图 4.11

【例 4.4.13】 要做一个有盖的圆柱形容器,体积 V_0 保持一定,问底半径 r,高 h 取多少,能使圆柱形的表面积最小?

解:如图4.12所示,圆柱的表面积 $S=2\pi r^2+2\pi rh$,由体积 $V_0=\pi r^2 h$,得到 $h=\dfrac{V_0}{\pi r^2}$,代入 S,得到

$$S(r)=2\pi r^2+\frac{2V_0}{r},0<r<+\infty$$

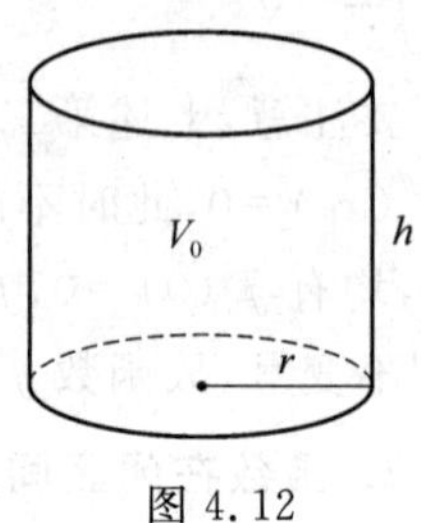

图 4.12

求驻点,令 $S'(r)=0$,有

$S'(r)=4\pi r-\dfrac{2V_0}{r^2}=\dfrac{4\pi\left(r^3-\dfrac{V_0}{2\pi}\right)}{r^2}=0$,得到唯一驻点,$r=\sqrt[3]{\dfrac{V_0}{2\pi}}\in(0,+\infty)$.

显然 $S(r)$ 在 $(0,+\infty)$ 内可导，且当 $0<r<\sqrt[3]{\frac{V_0}{2\pi}}$ 时，$S'(r)<0$；当 $\sqrt[3]{\frac{V_0}{2\pi}}<r<+\infty$ 时，$S'(r)>0$，由此得出，$S(r)$ 在 $r=\sqrt[3]{\frac{V_0}{2\pi}}$ 取得极小值，因而表面积 S 也达到最小值，此时，圆柱的高 $h=\frac{V_0}{\pi r^2}=2\sqrt[3]{\frac{V_0}{2\pi}}$. 它们恰满足 $h:r=2:1$.

需要指出的是，在很多实际问题中，根据实际问题的性质，可以确定在函数的定义区间内存在最大值(或最小值)于是便可断定该函数在唯一的驻点处达到最大值(或最小值)，此时可不再去判别在唯一驻点处是否取得极值.

如上例，作为应用问题，在已得到唯一驻点 $r=\sqrt[3]{\frac{V_0}{2\pi}}$ 后，可以不用再去判定在该驻点处函数是否取得极小值. 这是由于由本实际问题的性质，在区间 $(0,+\infty)$ 内必存在一个使得最小表面积的圆柱体的半径，而在区间内达到最小值也必然取得极小值，又由 $S(r)$ 在 $(0,+\infty)$ 内可导，该极小值点应是 $S(r)$ 的驻点，现驻点又是唯一的，立即推得函数 $S(r)$ 必在该点 $r=\sqrt[3]{\frac{V_0}{2\pi}}$ 达到最小值.

【例 4.4.14】 铁路线上 AB 段的距离为 100 公里，工厂 C 距 A 处为 20 公里，AC 垂直于 AB(图 4.13). 为了运输需要，要在 AB 线上选定一点 D 与工厂之间修筑一条公路. 已知铁路每公里货运的运费与公路上每公里货运的运费之比为 3∶5，为了使货物从供应站 B 运到工厂 C 的运费最省，问 D 点应选在何处？

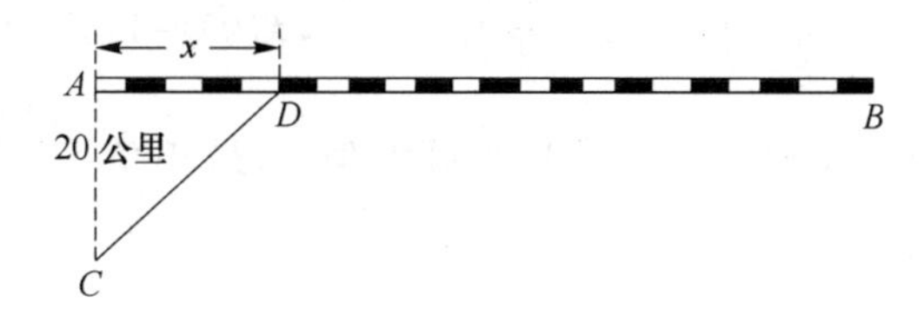

图 4.13

解：由图 4.13，令 $AD=x$(公里)，则 $DB=100-x$，

$$CD=\sqrt{AC^2+AD^2}=\sqrt{20^2+x^2}=\sqrt{400+x^2}, \tag{4.4.5}$$

设铁路运费为 p，公路运费为 q，则总运费为 $w=p+q$.

由于铁路每公里运费为 $\frac{p}{DB}$，公路每公里运费为 $\frac{q}{CD}$，由已知条件得到

$$\frac{\frac{p}{DB}}{\frac{q}{CD}}=\frac{3}{5}, \text{即 } \frac{p}{DB}=\frac{3}{5}\cdot\frac{q}{CD} \tag{4.4.6}$$

但铁路每公里运费是常数，设 $\frac{p}{DB}=k$，由式(4.4.5)及式(4.4.6)，有

$$p=k\cdot DB=k(100-x), q=\frac{5}{3}k\cdot CD=\frac{5}{3}k\cdot\sqrt{400+x^2}$$

总运费为

$$w=p+q=k(100-x)+\frac{5}{3}k\sqrt{400+x^2}=\frac{k}{3}[3(100-x)+5\sqrt{400+x^2}],\quad 0\leqslant x\leqslant 100.$$

先求驻点,令 $w'(x)=\frac{k}{3}\left[-3+\frac{5x}{\sqrt{400+x^2}}\right]=0$,解方程,得 $x=15$(公里),此时所需总运费为 $w(15)=\frac{k}{3}[3(100-15)+5\sqrt{400+15^2}]=\frac{5k}{3}\times 76$. 当在端点 A 处及 B 处设站时,总运费分别为

$$w_A=w(0)=\frac{k}{3}[3\times 100+5\sqrt{400}]=\frac{5k}{3}\times 80$$

$$w_B=w(100)=\frac{k}{3}[0+5\sqrt{400+100^2}]=\frac{5k}{3}\sqrt{10400}$$

比较上述三个总运费,得到当 D 选在离 A 点的距离为 $AD=x=15$ 公里时,总运费最省.

【例 4.4.15】 设 $0\leqslant x\leqslant 1$,n 为自然数,证明:

$$\frac{1}{2^{n-1}}\leqslant x^n+(1-x)^n\leqslant 1$$

证:作辅助函数 $f(x)=x^n+(1-x)^n$,要证明所给的不等式,只要证明函数 $f(x)$ 在闭区间$[0,1]$上,其最大值为 1,最小值为$\frac{1}{2^{n-1}}$.

先求 $f(x)$在开区间$(0,1)$内的驻点,令 $f'(x)=nx^{n-1}-n(1-x)^{n-1}=0$,解出驻点 $x=\frac{1}{2}$. 再分别算出驻点与端点的函数值

$$f\left(\frac{1}{2}\right)=\left(\frac{1}{2}\right)^n+\left(1-\frac{1}{2}\right)^n=\frac{1}{2^{n-1}},f(0)=1,f(1)=1$$

比较以上计算结果,得到 $f(x)$在$[0,1]$上的最大值 1,最小值为$\frac{1}{2^{n-1}}$,于是有$\frac{1}{2^{n-1}}\leqslant x^n+(1-x)^n\leqslant 1$ 成立.

习题 4.4

1. 判定下列各函数在给定区间上的单调性.

(1) $f(x)=\arctan x-x\quad(-\infty<x<+\infty)$;

(2) $f(x)=x+\cos x\quad(0\leqslant x\leqslant 2\pi)$.

2. 求下列各函数的单调区间.

(1) $y=2x^3-6x^2-18x-7$;　　(2) $y=\sqrt[3]{x+1}$;

(3) $y=x^2\mathrm{e}^{-x}\quad(x\geqslant 0)$;　　(4) $y=2x+\frac{8}{x}$.

3. 用函数单调性判定法证明不等式.

(1) $1+\frac{x}{2}\geqslant\sqrt{1+x}\quad(x\geqslant 0)$;　　(2) $\ln x\geqslant\frac{2(x-1)}{x+1}\quad(x\geqslant 1)$;

(3) $1+x\ln(x+\sqrt{1+x^2})>\sqrt{1+x^2}\quad(x>0)$.

4. 用零点定理结合单调性证明下列方程在区间$(-\infty,+\infty)$内,只有一个实根.

(1) $e^x=-3x$;　　(2) $\sin x=x$.

5. 求下列函数的极值.

(1) $y=x^2-2x+3$;　　(2) $y=2x^3-6x^2-18x+7$;

(3) $y=-|x-2|$;　　(4) $y=2-(x-1)^{\frac{2}{3}}$;

(5) $y=3-2(x+1)^{\frac{1}{3}}$;　　(6) $y=x^5$.

6. 求 a 的值,使函数 $f(x)=a\sin x+\frac{1}{3}\sin 3x$ 在 $x=\frac{\pi}{3}$ 处取得极值,并求出该极值,指出是极大还是极小.

7. 求下列函数的最大、最小值.

(1) $y=2x^3-3x^2,-1\leqslant x\leqslant 4$;

(2) $y=x^4-8x^2+2,-1\leqslant x\leqslant 3$;

(3) $y=2\tan x-\tan^2 x,0\leqslant x<\frac{\pi}{2}$.

8. 求函数 $y=\frac{x}{x^2+1}$ 在 $x\geqslant 0$ 上的最大值.

9. 证明当 $x<0$ 时,$x^2-\frac{54}{x}\geqslant 27$.

10. 设有正方形纸板每边长为 $2a$,在四角各剪去一个相等的小正方形,做成一个无盖纸盒,问剪去的小正方形边长等于多少时,纸盒的容积最大?

11. 设在一个半径为 R 的球内,作一个内接于球的圆柱体,问当圆柱体积最大时,该圆柱体的高为多少?

4.5　函数曲线的凹凸性、拐点及函数作图

4.5.1　曲线的凹凸性与拐点

前面介绍的函数的增减性与极值,它主要反映了变化着的函数值从增减方面所表现的宏观特性,但它还不能完整地刻画曲线的整体特性,例如我们熟知的抛物线:$y=x^2$ 与 $y=\sqrt{x}$,它们在区间$[0,1]$上都是增加的,但是曲线随着函数值增大时,其曲线弯曲的方向不同.我们将利用导数来研究这种曲线弯曲特性,即曲线凹凸性.

1. 曲线的凹凸性及判别法

(1) 曲线凹凸性的定义

定义 4.5.1　设 $f(x)$在(a,b)内连续,若对(a,b)内任意两点 x_1,x_2,如图 4.14 所示,对区间$[x_1,x_2]$的中点 $x_0=\frac{x_1+x_2}{2}$,有

$$f(x_0)=f\left(\frac{x_1+x_2}{2}\right)<\frac{f(x_1)+f(x_2)}{2}\quad\left(f\left(\frac{x_1+x_2}{2}\right)>\frac{f(x_1)+f(x_2)}{2}\right)$$

成立(上式左边为线段MF,右边为梯形的中位线EF),我们称曲线$y=f(x)$在(a,b)内为上凹的或为凹弧(上凸的或为凸弧);若$f(x)$在$[a,b]$上连续,且在(a,b)内曲线上凹(上凸),也称曲线$y=f(x)$在$[a,b]$上为上凹(上凸).

常常也把上凹(上凸)简称为是凹的(凸的).

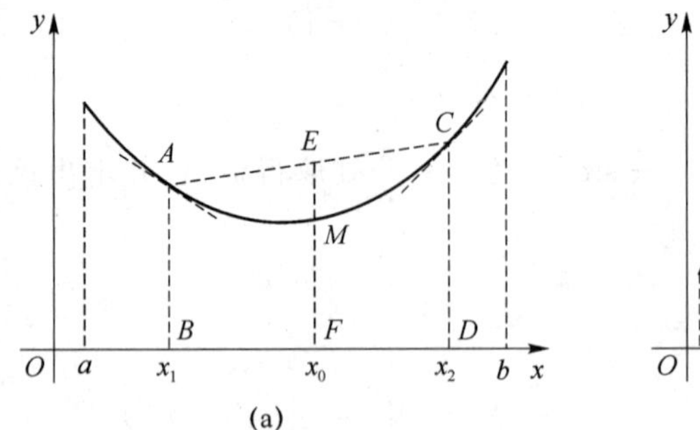

(a)

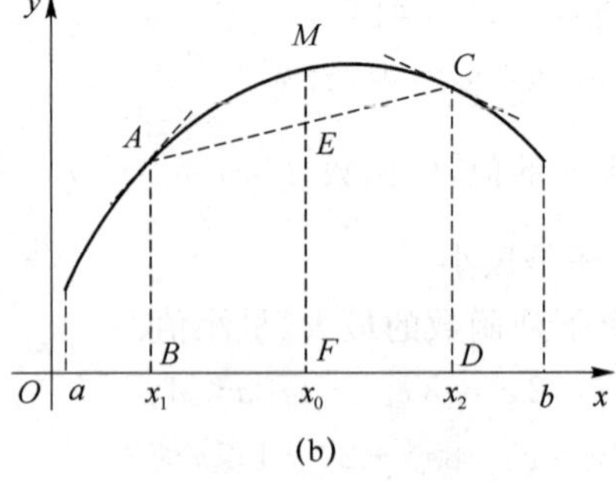

(b)

图 4.14

(2) 凹凸性的二阶导数判别法

上述定义直观地刻画了曲线的凹凸性,但用该定义判别具体函数的凹凸性是很困难的,为此,我们要寻求一个简便而实用的方法.由图4.14(a),我们发现:对于区间(a,b)内上凹的曲线,随着自变量增大其对应曲线上的点的切线斜率也在增大,也即函数的一阶导数是增函数,因而若函数在(a,b)内有二阶导数,必有$f''(x)>0$;类似地,对于图4.14(b)的上凸曲线,会有$f''(x)<0$的结果.于是可以推想,能否用二阶导数的符号来判别曲线的凹凸性呢?我们有下面的定理.

定理 4.5.1 设$f(x)$在闭区间$[a,b]$上连续,在开区间(a,b)内具有二阶导数,那么若在(a,b)内$f''(x)>0$($f''(x)<0$),则在区间$[a,b]$上函数曲线是凹(凸)的.

证:只对$f''(x)>0$的情形给出证明,对$f''(x)<0$的情况证明是类似的.

对任意$x_1,x_2\in(a,b)$,设$x_1<x_2$,记$x_0=\dfrac{x_1+x_2}{2}$,及$x_2-x_0=x_0-x_1=h$,于是有$x_1=x_0-h,x_2=x_0+h$,由拉格朗日中值公式,得到

$$f(x_0+h)-f(x_0)=f'(\xi_1)\cdot h,\quad x_0<\xi_1<x_2$$

$$f(x_0)-f(x_0-h)=f'(\xi_2)\cdot h,\quad x_1<\xi_2<x_0$$

以上两式相减,得到

$$f(x_0+h)+f(x_0-h)-2f(x_0)=[f'(\xi_1)-f'(\xi_2)]\cdot h \tag{4.5.1}$$

对导函数再在区间$[\xi_2,\xi_1]$上利用拉格朗日中值公式,得到

$$[f'(\xi_1)-f'(\xi_2)]\cdot h=f''(\xi)\cdot h^2,\quad \xi_2<\xi<\xi_1 \tag{4.5.2}$$

由已知$f''(x)>0,x\in(a,b)$及$\xi\in(a,b)$,故$f''(\xi)\cdot h^2>0$.由式(4.5.1)及式(4.5.2),推得

$$f(x_0+h)+f(x_0-h)-2f(x_0)>0$$

即:
$$f(x_0)<\frac{f(x_0+h)+f(x_0-h)}{2}=\frac{f(x_1)+f(x_2)}{2}$$

也即:
$$f\left(\frac{x_1+x_2}{2}\right)<\frac{f(x_1)+f(x_2)}{2}$$

因而由定义4.5.1,推得曲线$y=f(x)$在$[a,b]$上是凹的.

【例 4.5.1】 判定下列曲线的凹凸性：

(1) $y=x^3$；　　　　　　(2) $y=\sqrt[3]{x}$.

解：(1) 函数 $f(x)=x^3$ 的定义区间为$(-\infty,+\infty)$，求出二阶导数 $y''=6x$，于是当 $x<0$ 时，有 $y''<0$；当 $x>0$ 时，有 $y''>0$. 又函数在 $x=0$ 连续，曲线 $y=x^3$ 在区间$(-\infty,0]$内是凸的，在区间$[0,+\infty)$内是凹的.

(2) 函数 $f(x)=\sqrt[3]{x}$的定义区间为$(-\infty,+\infty)$，二阶导数为 $y''=(x^{\frac{1}{3}})''=-\frac{2}{9}x^{-\frac{5}{3}}=-\frac{2}{9}\cdot\frac{1}{x\sqrt[3]{x^2}}$，于是当 $x<0$ 时，有 $y''>0$；当 $x>0$ 时，有 $y''<0$. 函数在 $x=0$ 连续，由此得到，曲线 $y=\sqrt[3]{x}$在区间$(-\infty,0]$内是凹的，在$[0,+\infty)$内是凸的.

【例 4.5.2】 判定曲线 $y=\ln x$ 的凹凸性，并对两个相异的点 $a,b\in(0,+\infty)$，试证明不等式：$\ln\left(\frac{a+b}{2}\right)>\frac{\ln a+\ln b}{2}$.

解：$y=\ln x$ 的定义域为$(0,+\infty)$，又因为二阶导数 $y''=-\frac{1}{x^2}<0$，在 $x\in(0,+\infty)$成立，故由定理 4.5.1 得到曲线 $y=\ln x$ 在$(0,+\infty)$内是凸的.

由凸弧的定义，对任意不同的两点 $a,b\in(0,+\infty)$，有不等式

$$\ln\left(\frac{a+b}{2}\right)>\frac{\ln a+\ln b}{2}$$

2. 曲线的拐点

由例 4.5.1 中的两个函数曲线 $y=x^3$ 与 $y=\sqrt[3]{x}$，我们发现，在各自的曲线上有一个点$(0,0)$，在该点的两侧曲线的凹凸性相反，而且它们在点 $x=0$ 处函数均连续，我们把这样的点称为拐点，一般地有下面的定义.

定义 4.5.2 连续曲线 $y=f(x)$上凹弧与凸弧的分界点，称为**曲线的拐点**.

由例 4.5.1 我们看到在拐点$(0,0)$相应的横坐标 $x=0$ 处，函数 $y=x^3$ 的二阶导数$y''(0)=0$，但是函数 $y=\sqrt[3]{x}$的二阶导数 $y''(0)=\infty$(不存在)，结合定义 4.5.2 可按下列步骤判定曲线 $y=f(x)$的凹凸性及拐点：

① 求出 $y=f(x)$的定义域；

② 求出二阶导数 $y''=0$ 及 y''不存在的点，但这些点必须是函数的连续点；

③ 用上述所求的点作分界点，对定义域作分割，列表，判别各子区间上二阶导数 y''的符号，即可根据凹凸、拐点的定义写出结果.

【例 4.5.3】 求曲线 $y=(x-1)\sqrt[3]{x^2}$ 的凹凸区间及拐点.

解：该函数的定义域为$(-\infty,+\infty)$，求导数

$$y'=(x^{\frac{5}{3}}-x^{\frac{2}{3}})'=\frac{5}{3}x^{\frac{2}{3}}-\frac{2}{3}x^{-\frac{1}{3}}$$

$$y''=\frac{10}{9}x^{-\frac{1}{3}}+\frac{2}{9}x^{-\frac{4}{3}}=\frac{2(5x+1)}{9x\cdot\sqrt[3]{x}}$$

得到使二阶导数为零的点 $x=-\frac{1}{5}$，二阶导数不存在的点为 $x=0$，于是列出表 4.8.

表 4.8

x	$\left(-\infty,-\frac{1}{5}\right)$	$-\frac{1}{5}$	$\left(-\frac{1}{5},0\right)$	0	$(0,+\infty)$
y''	$-$	0	$+$	无	$+$
$y=f(x)$	凸		凹		凹

由函数 $y=(x-1)\sqrt[3]{x^2}$ 在 $(-\infty,+\infty)$ 连续，及上表得曲线在 $\left(-\infty,-\frac{1}{5}\right]$ 内是凸的；在 $\left[-\frac{1}{5},0\right]$，$[0,+\infty)$ 内是凹的，也称 $\left(-\infty,-\frac{1}{5}\right]$ 为凸区间，$\left[-\frac{1}{5},0\right]$ 与 $[0,+\infty)$ 为凹区间.

由函数在 $x=-\frac{1}{5}$ 连续，$f\left(-\frac{1}{5}\right)=-\frac{6}{5\sqrt[3]{25}}$，且点 $-\frac{1}{5}$ 是凹凸区间的分界点，因而点 $\left(-\frac{1}{5},-\frac{6}{5\sqrt[3]{25}}\right)$ 是曲线的拐点.

【例 4.5.4】 设函数 $f(x)$ 在点 x_0 的某个邻域内二阶可导，且点 (x_0,y_0) 是曲线 $y=f(x)$ 的拐点，证明 $f''(x_0)=0$.

证：设函数 $f(x)$ 在邻域 $(x_0-\delta,x_0+\delta)$ 内二阶可导，由点 (x_0,y_0) 是曲线的拐点，因而它是凹凸区间的分界点，不妨设在 $(x_0-\delta,x_0)$ 内 $f''(x)>0$，在 $(x_0,x_0+\delta)$ 内 $f''(x)<0$，于是 $x=x_0$ 必是一阶导函数 $f'(x)$ 的极值点，由已知 $f''(x_0)$ 存在及极值的必要条件，可知 $f''(x_0)=0$.

【例 4.5.5】 求 a 与 b，使点 $(1,1)$ 是曲线 $y=ax^2-be^x$ 的拐点.

解：显然函数 $y=ax^2-be^x$ 在 $(-\infty,+\infty)$ 内二阶可导，由已知点 $(1,1)$ 是曲线的拐点，得到方程为

$$\begin{cases} y(1)=1 \\ y''(1)=0 \end{cases} \quad \text{即} \quad \begin{cases} a-be=1 \\ 2a-be=0 \end{cases}$$

解得，$a=-1$，$b=-\frac{2}{e}$.

4.5.2 曲线的渐近线

某些函数的曲线当自变量取某种极限时，曲线随之无限地延伸，并且该曲线与另外一条固定的直线之间距离趋于零，我们就把这条直线称为曲线的渐近线.

常见的渐近线有以下两类：

1. 水平渐近线

如果函数 $f(x)$ 适合下列极限之一：$\lim\limits_{x\to\infty}f(x)=A$ 或 $\lim\limits_{x\to+\infty}f(x)=A$ 或 $\lim\limits_{x\to-\infty}f(x)=A$，我们就称直线 $y=A$ 是曲线 $y=f(x)$ 的水平渐近线，此时该渐近线平行于 x 轴.

例如，因为 $\lim\limits_{x\to+\infty}e^{-x}=0$ 或 $\lim\limits_{x\to-\infty}e^{x}=0$，直线 $y=0$ 就是曲线 $y=e^{-x}$ 或 $y=e^{x}$ 的水平渐近线.

2. 铅直渐近线

如果函数 $f(x)$ 适合下列极限之一：或 $\lim\limits_{x\to x_0}f(x)=\infty(\pm\infty)$ 或 $\lim\limits_{x\to x_0^+}f(x)=\infty(\pm\infty)$ 或 $\lim\limits_{x\to x_0^-}$

$f(x)=\infty(\pm\infty)$，我们就称直线 $x=x_0$ 为曲线 $y=f(x)$ 的铅直渐近线，此时该渐近线垂直于 x 轴.

例如，由 $\lim\limits_{x\to 1}\dfrac{x^2}{x-1}=\infty$ 知，曲线 $y=\dfrac{x^2}{x-1}$ 有铅直渐近线 $x=1$.

【例 4.5.6】 问曲线 $y=\dfrac{x^2}{x^2-1}$ 是否有水平渐近线或铅直渐近线？若有，写出渐近线的方程.

解：因为 $\lim\limits_{x\to\infty}\dfrac{x^2}{x^2-1}=1$，故有水平渐近线 $y=1$；又因为 $\lim\limits_{x\to -1}\dfrac{x^2}{x^2-1}=\infty$ 及 $\lim\limits_{x\to 1}\dfrac{x^2}{x^2-1}=\infty$，故又有铅直渐近线：$x=-1$ 与 $x=1$.

4.5.3　函数作图

上面我们研究了函数的增减、凹凸、极值、拐点与渐近线，把这些知识综合起来就能从整体上把握函数图形的性态，考查图形的整体性态，对研究工程问题能起到把握全局，一目了然的作用，当然要做更细微精确的图形，还需要借助计算机绘图技术.

以下我们把作函数曲线的形态图形概括为几点：

(1) 确定函数的定义区间，判断是否奇、偶函数，周期性，若是奇函数或者偶函数，只需在 $[0,+\infty)$ 先画出图形，再用奇偶性将图形开拓到 $(-\infty,0)$. 若是周期函数，只需先画出一个周期上的图形，在其他周期上的图形重复画出即可；

(2) 确定函数曲线的渐近线，并搞清曲线是从哪一侧向渐近线逼近；

(3) 求出 y'，y''，然后仿照前面介绍过的有关表格，综合标明函数的单调性、极值、凹凸性、拐点；

(4) 求出曲线与 y 轴的交点及曲线与 x 轴的交点（为了更准确地画出函数图形，有时尚需补充曲线上一些点）；

(5) 用光滑曲线将上面求得的关键点连接起来，并注意曲线向渐近线逼近的正确位置.

【例 4.5.7】 描绘函数 $y=\dfrac{1}{\sqrt{2\pi}}e^{-\frac{x^2}{2}}$ 的图形.

解：(1) 函数的定义域为 $(-\infty,+\infty)$，又 $f(x)$ 是偶函数，因而图形关于 y 轴对称；

(2) 因为 $\lim\limits_{x\to\infty}\dfrac{1}{\sqrt{2\pi}}e^{-\frac{x^2}{2}}=0$，又因为 $f(x)>0$，故曲线在 x 轴上方，并从正、负两侧无限逼近水平渐近线 $y=0$；

(3) 求出 $y'=-\dfrac{x}{\sqrt{2\pi}}e^{-\frac{x^2}{2}}$，有驻点 $x=0$，及 $y''=\dfrac{1}{\sqrt{2\pi}}e^{-\frac{x^2}{2}}(x^2-1)$，得 $y''=0$ 的点为 $x=\pm 1$，$[0,+\infty)$ 上的情形如表 4.9 所示.

表 4.9

x	0	$(0,1)$	1	$(1,+\infty)$
y'	0	$-$	$-$	$-$
y''	$-\dfrac{1}{\sqrt{2\pi}}$	$-$	0	$+$
$y=f(x)$	极大	↘	拐点	↘

注意:弯曲记号↘表示凸弧下降,↘表示凹弧下降.

(4) 曲线与 y 轴交点也是极大值:$y(0)=\frac{1}{\sqrt{2\pi}}$,得 $M_0\left(0,\frac{1}{\sqrt{2\pi}}\right)$,拐点为 $M_1\left(1,\frac{1}{\sqrt{2\pi e}}\right)$;

(5) 作曲线形态图形如图 4.15 所示.

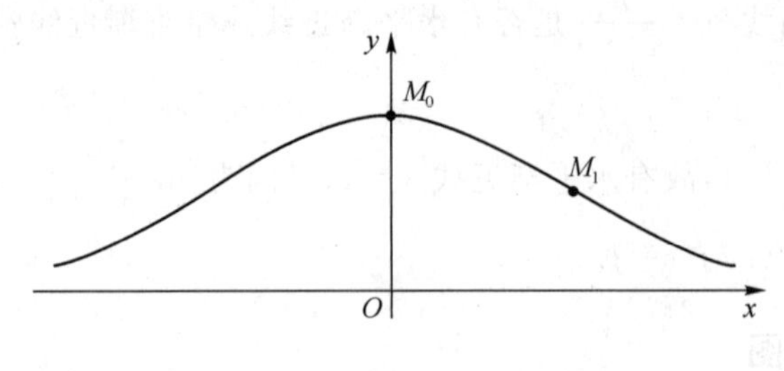

图 4.15

【例 4.5.8】 画出函数 $y=x^3-x^2-x+1$ 的图形.

解:(1) 所给函数的定义域为 $(-\infty,+\infty)$;

(2) 求出一阶与二阶导数

$$y'=(3x+1)(x-1),\text{驻点为}-\frac{1}{3}\text{与}1,$$

$$y''=2(3x-1),y''=0\text{ 的解为 }x=\frac{1}{3};$$

(3) 曲线与 y 轴的交点为 $(0,1)$,再求曲线与 x 轴的交点,令 $x^3-x^2-x+1=0$,即 $(x-1)^2(x+1)=0$,得到 $x=1$ 及 $x=-1$,交点为 $(1,0)$,$(-1,0)$.

(4) 用点 $x=-\frac{1}{3},\frac{1}{3},1$ 划分定义域为四个部分区间,并列表如表 4.10 所示.

表 4.10

x	$\left(-\infty,-\frac{1}{3}\right)$	$-\frac{1}{3}$	$\left(-\frac{1}{3},\frac{1}{3}\right)$	$\frac{1}{3}$	$\left(\frac{1}{3},1\right)$	1	$(1,+\infty)$
y'	+	0	−	−	−	0	+
y''	−	−	−	0	+	+	+
$y=f(x)$	↗	极大	↘	拐点	↘	极小	↗

由表格可得曲线上达到极大值的点 $\left(-\frac{1}{3},\frac{32}{27}\right)$,达到极小值的点 $(1,0)$,拐点为 $\left(\frac{1}{3},\frac{16}{27}\right)$,在 $(1,+\infty)$ 内再补充一个点 $\left(\frac{3}{2},\frac{5}{8}\right)$.

注意:所给函数曲线无渐近线,但是当 $x\to+\infty$ 时,$y\to+\infty$;当 $x\to-\infty$ 时,$y\to-\infty$. 且 x 轴与曲线在点 $(1,0)$ 相切.

(5) 综上所述,先描出六个关键点:

$M_1(-1,0)$,$M_2\left(-\frac{1}{3},\frac{32}{27}\right)$,$M_3(0,1)$,$M_4\left(\frac{1}{3},\frac{16}{27}\right)$,$M_5(1,0)$,$M_6\left(\frac{3}{2},\frac{5}{8}\right)$,然后再用光

滑曲线把这些点连接起来，得到如图 4.16 所示的图形.

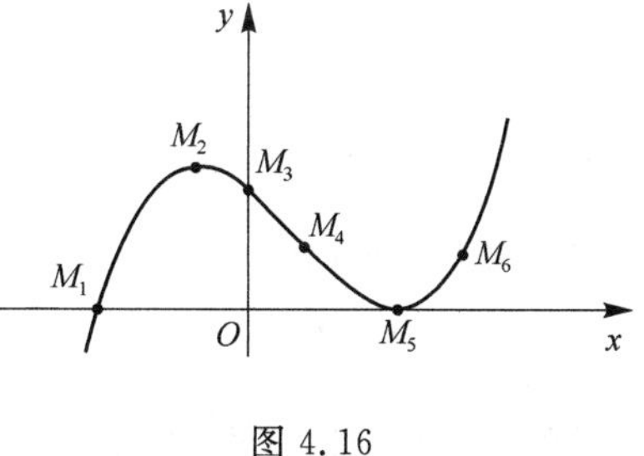

图 4.16

【例 4.5.9】 画出函数 $y=\dfrac{x}{x-1}$ 的图形.

解：(1) 所给函数的定义域为 $(-\infty,1)\cup(1,+\infty)$；

(2) 因为 $\lim\limits_{x\to\infty} y=\lim\limits_{x\to\infty}\dfrac{x}{x-1}=1$，故有水平渐近线 $y=1$，又因为 $\lim\limits_{x\to 1} y=\lim\limits_{x\to 1}\dfrac{x}{x-1}=\infty$，故有铅直渐近线 $x=1$，进而有，$\lim\limits_{x\to 1^+} y=+\infty$，$\lim\limits_{x\to +\infty} y=1^+$，于是有一支曲线分别从铅直渐近线的右侧及水平渐近线的上侧无限接近这些渐近线；类似地，由 $\lim\limits_{x\to 1^-} y=-\infty$ 及 $\lim\limits_{x\to -\infty} y=1^-$，有另一支曲线分别从铅直渐近线的左侧及水平渐近线的下侧无限接近这些渐近线；

(3) 求出一、二阶导数，$y'=-\dfrac{1}{(x-1)^2}$，$y''=\dfrac{2}{(x-1)^3}$，列表如表 4.11 所示.

表 4.11

x	$(-\infty,1)$	1	$(1,+\infty)$
y'	−	无	−
y''	−	无	+
$y=f(x)$	↘(凸)	无定义	↘(凹)

(4) 曲线与坐标轴的交点 $M_1(0,0)$，补充点为 $M_2\left(\dfrac{1}{2},-1\right)$，$M_3\left(-1,\dfrac{1}{2}\right)$，$M_4(2,2)$，$M_5\left(\dfrac{3}{2},3\right)$，$M_6\left(3,\dfrac{3}{2}\right)$.

(5) 用光滑曲线连接这些点得到曲线图 4.17.

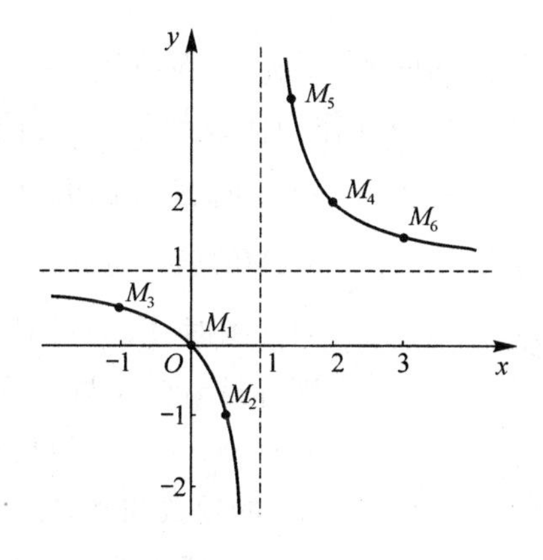

图 4.17

习题 4.5

1. 判定下列曲线的凹凸性.

(1) $y=4x-x^2$；　　(2) $y=e^{-x}$；

(3) $y=x+\frac{1}{x}$　$(x>0)$.

2. 判定曲线 $y=e^x$ 的凹凸性，若在$(-\infty,+\infty)$内有两个不同的点 a 与 b，试由判定的结论及相关凹、凸的定义写出相应的不等式.

3. 求下列函数曲线的凹凸区间及拐点：

(1) $y=x^3-5x^2+3x+5$；　　(2) $y=xe^{-x}$；

(3) $y=\ln(x^2+1)$.

4. 问 a 及 b 为何值时，点$(1,3)$为曲线 $y=ax^3+bx^2$ 的拐点？

5. 求出曲线 $y=\frac{2x^2+1}{x(x+1)}$的水平或铅直渐近线.

6. 设 $y=\frac{x}{1+x^2}$，考查该函数的奇、偶性，渐近线，并求出一、二阶导数，列表写出相关区间上的单调性、凹凸性、拐点、极值点，最后画出曲线图形.

7. 画出下列函数的图形：

(1) $y=x^3-3x$；　　(2) $y=\frac{x}{x+1}$.

*4.6　弧微分与曲率

4.6.1　弧微分

我们先介绍弧长微分的概念. 如图 4.18 所示，在曲线 $y=f(x)$上任取一点 $M_0(x_0,y_0)$作为度量弧长的起点，并依 x 增大的方向作为曲线的正向. 对曲线上任意一点 $M(x,y)$，若记有向弧段的长为 $|\overset{\frown}{M_0M}|$，则规定有向弧段$\overset{\frown}{M_0M}$的值 s 如下，当有向弧段的方向与曲线的正向一致时，取 $s=|\overset{\frown}{M_0M}|$；否则，取 $s=-|\overset{\frown}{M_0M}|$，则容易看到 s 与 x 存在函数关系，记为$s=s(x)$，而且 $s(x)$是 x 的单调增函数. 下面求函数 $s=s(x)$的导数和微分.

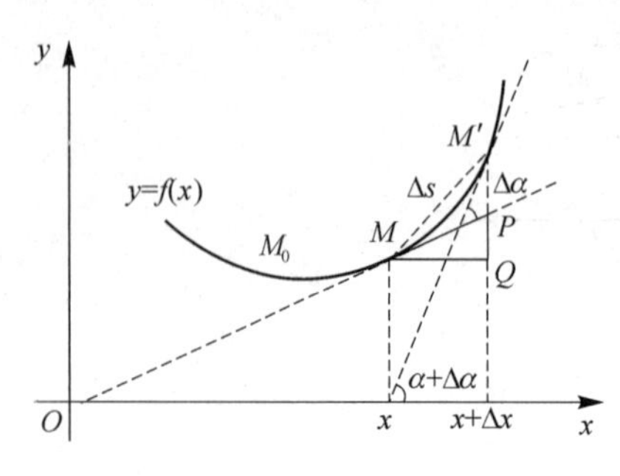

图 4.18

定理 4.6.1　设函数 $y=f(x)$在区间(a,b)内具有连续导数，$s=s(x)$，则有关系式

$$\left(\frac{\mathrm{d}s}{\mathrm{d}x}\right)^2=1+\left(\frac{\mathrm{d}y}{\mathrm{d}x}\right)^2 \tag{4.6.1}$$

或

$$(\mathrm{d}s)^2=(\mathrm{d}x)^2+(\mathrm{d}y)^2 \tag{4.6.2}$$

成立.

证:设弧长$\widehat{M_0M}$的增量为 $\Delta s=\widehat{MM'}$,由图 4.18 知$\overline{MQ}=\Delta x$,$\overline{M'Q}=\Delta y$,弦长$\overline{MM'}$满足

$$\overline{MM'}^2=\overline{MQ}^2+\overline{M'Q}^2=(\Delta x)^2+(\Delta y)^2$$

于是

$$\begin{aligned}\left(\frac{\mathrm{d}s}{\mathrm{d}x}\right)^2&=\left(\lim_{\Delta x\to 0}\frac{\Delta s}{\Delta x}\right)^2\\&=\lim_{\Delta x\to 0}\left(\frac{\widehat{MM'}}{\Delta x}\right)^2=\lim_{\Delta x\to 0}\left(\frac{\widehat{MM'}}{\overline{MM'}}\right)^2\frac{|\overline{MM'}|^2}{(\Delta x)^2}=\lim_{\Delta x\to 0}\left(\frac{\widehat{MM'}}{\overline{MM'}}\right)^2\left[1+\left(\frac{\Delta y}{\Delta x}\right)^2\right]\end{aligned}$$

由于当 $\Delta x\to 0$ 时,$M'\to M$,此时弧的长度与弦的长度之比的极限为 1,于是有

$$\left(\frac{\mathrm{d}s}{\mathrm{d}x}\right)^2=\frac{(\mathrm{d}s)^2}{(\mathrm{d}x)^2}=\lim_{\Delta x\to 0}\frac{(\widehat{MM'})^2}{(\Delta x)^2}=1+\left(\frac{\mathrm{d}y}{\mathrm{d}x}\right)^2$$

证得式(4.6.1)成立,两边同乘$(\mathrm{d}x)^2$,即得式(4.6.2)

$$(\mathrm{d}s)^2=(\mathrm{d}x)^2+(\mathrm{d}y)^2$$

通常称式(4.6.1)或式(4.6.2)称为弧长的微分,简称为弧微分. 由于 s 是 x 的单调增函数,在式(4.6.1)两边开方,得

$$\frac{\mathrm{d}s}{\mathrm{d}x}=\sqrt{1+\left(\frac{\mathrm{d}y}{\mathrm{d}x}\right)^2}=\sqrt{1+y'^2}$$

即有

$$\mathrm{d}s=\sqrt{1+y'^2}\,\mathrm{d}x \tag{4.6.3}$$

式(4.6.3)也称为弧微分.

4.6.2　曲率

在工程中,常常需要考虑曲线的弯曲程度,例如桥梁的弯曲程度,弯曲度受外力影响会发生改变,在一定范围之内可保证梁不发生断裂。车辆在弯曲的路上行驶,也要有弯曲程度的约束,弯度太大,高速车辆就可能翻倒。因此如何刻划曲线的弯曲程度也是应用数学一个重要问题。

仔细考查曲线的弯曲,我们发现弯曲程度由曲线切线方向的改变以及这种改变需要多长的路程来完成有密切关系,为此我们引出曲率的概念.

如图 4.18 所示,设曲线在点 M 和 M' 的切线与 x 轴的正向夹角分别为 α 和 $\alpha+\Delta\alpha$,当点 M 沿曲线 $y=f(x)$ 变到 M' 时,$\Delta\alpha$ 恰好是切线夹角的增量,而同时改变这个角度所延伸的曲线长度为 $M'M=\Delta s$,于是我们用比值 $\left|\frac{\Delta\alpha}{\Delta s}\right|$ 来刻画曲线段 $M'M$ 的平均弯曲程度,$\bar{k}=\left|\frac{\Delta\alpha}{\Delta s}\right|$ 称为平均曲率,若极限值 $\lim\limits_{\Delta s\to 0}\bar{k}$ 存在,称该极限为曲线在点 $M(x,y)$ 处的曲率,并记作 k,有

$$k=\left|\frac{\Delta\alpha}{\Delta s}\right|=\lim_{\Delta s\to 0}\left|\frac{\Delta\alpha}{\Delta s}\right|$$

用上述定义考查直线和圆周的曲率：

例如直线，因为点 M 沿直线运动时，该直线上每一点的切线就是该直线本身，因此切线与 x 轴的夹角始终等于已知直线与 x 轴的夹角，故角的增量 $\Delta\alpha=0$，于是有 $k=\lim\limits_{\Delta s\to 0}\left|\frac{\Delta\alpha}{\Delta s}\right|=0$，也就是说直线是曲率处处为零的曲线。

再例如常见的圆周，如图 4.19 所示，圆周上从点 M 变到 M'，其切线倾角的改变 $\Delta\alpha$，为四边形 $OMQM'$ 的外角，由几何知识知道 $\Delta\alpha=\theta$(弧 $M'M$ 所对的中心角)，又改变 $\Delta\alpha$ 所需的弧长的改变为$M'M=\Delta s=R\theta$，于是由曲率的定义有

$$k=\lim_{\Delta s\to 0}\left|\frac{\Delta\alpha}{\Delta s}\right|=\lim_{\Delta s\to 0}\left|\frac{\Delta\alpha}{R\,\Delta\alpha}\right|=\frac{1}{R}$$

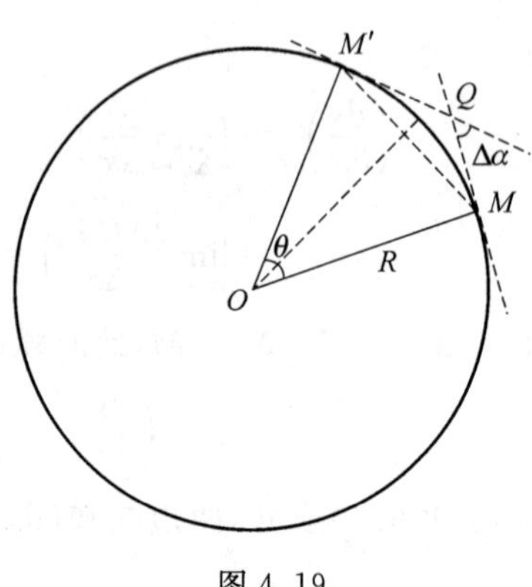

图 4.19

因半径的倒数$\frac{1}{R}$是一个常数，由此可知对同一个圆周而言，各点的曲率相同，等于半径的倒数。不同的圆周的曲率也不同，其曲率与半径成反比，有意思的是当 $R\to+\infty$时，$k\to 0$，于是直线可以看成是半径为无穷大时的圆周的极限状态。

对于一般的曲线方程，我们给出以下的曲率计算公式：

设曲线 $y=f(x)$在(a,b)内有二阶连续导数，则该曲线的曲率为

$$k=\frac{|y''|}{[1+(y')^2]^{\frac{3}{2}}} \tag{4.6.4}$$

证明：设曲线上点 $M(x,y)$切线的倾角为 α，则有 $y'=\tan\alpha$，即 $\alpha=\arctan y'$，两边微分，得

$$\mathrm{d}\alpha=\frac{1}{1+(y')^2}\mathrm{d}(y')=\frac{1}{1+(y')^2}\cdot y''\mathrm{d}x$$

再由弧微分公式，有

$$\mathrm{d}s=\sqrt{1+(y')^2}\,\mathrm{d}x$$

于是由曲率定义便得到

$$k=\left|\frac{\mathrm{d}\alpha}{\mathrm{d}s}\right|=\frac{|y''|}{[1+(y')^2]^{\frac{3}{2}}}$$

由圆周曲率等于半径的倒数的启示，我们把曲率 k 的倒数记作

$$\rho=\frac{1}{k}=\frac{[1+(y')^2]^{\frac{3}{2}}}{|y''|}(y''\neq 0) \tag{4.6.5}$$

称 ρ 为曲线 $y=f(x)$在点 $M(x,y)$的曲率半径，若在点 M 作一个与该点的切线相切，且其半径为 $\rho=\frac{1}{k}$的圆周，并让该圆周的中心位于曲线在点 M 的凹向一侧，我们把这个圆周称为曲线在点的曲率圆. 在工程力学中会用到曲率圆的概念.

【例 4.6.1】 求抛物线 $y=x^2$ 在点(0,0)处的曲率及曲率半径.

解：求出一阶和二阶导数为 $y'=2x, y''=2$，故 $y'(0)=0, y''(0)=2$，代入曲率公式(4.6.4)得

$$k=\left.\frac{|y''|}{[1+(y')^2]^{\frac{3}{2}}}\right|_{x=0}=2$$

于是曲率半径 $\rho=\frac{1}{k}=\frac{1}{2}$.

习题 4.6

1. 在极坐标下的曲线方程为 $r=r(\theta)$，设 $r(\theta)$ 有一阶连续导数，并有直角坐标与极坐标的关系式为 $x=r(\theta)\cos\theta, y=r(\theta)\sin\theta$.

(1) 求出微分 dx 与 dy；

(2) 由弧微分公式 $(ds)^2=(dx)^2+(dy)^2$，求证：$(ds)^2=[r^2(\theta)+(r'(\theta))^2](d\theta)^2$.

2. (1) 求双曲线 $y=\frac{4}{x}$ 在点(2,2)的曲率和曲率半径；

(2) 计算抛物线 $y=4x-x^2$ 在顶点处的曲率.

4.7 本章小结

微分学的基本定理包括罗尔定理、拉格朗日中值定理、柯西中值定理以及泰勒中值定理，这些定理是运用导数研究函数性质的理论基础和桥梁.

4.7.1 内容提要

1. 中值定理

(1) 罗尔定理：

函数 $f(x)$ 在 $[a,b]$ 上连续，在 (a,b) 内可导，且 $f(a)=f(b)$，则至少存在一点 $\xi\in(a,b)$，使 $f'(\xi)=0$.

(2) 拉格朗日中值定理

函数 $f(x)$ 在 $[a,b]$ 上连续，在 (a,b) 内可导，则至少存在一点 $\xi\in(a,b)$，使 $f(b)-f(a)=f'(\xi)(b-a)$.

(3) 柯西(或哥西)中值定理

函数 $f(x)$ 与在 $[a,b]$ 上连续，在 (a,b) 内可导，且 $g'(x)\neq 0, x\in(a,b)$，则在 (a,b) 内至少存在一点 ξ，使 $\frac{f(b)-f(a)}{g(b)-g(a)}=\frac{f'(\xi)}{g'(\xi)}$.

(4) 泰勒中值定理

设 $f(x)$ 在 (a,b) 内有直到 $n+1$ 阶导数，$x_0\in(a,b)$，并记 $0!=1, f^{(0)}(x_0)=f(x_0)$，则

有 n 阶泰勒公式

$$f(x)=\sum_{k=0}^{n}\frac{f^{(k)}(x_0)}{k!}(x-x_0)^k+R_n(x)$$

其中 $R_n(x)=\frac{f^{(n+1)}(\xi)}{(n+1)!}(x-x_0)^{n+1}$，$\xi$ 在 x_0 与 x 之间，该余项 $R_n(x)$ 称为拉格朗日余项，或者 $R_n(x)=o((x-x_0)^n)$，称为皮亚诺余项.

当 (a,b) 含有原点 $x=0$，并在泰勒公式中取 $x_0=0$，有 n 阶麦克劳林公式

$$f(x)=\sum_{k=0}^{n}\frac{f^{(k)}(0)}{k!}x^k+R_n(x)$$

其中 $R_n(x)=\frac{f^{(n+1)}(\xi)}{(n+1)!}x^{n+1}$，$\xi$ 在 0 与 x 之间.

(5) 熟知五个函数麦克劳林公式：

① $e^x=\sum_{k=0}^{n}\frac{1}{k!}x^k+\frac{e^{\xi}}{(n+1)!}x^{n+1}$，$\xi$ 在 0 与 x 之间，$-\infty<x<+\infty$；

② $\sin x=\sum_{k=1}^{n}\frac{\sin\frac{k\pi}{2}}{k!}x^k+\frac{\sin\left[\xi+(n+1)\frac{\pi}{2}\right]}{(n+1)!}x^{n+1}$，$\xi$ 在 0 与 x 之间，$-\infty<x<+\infty$；

③ $\cos x=\sum_{k=1}^{n}\frac{\cos\frac{k\pi}{2}}{k!}x^k+\frac{\cos\left[\xi+(n+1)\frac{\pi}{2}\right]}{(n+1)!}x^{n+1}$，$\xi$ 在 0 与 x 之间，$-\infty<x<+\infty$；

④ $\ln(1+x)=\sum_{k=1}^{n}\frac{(-1)^{k-1}}{k}x^k+\frac{(-1)^n x^{n+1}}{(n+1)(1+\xi)^{n+1}}$，$\xi$ 在 0 与 x 之间，$-1<x<1$；

⑤ $(1+x)^{\alpha}=1+\alpha x+\frac{\alpha(\alpha-1)}{2!}x^2+\frac{\alpha(\alpha-1)(\alpha-2)}{3!}x^3+\frac{\alpha(\alpha-1)\cdots(\alpha-n+1)}{n!}x^n$

$+\frac{\alpha(\alpha-1)\cdots(\alpha-n)(1+\xi)^{\alpha-n-1}}{(n+1)!}x^{n+1}$，$\xi$ 在 0 与 x 之间，$-1<x<1$.

2. 应用

(1) 罗必塔法则——求未定式极限

① 当 $x\to a$（或 ∞）时，函数 $f(x)$ 与 $g(x)$ 均趋于零（或 ∞），在 a 某个去心邻域内，$f'(x)$ 与 $g'(x)$ 存在，且 $g'(x)\neq 0$，$\lim\limits_{x\to a(\infty)}\frac{f'(x)}{g'(x)}$ 存在（或 ∞），则有 $\frac{0}{0}\left(\frac{\infty}{\infty}\right)$ 型的罗必塔法则

$$\lim_{x\to a(\infty)}\frac{f(x)}{g(x)}=\lim_{x\to a(\infty)}\frac{f'(x)}{g'(x)}$$

② $\infty-\infty$ 型，1^{∞} 型，0^0 型，∞^0 型 $\xrightarrow{\text{转化为}}\frac{0}{0}$ 或 $\frac{\infty}{\infty}$ 型

(2) 判别函数的增减性

若 $f(x)$ 在 (a,b) 内 $f'(x)>0(<0)\Rightarrow$ 在 (a,b) 内 $f(x)\uparrow(\downarrow)$，又若 $f(x)$ 在 $x=a$ 连续，则增（减）区间可包括端点 a.

(3) 判定并计算函数的极值

① 第一充分条件：

若 $f'(x_0)=0$，或 $f'(x_0)$ 不存在但 $f(x)$ 在 x_0 处连续，如果对某 $\delta>0$，有下表

x	$(x_0-\delta,x_0)$	x_0	$(x_0,x_0+\delta)$
y'	+(−)	0	−(+)
y	增加(减少)		减少(增加)

$f(x)$在 x_0 取得极大值(极小值).

② 第二充分条件:

若 $f'(x_0)=0$,且 $f''(x_0)>0$(或<0),则 $f(x)$在 x_0 取得极小值(或极大值).

当 $f''(x_0)=0$ 时,可改用第一充分条件.

(4) 判定函数曲线的凹凸性及拐点

① 判别凹凸性

若 $f(x)$在$[a,b]$连续,且(a,b)内 $f''(x)>0$(或<0),则曲线在$[a,b]$上凹(凸).

② 判别拐点

若 $f(x)$在 x_0 连续,且在左半邻域$(x_0-\delta,x_0)$内与右半邻域$(x_0,x_0+\delta)$内,二阶导数 $f''(x)$异号,则点(x_0,y_0)是拐点.

(5) 证明不等式:

思路①:利用拉格朗日中值定理.

思路②:利用函数的增减性判定.

思路③:利用函数的最大值与最小值.

(6) 求应用问题的最大、最小值.

4.7.2　基本要求

(1) 理解罗尔定理及拉格朗日中值定理,了解柯西中值定理.会用中值定理求解一些常见问题;

(2) 掌握用罗必塔法则求有关未定式的极限;

(3) 了解泰勒中值公式及麦克劳林中值公式,了解用多项式逼近函数的思想;

(4) 理解函数极值的概念,掌握用导数判断函数的单调性和求极值的方法.会求解不太复杂的最大值与最小值的应用问题.会用上述知识证明一些简单不等式;

(5) 会用导数判断函数图形的凹凸性,会求拐点,会求水平与铅直渐近线,会描绘一些简单的函数的图形.

综合练习题

一、单项选择题.

1. 下列函数在给定的区间上满足罗尔定理的是(　　).

(A) $f(x)=\dfrac{2}{2x^2+1}$,　$x\in[-1,1]$　　(B) $f(x)=xe^{-x}$,　$x\in[0,1]$

(C) $f(x)=\begin{cases}x+2, & x<5\\ 1, & x\geqslant 5\end{cases}$,　$x\in[0,5]$　(D) $f(x)=|x|$,　$x\in[0,1]$

2. 设 $f(x)$ 在 $[-1,1]$ 上连续,在 $(-1,1)$ 内可导,且 $|f'(x)|\leqslant M$, $f(0)=0$,由拉格朗日中值定理,对任意 $x\in[-1,1]$,必有(　　).

(A) $|f(x)|=M$　　(B) $|f(x)|<M$

(C) $|f(x)|\leqslant M$　　(D) $|f(x)|\geqslant M$

3. 函数 $f(x)=2x+1$ 与 $g(x)=x^3+2x-3$ 在区间 $[1,4]$ 上满足柯西中值定理,则定理中的 $\xi=$(　　).

(A) $\dfrac{3}{2}$　　(B) $\sqrt{5}$　　(C) $\sqrt{7}$　　(D) $\pm\sqrt{7}$

4. 设 $x\to0$ 时, $e^{\tan x}-e^x$ 与 x^n 是同阶无穷小,则 n 为(　　).

(A)1　　(B) 2　　(C) 4　　(D) 3

5. 若 $f(x)=-f(-x)$,且在 $(0,+\infty)$ 内, $f'(x)>0$, $f''(x)>0$,则在 $(-\infty,0)$ 内有(　　)成立.

(A) $f'(x)<0, f''(x)<0$　　(B) $f'(x)>0, f''(x)<0$

(C) $f'(x)<0, f''(x)>0$　　(D) $f'(x)>0, f''(x)>0$

二、填空题.

1. 设 $f(x)=(x^2-1)(x^2-16)$,则 $f'(x)=0$ 的实根个数为________;

2. 极限 $\lim\limits_{x\to0^+}\left[\dfrac{\ln\sin 3x}{\ln\sin x}+\dfrac{x^2\sin\frac{1}{x}}{\sin x}\right]=$________;

3. 设当 $x\to0$ 时, $f(x)=e^x-(ax^2+bx+1)$ 是比 x^2 高阶的无穷小,则 a 与 b 分别等于________;

4. 设函数 $f(x)$ 满足:任意 $x\in[0,1]$,有 $f''(x)>0$,则 $f'(0)$, $f'(1)$, $f(1)-f(0)$ 的大小关系为________;

5. 点 $(1,2)$ 是曲线 $y=(x-a)^3+b$ 的拐点,则 a 与 b 分别等于________.

三、计算题与证明题.

1. 计算下列极限

(1) $\lim\limits_{x\to1}x^{\frac{1}{1-x}}$;　　(2) $\lim\limits_{x\to\frac{\pi}{2}}\dfrac{\sec x-\tan x}{\sin 3x}$;

(3) $\lim\limits_{x\to+\infty}\dfrac{\ln\left(1+\frac{1}{x}\right)}{\frac{\pi}{2}-\arctan x}$;　　(4) $\lim\limits_{x\to0}\left[\dfrac{1}{\ln(1+x)}-\dfrac{1}{x}\right]$.

2. 设当 $x\to0$ 时, ax^n 与 $[\ln(1-x^3)]+x^3$ 为等价无穷小,求 a 与 n 的值.

3. 求函数 $y=x^{\frac{1}{x}}$ 的增减区间与极值.

4. 试确定一个六次多项式,已知这曲线与 x 轴切于原点,且 $M_1(-1,1)$ 与 $M_2(1,1)$ 为拐点,并且它在拐点 M_1 及 M_2 处有水平切线.

5. 求曲线 $y=-\ln\dfrac{1}{x^2+1}$ 的凹凸区间及拐点.

6. 设曲线有参数方程: $x=t^2$, $y=3t+t^2$ 给定,求该曲线的拐点.

7. 讨论函数

$$f(x)=\begin{cases}\left[\dfrac{(1+x)^{\frac{1}{x}}}{\mathrm{e}}\right]^{\frac{1}{x}}, & x>0\\ \dfrac{1}{\sqrt{\mathrm{e}}}, & x\leqslant 0\end{cases}$$

在点 $x=0$ 的连续性.

8. 设函数 $f(x)$在$[a,b]$上连续,在(a,b)内可导,

(1) 问函数 $F(x)=[f(x)-f(a)](b-x)$是否满足罗尔定理的条件?

(2) 求证:存在一点 $\xi_1\in(a,b)$,使 $f'(\xi_1)=\dfrac{f(\xi_1)-f(a)}{b-\xi_1}$成立;

(3) 存在 $\xi_2\in(a,\xi_1)$,使等式 $f'(\xi_1)(b-\xi_1)=f'(\xi_2)(\xi_1-a)$成立.

9. 设 $a_0+\dfrac{a_1}{2}+\cdots+\dfrac{a_n}{n+1}=0$,证明多项式 $g(x)=a_0+a_1x+\cdots+a_nx^n$ 在$(0,1)$内至少有一个零点.

10. 设 $0<a<b$,函数 $f(x)$在$[a,b]$上连续,在(a,b)内可导,证明至少存在一点 $\xi\in(a,b)$,使 $2\xi[f(b)-f(a)]=(b-a)(b+a)f'(\xi)$.

11. 证明不等式

$$\frac{a^{\frac{1}{n+1}}}{(n+1)^2}<\frac{a^{\frac{1}{n}}-a^{\frac{1}{n+1}}}{\ln a}<\frac{a^{\frac{1}{n}}}{n^2}\quad(a>1,n\geqslant 1)$$

12. 设 $f(x)$在$[a,b]$上,$f''(x)>0$,证明:函数 $F(x)=\dfrac{f(x)-f(a)}{x-a}$在$[a,b]$上单调增加.

13. 证明下列不等式

(1) 当 $x>1$ 时,$\dfrac{\ln(1+x)}{\ln x}>\dfrac{x}{1+x}$;

(2) 当 $x>0$ 时,$\sin x>x-\dfrac{x^3}{6}$;

(3) 当 $a>0,b>0$,且 $n\geqslant 2$ 时,$\sqrt[n]{a}+\sqrt[n]{b}>\sqrt[n]{a+b}$.

14. 设函数 $f(x)$满足:$3f(x)-f\left(\dfrac{1}{x}\right)=\dfrac{1}{x}(x\neq 0)$,证明:$f(x)$在 $x=-\sqrt{3}$ 及$\sqrt{3}$分别达到极大值和极小值.

15. 已知函数 $y=f(x)$对一切 x 满足:$xf''(x)+3x[f'(x)]^2=1-\mathrm{e}^{-x}$,若 $f(x)$在某一点 $x_0\neq 0$ 处有极值,证明:$f(x_0)$必是极小值.

16. 设函数 $f(x)=nx(1-x)^n$(n 为自然数),又 $M(n)$是该函数在$[0,1]$上的最大值,证明:$\lim\limits_{n\to\infty}M(n)=\dfrac{1}{\mathrm{e}}$.

17. 在数 $1,\sqrt{2},\sqrt[3]{3},\sqrt[4]{4},\cdots,\sqrt[n]{n},\cdots$中求出最大的一个数.

18. 在椭圆 $x^2+\dfrac{y^2}{4}=1$ 上,位于第一象限内的曲线的哪一点引切线,才能使由此切线与两坐标轴所构成的三角形面积最小?

第5章 不定积分

前面已经讲过了一元函数的微分学.本章和下一章讲解一元函数的积分学.一元函数的积分学分为两个部分,不定积分和定积分,本章先讲不定积分.

5.1 不定积分的概念和性质

本节首先介绍原函数与不定积分的概念,随后给出基本积分公式和不定积分的性质.

5.1.1 原函数和不定积分的概念

有许多实际问题,要求我们解决微分法的逆运算,就是要由某函数的已知导数去求原来的函数.

例如,若已知 $F'(x)=\sin x$,问 $F(x)=$? 在实际问题中也有类似的问题,例如,如果已知质点 M 在时刻 t 的速度 $v(t)$,即 $s'(t)=v(t)$,问质点 M 的位置函数 $s=s(t)=$?

一般地,如果已知函数 $f(x)$,且 $F'(x)=f(x)$,如何求 $F(x)$? 为此,引入下述定义.

定义 5.1.1 已知 $f(x)$是定义在某一区间内的函数,如果存在函数 $F(x)$,使得对该区间内的任意一点 x,都有

$$F'(x)=f(x) \text{或} \mathrm{d}F(x)=f(x)\mathrm{d}x$$

则称在该区间内函数 $F(x)$是函数 $f(x)$的原函数.

例如,在$(-\infty,\infty)$内,由于$(\sin x)'=\cos x$,$\sin x$ 是 $\cos x$ 的一个原函数,但不是唯一的,因为$(\sin x+1)'=(\sin x+2)'=(\sin x-\sqrt{3})'=\cdots=(\sin x+C)'=\cos x$($C$ 为常数),可见 $\sin x+1,\sin x+2,\sin x-\sqrt{3},\cdots,\sin x+C$ 都是 $\cos x$ 的原函数.

关于原函数,我们还要说明两点:

第一,原函数的存在问题:如果 $f(x)$在某区间连续,那么它的原函数一定存在.

第二,原函数的一般表达式:前面已指出,若 $f(x)$存在原函数,就不是唯一的,那么,这些原函数之间有什么差异? 能否写成统一的表达式? 对此,有如下结论:

结论 如果 $F(x)$是 $f(x)$的原函数,则 $F(x)+C$ 是 $f(x)$的全部原函数,其中 C 为任意常数.

证:由于 $F'(x)=f(x)$,又$[F(x)+C]'=F'(x)=f(x)$,所以函数族 $F(x)+C$ 中的每一个都是 $f(x)$的原函数.

另一方面,设 $\Phi(x)$是 $f(x)$的任一个原函数,即 $\Phi'(x)=f(x)$,则可证 $F(x)$与 $\Phi(x)$之

间只相差一个常数.事实上,因为$[\Phi(x)-F(x)]'=\Phi'(x)-F'(x)=f(x)-f(x)=0$,所以$\Phi(x)-F(x)=C$,即$\Phi(x)=F(x)+C$,$C$为常数,这就是说$f(x)$的任一个原函数$\Phi(x)$均可表示成$F(x)+C$的形式.

这样就证明了$f(x)$的全体原函数刚好组成函数族$F(x)+C$.

我们为函数$f(x)$的包含任意常数的原函数给一个记号,并将它称为$f(x)$的不定积分,这就是下面的定义.

定义 5.1.2 函数$f(x)$的全体原函数$F(x)+C$称为$f(x)$的**不定积分**,记作

$$\int f(x)\mathrm{d}x$$

其中$\int$称为积分号,$f(x)$称为**被积函数**,$f(x)\mathrm{d}x$称为**被积表达式**,x称为**积分变量**.

上述定义,不仅为函数$f(x)$的全体原函数给了一个记号$\int f(x)\mathrm{d}x$,实际上也定义了一种运算:求函数$f(x)$不定积分$\int f(x)\mathrm{d}x$的运算,就是求函数$f(x)$原函数全体的运算.由以上讨论可知,求函数$f(x)$的不定积分的步骤是,先求$f(x)$的一个原函数$F(x)$,则得$f(x)$的不定积分

$$\int f(x)\mathrm{d}x = F(x)+C(C\text{为任意常数}) \tag{5.1.1}$$

通常把求不定积分的方法称为积分法.由上面的讨论知,积分法是微分法的逆运算,自然微分法也是积分法的逆运算.由不定积分的定义,容易证明下面的公式.

定理 5.1.1 对不定积分运算有下列两个基本等式:

(1) $\left[\int f(x)\mathrm{d}x\right]' = f(x)$ 或 $\mathrm{d}\left[\int f(x)\mathrm{d}x\right]= f(x)\mathrm{d}x$

(2) $\int F'(x)\mathrm{d}x = F(x)+C$ 或 $\int \mathrm{d}F(x) = F(x)+C$

这两个基本等式(1)和(2)表示了微分法和积分法互为逆运算的关系.

【例 5.1.1】 求$\int x^3\mathrm{d}x$.

解:由于$\left(\frac{x^4}{4}\right)' = x^3$,所以$\frac{x^4}{4}$是$x^3$的一个原函数,于是得

$$\int x^3\mathrm{d}x = \frac{x^4}{4}+C$$

【例 5.1.2】 求$\int \sec^2 x\mathrm{d}x$.

解:由于$(\tan x)' = \sec^2 x$,所以$\tan x$是$\sec^2 x$的一个原函数,于是得

$$\int \sec^2 x\mathrm{d}x = \tan x+C$$

【例 5.1.3】 求$\int \mathrm{e}^x\mathrm{d}x$.

解:由于$(\mathrm{e}^x)' = \mathrm{e}^x$,所以$\mathrm{e}^x$是$\mathrm{e}^x$的一个原函数,于是得

$$\int \mathrm{e}^x\mathrm{d}x = \mathrm{e}^x+C$$

【例 5.1.4】 设一曲线通过点(1,0),且在其上任一点处的切线的斜率等于该点横坐标的两倍,求此曲线的方程.

解:设所求曲线的方程为 $y=f(x)$. 由题意,在曲线上任意一点(x,y)处的切线的斜率

$$\frac{\mathrm{d}y}{\mathrm{d}x}=2x$$

即 $f(x)$ 是 $2x$ 的一个原函数. $2x$ 的所有原函数为

$$\int 2x\mathrm{d}x=x^2+C$$

$y=f(x)$ 是曲线族 $y=x^2+C$ 中的一条. 但要求的切线过点(1,0),代入 $y=x^2+C$,有

$$0=1+C,C=-1$$

于是得所求曲线为

$$y=x^2-1$$

在曲线族 $y=x^2+C$ 中任意常数 C 的几何意义是:$y=x^2+C$ 将曲线 $y=x^2$ 沿 y 轴方向平移一距离 $|C|$,如果 $C>0$,则向上移,如果 $C<0$,则向下移,因此 $y=x^2+C$ 是一族抛物线,如图 5.1 所示,而所求曲线 $y=x^2-1$ 是这曲线族中过点(1,0)的那一条.

一般地,我们称函数 $f(x)$ 的一个原函数 $F(x)$ 的图形 $y=F(x)$ 为 $f(x)$ 的积分曲线,这样在几何上不定积分 $\int f(x)\mathrm{d}x=F(x)+C$ 就表示 $f(x)$ 的积分曲线族,其中 C 为任意常数. $F'(x)=f(x)$ 的几何意义是,在积分曲线族上横坐标相同的点处作切线,这些切线是彼此平行的,如图 5.2 所示.

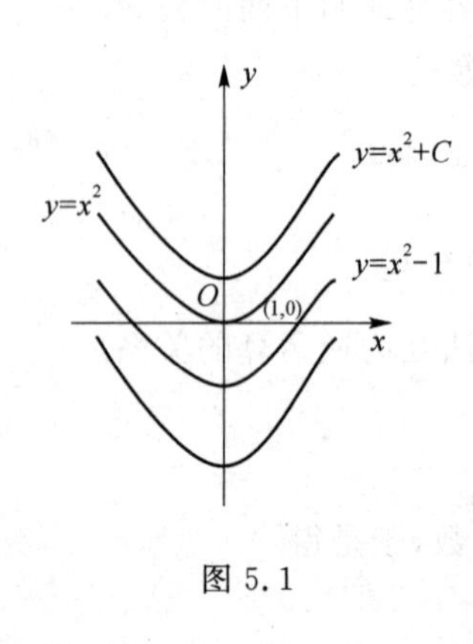

图 5.1

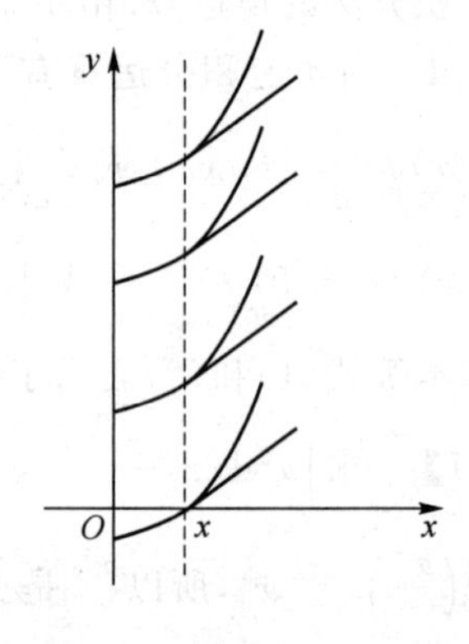

图 5.2

【例 5.1.5】 一质点作直线运动,已知其速度 $v=t^2$,而且 $s|_{t=0}=1$,求时间 t 时质点的位置函数 $s=s(t)$.

解:由于位置函数的导数等于速度,即 $s'(t)=v(t)$,故位置函数是速度的一个原函数,于是有

$$s(t)=\int v(t)\mathrm{d}t=\int t^2\mathrm{d}t=\frac{t^3}{3}+C$$

再由条件 $s|_{t=0}=1$,即

$$s(0)=\left[\frac{t^3}{3}+C\right]_{t=0}=C=1$$

得 $C=1$,代入得

$$s(t)=\frac{1}{3}t^3+1$$

5.1.2　基本积分表

由于积分法是微分法的逆运算，我们可以由导数公式导出相应的基本积分公式表.

(1) $\int x^\mu \mathrm{d}x=\frac{x^{\mu+1}}{\mu+1}+C$($\mu$ 为常数，$\mu\neq-1$)，特别地$\int \mathrm{d}x=x+C$；

(2) $\int\frac{\mathrm{d}x}{x}=\ln|x|+C$[①]

(3) $\int\frac{\mathrm{d}x}{1+x^2}=\arctan x+C$；

(4) $\int\frac{\mathrm{d}x}{\sqrt{1-x^2}}=\arcsin x+C$；

(5) $\int\cos x\mathrm{d}x=\sin x+C$；

(6) $\int\sin x\mathrm{d}x=-\cos x+C$；

(7) $\int\frac{\mathrm{d}x}{\cos^2 x}=\int\sec^2 x\mathrm{d}x=\tan x+C$；

(8) $\int\frac{\mathrm{d}x}{\sin^2 x}=\int\csc^2 x\mathrm{d}x=-\cot x+C$；

(9) $\int\sec x\tan x\mathrm{d}x=\sec x+C$；

(10) $\int\csc x\cot x\mathrm{d}x=-\csc x+C$；

(11) $\int\mathrm{e}^x\mathrm{d}x=\mathrm{e}^x+C$；

(12) $\int a^x\mathrm{d}x=\frac{a^x}{\ln a}+C(a>0,a\neq 1)$.

以上 12 个基本积分公式，是求不定积分的基础，必须熟记.

【例 5.1.6】　求$\int x^2\sqrt[3]{x}\mathrm{d}x$.

解：$\int x^2\sqrt[3]{x}\mathrm{d}x=\int x^{\frac{7}{3}}\mathrm{d}x=\frac{x^{\frac{7}{3}+1}}{\frac{7}{3}+1}+C=\frac{3}{10}x^{\frac{10}{3}}+C=\frac{3}{10}x^3\sqrt[3]{x}+C$

【例 5.1.7】　求$\int\frac{\mathrm{d}u}{u^3\sqrt{u}}$.

解：这里的积分变量是 u 而不是 x，在用基本积分表时，只需将变量换成 u 即可，于是有

---

①当 $x>0$ 时，有$\int\frac{1}{x}\mathrm{d}x=\ln x+C$；当 $x<0$ 时，由于$[\ln(-x)]'=\frac{1}{x}$，又有$\int\frac{1}{x}\mathrm{d}x=\ln(-x)+C$. 故当 $x>0$ 或 $x<0$ 时，$\int\frac{\mathrm{d}x}{x}=\ln|x|+C$ 成立.

$$\int \frac{\mathrm{d}u}{u^3\sqrt{u}} = \int u^{-\frac{7}{2}}\mathrm{d}u = \frac{u^{-\frac{7}{2}+1}}{-\frac{7}{2}+1} + C = -\frac{2}{5}u^{-\frac{5}{2}} + C = -\frac{2}{5u^2\sqrt{u}} + C$$

【例 5.1.8】 求$\int 3^x \mathrm{e}^x \mathrm{d}x$.

解：由公式(12)，得

$$\int 3^x \mathrm{e}^x \mathrm{d}x = \int (3\mathrm{e})^x \mathrm{d}x = \frac{(3\mathrm{e})^x}{\ln(3\mathrm{e})} + C = \frac{3^x\mathrm{e}^x}{1+\ln 3} + C$$

5.1.3 不定积分的性质

由不定积分的定义，不难推出它的下面两个性质.

1. 函数的和的不定积分等于各个函数的不定积分的和，即

$$\int [f(x)+g(x)]\mathrm{d}x = \int f(x)\mathrm{d}x + \int g(x)\mathrm{d}x \tag{5.1.2}$$

2. 被积函数中不为零的常数因子可以提到积分号外面来，即

$$\int kf(x)\mathrm{d}x = k\int f(x)\mathrm{d}x (k \text{ 为常数，且 } k \neq 0) \tag{5.1.3}$$

如果将性质1，2结合起来用，可得到差的不定积分等于不定积分的差，即

$$\int [f(x)-g(x)]\mathrm{d}x = \int f(x)\mathrm{d}x - \int g(x)\mathrm{d}x$$

利用基本积分表和这两个性质，可以求出一些简单函数的不定积分.

【例 5.1.9】 求$\int \frac{\mathrm{d}x}{1-\cos 2x}$.

解：由性质2和公式(8)

$$\int \frac{\mathrm{d}x}{1-\cos 2x} = \int \frac{\mathrm{d}x}{2\sin^2 x} = \frac{1}{2}\int \csc^2 x\mathrm{d}x = -\frac{1}{2}\cot x + C$$

【例 5.1.10】 求$\int \sqrt[3]{x}(x-2x^2)\mathrm{d}x$.

解：

$$\begin{aligned}\int \sqrt[3]{x}(x-2x^2)\mathrm{d}x &= \int x^{\frac{4}{3}}\mathrm{d}x - 2\int x^{\frac{7}{3}}\mathrm{d}x = \frac{3}{7}x^{\frac{7}{3}} - 2\cdot\frac{3}{10}x^{\frac{10}{3}} + C \\ &= \frac{3}{7}x^2\sqrt[3]{x} - \frac{3}{5}x^3\sqrt[3]{x} + C\end{aligned}$$

【例 5.1.11】 求$\int \mathrm{e}^x(1+\mathrm{e}^{-x}\sec^2 x)\mathrm{d}x$.

解：

$$\begin{aligned}\int \mathrm{e}^x(1+\mathrm{e}^{-x}\sec^2 x)\mathrm{d}x &= \int(\mathrm{e}^x+\sec^2 x)\mathrm{d}x = \int \mathrm{e}^x\mathrm{d}x + \int \sec^2 x\mathrm{d}x \\ &= \mathrm{e}^x + \tan x + C\end{aligned}$$

【例 5.1.12】 求$\int \frac{x^4}{1+x^2}\mathrm{d}x$.

解：

$$\begin{aligned}\int \frac{x^4}{1+x^2}\mathrm{d}x &= \int \frac{x^4-1+1}{1+x^2}\mathrm{d}x = \int\left(x^2-1+\frac{1}{1+x^2}\right)\mathrm{d}x \\ &= \int x^2\mathrm{d}x - \int \mathrm{d}x + \int \frac{1}{1+x^2}\mathrm{d}x \\ &= \frac{1}{3}x^3 - x + \arctan x + C\end{aligned}$$

注:例中分项的方法有时是很有用的,请读者注意掌握.

【例 5.1.13】　求$\int \tan^2 x\mathrm{d}x$.

解:利用三角公式分项得

$$\int \tan^2 x\mathrm{d}x = \int (\sec^2 x - 1)\mathrm{d}x = \int \sec^2 x\mathrm{d}x - \int \mathrm{d}x = \tan x - x + C$$

【例 5.1.14】　求$\int \cos^2 \frac{x}{2}\mathrm{d}x$.

解:利用倍角公式分项得

$$\int \cos^2 \frac{x}{2}\mathrm{d}x = \int \frac{1}{2}(1+\cos x)\mathrm{d}x = \frac{1}{2}\left(\int \mathrm{d}x + \int \cos x\mathrm{d}x\right) = \frac{1}{2}(x+\sin x) + C$$

习题 5.1

1. 求下列不定积分.

(1) $\int \frac{1}{x^4}\mathrm{d}x$;　(2) $\int \frac{\sqrt{u}}{\sqrt[3]{u}}\mathrm{d}u$;

(3) $\int \sqrt[4]{y^3}\,\mathrm{d}y$;　(4) $\int x\sqrt[3]{x}\,\mathrm{d}x$;

(5) $\int \frac{1}{1+\cos 2x}\mathrm{d}x$;　(6) $\int \frac{\sin 2x}{\sin x}\mathrm{d}x$;

(7) $\int \frac{\sin 2x}{\cos x}\mathrm{d}x$;　(8) $\int \frac{\sqrt{1+x^2}}{\sqrt{1-x^4}}\mathrm{d}x$;

(9) $\int \frac{\sqrt{1-x^2}}{\sqrt{1-2x^2+x^4}}\mathrm{d}x$;　(10) $\int \frac{1-\cos^2 x}{\sin^4 x}\mathrm{d}x$;

(11) $\int \frac{1-\cos^2 x}{\sin^2 2x}\mathrm{d}x$;　(12) $\int \frac{1-\sin^2 x}{\sin^2 2x}\mathrm{d}x$;

(13) $\int \frac{\mathrm{e}^x(1-\mathrm{e}^x)}{\mathrm{e}^{-x}(\mathrm{e}^x-\mathrm{e}^{2x})}\mathrm{d}x$;　(14) $\int \frac{1+x^2}{1+2x^2+x^4}\mathrm{d}x$;

(15) $\int \frac{1-x^2}{1-x^4}\mathrm{d}x$;　(16) $\int \frac{\tan x}{\sin 2x}\mathrm{d}x$;

(17) $\int \frac{\cot x}{\sin 2x}\mathrm{d}x$;　(18) $\int \frac{1-\cos 2x}{1-\cos^2 2x}\mathrm{d}x$;

(19) $\int \frac{\cot^2 x}{\cos^2 x}\mathrm{d}x$.

2. 求下列不定积分.

(1) $\int (1+x^2)^2\mathrm{d}x$;　(2) $\int (1-x)^2(2+x)\mathrm{d}x$;

(3) $\int \left(\frac{1+x}{x}\right)^2\mathrm{d}x$;　(4) $\int \frac{x^3-8}{x-2}\mathrm{d}x$;

(5) $\int \frac{\sqrt[3]{x}-x^{3/2}\mathrm{e}^x+\sqrt{x}}{x^{3/2}}\mathrm{d}x$;　(6) $\int \frac{2x^2}{1+x^2}\mathrm{d}x$;

(7) $\int \frac{2x^2+3}{1+x^2}dx$；　(8) $\int (2^x-3^x)^2 dx$；

(9) $\int \frac{2^x+5^x}{10^x}dx$；　(10) $\int \frac{\cos^2 x+\sin 2x\cos x+1}{\cos^2 x}dx$；

(11) $\int \sqrt{1-\sin 2x}\,dx$；　(12) $\int \tan^2 x dx$；

(13) $\int \cot^2 x dx$；　(14) $\int 2\sin^2 \frac{x}{2}dx$；

(15) $\int \frac{\cos 2x}{\sin^2 x\cos^2 x}dx$；　(16) $\int \frac{\sin^3 x+\cos^3 x}{\sin^2 x\cos^2 x}dx$；

(17) $\int \frac{x^2-\sqrt{1-x^2}}{\sqrt{x^4-x^6}}dx$；　(18) $\int \frac{\cos^2 x+\sin^3 x}{1+\cos 2x}dx$；

(19) $\int \frac{\sin^2 x(e^{-x}-1)+1}{e^{-x}\cos^2 x}dx$；　(20) $\int \frac{1-x^2}{x^2+x^4}dx$.

3. 一曲线过原点，且在任一点的切线的斜率等于该点横坐标的正弦，求这曲线的方程.

4. 一质点作直线运动，已知其加速度 $a=2t^2+5\cos t$，且 $v|_{t=0}=1, s|_{t=0}=2$，求

(1) v 与 t 之间的函数关系；

(2) s 与 t 之间的函数关系.

5. 在平面上有一运动的质点，如果它在 x 轴方向和 y 轴方向的分速度分别为 $v_x=5\sin t$，$v_y=2\cos t$，又 $x|_{t=0}=5, y|_{t=0}=0$，求

(1) 时间 t 时，质点所在的位置；

(2) 运动的轨迹方程.

5.2 换元积分法

利用基本积分表和不定积分的性质，只能求出一些简单的积分，对于比较复杂的积分，我们总是设法把它变形为能利用基本积分公式的形式再求出其积分. 下面所介绍的换元法是最常用最有效的一种积分方法. 换元法有两类，第一换元法和第二换元法，分别叙述如下.

5.2.1 第一换元法

先分析积分 $\int e^{2x}dx$，不能直接套用公式 $\int e^x dx$. 我们可以把原积分作下列变形后计算：

$$\int e^{2x}dx=\frac{1}{2}\int e^{2x}d(2x)\xlongequal{u=2x}\frac{1}{2}\int e^u du=\frac{1}{2}e^u+C=\frac{1}{2}e^{2x}+C \tag{5.2.1}$$

直接验证得知，以上计算结果正确。

上题解法的特点是引入新变量 $u=\varphi(x)$，从而把原积分化为关于 u 的一个简单的积分，再套用基本积分公式求解，现在的问题是，在公式

$$\int e^x dx=e^x+C$$

中，将 x 换成了 $u=\varphi(x)$，对应得到的公式

$$\int e^u du = e^u + C$$

是否还成立？回答是肯定的，我们有下面定理：

定理 5.2.1　如果 $\int f(x)dx = F(x)+C$，$F(u)$ 是 $f(u)$ 的原函数，$u=\varphi(x)$ 可导，则

$$\int f(u)du = F(u)+C$$

其中 $u=\varphi(x)$ 是 x 的任一个可微函数.

证：由于 $\int f(x)dx = F(x)+C$，所以 $dF(x)=f(x)dx$. 根据微分形式不变性，则有 $dF(u)=f(u)du$. 其中 $u=\varphi(x)$ 是 x 的可微函数，由此得

$$\int f(u)du = \int dF(u) = F(u)+C$$

这个定理非常重要，它表明：在基本积分公式中，自变量 x 换成任一可微函数 $u=\varphi(x)$ 后公式仍成立. 这就大大扩充了基本积分公式的使用范围. 应用这一结论，上述例题引用的方法，可一般化为下列计算程序

$$\int f[\varphi(x)]\varphi'(x)dx = \int f[\varphi(x)]d[\varphi(x)] \xlongequal{u=\varphi(x)} \int f(u)du = F(u)+C = F[\varphi(x)]+C$$

这种先"凑"微分，再作变量代换的方法，就称为**第一换元法**，也称为**凑微分法**.

【例 5.2.1】　求 $\int 2\sin 2x dx$.

解：由于 $2dx = d(2x)$，有

$$\begin{aligned}\int 2\sin 2x dx &= \int \sin 2x d(2x) \\ &\xlongequal{u=2x} \int \sin u du = -\cos u + C \\ &\xlongequal{\text{变量回代}} -\cos 2x + C\end{aligned}$$

如果不写出中间变量 $u=2x$，可以简化如下：由于 $2dx=d(2x)$，有

$$\begin{aligned}\int 2\sin 2x dx &= \int \sin 2x d(2x)(\text{记住 } u=2x) \\ &= -\cos 2x + C\end{aligned}$$

在积分法中，第一换元法是一个重要的方法，正如复合函数的微分法在微分法中的重要性一样，因此对这一方法一定要多练习，掌握好.

【例 5.2.2】　求 $\int \dfrac{dx}{2x+1}$.

解：$\int \dfrac{dx}{2x+1} = \dfrac{1}{2}\int \dfrac{d(2x+1)}{2x+1} = \dfrac{1}{2}\ln|2x+1| + C$

【例 5.2.3】　求 $\int \dfrac{dx}{\sqrt{a^2-x^2}}(a>0)$.

解：$\int \dfrac{dx}{\sqrt{a^2-x^2}} = \int \dfrac{dx}{a\sqrt{1-\left(\dfrac{x}{a}\right)^2}} = \int \dfrac{d\left(\dfrac{x}{a}\right)}{\sqrt{1-\left(\dfrac{x}{a}\right)^2}} = \arcsin\dfrac{x}{a} + C$

【例 5.2.4】 求$\int x\sqrt{1+x^2}\,\mathrm{d}x$.

解：$\int x\sqrt{1+x^2}\,\mathrm{d}x=\frac{1}{2}\int\sqrt{1+x^2}\,\mathrm{d}(1+x^2)=\frac{1}{2}\cdot\frac{2}{3}(1+x^2)^{\frac{3}{2}}+C=\frac{1}{3}(1+x^2)$
$\sqrt{1+x^2}+C$

【例 5.2.5】 求$\int x\mathrm{e}^{-x^2}\mathrm{d}x$.

解：$\int x\mathrm{e}^{-x^2}\mathrm{d}x=-\frac{1}{2}\int\mathrm{e}^{-x^2}\mathrm{d}(-x^2)=-\frac{1}{2}\mathrm{e}^{-x^2}+C$

【例 5.2.6】 求$\int\cot x\mathrm{d}x$.

解：$\int\cot x\mathrm{d}x=\int\frac{\cos x}{\sin x}\mathrm{d}x=\int\frac{\mathrm{d}(\sin x)}{\sin x}=\ln|\sin x|+C$

【例 5.2.7】 求$\int\csc x\mathrm{d}x$.

解：$\int\csc x\mathrm{d}x=\int\frac{\mathrm{d}x}{\sin x}=\int\frac{\mathrm{d}x}{2\sin\frac{x}{2}\cos\frac{x}{2}}=\int\frac{\mathrm{d}x}{2\tan\frac{x}{2}\cos^2\frac{x}{2}}$

$$=\int\frac{\mathrm{d}\left(\tan\frac{x}{2}\right)}{\tan\frac{x}{2}}=\ln\left|\tan\frac{x}{2}\right|+C$$

而

$$\tan\frac{x}{2}=\frac{\sin\frac{x}{2}}{\cos\frac{x}{2}}=\frac{2\sin^2\frac{x}{2}}{\sin x}=\frac{1-\cos x}{\sin x}=\csc x-\cot x$$

也有

$$\int\csc x\mathrm{d}x=\ln|\csc x-\cot x|+C$$

【例 5.2.8】 求$\int\sec x\mathrm{d}x$.

解：$\int\sec x\mathrm{d}x=\int\frac{\sec x(\sec x+\tan x)}{\sec x+\tan x}\mathrm{d}x=\int\frac{\sec^2x+\sec x\cdot\tan x}{\sec x+\tan x}\mathrm{d}x$

$$=\int\frac{\mathrm{d}(\sec x+\tan x)}{\sec x+\tan x}=\ln|\sec x+\tan x|+C$$

或利用三角公式，有

$$\int\sec x\mathrm{d}x=\int\csc\left(x+\frac{\pi}{2}\right)\mathrm{d}\left(x+\frac{\pi}{2}\right)$$

$$=\ln\left|\csc\left(x+\frac{\pi}{2}\right)-\cot\left(x+\frac{\pi}{2}\right)\right|+C=\ln|\sec x+\tan x|+C$$

【例 5.2.9】 求$\int\frac{\mathrm{d}x}{a^2-x^2}$.

解：由于

$$\frac{1}{a^2-x^2}=\frac{1}{(a-x)(a+x)}=\frac{1}{2a}\left(\frac{1}{a+x}+\frac{1}{a-x}\right)$$

于是有

$$\begin{aligned}\int\frac{\mathrm{d}x}{a^2-x^2}&=\frac{1}{2a}\int\left(\frac{1}{a+x}+\frac{1}{a-x}\right)\mathrm{d}x=\frac{1}{2a}\left(\int\frac{\mathrm{d}x}{a+x}+\int\frac{\mathrm{d}x}{a-x}\right)\\&=\frac{1}{2a}\left[\int\frac{\mathrm{d}(a+x)}{a+x}-\int\frac{\mathrm{d}(a-x)}{a-x}\right]\\&=\frac{1}{2a}(\ln|a+x|-\ln|a-x|)+C=\frac{1}{2a}\ln\left|\frac{a+x}{a-x}\right|+C\end{aligned}$$

类似可得

$$\int\frac{\mathrm{d}x}{x^2-a^2}=\frac{1}{2a}\ln\left|\frac{x-a}{x+a}\right|+C$$

可以看到，这里用了分项积分法，不过是分项以后凑微分，故可把这种求不定积分的方法称为分项凑微分法. 有不少求不定积分的题目可用分项凑微分的方法计算，见下面的例题.

【例 5.2.10】 求$\int\sin 3x\cos 2x\mathrm{d}x$.

解：利用积化和差公式分项，有

$$\begin{aligned}\int\sin 3x\cos 2x\mathrm{d}x&=\frac{1}{2}\int(\sin 5x+\sin x)\mathrm{d}x=\frac{1}{2}\int\sin 5x\mathrm{d}x+\frac{1}{2}\int\sin x\mathrm{d}x\\&=\frac{1}{10}\int\sin 5x\mathrm{d}(5x)-\frac{1}{2}\cos x\\&=-\frac{1}{10}\cos 5x-\frac{1}{2}\cos x+C\end{aligned}$$

注：对于形如$\int\sin ax\sin bx\,\mathrm{d}x$，$\int\cos ax\cos bx\,\mathrm{d}x$的不定积分都可以用例 5.2.10 的方法计算，其中 a，b 为常数.

【例 5.2.11】 求$\int\cos^2 x\mathrm{d}x$.

解：用倍角公式分项，有

$$\begin{aligned}\int\cos^2 x\mathrm{d}x&=\int\frac{1+\cos 2x}{2}\mathrm{d}x=\frac{1}{2}\int\mathrm{d}x+\frac{1}{2}\int\cos 2x\mathrm{d}x\\&=\frac{1}{2}x+\frac{1}{4}\int\cos 2x\mathrm{d}(2x)=\frac{1}{2}x+\frac{1}{4}\sin 2x+C\end{aligned}$$

5.2.2 第二换元法

第一换元法的表示式为

$$\int f[\varphi(x)]\varphi'(x)\mathrm{d}x=\int f(u)\mathrm{d}u\Big|_{u=\varphi(x)}=F(u)\mid_{u=\varphi(x)}+C$$

其中 $f(u)$ 的原函数容易求出，如果第一个等式左边的原函数容易求出，我们可以把等式写成

$$\int f(u)\mathrm{d}u\Big|_{u=\varphi(x)}=\int f[\varphi(x)]\varphi'(x)\mathrm{d}x$$

求出右边的不定积分,再将 $u=\varphi(x)$ 的反函数 $x=\varphi^{-1}(u)$ 代入,即得左边的不定积分,实际上这就是第二换元法. 习惯上,上式左边的积分变量用 x,右边积分变量用 t,函数 φ 用 ψ,于是上式可化为

$$\int f(x)\mathrm{d}x\bigg|_{x=\psi(t)}=\int f[\psi(t)]\psi'(t)\mathrm{d}t\bigg|_{t=\psi^{-1}(x)}$$

不过这里要求函数 $x=\psi(t)$ 具有反函数,这就是下面的定理.

定理 5.2.2 设 $x=\psi(t)$ 是单调、可导函数,且 $\psi'(t)\neq 0$,又 $\Phi(t)$ 是 $f[\psi(t)]\psi'(t)$ 的原函数,则 $\Phi[\psi^{-1}(x)]$ 是 $f(x)$ 的原函数,即有换元积分公式

$$\int f(x)\mathrm{d}x=\left[\int f[\psi(t)]\psi'(t)\mathrm{d}t\right]_{t=\psi^{-1}(x)}=\Phi[\psi^{-1}(x)]+C \tag{5.2.2}$$

其中 $t=\psi^{-1}(x)$ 是 $x=\psi(t)$ 的反函数.

证:记 $F(x)=\Phi[\psi^{-1}(x)]$,则由复合函数的求导法则和反函数的求导公式,有

$$F'(x)=\frac{\mathrm{d}\Phi}{\mathrm{d}t}\cdot\frac{\mathrm{d}t}{\mathrm{d}x}=f[\psi(t)]\psi'(t)\cdot\frac{1}{\psi'(t)}=f[\psi(t)]=f(x)$$

知 $F(x)$ 是 $f(x)$ 的原函数,因此式(5.2.2)成立.

用第二换元法计算不定积分常常有明确的针对性,例如为去掉被积函数中的根号,降低被积函数的分母中积分变量 x 的幂次等,见下面的例题.

【例 5.2.12】 求 $\int\sqrt{a^2-x^2}\,\mathrm{d}x\,(a>0)$.

解:为去掉根号 $\sqrt{a^2-x^2}$,可以考虑用三角公式

$$\sin^2 t+\cos^2 t=1,\text{或 } 1-\sin^2 t=\cos^2 t$$

设 $x=a\sin t\left(-\frac{\pi}{2}<t<\frac{\pi}{2}\right)$(当 $-\frac{\pi}{2}<t<\frac{\pi}{2}$ 时,$x=a\sin t$ 单调、可导,且 $\frac{\mathrm{d}x}{\mathrm{d}t}=a\cos t\neq 0$),则

$$\sqrt{a^2-x^2}=\sqrt{a^2-a^2\sin^2 t}=a\cos t,\mathrm{d}x=a\cos t\mathrm{d}t$$

于是

$$\begin{aligned}\int\sqrt{a^2-x^2}\,\mathrm{d}x&=\int a\cos t\cdot a\cos t\mathrm{d}t=a^2\int\cos^2 t\mathrm{d}t\\&=\frac{a^2}{2}\int(1+\cos 2t)\mathrm{d}t=\frac{a^2}{2}\left[\int\mathrm{d}t+\frac{1}{2}\int\cos 2t\mathrm{d}(2t)\right]\\&=\frac{a^2}{2}\left[t+\frac{1}{2}\sin 2t\right]+C\end{aligned}$$

由 $x=a\sin t$,有

$$t=\arcsin\frac{x}{a},\cos t=\sqrt{1-\sin^2 t}=\sqrt{1-\left(\frac{x}{a}\right)^2}=\frac{\sqrt{a^2-x^2}}{a}$$

于是得积分

$$\int\sqrt{a^2-x^2}\,\mathrm{d}x=\frac{a^2}{2}\arcsin\frac{x}{a}+\frac{1}{2}x\sqrt{a^2-x^2}+C$$

注:在上例中,我们讨论了所作的变换 $x=a\sin t$ 在区间 $\left(-\frac{\pi}{2},\frac{\pi}{2}\right)$ 内满足定理 5.2.2 的条件. 同样,在以下例子中,均可找到一个区间,使所作的变换在该区间内满足定理 5.2.2 的条

件，以后不再讨论.

【例 5.2.13】　求$\int \frac{\mathrm{d}x}{\sqrt{x^2+a^2}}(a>0)$.

解：为去掉根号$\sqrt{x^2+a^2}$，利用三角公式

$$1+\tan^2 t=\sec^2 t$$

设 $x=\tan t$，则

$$\sqrt{x^2+a^2}=\sqrt{a^2\tan^2 x+a^2}=a\sec t, \mathrm{d}x=a\sec^2 t\mathrm{d}t$$

于是

$$\int \frac{\mathrm{d}x}{\sqrt{x^2+a^2}}=\int \frac{a\sec^2 t\mathrm{d}t}{a\sec t}=\int \sec t\mathrm{d}t$$

利用例 5.2.8 的计算结果

$$\int \frac{\mathrm{d}x}{\sqrt{x^2+a^2}}=\ln|\sec t+\tan t|+C$$

由 $x=a\tan t$，有 $\tan t=\frac{x}{a}$. 利用图 5.3 中的辅助直角三角形可以得到

$$\sec t=\frac{\sqrt{x^2+a^2}}{a}$$

于是得

$$\int \frac{\mathrm{d}x}{\sqrt{x^2+a^2}}=\ln\left|\frac{x}{a}+\frac{\sqrt{x^2+a^2}}{a}\right|+C_1=\ln\left|x+\sqrt{x^2+a^2}\right|+C$$

其中 $C=C_1-\ln a$

注：本例中，作辅助直角三角形完成变量回代的方法，是一种快速、简捷的方法，需熟练掌握它.

【例 5.2.14】　求$\int \frac{\mathrm{d}x}{\sqrt{x^2-a^2}}(a>0)$.

解：为去掉根号$\sqrt{x^2-a^2}$，利用三角公式

$$\sec^2 t-1=\tan^2 t$$

由 $x=a\sec t$ 得

$$\sqrt{x^2-a^2}=\sqrt{a^2\sec^2 x-a^2}=a\tan t, \mathrm{d}x=a\sec t\tan t\mathrm{d}t$$

于是

$$\int \frac{\mathrm{d}x}{\sqrt{x^2-a^2}}=\int \frac{a\sec t\tan t\mathrm{d}t}{a\tan t}=\int \sec t\mathrm{d}t=\ln|\sec t+\tan t|+C$$

由 $x=a\sec t$，有 $\sec t=\frac{x}{a}$. 利用图 5.4 中的辅助直角三角形，得 $\tan t=\frac{\sqrt{x^2-a^2}}{a}$

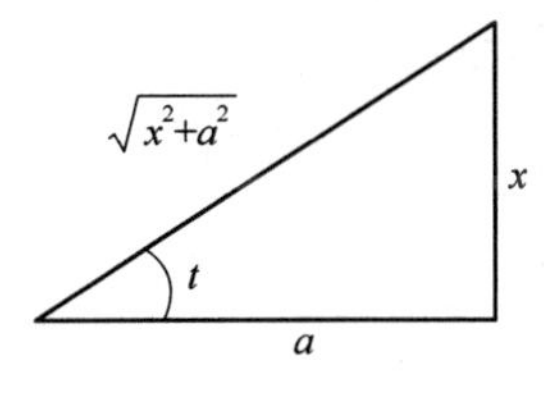

图 5.3

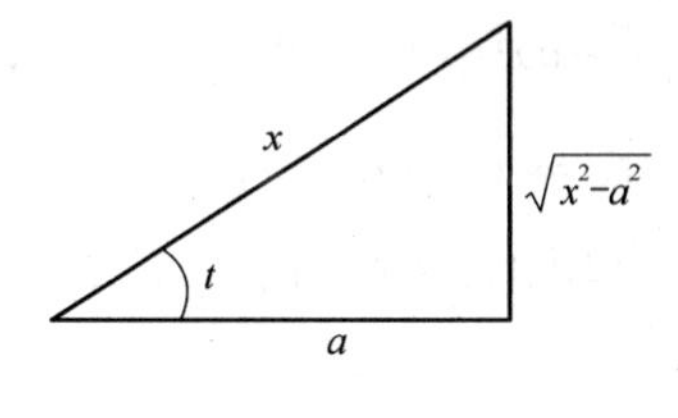

图 5.4

因而有

$$\int \frac{\mathrm{d}x}{\sqrt{x^2-a^2}} = \ln\left|\frac{x}{a}+\frac{\sqrt{x^2-a^2}}{a}\right|+C_1 = \ln\left|x+\sqrt{x^2-a^2}\right|+C$$

其中 $C = C_1 - \ln a$.

下面例题中用到的“倒代换”可以用来降低被积函数的分母中积分变量 x 的幂次,从而减小计算的难度.

【例 5.2.15】 求$\int \frac{\mathrm{d}x}{x^2(1+x)}$.

解:令 $x = \frac{1}{t}$,则 $\mathrm{d}x = -\frac{1}{t^2}\mathrm{d}t$,于是

$$\begin{aligned}\int \frac{\mathrm{d}x}{x^2(1+x)} &= \int \frac{-\frac{1}{t^2}\mathrm{d}t}{\frac{1}{t^2}\left(1+\frac{1}{t}\right)} = -\int \frac{t\mathrm{d}t}{t+1} \\ &= -\int \frac{t+1-1}{t+1}\mathrm{d}t = -\int \mathrm{d}t + \int \frac{\mathrm{d}t}{1+t} \\ &= -t + \int \frac{\mathrm{d}(t+1)}{t+1} = -t + \ln|t+1| + C \\ &= -\frac{1}{x} + \ln\left|\frac{1+x}{x}\right| + C\end{aligned}$$

习题 5.2

1. 在括号内填上适当的项,以使等式成立.

(1) $(2x-3)^{100}\mathrm{d}x = (\quad)(2x-3)^{100}\mathrm{d}(2x-3)$;

(2) $\dfrac{\mathrm{d}x}{\sin^2\left(2x+\frac{\pi}{4}\right)} = (\quad)\mathrm{d}\left(\cot\left(2x+\frac{\pi}{4}\right)\right)$;

(3) $\dfrac{x^3\mathrm{d}x}{\sqrt[3]{1+x^4}} = (\quad)\dfrac{\mathrm{d}(1+x^4)}{\sqrt[3]{1+x^4}}$;

(4) $x^2\mathrm{e}^{-x^3}\mathrm{d}x = (\quad)\mathrm{e}^{-x^3}\mathrm{d}(-x^3)$;

(5) $\dfrac{(x+1)\mathrm{d}x}{x^2+2x+1} = (\quad)\dfrac{\mathrm{d}(x^2+2x+1)}{x^2+2x+1}$;

(6) $\left(\dfrac{\sec x}{1+\tan x}\right)^2\mathrm{d}x = (\quad)\mathrm{d}(1+\tan x)$;

(7) $\dfrac{\mathrm{e}^x-\mathrm{e}^{-x}}{\mathrm{e}^x+\mathrm{e}^{-x}}\mathrm{d}x = (\quad)\mathrm{d}(\mathrm{e}^x+\mathrm{e}^{-x})$;

(8) $\mathrm{e}^{\mathrm{e}^x+x}\mathrm{d}x = (\quad)\mathrm{d}(\mathrm{e}^x)$;

(9) $\dfrac{x\arcsin x}{\sqrt{1-x^2}}\mathrm{d}x = (\quad)\mathrm{d}(\sqrt{1-x^2})$;

(10) $\dfrac{x\mathrm{d}x}{\sqrt{2+4x}} = (\quad)\mathrm{d}(\sqrt{2+4x})$.

2. 求下列不定积分.

(1) $\int (3x+5)^{50}\mathrm{d}x$；

(2) $\int \frac{2\mathrm{d}x}{(1+5x)^3}$；

(3) $\int \frac{\mathrm{d}x}{\sqrt[5]{1-4x}}$；

(4) $\int \frac{\mathrm{d}x}{5-7x}$；

(5) $\int \sin 4x\mathrm{d}x$；

(6) $\int \mathrm{e}^{3x}\mathrm{d}x$；

(7) $\int 5^{-2x}\mathrm{d}x$；

(8) $\int \frac{\mathrm{d}x}{\cos^2(5x+3)}$；

(9) $\int \frac{\mathrm{d}x}{\sqrt{1-4x^2}}$；

(10) $\int \frac{\mathrm{d}x}{\sqrt{9-4x^2}}$；

(11) $\int \frac{\mathrm{d}x}{4x^2+9}$；

(12) $\int \frac{x\mathrm{d}x}{1+x^2}$；

(13) $\int x^2\sqrt[5]{3x^3+1}\,\mathrm{d}x$；

(14) $\int \frac{x\mathrm{d}x}{\sqrt{4-x^4}}$；

(15) $\int \mathrm{e}^{-2x^3}x^2\mathrm{d}x$；

(16) $\int \frac{\cot x}{\sqrt{\sin x}}\mathrm{d}x$；

(17) $\int \frac{\mathrm{d}x}{x\sqrt{\ln x}}$；

(18) $\int \frac{\mathrm{d}x}{\cos^2 x\sqrt[3]{\tan x}}$；

(19) $\int \frac{(\arctan x)^{2/3}\mathrm{d}x}{1+x^2}$；

(20) $\int \frac{\mathrm{d}x}{\arcsin x\sqrt{1-x^2}}$.

3. 求下列不定积分.

(1) $\int \sin^2 x\mathrm{d}x$；

(2) $\int \cos^4 x\mathrm{d}x$；

(3) $\int \sin 3x\cos 5x\mathrm{d}x$；

(4) $\int \sin 2x\sin 3x\mathrm{d}x$；

(5) $\int \cos x\cos 3x\mathrm{d}x$；

(6) $\int \sin^3 x\mathrm{d}x$；

(7) $\int \sin^2 x\cos^2 x\mathrm{d}x$；

(8) $\int \sec^4 x\mathrm{d}x$；

(9) $\int \tan^4 x\mathrm{d}x$；

(10) $\int \frac{x^3}{1+2x^2}\mathrm{d}x$；

(11) $\int \frac{(2-x)^2}{1-x^2}\mathrm{d}x$；

(12) $\int \frac{\mathrm{d}x}{\sqrt{x+1}+\sqrt{x-3}}$；

(13) $\int x\sqrt{2-3x}\,\mathrm{d}x$；

(14) $\int \frac{x\mathrm{d}x}{(x+1)(x+2)}$；

(15) $\int \frac{\mathrm{d}x}{1+\mathrm{e}^x}$；

(16) $\int \frac{(1+\mathrm{e}^x)^2\mathrm{d}x}{1+\mathrm{e}^{2x}}$；

(17) $\int \frac{\cos^3 x}{\sin x}\mathrm{d}x$

(18) $\int \frac{\mathrm{d}x}{\sin^2 x\cos x}$；

(19) $\int \frac{\mathrm{d}x}{\sin x\cos^3 x}$.

4. 用适当的代换求下列不定积分.

(1) $\int \frac{dx}{\sqrt{(a^2-x^2)^3}}$；　　(2) $\int \frac{x^2 dx}{\sqrt{1-x^2}}$；

(3) $\int \frac{dx}{\sqrt{(x^2+1)^3}}$；　　(4) $\int \frac{\sqrt{x^2-1}}{x} dx$；

(5) $\int \frac{dx}{x^2\sqrt{x^2+4}}$；　　(6) $\int \frac{dx}{x^2\sqrt{x^2-4}}$；

(7) $\int x^2\sqrt{9-x^2}\, dx$；　　(8) $\int \frac{\sqrt{1-x^2}}{x^2} dx$；

(9) $\int \frac{dx}{x\sqrt{4+x^2}}$；　　(10) $\int \frac{\sqrt{(4-x^2)^3}}{x^6} dx$.

5.3　分部积分法

在 5.2 节，我们利用复合函数的求导法则. 导出了“换元积分法”. 在本节，我们将利用两个函数的乘积的求导法则，导出求积分的另一个重要方法，这就是**“分部积分法”**.

如果函数 $u=u(x)$ 和 $v=v(x)$ 都具有连续导数，则由两个函数的乘积的求导公式，有

$$(uv)'=u'v+uv'$$

两边求不定积分，并由定理 5.1.1 的(1)和式(5.1.2)得

$$uv=\int u'v\,dx+\int uv'\,dx$$

移项上式化为

$$\int uv'\,dx = uv-\int u'v\,dx \tag{5.3.1}$$

称式(5.3.1) 为**“分部积分公式”**. 它的用法是，如果积分$\int uv'\,dx$ 不易计算，而$\int u'v\,dx$ 比较容易计算，就可以用分部积分公式做转化，从而计算出$\int uv'\,dx$.

有时将式(5.3.1) 写成下面的形式，

$$\int u\,dv = uv-\int v\,du \tag{5.3.2}$$

会使得计算过程更简洁.

【例 5.3.1】　求$\int x\cos x\,dx$.

解：这里计算的困难在于 $\cos x$ 的前面有一个因子 x，如果分部积分后可以消去 x，计算的难点就解决了，因此取 $u=x, dv=\cos x\,dx=d(\sin x)$，则 $du=dx, v=\sin x$，由式(5.3.2) 得

$$\int x\cos x\,dx=\int x\,d(\sin x)=x\sin x-\int \sin x\,dx=x\sin x+\cos x+C$$

注：本题若设 $u=\cos x, dv=x\,dx$，则有 $du=-\sin x\,dx$ 及 $v=\frac{1}{2}x^2$，代入公式后，得到

$$\int x\cos x\,dx=\frac{1}{2}x^2\cos x+\frac{1}{2}\int x^2\sin x\,dx$$

新得到的积分$\int x^2 \sin x \mathrm{d}x$ 反而比原积分更难求，说明这样设 u，$\mathrm{d}v$ 是不合适的. 由此可见，运用好分部积分法关键是恰当地选择好 u 和 $\mathrm{d}v$，一般要考虑如下两点：

(1) v 要容易求得(可用凑微分法求出).

(2) $\int v\mathrm{d}u$ 要比$\int u\mathrm{d}v$ 容易积出.

上述分析方法也适用于积分$\int x\sin x\mathrm{d}x$ 和$\int x\mathrm{e}^x\mathrm{d}x$.

【例 5.3.2】　求$\int x\mathrm{e}^x\mathrm{d}x$.

解：取 $u = x, \mathrm{d}v = \mathrm{e}^x\mathrm{d}x = \mathrm{d}(\mathrm{e}^x)$，则 $\mathrm{d}u = \mathrm{d}x, v = \mathrm{e}^x$，由式(5.3.2)，

$$\int x\mathrm{e}^x\mathrm{d}x = \int x\mathrm{d}(\mathrm{e}^x) = x\mathrm{e}^x - \int \mathrm{e}^x\mathrm{d}x = x\mathrm{e}^x - \mathrm{e}^x + C$$

当熟悉分部积分法后，u，$\mathrm{d}v$ 及 v，$\mathrm{d}u$ 可心算完成，不必具体写出.

【例 5.3.3】　求$\int x^2 \sin x\mathrm{d}x$.

解：
$$\begin{aligned}\int x^2\sin x\mathrm{d}x &= \int x^2\mathrm{d}(-\cos x) = -x^2\cos x + \int \cos x\mathrm{d}(x^2)\\ &= -x^2\cos x + 2\int x\cos x\mathrm{d}x = -x^2\cos x + 2\int x\mathrm{d}(\sin x)\\ &= -x^2\cos x + 2\left(x\sin x - \int \sin x\mathrm{d}x\right)\\ &= -x^2\cos x + 2x\sin x + 2\cos x + C.\end{aligned}$$

可以看到，有时要多次使用分部积分法，才能求出结果.

【例 5.3.4】　求$\int x^2 \ln x\mathrm{d}x$.

解：
$$\begin{aligned}\int x^2\ln x\mathrm{d}x &= \int \ln x\mathrm{d}\left(\frac{x^3}{3}\right) = \frac{x^3}{3}\ln x - \int \frac{x^3}{3}\cdot\frac{1}{x}\mathrm{d}x\\ &= \frac{1}{3}x^3\ln x - \frac{1}{3}\int x^2\mathrm{d}x = \frac{1}{3}x^3\ln x - \frac{x^3}{9} + C\end{aligned}$$

【例 5.3.5】　求$\int \arcsin x\mathrm{d}x$.

解：
$$\begin{aligned}\int \arcsin x\mathrm{d}x &= x\arcsin x - \int\frac{x}{\sqrt{1-x^2}}\mathrm{d}x = x\arcsin x + \frac{1}{2}\int\frac{\mathrm{d}(1-x^2)}{\sqrt{1-x^2}}\\ &= x\arcsin x + \frac{1}{2}\cdot 2\sqrt{1-x^2} + C = x\arcsin x + \sqrt{1-x^2} + C\end{aligned}$$

【例 5.3.6】　求$\int x\arctan x\mathrm{d}x$.

解：
$$\begin{aligned}\int x\arctan x\mathrm{d}x &= \int \arctan x\mathrm{d}\left(\frac{x^2}{2}\right) = \frac{1}{2}x^2\arctan x - \int\frac{x^2}{2}\cdot\frac{1}{1+x^2}\mathrm{d}x\\ &= \frac{1}{2}x^2\arctan x - \frac{1}{2}\int\frac{x^2+1-1}{1+x^2}\mathrm{d}x\\ &= \frac{1}{2}x^2\arctan x - \frac{1}{2}\left(\int\mathrm{d}x - \int\frac{\mathrm{d}x}{1+x^2}\right)\\ &= \frac{1}{2}x^2\arctan x - \frac{1}{2}(x - \arctan x) + C\end{aligned}$$

另外值得注意的是，在例5.3.5的计算中的用了“凑微分”法，可见此方法的重要性，也就是说，在我们用其他方法计算积分时，往往也会用到“凑微分”法.

下面例题又是一种情况，经过两次分部积分后，出现了“循环现象”，这时所求积分是经过解方程而求得的.

【例5.3.7】 求$\int e^x \cos x dx$.

解：$\int e^x \cos x dx = \int \cos x d(e^x) = e^x \cos x - \int e^x d(\cos x)$

$$= e^x \cos x + \int e^x \sin x dx = e^x \cos x + \int \sin x d(e^x)$$

$$= e^x \cos x + e^x \sin x - \int e^x d(\sin x)$$

$$= e^x (\cos x + \sin x) - \int e^x \cos x dx$$

将$\int e^x \cos x dx$移到等式的左边，并两边除2，而此时右边已不包含积分号，故应加任意常数C，于是得

$$\int e^x \cos x dx = \frac{1}{2} e^x (\cos x + \sin x) + C$$

【例5.3.8】 求$\int \csc^3 x dx$.

解：$\int \csc^3 x dx = \int \csc x \csc^2 x dx = -\csc x \cot x + \int \cot x d(\csc x)$

$$= -\cot x \csc x - \int \cot^2 x \csc x dx$$

$$= -\cot x \csc x - \int (\csc^2 x - 1) \csc x dx$$

$$= \ln|\csc x - \cot x| - \cot x \csc x - \int \csc^3 x dx$$

将$\int \csc^3 x dx$移到等式的左边，并等式两边同除2，但右边加任意常数C，得

$$\int \csc^3 x dx = \frac{1}{2}(\ln|\csc x - \cot x| - \cot x \csc x) + C$$

由上面的计算过程，如果称这种积分方法称为“分部积分，循环求解”可以帮助我们记忆. 在例5.3.7中，循环是经过两次分部积分实现的，在例4.3.8中. 循环是分部积分一次后经过三角运算实现的.

小结 下述几种类型积分，均可用分部积分公式求解，且u，dv的设法有规律可循.

(1) $\int x^n e^{ax} dx$，$\int x^n \sin ax dx$，$\int x^n \cos ax dx$，可设$u = x^n$.

(2) $\int x^n \ln x dx$，$\int x^n \arcsin x dx$，$\int x^n \arctan x dx$，可设$u = \ln x, \arcsin x, \arctan x$.

(3) $\int e^{ax} \sin bx dx$，$\int e^{ax} \cos bx dx$，可设$u = \sin bx, \cos bx$.

注：常数也视为幂函数.

上述情况 x^n 换为多项式时仍成立.

情况(3) 也可设 $u = e^{ax}$,但一经选定,再次分部积分时,必须仍按原来的选择.

在求不定积分时,有时需要先用换元法,再用分部积分法.

【例 5.3.9】 求$\int\cos(\ln x)\mathrm{d}x$.

解:令 $t = \ln x$,则 $x = e^t$,$\mathrm{d}x = e^t\mathrm{d}t$,考虑到例 5.3.7 的计算结果,有

$$\int\cos(\ln x)\mathrm{d}x = \int e^t\cos t\mathrm{d}t = \frac{1}{2}e^t(\sin t + \cos t) + C$$

$$= \frac{1}{2}x[\sin(\ln x) + \cos(\ln x)] + C$$

如果不用换元法,也可用方法"分部积分,循环求解" 计算.

$$\int\cos(\ln x)\mathrm{d}x = x\cos(\ln x) + \int\sin(\ln x)\mathrm{d}x$$

$$= x\cos(\ln x) + x\sin(\ln x) - \int\cos(\ln x)\mathrm{d}x$$

移项解得

$$\int\cos(\ln x)\mathrm{d}x = \frac{1}{2}x[\cos(\ln x) + \sin(\ln x)] + C$$

习题 5.3

计算下列不定积分.

1. $\int x\sin 3x\mathrm{d}x$;
2. $\int x^2\cos x\mathrm{d}x$;
3. $\int xe^{2x}\mathrm{d}x$;
4. $\int x^3e^{-x}\mathrm{d}x$;
5. $\int x^3\ln x\mathrm{d}x$;
6. $\int x^2\arctan x\mathrm{d}x$;
7. $\int\arcsin x\mathrm{d}x$;
8. $\int x^2\arccos x\mathrm{d}x$;
9. $\int e^x\sin 2x\mathrm{d}x$;
10. $\int e^{2x}\cos x\mathrm{d}x$;
11. $\int\sin(\ln x)\mathrm{d}x$;
12. $\int x\sin(\ln x)\mathrm{d}x$;
13. $\int x^3e^{-x^2}\mathrm{d}x$;
14. $\int\frac{\arcsin x}{x^2}\mathrm{d}x$;
15. $\int\frac{\arctan x}{x^3}\mathrm{d}x$;
16. $\int\ln(x + \sqrt{1 + x^2})\mathrm{d}x$;
17. $\int\arctan\sqrt{x}\mathrm{d}x$;
18. $\int\ln\frac{1 + x}{1 - x}\mathrm{d}x$;
19. $\int\sin x\ln(\tan x)\mathrm{d}x$;
20. $\int(\arcsin x)^2\mathrm{d}x$.

5.4 有理函数的积分

有理函数是指由两个多项式的商所构成的函数,即称形如

$$\frac{P_n(x)}{Q_m(x)}=\frac{a_0x^n+a_1x^{n-1}+\cdots+a_{n-1}x+a_n}{b_0x^m+b_1x^{m-1}+\cdots+b_{m-1}x+b_m} \tag{5.4.1}$$

的函数为**有理函数**,其中 m,n 是非负整数,$a_0,a_1,a_2,\cdots,a_n,b_0,b_1,b_2,\cdots,b_m$ 均为常数,且 $a_0\neq 0,b_0\neq 0$.

以后我们总假定分子多项式 $P_n(x)$ 与分母多项式 $Q_m(x)$ 之间是没有公因子的. 在式(5.4.1)中,如果 $n<m$,称此有理函数为有理真分式;如果 $n\geqslant m$,称此有理函数为有理假分式.

称形如

$$\frac{A}{(x-a)^k}\text{ 及 }\frac{Mx+N}{(x^2+px+q)^k}(A,M,N\text{ 为常数},k\text{ 为正整数},p^2-4q<0)$$

的有理真分式为最简真分式,也称为部分分式.

5.4.1 有理函数的分解

对有理函数求不定积分的方法是分项积分,下面我们来讨论如何将有理函数进行分项.

首先利用多项式的除法,可以将一个假分式化为一个多项式与一个真分式之和. 例如

$$\frac{x^3+2x^2+2x+1}{x^2+1}=x+2+\frac{x-1}{x^2+1}$$

我们已会求多项式的积分,要计算有理真分式的积分一般还要进行分项,下面讨论这一问题.

设 $\frac{P_n(x)}{Q_m(x)}$ 为有理真分式,如果分母多项式 $Q_m(x)$ 在实数范围内可分解为一次因子和二次因子的乘积,如

$$Q_m(x)=b_0(x-a)^\alpha\cdots(x-b)^\beta(x^2+px+q)^\lambda\cdots(x^2+rx+s)^\mu$$

(其中 $p^2-4q<0,\cdots,r^2-4s<0$),则有理真分式可以分解成如下部分分式之和

$$\begin{aligned}\frac{P_n(x)}{Q_m(x)}=&\frac{A_1}{x-a}+\frac{A_2}{(x-a)^2}+\cdots+\frac{A_\alpha}{(x-a)^\alpha}\\&+\cdots\\&+\frac{B_1}{x-b}+\frac{B_2}{(x-b)^2}+\cdots+\frac{B_\beta}{(x-b)^\beta}\\&+\frac{M_1x+N_1}{x^2+px+q}+\frac{M_2x+N_2}{(x^2+px+q)^2}+\cdots+\frac{M_\lambda x+N_\lambda}{(x^2+px+q)^\lambda}\\&+\cdots\cdots\cdots\\&+\frac{R_1x+S_1}{x^2+rx+s}+\frac{R_2x+S_2}{(x^2+rx+s)^2}+\cdots+\frac{R_\mu x+S_\mu}{(x^2+rx+s)^\mu}\end{aligned} \tag{5.4.2}$$

对于式(5.4.2)的结构需要强调的是:

(1) 如果分母 $Q_m(x)$ 中有因子 $(x-a)^k$，则分解后就要包含下列 k 个部分分式之和

$$\frac{A_1}{x-a}+\frac{A_2}{(x-a)^2}+\cdots+\frac{A_k}{(x-a)^k}$$

其中 $A_1,A_2,\cdots,A_k$ 均为常数.

(2) 如果分母 $Q_m(x)$ 中有因子 $(x^2+px+q)^k(p^2-4q<0)$，则分解后就要包含下列 k 个部分分式之和

$$\frac{M_1x+N_1}{x^2+px+q}+\frac{M_2x+N_2}{(x^2+px+q)^2}+\cdots+\frac{M_kx+N_k}{(x^2+px+q)^k}$$

其中 $M_1,M_2,\cdots M_k;N_1,N_2,\cdots,N_k$ 均为常数.

例如，要将有理真分式 $\frac{x+4}{x^2-2x-3}$ 分解为部分分式，由于

$$\frac{x+4}{x^2-2x-3}=\frac{x+4}{(x+1)(x-3)}$$

则由式(5.4.2)得

$$\frac{x+4}{(x+1)(x-3)}=\frac{A}{x+1}+\frac{B}{x-3}$$

其中 A,B 为待定常数. 求 A,B 的方法有两个：

方法1：比较系数法. 将上式右边两项合并经运算得

$$\frac{x+4}{(x+1)(x-3)}=\frac{(A+B)x-3A+B}{(x+1)(x-3)}$$

因上式为恒等式，故有 $x+4=(A+B)x-3A+B$，比较两边对应项的系数(常数项看作是 x^0 的系数)，得方程

$$\begin{cases}A+B=1\\-3A+B=4\end{cases}$$

解此方程得

$$A=-\frac{3}{4},B=\frac{7}{4}$$

因此

$$\frac{x+4}{x^2-2x-3}=-\frac{3}{4(x+1)}+\frac{7}{4(x-3)}$$

方法2：代值法. 将上式右边两项合并经运算得

$$\frac{x+4}{(x+1)(x-3)}=\frac{A(x-3)+B(x+1)}{(x+1)(x-3)}$$

因上式为恒等式，故有 $x+4=A(x-3)+B(x+1)$ 对任意的 x 成立，特别地，代入 $x=-1$，得 $3=-4A$，因此 $A=-\frac{3}{4}$；代入 $x=3$，得 $B=\frac{7}{4}$，因此

$$\frac{x+4}{x^2-2x-3}=-\frac{3}{4(x+1)}+\frac{7}{4(x-3)}$$

可以看到这里用方法2计算 A,B 要简捷一些.

又如，要将有理真分式 $\frac{1}{(x-2)(x-1)^2}$ 分解为部分分式，则由式(5.4.2)得

$$\frac{1}{(x-2)(x-1)^2}=\frac{A}{x-2}+\frac{B}{x-1}+\frac{C}{(x-1)^2}$$

我们用代值法求待定常数 A,B,C.将上式右边三项合并经运算得

$$\frac{1}{(x-2)(x-1)^2}=\frac{A(x-1)^2+B(x-1)(x-2)+C(x-2)}{(x-2)(x-1)^2}$$

因上式为恒等式,故有 $1=A(x-1)^2+B(x-1)(x-2)+C(x-2)$ 对任意的 x 成立,代入 $x=1$,得 $C=-1$;代入 $x=2$,得 $A=1$;代入 $x=0$,得 $1=A+2B-2C$,再由 $A=1$, $C=-1$ 解得 $B=-1$,因此

$$\frac{1}{(x-2)(x-1)^2}=\frac{1}{x-2}-\frac{1}{x-1}-\frac{1}{(x-1)^2}$$

再如,要将有理真分式 $\frac{1}{(2x+1)(x^2+2)}$ 分解为部分分式,则由式(5.4.2)得

$$\frac{1}{(2x+1)(x^2+2)}=\frac{A}{2x+1}+\frac{Bx+C}{x^2+2}$$

我们用比较系数法求待定常数 A,B,C.将上式右边两项合并经运算得

$$\frac{1}{(2x+1)(x^2+2)}=\frac{(A+2B)x^2+(B+2C)x+(2A+C)}{(2x+1)(x^2+2)}$$

因上式为恒等式,故有 $1=(A+2B)x^2+(B+2C)x+(2A+C)$,比较两边对应项的系数,得方程

$$\begin{cases}A+2B=0\\B+2C=0\\2A+C=1\end{cases}$$

解此方程组得 $A=\frac{4}{9},B=-\frac{2}{9},C=\frac{1}{9}$,因此

$$\frac{1}{(2x+1)(x^2+2)}=\frac{4}{9(2x+1)}-\frac{2x-1}{9(x^2+2)}$$

5.4.2 有理函数积分举例

【例 5.4.1】 求 $\int\frac{2x-1}{x^2-5x+6}\mathrm{d}x$.

解:由

$$\frac{2x-1}{x^2-5x+6}=\frac{2x-1}{(x-2)(x-3)}=\frac{A}{x-2}+\frac{B}{x-3}$$

得

$$\frac{2x-1}{(x-2)(x-3)}=\frac{A(x-3)+B(x-2)}{(x-2)(x-3)}$$

$$2x-1=A(x-3)+B(x-2)$$

代入 $x=2$ 得 $A=-3$,代入 $x=3$ 得 $B=5$,因此

$$\frac{2x-1}{(x-2)(x-3)}=-\frac{3}{x-2}+\frac{5}{x-3}$$

$$\int \frac{2x-1}{(x-2)(x-3)}\mathrm{d}x = -\int \frac{3}{x-2}\mathrm{d}x + \int \frac{5}{x-3}\mathrm{d}x$$

$$= -3\int \frac{\mathrm{d}(x-2)}{x-2} + 5\int \frac{\mathrm{d}(x-3)}{x-3}$$

$$= -3\ln|x-2| + 5\ln|x-3| + C$$

$$= \ln\left|\frac{(x-3)^5}{(x-2)^3}\right| + C$$

【例 5.4.2】 求$\int \frac{2x+1}{(x+1)(x-1)^2}\mathrm{d}x$.

解：由

$$\frac{2x+1}{(x+1)(x-1)^2} = \frac{A}{x+1} + \frac{B}{x-1} + \frac{C}{(x-1)^2}$$

得

$$\frac{2x+1}{(x+1)(x-1)^2} = \frac{A(x-1)^2 + B(x+1)(x-1) + C(x+1)}{(x+1)(x-1)^2}$$

$$2x+1 = A(x-1)^2 + B(x+1)(x-1) + C(x+1)$$

代入 $x=-1$ 得 $A=-\frac{1}{4}$，代入 $x=1$ 得 $C=\frac{3}{2}$，代入 $x=0$，$A=-\frac{1}{4}$ 和 $C=\frac{3}{2}$，得 $B=\frac{1}{4}$，因此

$$\frac{2x+1}{(x+1)(x-1)^2} = -\frac{1}{4(x+1)} + \frac{1}{4(x-1)} + \frac{3}{2(x-1)^2}$$

$$\int \frac{2x+1}{(x+1)(x-1)^2}\mathrm{d}x = -\frac{1}{4}\int \frac{1}{x+1}\mathrm{d}x + \frac{1}{4}\int \frac{1}{x-1}\mathrm{d}x + \frac{3}{2}\int \frac{1}{(x-1)^2}\mathrm{d}x$$

$$= -\frac{1}{4}\int \frac{\mathrm{d}(x+1)}{x+1} + \frac{1}{4}\int \frac{\mathrm{d}(x-1)}{x-1} + \frac{3}{2}\int \frac{\mathrm{d}(x-1)}{(x-1)^2}$$

$$= -\frac{1}{4}\ln|x+1| + \frac{1}{4}\ln|x-1| - \frac{3}{2(x-1)} + C$$

$$= \frac{1}{4}\ln\left|\frac{x-1}{x+1}\right| - \frac{3}{2(x-1)} + C$$

【例 5.4.3】 求$\int \frac{x}{x^3+3x^2+4x+2}\mathrm{d}x$.

解：由

$$\frac{x}{x^3+3x^2+4x+2} = \frac{x}{(x+1)(x^2+2x+2)} = \frac{A}{x+1} + \frac{Bx+C}{x^2+2x+2}$$

$$= \frac{A(x^2+2x+2) + (Bx+C)(x+1)}{(x+1)(x^2+2x+2)}$$

$$x = (A+B)x^2 + (2A+B+C)x + (2A+C)$$

比较两边对应项的系数得方程组

$$\begin{cases} A+B=0 \\ 2A+B+C=1 \\ 2A+C=0 \end{cases}$$

解此方程组得

$$A=-1, B=1, C=2$$

因此

$$\frac{x}{x^3+3x^2+4x+2}=-\frac{1}{x+1}+\frac{x+2}{x^2+2x+2}$$

$$\begin{aligned}\int\frac{x}{x^3+3x^2+4x+2}\mathrm{d}x&=-\int\frac{\mathrm{d}x}{x+1}+\int\frac{x+2}{x^2+2x+2}\mathrm{d}x\\&=-\int\frac{\mathrm{d}(x+1)}{x+1}+\frac{1}{2}\int\frac{\mathrm{d}(x^2+2x+2)}{x^2+2x+2}+\int\frac{\mathrm{d}(x+1)}{1+(x+1)^2}\\&=-\ln|x+1|+\frac{1}{2}\ln(x^2+2x+2)+\arctan(x+1)+C\\&=\ln\frac{\sqrt{x^2+2x+2}}{|x+1|}+\arctan(x+1)+C\end{aligned}$$

5.4.3 可化为有理函数积分的简单无理函数积分举例

本段只讲几个被积函数中含有根式$\sqrt[n]{ax+b}$、$\sqrt[n]{\dfrac{ax+b}{cx+d}}$的积分的例子,这类积分的计算是利用换元法和有理函数的积分实现的.

【例 5.4.4】 求$\displaystyle\int\frac{\sqrt{x+3}}{x+2}\mathrm{d}x$.

解:为去掉$\sqrt{x+3}$,令$u=\sqrt{x+3}$,则$x=u^2-3$,$\mathrm{d}x=2u\mathrm{d}u$,于是

$$\begin{aligned}\int\frac{\sqrt{x+3}}{x+2}\mathrm{d}x&=\int\frac{2u^2\mathrm{d}u}{u^2-1}=2\left[\int\mathrm{d}u+\int\frac{\mathrm{d}u}{(u-1)(u+1)}\right]\\&=2\left[\int\mathrm{d}u+\frac{1}{2}\int\frac{\mathrm{d}u}{u-1}-\frac{1}{2}\int\frac{\mathrm{d}u}{u+1}\right]\\&=2\int\mathrm{d}u+\int\frac{\mathrm{d}(u-1)}{u-1}-\int\frac{\mathrm{d}(u+1)}{u+1}\\&=2u+\ln|u-1|-\ln|u+1|+C\\&=2\sqrt{x+3}+\ln\left|\frac{\sqrt{x+3}-1}{\sqrt{x+3}+1}\right|+C\end{aligned}$$

【例 5.4.5】 求$\displaystyle\int\frac{\mathrm{d}x}{1+\sqrt[4]{x+1}}$.

解:为去掉$\sqrt[4]{x+1}$,令$u=\sqrt[4]{x+1}$,则$x=u^4-1$,$\mathrm{d}x=4u^3\mathrm{d}u$,于是

$$\begin{aligned}\int\frac{\mathrm{d}x}{1+\sqrt[4]{x+1}}&=4\int\frac{u^3\mathrm{d}u}{u+1}=4\int\frac{u^3+1-1}{u+1}\mathrm{d}u\\&=4\left[\int(u^2-u+1)\mathrm{d}u-\int\frac{\mathrm{d}u}{u+1}\right]\\&=4\left[\int u^2\mathrm{d}u-\int u\mathrm{d}u+\int\mathrm{d}u-\int\frac{\mathrm{d}(u+1)}{u+1}\right]\\&=4\left[\frac{1}{3}u^3-\frac{1}{2}u^2+u-\ln|u+1|\right]+C\\&=4\left[\frac{1}{3}\sqrt[4]{(x+1)^3}-\frac{1}{2}\sqrt{x+1}+\sqrt[4]{x+1}-\ln(\sqrt[4]{x+1}+1)\right]+C\end{aligned}$$

【例 5.4.6】　求$\int \frac{\mathrm{d}x}{(2+\sqrt[3]{x})\sqrt{x}}$.

解：为了同时去掉$\sqrt{x}$和$\sqrt[3]{x}$，由于$\frac{1}{2}$和$\frac{1}{3}$的最大公约数是$\frac{1}{6}$，故令$u=\sqrt[6]{x}$，$x=u^6$，$\mathrm{d}x=6u^5\mathrm{d}u$，于是

$$\int \frac{\mathrm{d}x}{(2+\sqrt[3]{x})\sqrt{x}}=\int \frac{6u^5\mathrm{d}u}{(2+u^2)u^3}=6\int \frac{u^2+2-2}{2+u^2}\mathrm{d}u$$

$$=6\int \mathrm{d}u-6\sqrt{2}\int \frac{\mathrm{d}\left(\frac{u}{\sqrt{2}}\right)}{1+\left(\frac{u}{\sqrt{2}}\right)^2}=6u-6\sqrt{2}\arctan\frac{u}{\sqrt{2}}+C$$

$$=6\sqrt[6]{x}-6\sqrt{2}\arctan\frac{\sqrt[6]{x}}{\sqrt{2}}+C$$

【例 5.4.7】　求$\int \sqrt{\frac{x}{1+x}}\frac{\mathrm{d}x}{x+1}$.

解：为去掉$\sqrt{\frac{x}{1+x}}$，令$u=\sqrt{\frac{x}{1+x}}$，则$x=\frac{u^2}{1-u^2}$，$\mathrm{d}x=\frac{2u\mathrm{d}u}{(1-u^2)^2}$，于是

$$\int \sqrt{\frac{x}{1+x}}\frac{\mathrm{d}x}{1+x}=2\int \frac{u^2\mathrm{d}u}{1-u^2}=2\int \frac{\mathrm{d}u}{1-u^2}-2\int \mathrm{d}u$$

$$=\int \frac{\mathrm{d}u}{1-u}+\int \frac{\mathrm{d}u}{1+u}-2u=\ln\left|\frac{1+u}{1-u}\right|-2u+C$$

$$=\ln\left|\frac{1+\sqrt{\frac{x}{1+x}}}{1-\sqrt{\frac{x}{1+x}}}\right|-2\sqrt{\frac{x}{1+x}}+C$$

$$=\ln\left|1+2x+2\sqrt{x(1+x)}\right|-2\sqrt{\frac{x}{1+x}}+C$$

习题 5.4

1. 求下列不定积分.

(1) $\int \frac{x^3}{x+1}\mathrm{d}x$；　　(2) $\int \frac{x}{x^2+4x+13}\mathrm{d}x$；

(3) $\int \frac{x+3}{x^3-x}\mathrm{d}x$；　　(4) $\int \frac{3x^3+12x+5}{x^4+3x^2-4}\mathrm{d}x$；

(5) $\int \frac{x+3}{x^3+3x^2+4x+2}\mathrm{d}x$；　　(6) $\int \frac{3x^2+7x-3}{(x-1)^2(x+2)}\mathrm{d}x$；

(7) $\int \frac{\mathrm{d}x}{(x^2+1)(x^2+x)}$；　　(8) $\int \frac{\mathrm{d}x}{(x^2+1)(x+1)^2}$；

(9) $\int \frac{2x^2-3x-3}{(x-1)(x^2-2x+5)}\mathrm{d}x$；　　(10) $\int \frac{5x^2-12x+1}{(x^2+1)(x^2-4x+13)}\mathrm{d}x$.

2. 求下列不定积分.

(1) $\int \frac{x+1}{\sqrt{x}+1}dx$；　　(2) $\int \frac{dx}{\sqrt{x}+2\sqrt[4]{x}}$；

(3) $\int \frac{\sqrt[3]{x}}{x(\sqrt{x}+\sqrt[3]{x})}dx$；　　(4) $\int \frac{\sqrt{2x+1}}{x}dx$；

(5) $\int \frac{x-2}{x\sqrt{x-4}}dx$；　　(6) $\int \frac{dx}{1+\sqrt[3]{3x+1}}$；

(7) $\int \frac{dx}{\sqrt{x+1}+\sqrt[3]{x+1}}$；　　(8) $\int \sqrt{\frac{1-x}{1+x}}\frac{dx}{x}$；

(9) $\int \sqrt{\frac{1-x}{2+x}}\frac{dx}{1-x}$；　　(10) $\int \frac{dx}{x\sqrt[3]{1+x^2}}$.

5.5　本章小结

5.5.1　内容提要

1. 不定积分的概念和性质

(1) 不定积分的概念

原函数：已知 $f(x)$ 是定义在某一区间内的函数，如果存在函数 $F(x)$，使得对该区间内的任意一点 x，都有 $F'(x)=f(x)$ 或 $dF(x)=f(x)dx$，则称在该区间内函数 $F(x)$ 是函数 $f(x)$ 的原函数.

不定积分：函数 $f(x)$ 的全体原函数称为 $f(x)$ 的不定积分，记作$\int f(x)dx$.

两个公式：(1) $\left[\int f(x)dx\right]'=f(x)$ 或 $d\left[\int f(x)dx\right]=f(x)dx$；

(2) $\int F'(x)dx=F(x)+C$ 或 $\int dF(x)=F(x)+C$

(2) 不定积分的性质

1° $\int [f(x)+g(x)]dx=\int f(x)dx+\int g(x)dx$.

2° $\int kf(x)dx=k\int f(x)dx$($k$ 为常数，且 $k\neq 0$).

(3) 求不定积分的步骤

求函数 $f(x)$ 的不定积分的步骤是，先求 $f(x)$ 的一个原函数 $F(x)$，则得 $f(x)$ 的不定积分$\int f(x)dx=F(x)+C$(C 为任意常数).

2. 基本积分表

(1) $\int x^{\mu}dx=\frac{x^{\mu+1}}{\mu+1}+C$($\mu$ 为常数，$\mu\neq -1$)，特别地$\int dx=x+C$

(2) $\int \frac{dx}{x}=\ln|x|+C$

(3) $\int \frac{\mathrm{d}x}{1+x^2} = \arctan x + C$

(4) $\int \frac{\mathrm{d}x}{\sqrt{1-x^2}} = \arcsin x + C$

(5) $\int \cos x \mathrm{d}x = \sin x + C$

(6) $\int \sin x \mathrm{d}x = -\cos x + C$

(7) $\int \frac{\mathrm{d}x}{\cos^2 x} = \int \sec^2 x \mathrm{d}x = \tan x + C$

(8) $\int \frac{\mathrm{d}x}{\sin^2 x} = \int \csc^2 x \mathrm{d}x = -\cot x + C$

(9) $\int \sec x \tan x \mathrm{d}x = \sec x + C$

(10) $\int \csc x \cot x \mathrm{d}x = -\csc x + C$

(11) $\int \mathrm{e}^x \mathrm{d}x = \mathrm{e}^x + C$

(12) $\int a^x \mathrm{d}x = \frac{a^x}{\ln a} + C(a > 0, a \neq 1)$

以上 12 个基本积分公式,必须牢记.

3. 积分法

(1) 换元法

① 第一换元法(凑微分法)

设 $F(x)$ 是 $f(x)$ 的原函数,$u = \varphi(x)$ 可导,则

$$\int f[\varphi(x)]\varphi'(x)\mathrm{d}x \xlongequal{\text{凑微分}} \int f[\varphi(x)]\mathrm{d}[\varphi(x)] = F[\varphi(x)] + C$$

$$\xlongequal{\text{令}u=\varphi(x)} \int f(u)\mathrm{d}u = F(u) + C$$

$$\xlongequal{\text{回代}} F[\varphi(x)] + C$$

凑微分法十分重要,通过练习一定要熟练掌握.

② 第二换元法

设 $x = \psi(t)$ 是单调、可导函数,且 $\psi'(t) \neq 0$,又 $\Phi(t)$ 是 $f[\psi(t)]\psi'(t)$ 的原函数,则 $\Phi[\psi^{-1}(x)]$ 是 $f(x)$ 的原函数,即有换元积分公式

$$\int f(x)\mathrm{d}x = \left[\int f[\psi(t)]\psi'(t)\mathrm{d}t\right]_{t=\psi^{-1}(x)} = \Phi[\psi^{-1}(x)] + C$$

其中 $t = \psi^{-1}(x)$ 是 $x = \psi(t)$ 的反函数.

为去掉被积函数中的 $\begin{cases} \sqrt{a^2 - x^2}\,(a > 0),\text{用 } x = a\sin t \\ \sqrt{x^2 - a^2}\,(a > 0),\text{用 } x = a\sec t \\ \sqrt{x^2 + a^2}\,(a > 0),\text{用 } x = a\tan t \end{cases}$ 换元

(2) 分部积分法

如果函数 $u = u(x)$ 和 $v = v(x)$ 都具有连续导数,则有 $\int u\mathrm{d}v = uv - \int v\mathrm{d}u$.

4. 有理函数的积分

(1) 有理函数的分解.

$$\text{有理函数}\begin{cases}\text{多项式}\\ \text{有理分式}\begin{cases}\text{假分式(用除法可化为多项项与真分式之和)}.\\ \text{真分式}\left\{\text{可分解为}\dfrac{A}{(x-a)^k},\dfrac{Mx+N}{(x^2+px+q)^k}\text{之和}.\right.\end{cases}\end{cases}$$

(2) 有理函数的积分:分项凑微分法.

(3) 简单无理函数积分:作适当变换,化为有理函数积分.

5.5.2 基本要求

1. 理解原函数和不定积分的概念和性质;
2. 熟练掌握不定积分的基本积分公式;
3. 掌握不定积分的换元法和分部积分法,尤其要熟练掌握第一换元法和分部积分法;
4. 会求有理分式函数和简单无理函数的不定积分.

综合练习题

一、单项选择题

1. 下列等式中,正确的结果是(　　).

(A) $\int f'(x)\mathrm{d}x = f(x)$　　(B) $\int \mathrm{d}f(x) = f(x)$

(C) $\frac{\mathrm{d}}{\mathrm{d}x}\int f(x)\mathrm{d}x = f(x)$　　(D) $\mathrm{d}\int f(x)\mathrm{d}x = f(x)$

2. $\int y\sqrt[3]{y^2}\,\mathrm{d}y =$ (　　).

(A) $\frac{3}{7}y^{\frac{7}{3}}$　　(B) $\frac{3}{7}y^{\frac{5}{3}}+C$　　(C) $\frac{3}{5}y^{\frac{7}{3}}+C$　　(D) $\frac{3}{8}y^{\frac{8}{3}}+C$

3. $\int 2\cos^2\frac{x}{2}\mathrm{d}x =$ (　　).

(A) $1+\sin x+C$　　(B) $x+\sin x+C$

(C) $-2\sin^2\frac{x}{2}+C$　　(D) $\sin x+C$

4. $\int\sqrt[3]{\frac{\sin^2\theta}{\cos^8\theta}}\mathrm{d}\theta =$ (　　).

(A) $\frac{5}{3}\sqrt[5]{\tan^3\theta}+C$　　(B) $\frac{5}{3}\sqrt[3]{\tan^5\theta}+C$

(C) $\frac{3}{5}\sqrt[3]{\tan^5\theta}+C$　　(D) $\frac{2}{3}\sqrt[3]{\tan\theta}+C$

5. $\int\frac{\mathrm{d}x}{x\sqrt{x^2-4}} =$ (　　).

(A) $\frac{1}{2}\arccos\frac{x}{2}+C$　　(B) $\arccos\frac{2}{x}+C$

(C) $\frac{1}{2}\arcsin\frac{1}{x}+C$　　(D) $\frac{1}{2}\arccos\frac{2}{x}+C$

6. $\int x\cos(\ln x)\mathrm{d}x=$ (　　).

(A) $\frac{x^2}{5}[2\cos(\ln x)+\sin(\ln x)]+C$　　(B) $\frac{x^2}{5}[\cos(\ln x)+2\sin(\ln x)]+C$

(C) $\frac{2x^2}{5}[\cos(\ln x)+\sin(\ln x)]+C$　　(D) $\frac{x}{5}[2\cos(\ln x)+\sin(\ln x)]+C$

二、填空题

1. $\int\frac{x^3\mathrm{d}x}{\sqrt{1-x^4}(\sqrt{1+x^2}-\sqrt{1-x^2})}=$ ________;

2. $\int\frac{\mathrm{d}x}{(1-x)\sqrt{2-x}}=$ ________;

3. $\int x^3\mathrm{e}^{x^2}\mathrm{d}x=$ ________;

4. 设积分$\int\sqrt{1+x^2}f(x)\mathrm{d}x=\ln x+C$，$\int\frac{\mathrm{d}x}{f(x)}=$ ________;

5. 设 $f'(\ln x)=1+x$，则 $f(x)=$ ________.

三、计算题与证明题

1. 求$\int\frac{x^3}{\sqrt{1+x^2}}\mathrm{d}x$;

2. 求$\int\frac{\ln(2-x)}{x^2}\mathrm{d}x$;

3. 求$\int\frac{x\mathrm{e}^x}{\sqrt{\mathrm{e}^x-1}}\mathrm{d}x$;

4. 求$\int x\cos^2x\mathrm{d}x$;

5. 求$\int\frac{x\cos^4\frac{x}{2}}{\sin^3x}\mathrm{d}x$;

6. 求$\int\frac{x^2}{1+x^2}\arctan x\mathrm{d}x$;

7. 求$\int\frac{\mathrm{d}x}{x^2\sqrt[3]{x+1}}$;

8. 设$\frac{\ln x}{x}$是 $f(x)$ 的一个原函数，求$\int x^2f'(x)\mathrm{d}x$;

9. 求$\int\frac{\mathrm{d}x}{1+x^4}$;

10. 设 $I=\int\frac{\mathrm{d}x}{1+x^2}$，证明$\int\frac{\mathrm{d}x}{(1+x^2)^2}=\frac{x}{2(1+x^2)}+\frac{1}{2}I$，从而计算积分$\int\frac{\mathrm{d}x}{(1+x^2)^2}$.

第6章 定 积 分

本章讨论积分学的另一个基本问题——定积分问题.我们先用几何学和运动学的实例引入定积分的定义,然后讨论定积分的性质、计算方法以及广义积分的概念和计算方法,最后介绍定积分的简单应用.

6.1 定积分的概念

6.1.1 定积分问题举例

举例1 曲边梯形的面积

设函数 $y=f(x)$的区间$[a,b]$上非负且连续,称由直线 $x=a,x=b,y=0$ 及曲线 $y=f(x)$所围成的平面图形 $ABCD$ 为曲边梯形,称曲线弧 CD 为曲边,如图 6.1 所示.

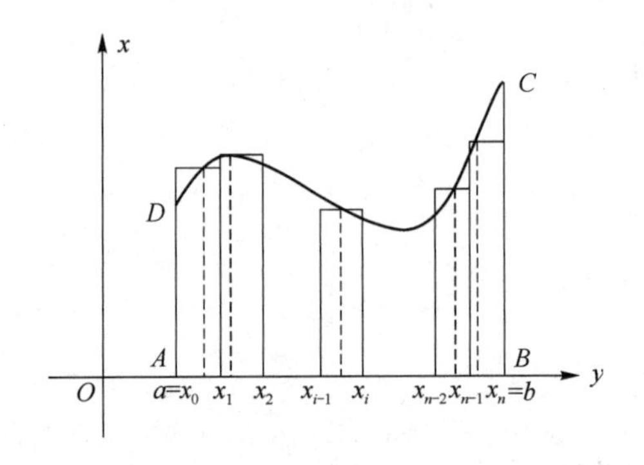

图 6.1

我们的问题是如何求曲边梯形 $ABCD$ 的面积?

我们知道,矩形的高是不变的,它的面积可用公式

$$矩形面积=高\times底$$

来计算.而曲边梯形 $ABCD$ 在底边 AB 上各点 x 处的高 $f(x)$在区间$[a,b]$上是变动的,故不能直接用上面的公式计算,但由于曲边梯形的高 $f(x)$在区间$[a,b]$上是连续变化的,在很小的一段区间上变化是微乎其微的,近似是不变的,因此将区间$[a,b]$分成许多小区间,每个小区间对应一个窄曲边梯形,如果在每个小区间上以其上某一点处的高来代替在该区间上变高,作一个窄矩形,此窄矩形的面积近似等于对应窄曲边梯形的面积,则各个窄矩形的面积之和近似等于整个曲边梯形的面积.设想如果将区间无限细分下去,即当每个小区间的长

度都趋于零时，各个窄矩形的面积之和的极限就可以定义为曲边梯形的面积. 将上述思想分步骤叙述如下(图 6.1).

(1)“分割”.

在区间$[a,b]$中任意插入若干个分点：

$$a=x_0<x_1<x_2<\cdots<x_{n-1}<x_n=b$$

把$[a,b]$分成 n 个小区间：

$$[x_0,x_1],[x_1,x_2],\cdots,[x_{n-1},x_n]$$

它们的长度依次记为

$$\Delta x_1=x_1-x_0,\Delta x_2=x_2-x_1,\cdots,\Delta x_n=x_n-x_{n-1}$$

过每一个分点作平行于 y 轴的直线段，将曲边梯形分成 n 个窄曲边梯形，各个窄曲边梯形的面积记为

$$\Delta A_1,\Delta A_2,\cdots,\Delta A_n$$

(2)“近似”

在每个小区间$[x_{i-1},x_i]$上任取一点 ξ_i，以$[x_{i-1},x_i]$为底，以 $f(\xi_i)$为高的窄矩形的面积作为第 i 个窄曲边梯形面积的近似值，即

$$\Delta A_i\approx f(\xi_i)\Delta x_i,i=1,2,\cdots,n$$

(3)“求和”

把这样得到的 n 个窄矩形的面积之和作为所求曲边梯形面积 $\boldsymbol{A}$ 的近似值，即

$$A\approx f(\xi_1)\Delta x_1+f(\xi_2)\Delta x_2+\cdots+f(\xi_n)\Delta x_n=\sum_{i=1}^{n}f(\xi_i)\Delta x_i$$

(4)“取极限”

为了实现无限细分，即使得每个小区间的长度都无限缩小，只需要求各个小区间长度的最大值 $\lambda=\max\{\Delta x_1,\Delta x_2,\cdots,\Delta x_n\}\to 0$，也就是说当 $\lambda\to 0$ 时，对上面的和式取极限，便得到曲边梯形的面积

$$\boldsymbol{A}=\lim_{\lambda\to 0}\sum_{i=1}^{n}f(\xi_i)\Delta x_i$$

举例 2　变速直线运动的路程

设某物体作变速直线运动，已知速度 $v=v(t)$是时间区间$[a,b]$上 t 的连续函数，且 $v(t)\geqslant 0$，我们的问题是如何求在这段时间内物体所经过的路程？

我们知道，对匀速直线运动，物体所经过的路程可用公式

$$\text{路程}=\text{速度}\times\text{时间}$$

来计算. 而现在物体的速度 $v(t)$在时间区间$[a,b]$上是随时间 t 变动的，故不能直接用上面的公式计算，但由于物体的速度 $v(t)$在区间$[a,b]$上是连续变化的，在很小的一段时间区间上速度变化是微乎其微的，近似是匀速的，因此将时间区间$[a,b]$分成许多小区间，每个小区间对应一段微小的路程，如果在每个小时间区间上以其上某一时刻的速度来代替在该区间上变速，并近似看作是匀速运动，在此小时间区间内所经过的路程近似等于在该时刻的速度与时间长度的乘积，则各段路程近似值之和等于物体在时间区间$[a,b]$上所经过的路程的近似值. 设想如果将时间区间$[a,b]$无限细分下去，即当每个小区间的长度都趋于零时，各段路程近似值之和的极限就可以定义为物体在时间区间$[a,b]$所经过的路程. 将上述思想分步骤

叙述如下(图 6.2).

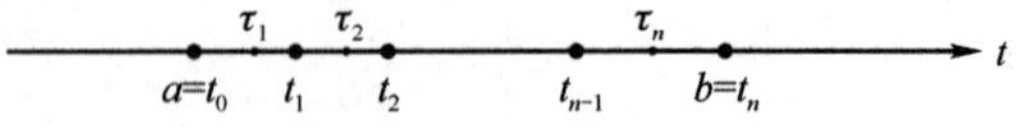

图 6.2

(1)“分割”

在区间$[a,b]$中任意插入若干个分点

$$a=t_0<t_1<t_2<\cdots<t_{n-1}<t_n=b$$

把$[a,b]$分成 n 个小区间

$$[t_0,t_1],[t_1,t_2],\cdots,[t_{n-1},t_n]$$

它们的长度依次记为

$$\Delta t_1=t_1-t_0,\Delta t_2=t_2-t_1,\cdots,\Delta t_n=t_n-t_{n-1}$$

相应地,各个小时间区间内物体所经过的路程依次为

$$\Delta s_1,\Delta s_2,\cdots,\Delta s_n$$

(2)“近似”

在每个小时间区间$[t_{i-1},t_i]$上任取一点 τ_i,以 τ_i 时的速度 $v(\tau_i)$来代替$[t_{i-1},t_i]$上各个时刻的速度,得到相应路程 Δs_i 的近似值,即

$$\Delta s_i\approx v(\tau_i)\Delta t_i,i=1,2,\cdots,n.$$

(3)“求和”

这样得到的 n 个部分路程近似值之和就是所求路程 s 的近似值,即

$$s\approx v(\tau_1)\Delta t_1+v(\tau_2)\Delta t_2+\cdots+v(\tau_n)\Delta t_n=\sum_{i=1}^{n}v(\tau_i)\Delta t_i$$

(4)“取极限”

为了实现无限细分,即使得每个小时间区间的长度都无限缩小,只需要求各个小时间区间长度的最大值$\lambda=\max\{\Delta t_1,\Delta t_2,\cdots,\Delta t_n\}\to 0$,也就是说当 $\lambda\to 0$ 时,对上面的和式取极限,便得到所求的路程

$$s=\lim_{\lambda\to 0}\sum_{i=1}^{n}v(\tau_i)\Delta t_i$$

6.1.2 定积分的定义

从上面两例可以看到,虽然它们所要计算的量的实际意义不同,举例 1 要计算的是几何量,举例 2 中要计算的是物理量,但它们计算的前提和过程有如下的共同之处:

(1) 计算的前提取决于一个函数及其自变量的变化区间:

举例 1 中曲边梯形的高 $y=f(x)$及底边上的点 x 的变化区间$[a,b]$;

举例 2 中直线运动的速度 $v=v(t)$及时间 t 的变化区间$[a,b]$.

(2) 计算两个量的方法和步骤是相同的,并且将它们的计算归结为具有相同结构的和式的极限:

举例 1 中面积 $A=\lim\limits_{\lambda\to 0}\sum\limits_{i=1}^{n}f(\xi_i)\Delta x_i$,

举例 2 中路程 $s=\lim\limits_{\lambda\to 0}\sum\limits_{i=1}^{n}v(\tau_i)\Delta t_i$.

抛开它们的实际意义，抓住它们在数量关系上共同的的特性加以概括，就可以抽象出定积分的定义.

定义 6.1.1　设函数 $f(x)$在$[a,b]$上有界，在$[a,b]$任意插入若干个分点

$$a=x_0<x_1<x_2<\cdots<x_n=b$$

把区间$[a,b]$分成 n 个小区间

$$[x_0,x_1],[x_1,x_2],\cdots,[x_{n-1},x_n]$$

各个小区间的长度依次为

$$\Delta x_1=x_1-x_0,\Delta x_2=x_2-x_1,\cdots,\Delta x_n=x_n-x_{n-1}$$

在每个小区间$[x_{i-1},x_i]$上任取一点 $\xi_i(x_{i-1}\leqslant\xi_i\leqslant x_i)$，作函数值 $f(\xi_i)$与小区间长度 Δx_i 的乘积 $f(\xi_i)\Delta x_i(i=1,2,\cdots,n)$，并作和式

$$S=\sum_{i=1}^{n}f(\xi_i)\Delta x_i$$

记 $\lambda=\max\{\Delta x_1,\Delta x_2,\cdots,\Delta x_n\}$，如果不论对$[a,b]$如何划分，也不论在小区间$[x_{i-1},x_i]$上 ξ_i 如何选取，只要当 $\lambda\to 0$ 时，和 S 总趋于确定的极限 I，则称极限 I 为函数 $f(x)$在区间$[a,b]$上的定积分（简称积分），记作$\int_a^b f(x)\mathrm{d}x$，即

$$\int_a^b f(x)\mathrm{d}x=I=\lim_{\lambda\to 0}\sum_{i=1}^{n}f(\xi_i)\Delta x_i$$

并称函数 $f(x)$在区间$[a,b]$上可积，称 $f(x)$为**被积函数**，$f(x)\mathrm{d}x$ 为**被积表达式**，x 为**积分变量**，a 为积分下限，b 为积分上限，$[a,b]$为积分区间.

注 1. 通常称$\sum\limits_{i=1}^{n}f(\xi_i)\Delta x_i$ 为 $f(x)$ 在区间$[a,b]$ 上的积分和，简称积分和. 容易看到积分和$\sum\limits_{i=1}^{n}f(\xi_i)\Delta x_i$ 只与被积函数 f 和积分区间$[a,b]$ 有关，而与积分变量无关，也就是说，如果不改变被积函数和积分区间，积分变量用 x 还是用 u 或 t，$\sum\limits_{i=1}^{n}f(\xi_i)\Delta x_i$ 是不变的，因此如果函数 $f(x)$ 在$[a,b]$ 上可积，即当 $\lambda\to 0$ 时，$\sum\limits_{i=1}^{n}f(\xi_i)\Delta x_i$ 的极限存在时，则此极限 I 也与积分变量无关，于是有

$$\int_a^b f(x)\mathrm{d}x=\int_a^b f(t)\mathrm{d}t=\int_a^b f(u)\mathrm{d}u$$

注 2. 在定义 6.1.1 中有一个重要的问题，那就是 $f(x)$ 在区间$[a,b]$ 上满足什么条件时，$f(x)$ 在$[a,b]$ 上可积？对此问题这里不作深入讨论，只给出两个有关的结论.

定理 6.1.1　如果函数 $f(x)$ 在区间$[a,b]$ 上连续，则 $f(x)$ 在$[a,b]$ 上可积.

定理 6.1.2　如果函数 $f(x)$ 在区间$[a,b]$ 上有界，且只有有限个间断点，则 $f(x)$ 在$[a,b]$ 上可积.

由定义 6.1.1，前面的两个实例可分别表述如下：

(1) 由曲线 $y=f(x)(f(x)\geqslant 0)$、x 轴及两直线 $x=a$、$x=b$ 所围成的曲边梯形的面积等于 $f(x)$ 在区间$[a,b]$ 上的定积分，即

$$A=\int_a^b f(x)\mathrm{d}x$$

(2) 以变速 $v=v(t)(v(t)\geqslant 0)$ 作直线运动的物体，从时刻 $t=a$ 到时刻 $t=b$ 所经过的路程 s 等于函数 $v(t)$ 在区间 $[a,b]$ 上的定积分，即

$$s=\int_a^b v(t)\mathrm{d}t$$

6.1.3 定积分的几何意义

首先，前面已经讲过，若在区间 $[a,b]$ 上，连续函数 $f(x)\geqslant 0$，则 $\int_a^b f(x)\mathrm{d}x$ 表示由曲线 $y=f(x)$、x 轴及两直线 $x=a$、$x=b$ 所围成的曲边梯形的面积；其次，容易看到，若在区间 $[a,b]$ 上，连续函数 $f(x)\leqslant 0$，则由曲线 $y=f(x)$、x 轴及两直线 $x=a$、$x=b$ 所围成的曲边梯形在 x 轴的下方，$\int_a^b f(x)\mathrm{d}x$ 表示此曲边梯形面积的负值；综上所述，如果在区间 $[a,b]$ 上，$f(x)$ 既取正值又取负值，曲线 $y=f(x)$ 有一部分在 x 轴的上方，也有一部分在 x 轴的下方，此时定积分 $\int_a^b f(x)\mathrm{d}x$ 表示由曲线 $y=f(x)$、x 轴及两直线 $x=a$、$x=b$ 所围成的平面图形在 x 轴上方部分的面积减去在 x 轴下方部分的面积之差. 如果我们给在 x 轴上方部分的面积冠以符号 $+$，给 x 轴下方部分的面积冠以符号 $-$，则定积分 $\int_a^b f(x)\mathrm{d}x$ 表示由曲线 $y=f(x)$、x 轴及两直线 $x=a$、$x=b$ 所围成的平面图形面积的代数和.

【例 6.1.1】 设 $f(x)=\begin{cases}-\sqrt{1-x^2}, & 0\leqslant x<1,\\ x-1, & 1\leqslant x\leqslant 2,\end{cases}$ 求 $\int_0^2 f(x)\mathrm{d}x$.

解：容易看到 $f(x)$ 在区间 $[0,2]$ 上连续，因而它在 $[0,2]$ 上可积. 再由定积分的几何意义，$\int_0^2 f(x)\mathrm{d}x$ 等于由曲线 $y=f(x)$、x 轴及直线 $x=0$，$x=2$ 所围成图形(图 6.3) 的面积的代数和，在 x 轴下方的图形是一半径为1的圆的四分之一，其面积为 $\frac{\pi}{4}$，在 x 轴上方的图形是一三角形，其面积为 $\frac{1}{2}$，因此

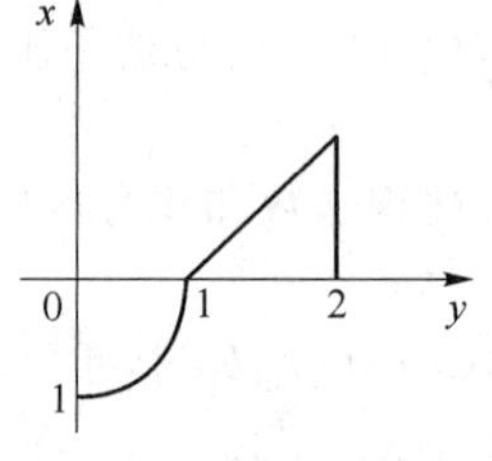

图 6.3

$$\int_0^2 f(x)\mathrm{d}x=\frac{1}{2}-\frac{\pi}{4}=\frac{2-\pi}{4}$$

6.1.4 定积分的性质

为了便于定积分的计算和应用，我们作如下两条规定：

(1) 当 $a=b$ 时，$\int_a^b f(x)\mathrm{d}x=0$；

(2) 当 $a>b$ 时，$\int_a^b f(x)\mathrm{d}x=-\int_b^a f(x)\mathrm{d}x$.

规定 2 说明，交换定积分的上、下限积分值相差一个符号.

下面讨论定积分的性质.在下列性质中,假定对积分上、下限的大小不加限制,并积分是存在的.

1° $\int_a^b [f(x) \pm g(x)]\mathrm{d}x = \int_a^b f(x)\mathrm{d}x \pm \int_a^b g(x)\mathrm{d}x$.

性质 1° 对任意有限多个函数仍成立.

2° $\int_a^b kf(x)\mathrm{d}x = k\int_a^b f(x)\mathrm{d}x$($k$ 为常数).

3° 设 $a < c < b$,则$\int_a^b f(x)\mathrm{d}x = \int_a^c f(x)\mathrm{d}x + \int_c^b f(x)\mathrm{d}x$.

性质 3° 称为定积分对积分区间具有可加性.

按照本节开头对定积分的补充规定,可以证明无论 a,b,c 的相对位置如何性质 3° 总是成立的.例如当 $c < b < a$ 时,则有

$$\int_c^a f(x)\mathrm{d}x = \int_c^b f(x)\mathrm{d}x + \int_b^a f(x)\mathrm{d}x$$

因而有

$$-\int_a^c f(x)\mathrm{d}x = \int_c^b f(x)\mathrm{d}x - \int_a^b f(x)\mathrm{d}x$$

移项即得

$$\int_a^b f(x)\mathrm{d}x = \int_a^c f(x)\mathrm{d}x + \int_c^b f(x)\mathrm{d}x$$

4° 如果在区间$[a,b]$上 $f(x) \equiv 1$,则 $\int_a^b 1\mathrm{d}x = \int_a^b \mathrm{d}x = b - a$.

5° 如果在区间$[a,b]$上,$f(x) \geqslant 0$,则 $\int_a^b f(x)\mathrm{d}x \geqslant 0$.

上述几条性质,均可由定积分定义证得(从略).

推论 1 如果在区间$[a,b]$上,$f(x) \leqslant g(x)$,则

$$\int_a^b f(x)\mathrm{d}x \leqslant \int_a^b g(x)\mathrm{d}x.$$

证:由于在$[a,b]$上,$g(x) - f(x) \geqslant 0$,由性质 5° 和性质 1° 知

$$\int_a^b [g(x) - f(x)]\mathrm{d}x = \int_a^b g(x)\mathrm{d}x - \int_a^b f(x)\mathrm{d}x \geqslant 0$$

移项即得推论 1.

推论 2 当 $a < b$ 时

$$\left|\int_a^b f(x)\mathrm{d}x\right| \leqslant \int_a^b |f(x)|\mathrm{d}x$$

证:由于

$$-|f(x)| \leqslant f(x) \leqslant |f(x)|$$

由推论 1、性质 2° 及性质 5° 有

$$-\int_a^b |f(x)|\mathrm{d}x \leqslant \int_a^b f(x)\mathrm{d}x \leqslant \int_a^b |f(x)|\mathrm{d}x$$

即

$$\left|\int_a^b f(x)\mathrm{d}x\right| \leqslant \int_a^b |f(x)|\mathrm{d}x.$$

6° 设 M 和 m 分别是函数 $f(x)$ 在区间 $[a,b]$ 上的最大值和最小值,则

$$(b-a)m \leqslant \int_a^b f(x)\mathrm{d}x \leqslant (b-a)M$$

证:由 $m \leqslant f(x) \leqslant M$ 及性质 5° 的推论 1,有

$$\int_a^b m\mathrm{d}x \leqslant \int_a^b f(x)\mathrm{d}x \leqslant \int_a^b M\mathrm{d}x$$

再由性质 2° 和性质 4°,即得性质 6° 成立.

7° 如果函数 $f(x)$ 在区间 $[a,b]$ 上连续,则在 $[a,b]$ 上至少存在一点 ξ,使得

$$\int_a^b f(x)\mathrm{d}x = f(\xi)(b-a)(a \leqslant \xi \leqslant b)$$

并称此公式为**积分中值公式**.

证:在性质 6° 中的各项都除以 $b-a$,得

$$m \leqslant \frac{1}{b-a}\int_a^b f(x)\mathrm{d}x \leqslant M$$

这就是说,数值 $\frac{1}{b-a}\int_a^b f(x)\mathrm{d}x$ 介于 $f(x)$ 的最小值 m 与最大值 M 之间,由连续函数的介值定理,在 $[a,b]$ 上至少存在一点 ξ,使得

$$f(\xi) = \frac{1}{b-a}\int_a^b f(x)\mathrm{d}x(a \leqslant \xi \leqslant b)$$

两边乘 $b-a$ 便得所要证明的等式.

实际上,积分中值公式也可如下表述:

$$\int_a^b f(x)\mathrm{d}x = f(\xi)(b-a)(\xi \text{ 在 } a \text{ 与 } b \text{ 之间})$$

无论 $a < b$ 还是 $a > b$ 都成立.

积分中值公式有如下几何解释:在区间 $[a,b]$ 上至少存在一点 ξ,使得由 $y=f(x)$、x 轴及两直线 $x=a$,$x=b$ 所围曲边梯形的面积等于以 $[a,b]$ 为底以 $f(\xi)$ 为高的矩形的面积,如图 6.4 所示.

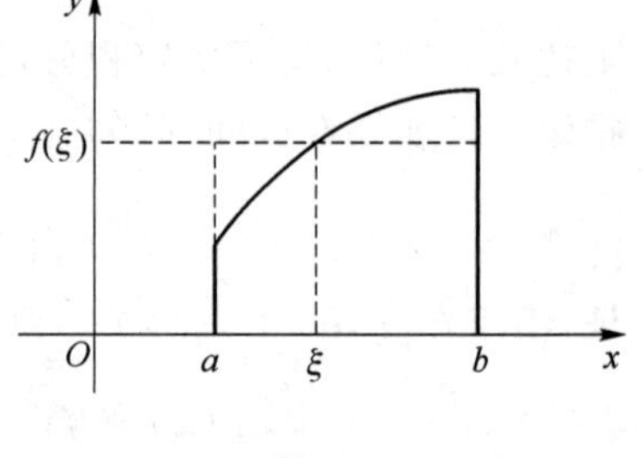

图 6.4

【例 6.1.2】 比较定积分 $\int_0^1 \sqrt{x}\mathrm{d}x$ 与 $\int_0^1 x^3\mathrm{d}x$ 的大小.

解:由于在区间 $[0,1]$ 上,$\sqrt{x} \geqslant x^3$,再根据性质 5 的推论 1 可知

$$\int_0^1 \sqrt{x}\mathrm{d}x \geqslant \int_0^1 x^3\mathrm{d}x$$

【例 6.1.3】 估计定积分 $\int_2^3 \frac{\mathrm{e}^x}{x}\mathrm{d}x$ 的值.

解:令 $f(x) = \frac{\mathrm{e}^x}{x}$,于是在区间 $[2,3]$ 上,$f'(x) = \left(\frac{\mathrm{e}^x}{x}\right)' = \frac{(x-1)\mathrm{e}^x}{x^2} > 0$,可见函数 $f(x)$ 在区间 $[2,3]$ 上是单调增加的,故 $f(x)$ 在区间 $[2,3]$ 上的最小值与最大值分别为

$$m = f(2) = \frac{1}{2}\mathrm{e}^2 \text{ 和 } M = f(3) = \frac{1}{3}\mathrm{e}^3$$

根据性质 6 可知

$$\frac{1}{2}e^2 \leqslant \int_2^3 \frac{e^x}{x}dx \leqslant \frac{1}{3}e^3$$

习题 6.1

1. 用定积分的定义将下列物理量表示为定积分.

(1) 自由落体的速度 $v = gt$，求前 5 秒内所落下的距离；

(2) 放射性物体的分解速度 v 是时间 t 的函数 $v = v(t)$，求放射性物体由时间 a 到 b 所分解的质量.

2. 利用定积分的性质说明下列积分哪一个较大.

(1) $\int_0^1 x^3 dx$ 还是 $\int_0^1 x^4 dx$；　　(2) $\int_2^3 x^3 dx$ 还是 $\int_2^3 x^4 dx$；

(3) $\int_0^1 e^x dx$ 还是 $\int_0^1 e^{2x} dx$；　　(4) $\int_{-1}^0 e^x dx$ 还是 $\int_{-1}^0 e^{2x} dx$.

3. 利用定积分的性质估计下列各积分的值.

(1) $\int_1^2 (x^3 + 1)dx$；　　(2) $\int_{\frac{\pi}{4}}^{\frac{5\pi}{4}} (1 + \sin^2 x)dx$；

(3) $\int_1^2 x\ln x dx$；　　(4) $\int_0^2 e^{x^2-x} dx$.

6.2　微积分基本公式

在例 6.1.1 中我们利用定积分的几何意义得到函数 $f(x)$ 在区间[0,2]上的积分值，而且在 x 轴上方和下方的图形都是容易计算面积的特殊图形，不然的话就不知如何计算这个积分的值，如果用定积分的定义计算是不容易的，因此必须寻找计算定积分的新方法.

下面我们先就变速直线运动中位置函数和速度函数之间的关系，寻求定积分问题举例 2 中定积分的计算方法，然后进一步讨论这种计算方法是否具有普遍性.

6.2.1　变速直线运动中位置函数与速度函数之间的关系

设一物体在一直线上运动，在此直线上建立坐标系，使其成为一数轴. 设在时刻 t 物体所在的位置为 $s(t)$，速度为 $v(t)$，不妨设 $v(t) \geqslant 0$.

在第一节的定积分问题举例(二)中，物体在时间区间$[a,b]$内所经过的路程可用时间函数 $v(t)$ 在$[a,b]$上定积分

$$\int_a^b v(t)dt$$

来表示. 另一方面，这段路程也可用位置函数 $s(t)$ 在区间$[a,b]$上的增量

$$s(b) - s(a)$$

来表示. 可见，物体在时间区间$[a,b]$内所经过的路程可用位置函数 $s(t)$ 表示为

$$\int_a^b v(t)\mathrm{d}t = s(b) - s(a) \tag{6.2.1}$$

由于 $s'(t) = v(t)$，即位置函数 $s(t)$ 是速度函数 $v(t)$ 的原函数，所以关系式(6.2.1)表示，速度函数 $v(t)$ 在区间 $[a,b]$ 上的定积分等于 $v(t)$ 的原函数 $s(t)$ 在区间 $[a,b]$ 上的增量

$$s(b) - s(a)$$

上面从变速直线运动的位置函数与速度函数之间的关系得到的计算定积分的方法，在一定的条件下这一计算方法具有普遍性. 下面我们将证明：如果函数 $f(x)$ 在区间 $[a,b]$ 上连续，则 $f(x)$ 在区间 $[a,b]$ 上的定积分等于 $f(x)$ 的一个原函数 $F(x)$ 在区间 $[a,b]$ 上的增量

$$F(b) - F(a)$$

即

$$\int_a^b f(x)\mathrm{d}x = F(b) - F(a)$$

6.2.2 积分上限的函数及其导数

设函数 $f(x)$ 在区间 $[a,b]$ 上连续，x 为 $[a,b]$ 上的一点，下面我们来探讨 $f(x)$ 在部分区间 $[a,x]$ 上的定积分

$$\int_a^x f(x)\mathrm{d}x$$

的性质.

首先，由于 $f(x)$ 在区间 $[a,x]$ 上仍连续，因此上面的定积分存在. 其次，上式中 x 既是积分上限又是积分变量，为了明确起见，考虑到定积分与积分变量的记法无关，我们把上式中的积分变量 x 改记为其他变量，例如 t，则上式可写成

$$\int_a^x f(t)\mathrm{d}t$$

如果上式中的 x 在区间 $[a,b]$ 上变动，实际上它定义了一个在 $[a,b]$ 上的函数，记此函数为 $\Phi(x)$，即

$$\Phi(x) = \int_a^x f(t)\mathrm{d}t (a \leqslant x \leqslant b)$$

因它的自变量 x 是定积分的积分上限，故称它为积分上限的函数.

下面证明函数 $\Phi(x)$ 的一个重要性质.

定理 6.2.1 如果函数 $f(x)$ 在区间 $[a,b]$ 上连续，则积分上限的函数

$$\Phi(x) = \int_a^x f(t)\mathrm{d}t \tag{6.2.2}$$

在 $[a,b]$ 上连续且可导，并且它的导数

$$\Phi'(x) = \frac{\mathrm{d}}{\mathrm{d}x}\int_a^x f(t)\mathrm{d}t = f(x) (a \leqslant x \leqslant b) \tag{6.2.3}$$

证：由于可导必连续，故只须证明 $\Phi(x)$ 在 $[a,b]$ 上可导.

当上限 x 获得增量 Δx 时，则 $\Phi(x)$ 在 $x + \Delta x$ 处的函数值为

$$\Phi(x + \Delta x) = \int_a^{x+\Delta x} f(t)\mathrm{d}t$$

于是得函数相应的增量

$$\begin{aligned}\Delta\Phi &= \Phi(x+\Delta x)-\Phi(x)=\int_a^{x+\Delta x} f(t)\mathrm{d}t-\int_a^x f(t)\mathrm{d}t \\ &= \int_a^x f(t)\mathrm{d}t+\int_x^{x+\Delta x} f(t)\mathrm{d}t-\int_a^x f(t)\mathrm{d}t \\ &= \int_x^{x+\Delta x} f(t)\mathrm{d}t\end{aligned}$$

再利用积分中值定理,有等式

$$\Delta\Phi(x)=f(\xi)\Delta x(\xi\text{在}x\text{与}x+\Delta x\text{之间}).$$

上式两边同除 Δx,得函数相应的增量与自变量增量之比

$$\frac{\Delta\Phi}{\Delta x}=f(\xi)(\xi\text{在}x\text{与}x+\Delta x\text{之间}).$$

由于 $f(x)$ 在$[a,b]$上连续,而当 $\Delta x\to 0$ 时,$\xi\to x$,因此 $f(\xi)\to f(x)$,于是有

$$\Phi'(x)=\lim_{\Delta x\to 0}\frac{\Delta\Phi}{\Delta x}=\lim_{\xi\to x} f(\xi)=f(x)$$

即式(6.2.3)得证.

式(6.2.3)也可用下式表示

$$\left(\int_a^x f(t)\mathrm{d}t\right)'=f(x) \tag{6.2.4}$$

此运算规律可表述为“连续函数 $f(x)$ 的积分上限的函数的导数等于去掉积分号并将其中的积分变量(无论用什么记号)换成 x”.

定理 6.2.1 告诉我们:连续函数 $f(x)$ 的积分上限的函数 $\Phi(x)$ 的导数就等于 $f(x)$ 本身,也就是说 $\Phi(x)$ 是 $f(x)$ 的一个原函数,因此得到如下的原函数存在定理.

定理 6.2.2 如果函数 $f(x)$ 在$[a,b]$上连续,则函数

$$\Phi(x)=\int_a^x f(t)\mathrm{d}t(a\leqslant x\leqslant b)$$

就是 $f(x)$ 在$[a,b]$上的一个原函数.

此定理不仅告诉我们连续函数的原函数的存在性,而且也揭示了定积分与原函数之间的关系,因此我们有可能利用原函数来计算定积分.

6.2.3 牛顿-莱布尼兹公式

下面由定理 6.2.2 来证明在积分理论中的一个重要公式-微积分基本公式.

定理 6.2.3 如果函数 $F(x)$ 是连续函数 $f(x)$ 在区间$[a,b]$上的任一个原函数,则有

$$\int_a^b f(x)\mathrm{d}x=F(b)-F(a) \tag{6.2.5}$$

证:由于 $F(x)$ 是连续函数 $f(x)$ 的任一个原函数,又由定理 6.2.2 知积分上限的函数 $\Phi(x)$ 也是 $f(x)$的一个原函数,于是由第五章第一节知在区间$[a,b]$上这两个原函数之差 $F(x)-\Phi(x)$ 必然等于某个常数 C,即

$$F(x)-\Phi(x)=C(a\leqslant x\leqslant b) \tag{6.2.6}$$

在上式中令 $x=a$,得 $F(a)-\Phi(a)=C$. 再考虑到关于定积分的补充规定 1 知 $\Phi(a)=0$,

因此 $C=F(a)$. 在式(6.2.6)中用 $F(a)$ 代替 C,并用$\int_a^x f(t)\mathrm{d}t$ 代替 $\Phi(x)$,即得

$$\int_a^x f(t)\mathrm{d}t = F(x)-F(a)$$

再令 $x=b$,式(6.2.5)得证.

为了使用方便,以后将式(6.2.5)的右边 $F(b)-F(a)$ 记作$[F(x)]_a^b$,这样式(6.2.5)也可表示为

$$\int_a^b f(x)\mathrm{d}x = [F(x)]_a^b$$

通常将式(6.2.5)称为**微积分基本公式**,也称为**牛顿**(**Newton**)—**莱布尼兹**(**Leibniz**)公式,简称牛—莱公式.它揭示了定积分与原函数(或不定积分)之间的联系,并为求连续函数在区间$[a,b]$上的定积分提供了一个有效而简捷的计算方法.

【例 6.2.1】 求$\int_0^3 x^2\mathrm{d}x$.

解:由于$\frac{x^3}{3}$是 x^2 的一个原函数,由牛顿-莱布尼兹公式有

$$\int_0^3 x^2\mathrm{d}x = \left[\frac{x^3}{3}\right]_0^3 = \frac{3^3}{3}-\frac{0^3}{3}=9$$

【例 6.2.2】 求$\int_1^3 \frac{\mathrm{d}x}{\sqrt{x}(1+x)}$

解:由于$\int \frac{\mathrm{d}x}{\sqrt{x}(1+x)} = 2\int \frac{d\sqrt{x}}{1+(\sqrt{x})^2} = 2\arctan\sqrt{x}+c$

故 $2\arctan\sqrt{x}$ 为$\frac{1}{\sqrt{x}(1+x)}$的一个原函数,由牛顿-莱布尼兹公式有

$$\int_1^3 \frac{\mathrm{d}x}{\sqrt{x}(1+x)} = \left[2\arctan\sqrt{x}\right]_1^3 = 2(\arctan\sqrt{3}-\arctan 1) = 2\left(\frac{\pi}{3}-\frac{\pi}{4}\right)=\frac{\pi}{6}$$

【例 6.2.3】 求$\int_1^2 \ln x\mathrm{d}x$.

解:由于$\int \ln x\mathrm{d}x == x\ln x-\int x\mathrm{d}\ln x = x\ln x-\int \mathrm{d}x = x\ln x - x + c$,

可见 $x\ln x - x$ 是 $\ln x$ 的一个原函数,由牛顿-莱布尼兹公式得

$$\int_1^2 \ln x\mathrm{d}x = \left[x\ln x - x\right]_1^2 = (2\ln 2-2)-(\ln 1-1) = 2\ln 2-1$$

【例 6.2.4】 设 $f(x)=\begin{cases} \mathrm{e}^x, & 0\leqslant x<1 \\ x+1, & 1\leqslant x\leqslant 2\end{cases}$,求$\int_0^2 f(x)\mathrm{d}x$

解:由于 e^x 是 e^x 的一个原函数,$\frac{1}{2}x^2+x$ 是 $x+1$ 的一个原函数,并由定积分在区间上的可加性知,

$$\int_0^2 f(x)\mathrm{d}x = \int_0^1 \mathrm{e}^x\mathrm{d}x + \int_1^2 (x+1)\mathrm{d}x = [\mathrm{e}^x]_0^1 + [\frac{1}{2}x^2+x]_1^2 = \mathrm{e}+\frac{3}{2}$$

【例 6.2.5】 求由曲线 $y=\dfrac{1}{x}$、x 轴及 $x=1$，$x=2$ 所围成的曲边梯形的面积.

解：由定积分的几何意义，这里要求曲边梯形的面积，如图 6.5 所示.

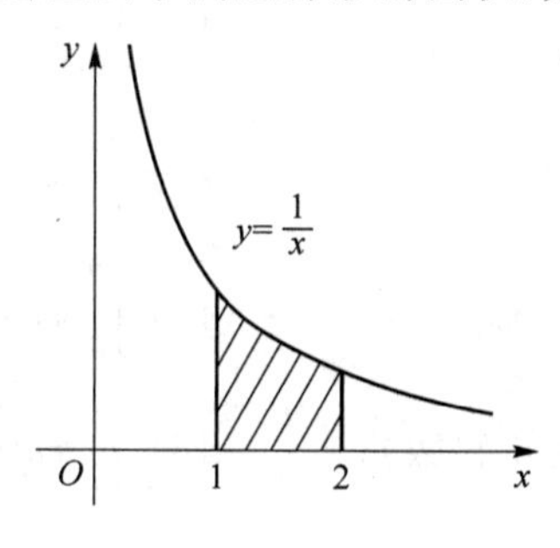

图 6.5

$$A=\int_1^2 \frac{\mathrm{d}x}{x}=[\ln x]_1^2=\ln 2-\ln 1=\ln 2$$

习题 6.2

1. 试求函数 $y=\int_0^x \mathrm{e}^{-t^2}\mathrm{d}t$ 在 $x=0$ 及 $x=1$ 处的导数.

2. 试求函数 $y=\int_0^{z^2}\dfrac{\mathrm{d}t}{(1+t^{100})^2}$ 在 $z=1$ 处的导数.

3. 设函数 $y=\int_x^1 \dfrac{\mathrm{d}t}{\sqrt{1+\mathrm{e}^{t^2}}}$，求 $\dfrac{\mathrm{d}y}{\mathrm{d}x}$.

4. 设函数 $y=\int_{x^4}^{x^3}\dfrac{\mathrm{d}t}{\sqrt{1+t^4}}$，求 $\dfrac{\mathrm{d}y}{\mathrm{d}x}$.

5. 试求由参数方程 $y=\int_0^t \sin u^2\mathrm{d}u$，$x=\int_0^t \cos u^3\mathrm{d}u$ 所确定的函数 y 对 x 的导数.

6. 试求由 $\int_0^y \mathrm{e}^{t^3}\mathrm{d}t+\int_0^x \cos t^2\mathrm{d}t=0$ 所确定的隐函数对于 x 的导数 y'.

7. 求下列极限：

(1) $\lim\limits_{x\to 0}\dfrac{\int_0^x \cos(1-\mathrm{e}^t)\mathrm{d}t}{x}$；　　(2) $\lim\limits_{x\to+\infty}\dfrac{\int_0^x \arctan \mathrm{e}^t\mathrm{d}t}{\sqrt{x^2+1}}$；

(3) $\lim\limits_{x\to+\infty}\dfrac{\left(\int_0^x \mathrm{e}^{t^2}\mathrm{d}t\right)^2}{\int_0^x \mathrm{e}^{2t^2}\mathrm{d}t}$.

8. 利用牛顿－莱布尼兹公式计算下列定积分：

(1) $\int_1^8 \sqrt[3]{x}\,\mathrm{d}x$；　　(2) $\int_0^1 (x^3-x-10)\mathrm{d}x$；

(3) $\int_1^2\left(x^2+\dfrac{1}{x^4}\right)\mathrm{d}x$；　　(4) $\int_1^2\left(x+\dfrac{1}{x}\right)^2\mathrm{d}x$；

(5) $\int_4^9 \sqrt{x}(1+\sqrt{x})\mathrm{d}x$；　　(6) $\int_{\frac{1}{\sqrt{3}}}^{\sqrt{3}}\dfrac{\mathrm{d}x}{1+x^2}$；

(7) $\int_{-\frac{1}{2}}^{\frac{1}{2}} \frac{dx}{\sqrt{1-x^2}}$；

(8) $\int_{3}^{3\sqrt{3}} \frac{dx}{9+x^2}$；

(9) $\int_{0}^{1} \frac{dx}{\sqrt{4-x^2}}$；

(10) $\int_{0}^{\frac{\pi}{4}} \tan^2 x dx$；

(11) $\int_{0}^{\sqrt{2}} x e^{x^2} dx$；

(12) $\int_{0}^{\frac{\pi}{2}} \sin^3 x \cos x dx$；

(13) $\int_{0}^{\pi} (1-\sin^3 x) dx$；

(14) $\int_{\frac{\pi}{8}}^{\frac{\pi}{4}} \cos^2 t dt$；

(15) $\int_{-\pi}^{\pi} \sin^2 kx dx$(其中 k 为正整数)；

(16) $\int_{0}^{\frac{\pi}{4}} x \arctan x dx$；

(17) 设 $f(x) = |x-1|$，求 $\int_{0}^{2} f(x) dx$.

6.3 定积分的换元法

由牛顿—莱布尼兹公式知，定积分 $\int_a^b f(x)dx$ 就等于 $f(x)$ 的一个原函数在区间 $[a,b]$ 上的增量.第五章关于不定积分的换元法可以求一些函数的原函数，自然可用于计算定积分.例如凑微分法，在计算定积分时也是很有效的，见例 6.2.2.下面再举一个例子.

【例 6.3.1】 求 $\int_0^1 \frac{\arctan x}{1+x^2}dx$.

解：由凑微分法，有

$$\int_0^1 \frac{\arctan x}{1+x^2}dx = \int_0^1 \arctan x d(\arctan x) = \left[\frac{(\arctan x)^2}{2}\right]_0^1 = \frac{(\arctan 1)^2}{2} = \frac{\pi^2}{32}$$

这里似乎用到了换元法，但并不是定积分的换元法，这里用凑微分法只是起到求原函数的作用.定积分的换元法既要换积分变量又要换积分限.我们看例 6.3.1 的另一解法.

另解：设 $t = \arctan x$，则 $dt = \frac{dx}{1+x^2}$，且当 $x=0$ 时，$t=0$，当 $x=1$ 时，$t=\frac{\pi}{4}$，于是有

$$\int_0^1 \frac{\arctan x}{1+x^2}dx = \int_0^{\frac{\pi}{4}} t dt = \left[\frac{t^2}{2}\right]_0^{\frac{\pi}{4}} = \frac{\pi^2}{32}$$

但这样用换元法计算定积分是有条件的，我们先来证明下面的定理.

定理 6.3.1 设函数 $f(x)$ 在区间 $[a,b]$ 上连续，函数 $x=\varphi(t)$ 满足条件：

(1) $\varphi(t)$ 在区间 $[\alpha,\beta]$ 上是单值的且有连续导数；

(2) 当 t 在区间 $[\alpha,\beta]$ 上变化时，$x=\varphi(t)$ 的值在 $[a,b]$ 上变化，且 $\varphi(\alpha)=a$，$\varphi(\beta)=b$，则有定积分的换元公式

$$\int_a^b f(x)dx = \int_\alpha^\beta f[\varphi(t)]\varphi'(t)dt \tag{6.3.1}$$

证:由假设知,式(6.3.1)两边的被积函数都是连续函数,因此两边的定积分都存在,而且由定理 6.2.2,两边被积函数的原函数也都存在,于是两边的定积分都可用牛顿－莱布尼兹公式计算.

设 $F(x)$ 是 $f(x)$ 的一个原函数,则式(6.3.1)的左边

$$\int_a^b f(x)\mathrm{d}x = F(b) - F(a) \tag{6.3.2}$$

另外,设 $\Phi(t) = F[\varphi(t)]$,它是由 $F(x)$ 与 $x = \varphi(t)$ 复合函数,因此,由复合函数的求导法则,有

$$\Phi'(t) = \frac{\mathrm{d}F}{\mathrm{d}x}\frac{\mathrm{d}x}{\mathrm{d}t} = f(x)\varphi'(t) = f[\varphi(t)]\varphi'(t)$$

这就是说 $\Phi(t)$ 是 $f[\varphi(t)]\varphi'(t)$ 的一个原函数,因此式(6.3.1)的右边

$$\int_\alpha^\beta f[\varphi(t)]\varphi'(t)\mathrm{d}t = \Phi(\beta) - \Phi(\alpha) \tag{6.3.3}$$

又由 $\Phi(t) = F[\varphi(t)]$ 及 $\varphi(\alpha) = a, \varphi(\beta) = b$,故有

$$\Phi(\beta) - \Phi(\alpha) = F[\varphi(\beta)] - F[\varphi(\alpha)] = F(b) - F(a)$$

再由式(6.3.2)、式(6.3.3)知式(6.3.1)成立。

显然,换元公式对 $\alpha > \beta$ 也成立.

用换元积分公式计算定积分时,要注意两点:(1)换元的同时要换限.也就是说,用 $x = \varphi(t)$ 将原积分变量 x 换成新积分变量 t 时,积分限也要换成新积分变量 t 的积分限;(2)求出 $f[\varphi(t)]\varphi'(t)$ 的原函数 $\Phi(t)$ 后,不必像求不定积分那样再把 $\Phi(t)$ 变换成原来变量 x 的函数,而只须将新变量 t 的上、下限代入求 $\Phi(t)$ 的增量即可.

【例 6.3.2】　求 $\int_0^a \sqrt{a^2 - x^2}\mathrm{d}x (a > 0)$.

解:令 $x = a\sin t$,则 $\mathrm{d}x = a\cos t\mathrm{d}t$,且当 $x = 0$ 时,$t = 0$;当 $x = a$ 时,$t = \frac{\pi}{2}$,于是

$$\int_0^a \sqrt{a^2 - x^2}\mathrm{d}x = a^2\int_0^{\frac{\pi}{2}} \cos^2 t\mathrm{d}t = \frac{a^2}{2}\int_0^{\frac{\pi}{2}}(1 + \cos 2t)\mathrm{d}t$$

$$= \frac{a^2}{2}\left[t + \frac{1}{2}\sin 2t\right]_0^{\frac{\pi}{2}} = \frac{\pi a^2}{4}$$

【例 6.3.3】　求 $\int_0^4 \frac{x\mathrm{d}x}{\sqrt{3x+4}}$.

解:令 $t = \sqrt{3x+4}$,则 $x = \frac{t^2-4}{3}$,$\mathrm{d}x = \frac{2}{3}t\mathrm{d}t$,且当 $x = 0$ 时,$t = 2$;当 $x = 4$ 时,$t = 4$,于是

$$\int_0^4 \frac{x\mathrm{d}x}{\sqrt{3x+4}} = \frac{2}{9}\int_2^4 \frac{t(t^2-4)}{t}\mathrm{d}t = \frac{2}{9}\int_2^4 (t^2 - 4)\mathrm{d}t$$

$$= \frac{2}{9}\left[\frac{t^3}{3} - 4t\right]_2^4 = \frac{2}{9}\left[\left(\frac{64}{3} - 16\right) - \left(\frac{8}{3} - 8\right)\right] = \frac{64}{27}$$

从定理 6.3.1 的结论和上面的例子可以看出,实际上这里的换元法相应于不定积分的第二换元法.如果我们将上面的换元积分公式反过来用,就相应于不定积分的第一换元法

(凑微分).为了使用方便,将换元公式(6.3.1)的左右两边对调,同时将变量 x 与 t 对调,将区间 $[a,b]$ 与 $[\alpha,\beta]$ 对调,得

$$\int_a^b f[\varphi(x)]\varphi'(x)\mathrm{d}x = \int_\alpha^\beta f(t)\mathrm{d}t \tag{6.3.4}$$

其中用了变量替换 $t=\varphi(x)$.像我们在例 6.3.1 那样,用第一换元法计算定积分有两种方法,其一如式(6.3.4)那样引入新变量 $t=\varphi(x)$,此时换元的同时也要换积分限;其二,如果 $F(t)$ 是 $f(t)$ 的一个原函数,则可将式(6.3.4)写成

$$\int_a^b f[\varphi(x)]\varphi'(x)\mathrm{d}x = \int_a^b f[\varphi(x)]\mathrm{d}[\varphi(x)] = [F[\varphi(x)]]_a^b \tag{6.3.5}$$

这里并没有引入新积分变量,也不必要换积分限.一般来说,用第二种方法计算过程要简洁一些.

为了表述明确,也为了与不定积分的换元法的称谓一致,我们不妨将式(6.3.4)或式(6.3.5)所表述的换元法称为定积分的第一换元法(凑微分法),将式(6.3.1)所表述的换元法称为定积分的第二换元法.

【例 6.3.4】 求$\int_0^1 x\mathrm{e}^{-x^2}\mathrm{d}x$.

解:用式(6.3.5)(凑微分法)计算,有

$$\int_0^1 x\mathrm{e}^{-x^2}\mathrm{d}x = -\frac{1}{2}\int_0^1 \mathrm{e}^{-x^2}\mathrm{d}(-x^2) = \frac{1}{2}\left[-\mathrm{e}^{-x^2}\right]_0^1 = \frac{1}{2}(1-\mathrm{e}^{-1})$$

【例 6.3.5】 求$\int_0^\pi \sqrt{\sin^3 x-\sin^5 x}\,\mathrm{d}x$.

解:这是一个典型的例题.问题的关键在于,被积分函数是算术根,应当大于等于零,而在 $[0,\pi]$ 上 $\cos x$ 有正有负,因此

$$\sqrt{\sin^3 x-\sin^5 x} = \sqrt{(1-\sin^2 x)\sin^3 x} = \sin^{\frac{3}{2}}x\,|\cos x|$$

在 $\left[0,\frac{\pi}{2}\right]$ 上,$|\cos x|=\cos x$;在 $\left[\frac{\pi}{2},\pi\right]$ 上,$|\cos x|=-\cos x$,因此

$$\begin{aligned}\int_0^\pi \sqrt{\sin^3 x-\sin^5 x}\,\mathrm{d}x &= \int_0^\pi \sin^{\frac{3}{2}}x\,|\cos x|\,\mathrm{d}x \\ &= \int_0^{\frac{\pi}{2}} \sin^{\frac{3}{2}}x\cos x\mathrm{d}x + \int_{\frac{\pi}{2}}^\pi \sin^{\frac{3}{2}}x(-\cos x)\mathrm{d}x \\ &= \int_0^{\frac{\pi}{2}} \sin^{\frac{3}{2}}x\mathrm{d}(\sin x) - \int_{\frac{\pi}{2}}^\pi \sin^{\frac{3}{2}}x\mathrm{d}(\sin x) \\ &= \left[\frac{2}{5}\sin^{\frac{5}{2}}x\right]_0^{\frac{\pi}{2}} - \left[\frac{2}{5}\sin^{\frac{5}{2}}x\right]_{\frac{\pi}{2}}^\pi = \frac{4}{5}\end{aligned}$$

下面例题中的结论,在实际计算中经常被用到.

【例 6.3.6】 证明

(1) 若 $f(x)$ 在 $[-a,a]$ 上连续且为偶函数,则

$$\int_{-a}^a f(x)\mathrm{d}x = 2\int_0^a f(x)\mathrm{d}x \tag{6.3.6}$$

(2) 若 $f(x)$ 在 $[-a,a]$ 上连续且为奇函数,则

$$\int_{-a}^{a} f(x)\mathrm{d}x = 0 \tag{6.3.7}$$

证:(1) 由于

$$\int_{-a}^{a} f(x)\mathrm{d}x = \int_{-a}^{0} f(x)\mathrm{d}x + \int_{0}^{a} f(x)\mathrm{d}x$$

在积分$\int_{-a}^{0} f(x)\mathrm{d}x$ 中作变量替换 $x=-t$,并注意 $f(x)$ 为偶函数,则有

$$\int_{-a}^{0} f(x)\mathrm{d}x = -\int_{a}^{0} f(-t)\mathrm{d}t = \int_{0}^{a} f(-t)\mathrm{d}t = \int_{0}^{a} f(x)\mathrm{d}x$$

代入上式即得式(6.3.6).

(2) 由于

$$\int_{-a}^{a} f(x)\mathrm{d}x = \int_{-a}^{0} f(x)\mathrm{d}x + \int_{0}^{a} f(x)\mathrm{d}x$$

在积分$\int_{-a}^{0} f(x)\mathrm{d}x$ 中作变量替换 $x=-t$,并注意 $f(x)$ 为奇函数,则有

$$\int_{-a}^{0} f(x)\mathrm{d}x = -\int_{a}^{0} f(-t)\mathrm{d}t = \int_{0}^{a} f(-t)\mathrm{d}t = -\int_{0}^{a} f(x)\mathrm{d}x$$

代入上式即得式(6.3.7),

为便于记忆,等式(6.3.6) 可以表述为"偶函数在对称区间上的积分等于在半区间上积分的两倍";式(6.3.7) 可以表述为"奇函数在对称区间上的积分为零".

【例 6.3.7】　求$\int_{-\frac{1}{2}}^{\frac{1}{2}} \frac{1+x^2\sin x}{\sqrt{1-x^2}}\mathrm{d}x$.

解:由于$\frac{1}{\sqrt{1-x^2}}$是偶函数,$\frac{x^2\sin x}{\sqrt{1-x^2}}$是奇函数,

故$\int_{-\frac{1}{2}}^{\frac{1}{2}} \frac{1}{\sqrt{1-x^2}}\mathrm{d}x = 2\int_{0}^{\frac{1}{2}} \frac{1}{\sqrt{1-x^2}}\mathrm{d}x = [2\arcsin x]_0^{\frac{1}{2}} = \frac{\pi}{3}$ 而$\int_{-\frac{1}{2}}^{\frac{1}{2}} \frac{x^2\sin x}{\sqrt{1-x^2}}\mathrm{d}x = 0$

于是

$$\int_{-\frac{1}{2}}^{\frac{1}{2}} \frac{1+x^2\sin x}{\sqrt{1-x^2}}\mathrm{d}x = \int_{-\frac{1}{2}}^{\frac{1}{2}} \frac{1}{\sqrt{1-x^2}}\mathrm{d}x + \int_{-\frac{1}{2}}^{\frac{1}{2}} \frac{x^2\sin x}{\sqrt{1-x^2}}\mathrm{d}x = \frac{\pi}{3}$$

【例 6.3.8】　设 $f(x)$ 是以 l 为周期的连续函数,证明$\int_{a}^{a+l} f(x)\mathrm{d}x$ 的值与 a 无关.

证:由于

$$\int_{a}^{a+l} f(x)\mathrm{d}x = \int_{a}^{l} f(x)\mathrm{d}x + \int_{l}^{a+l} f(x)\mathrm{d}x$$

在积分$\int_{l}^{a+l} f(x)\mathrm{d}x$ 中作变量替换 $t=x-l$,并注意到 $f(x)$ 以 l 为周期,则有

$$\int_{l}^{a+l} f(x)\mathrm{d}x = \int_{0}^{a} f(t+l)\mathrm{d}t = \int_{0}^{a} f(t)\mathrm{d}t = \int_{0}^{a} f(x)\mathrm{d}x$$

代入上式即得

$$\begin{aligned}\int_{a}^{a+l} f(x)\mathrm{d}x &= \int_{a}^{l} f(x)\mathrm{d}x + \int_{l}^{a+l} f(x)\mathrm{d}x \\ &= \int_{a}^{l} f(x)\mathrm{d}x + \int_{0}^{a} f(x)\mathrm{d}x = \int_{0}^{l} f(x)\mathrm{d}x\end{aligned}$$

可见$\int_a^{a+l} f(x)\mathrm{d}x$的值与$a$无关.

为了便于记忆,此结论可表述为“周期函数在长度为一个周期的区间上的积分与区间的起点无关”.

习题 6.3

1. 用第一换元法计算下列定积分.

(1) $\int_{-\frac{7}{4}}^{0} \frac{\mathrm{d}x}{\sqrt[3]{1-4x}}$;

(2) $\int_0^{\frac{\pi}{12}} \sin 3x\mathrm{d}x$;

(3) $\int_0^{\ln 2} \mathrm{e}^{-2x}\mathrm{d}x$;

(4) $\int_0^{\frac{\pi}{8}} \frac{\mathrm{d}x}{\cos^2 2x}$;

(5) $\int_{-\frac{\sqrt{2}}{4}}^{\frac{\sqrt{2}}{4}} \frac{(1+x^3)}{\sqrt{1-4x^2}}\mathrm{d}x$;

(6) $\int_{\frac{\sqrt{3}}{2}}^{\frac{3\sqrt{3}}{2}} \frac{\mathrm{d}x}{4x^2+9}$;

(7) $\int_1^2 \frac{x\mathrm{d}x}{1+x^2}$;

(8) $\int_0^{\sqrt[3]{31}} x^2\sqrt[5]{3x^3+1}\mathrm{d}x$;

(9) $\int_1^{\sqrt[4]{3}} \frac{x\mathrm{d}x}{\sqrt{4-x^4}}$;

(10) $\int_{\frac{\pi}{6}}^{\frac{\pi}{2}} \frac{\cot x}{\sqrt{\sin x}}\mathrm{d}x$;

(11) $\int_1^{\mathrm{e}^4} \frac{\mathrm{d}x}{x\sqrt{\ln x}}$;

(12) $\int_1^{\sqrt{3}} \frac{\arctan x}{1+x^2}\mathrm{d}x$;

(13) $\int_{\frac{1}{2}}^{1} \frac{\mathrm{d}x}{\arcsin x\sqrt{1-x^2}}$;

(14) $\int_0^1 \frac{\mathrm{d}x}{1+\mathrm{e}^x}$;

(15) $\int_0^1 \frac{\mathrm{d}x}{\mathrm{e}^x+\mathrm{e}^{-x}}$;

(16) $\int_0^{\frac{\pi}{2}} \cos^5 x\sin 2x\mathrm{d}x$;

(17) $\int_0^{\frac{\pi}{2}} \sin^2 x\mathrm{d}x$;

(18) $\int_1^2 \frac{\mathrm{e}^{\frac{1}{x}}\mathrm{d}x}{x^2}$;

(19) $\int_1^3 \frac{\mathrm{d}x}{x+x^2}$;

(20) $\int_{-2}^{0} \frac{\mathrm{d}x}{x^2+2x+2}$.

2. 用第二换元法计算下列定积分.

(1) $\int_0^{\frac{1}{2}} \frac{x^2\mathrm{d}x}{\sqrt{1-x^2}}$;

(2) $\int_0^1 \frac{\mathrm{d}x}{\sqrt{(x^2+1)^3}}$;

(3) $\int_1^2 \frac{\sqrt{x^2-1}}{x}\mathrm{d}x$;

(4) $\int_2^{2\sqrt{3}} \frac{\mathrm{d}x}{x^2\sqrt{x^2+4}}$;

(5) $\int_0^{\frac{3\sqrt{3}}{2}} x^2\sqrt{9-x^2}\mathrm{d}x$;

(6) $\int_0^4 \frac{x}{\sqrt{x}+1}\mathrm{d}x$;

(7) $\int_1^5 \frac{\sqrt{3x+1}}{x}\mathrm{d}x$;

(8) $\int_{-\frac{3}{5}}^{1} \sqrt{\frac{1-x}{1+x}}\frac{\mathrm{d}x}{x}$;

(9) $\int_0^{-\ln 2} \sqrt{1-\mathrm{e}^{2x}}\mathrm{d}x$;

(10) $\int_1^2 \frac{x\mathrm{d}x}{\sqrt{1+x^4}}$

6.4　定积分的分部积分法

可以用分部积分法计算不定积分，同样，分部积分法也可用来计算定积分，见例 6.2.3. 建立定积分的分部积分公式，使计算会更为简便.

设函数 $u(x)$，$v(x)$ 在区间 $[a,b]$ 具有连续导数，则有

$$(uv)' = u'v + uv'$$

两边分别在 $[a,b]$ 积分，并注意到

$$\int_a^b (uv)' \mathrm{d}x = [uv]_a^b$$

则有

$$[uv]_a^b = \int_a^b vu' \mathrm{d}x + \int_a^b uv' \mathrm{d}x$$

移项得

$$\int_a^b uv' \mathrm{d}x = [uv]_a^b - \int_a^b vu' \mathrm{d}x \tag{6.4.1}$$

上式也可写成

$$\int_a^b u \mathrm{d}v = [uv]_a^b - \int_a^b v \mathrm{d}u \tag{6.4.2}$$

这就是定积分的分部积分公式.

【例 6.4.1】　求 $\int_0^{\frac{\pi}{2}} x\sin x \mathrm{d}x$.

解：用式(6.4.2)计算得

$$\begin{aligned}\int_0^{\frac{\pi}{2}} x\sin x \mathrm{d}x &= \int_0^{\frac{\pi}{2}} x \mathrm{d}(-\cos x) \\ &= [-x\cos x]_0^{\frac{\pi}{2}} + \int_0^{\frac{\pi}{2}} \cos x \mathrm{d}x \\ &= [\sin x]_0^{\frac{\pi}{2}} = 1\end{aligned}$$

【例 6.4.2】　求 $\int_0^1 \arctan x \mathrm{d}x$.

解：用式(6.4.2)计算得

$$\begin{aligned}\int_0^1 \arctan x \mathrm{d}x &= [x\arctan x]_0^1 - \int_0^1 x \mathrm{d}(\arctan x) \\ &= \frac{\pi}{4} - \int_0^1 \frac{x}{1+x^2} \mathrm{d}x = \frac{\pi}{4} - \frac{1}{2}\int_0^1 \frac{1}{1+x^2} \mathrm{d}(1+x^2) \\ &= \frac{\pi}{4} - \left[\frac{1}{2}\ln(1+x^2)\right]_0^1 = \frac{\pi}{4} - \frac{1}{2}\ln 2\end{aligned}$$

这里除用了分部积分法，还用到了“凑微分法”.

【例 6.4.3】　求 $\int_0^1 \mathrm{e}^{\sqrt{x}} \mathrm{d}x$.

解：先作变量替换. 令 $t = \sqrt{x}$，则 $x = t^2$，$\mathrm{d}x = 2t\mathrm{d}t$，且当 $x = 0$ 时，$t = 0$；当 $x = 1$ 时，$t = 1$，于是有

$$\int_0^1 e^{\sqrt{x}}dx = 2\int_0^1 te^t dt$$

再用式(6.4.2)计算得

$$\int_0^1 e^{\sqrt{x}}dx = 2\int_0^1 te^t dt = 2\int_0^1 td(e^t) = 2\left\{[te^t]_0^1 - \int_0^1 e^t dt\right\} = 2\{e - [e^t]_0^1\} = 2$$

这是先用定积分的第二换元法,再用分部积分法.

习题 6.4

用分部积分法求下列定积分.

1. $\int_0^1 xe^{-x}dx$;
2. $\int_0^{\frac{\pi}{2}} x^2\sin xdx$;
3. $\int_1^e x\ln xdx$;
4. $\int_0^1 x\arctan xdx$;
5. $\int_{\frac{\pi}{4}}^{\frac{\pi}{3}} \frac{xdx}{\sin^2 x}$;
6. $\int_0^{\frac{\pi}{4}} x\cos 2xdx$;
7. $\int_0^{e-1} x\ln(x+1)dx$;
8. $\int_0^1 x^3e^{-x^2}dx$;
9. $\int_0^{\frac{1}{2}} x\arcsin xdx$;
10. $\int_0^{\frac{\pi}{2}} e^x\sin xdx$.

6.5 广义积分

在一些实际问题中,常常会遇到积分区间为无穷区间,或者被积函数在积分区间上具有无穷间断点的积分,从概念上说它们已经不再是定积分了.为此,我们需要对定积分的概念作相应的推广,从而引入“广义积分”的概念.

6.5.1 积分区间为无穷区间的广义积分

定义 6.5.1 设函数 $f(x)$ 在区间 $[a,+\infty)$ 上连续,取 $b>a$,如果

$$\lim_{b\to+\infty}\int_a^b f(x)dx$$

存在,称此极限为函数 $f(x)$ 在无穷区间 $[a,+\infty)$ 上的广义积分,记作 $\int_a^{+\infty}f(x)dx$,即

$$\int_a^{+\infty}f(x)dx = \lim_{b\to+\infty}\int_a^b f(x)dx \tag{6.5.1}$$

并称**广义积分** $\int_a^{+\infty}f(x)dx$ **收敛**,否则称广义积分 $\int_a^{+\infty}f(x)dx$ **发散**,此时记号 $\int_a^{+\infty}f(x)dx$ 不表示数值.

类似地,设函数 $f(x)$ 在区间 $(-\infty,b]$ 上连续,取 $a<b$,如果

$$\lim_{a\to-\infty}\int_a^b f(x)dx$$

存在，称此极限为**函数** $f(x)$ 在无穷区间$(-\infty,b]$上的广义积分，记作$\int_{-\infty}^{b}f(x)\mathrm{d}x$，即

$$\int_{-\infty}^{b}f(x)\mathrm{d}x=\lim_{a\to-\infty}\int_{a}^{b}f(x)\mathrm{d}x \tag{6.5.2}$$

并称广义积分$\int_{-\infty}^{b}f(x)\mathrm{d}x$收敛，否则称广义积分$\int_{-\infty}^{b}f(x)\mathrm{d}x$发散，此时记号$\int_{-\infty}^{b}f(x)\mathrm{d}x$不表示数值.

如果广义积分

$$\int_{-\infty}^{0}f(x)\mathrm{d}x \text{ 和 } \int_{0}^{+\infty}f(x)\mathrm{d}x$$

都收敛，则称上面两个广义积分的和为函数 $f(x)$ 在无穷区间$(-\infty,+\infty)$上的广义积分，记作$\int_{-\infty}^{+\infty}f(x)\mathrm{d}x$，即

$$\begin{aligned}\int_{-\infty}^{+\infty}f(x)\mathrm{d}x&=\int_{-\infty}^{0}f(x)\mathrm{d}x+\int_{0}^{+\infty}f(x)\mathrm{d}x\\&=\lim_{a\to-\infty}\int_{a}^{0}f(x)\mathrm{d}x+\lim_{b\to+\infty}\int_{0}^{b}f(x)\mathrm{d}x\end{aligned} \tag{6.5.3}$$

此时也称广义积分$\int_{-\infty}^{+\infty}f(x)\mathrm{d}x$ **收敛**，否则称广义积分$\int_{-\infty}^{+\infty}f(x)\mathrm{d}x$ **发散**.

【例 6.5.1】 求$\int_{1}^{+\infty}\frac{1}{x^2}\mathrm{d}x$.

解：由式(6.5.1)得

$$\int_{1}^{+\infty}\frac{1}{x^2}\mathrm{d}x=\lim_{b\to+\infty}\int_{1}^{b}x^{-2}\mathrm{d}x=\lim_{b\to+\infty}\left[-\frac{1}{x}\right]_{1}^{b}=\lim_{b\to+\infty}\left(1-\frac{1}{b}\right)=1$$

这个广义积分值的几何意义是：在图6.6中，虽然当 $b\to+\infty$ 时，阴影部分向右无限延伸，但它的面积的极限为1.也就是说，广义积分$\int_{1}^{+\infty}\frac{1}{x^2}\mathrm{d}x$表示在曲线 $y=\frac{1}{x^2}$ 的下方，x 轴的上方，$x=1$ 的右侧的无界区域的面积.

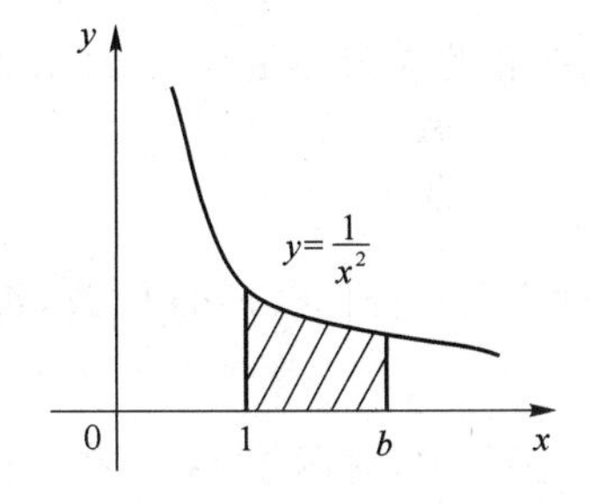

图6.6

【例 6.5.2】 求$\int_{-\infty}^{+\infty}\frac{\mathrm{d}x}{1+x^2}$.

解：由式(6.5.3)得

$$\begin{aligned}\int_{-\infty}^{+\infty}\frac{\mathrm{d}x}{1+x^2}&=\int_{-\infty}^{0}\frac{\mathrm{d}x}{1+x^2}+\int_{0}^{+\infty}\frac{\mathrm{d}x}{1+x^2}\\&=\lim_{a\to-\infty}\int_{a}^{0}\frac{\mathrm{d}x}{1+x^2}+\lim_{b\to+\infty}\int_{0}^{b}\frac{\mathrm{d}x}{1+x^2}\\&=\lim_{a\to-\infty}[\arctan x]_{a}^{0}+\lim_{b\to+\infty}[\arctan x]_{0}^{b}\\&=-\lim_{a\to-\infty}\arctan a+\lim_{b\to+\infty}\arctan b\\&=-\left(-\frac{\pi}{2}\right)+\frac{\pi}{2}=\pi\end{aligned}$$

【例 6.5.3】 证明广义积分$\int_1^{+\infty}\frac{\mathrm{d}x}{x^p}$当$p>1$时收敛,当$p\leqslant 1$时发散.

证:当$p=1$时,$\int_1^{+\infty}\frac{\mathrm{d}x}{x^p}=\int_1^{+\infty}\frac{\mathrm{d}x}{x}=[\ln x]_1^{+\infty}=+\infty$①

当$p\neq 1$时,$\int_1^{+\infty}\frac{\mathrm{d}x}{x^p}=\left[\frac{x^{1-p}}{1-p}\right]_1^{+\infty}=\begin{cases}+\infty, p<1\\ \frac{1}{p-1}, p>1\end{cases}$

可见,当$p>1$时,此广义积分收敛,且其值为$\frac{1}{p-1}$;当$p\leqslant 1$,此广义积分发散.

【例 6.5.4】 求$\int_0^{+\infty}x\mathrm{e}^{-px}\mathrm{d}x$($p>0$为常数).

解:

$$\begin{aligned}\int_0^{+\infty}x\mathrm{e}^{-px}\mathrm{d}x&=\int_0^{+\infty}x\mathrm{d}\left(-\frac{1}{p}\mathrm{e}^{-px}\right)\\&=\left[-\frac{1}{p}x\mathrm{e}^{-px}\right]_0^{+\infty}+\frac{1}{p}\int_0^{+\infty}\mathrm{e}^{-px}\mathrm{d}x\\&=-\frac{1}{p^2}\left[\mathrm{e}^{-px}\right]_0^{+\infty}=\frac{1}{p^2}\end{aligned}$$

这里$\lim\limits_{x\to+\infty}x\mathrm{e}^{-px}$是未定式,可用罗必塔法则计算.

6.5.2 被积函数有无穷间断点的广义积分

定义 6.5.2 设函数$f(x)$在区间$(a,b]$上连续,而$\lim\limits_{x\to a^+}f(x)=\infty$,取$\varepsilon>0$,如果

$$\lim_{\varepsilon\to 0^+}\int_{a+\varepsilon}^b f(x)\mathrm{d}x$$

存在,称此极限为函数$f(x)$在区间$(a,b]$上的广义积分,仍记作$\int_a^b f(x)\mathrm{d}x$,即

$$\int_a^b f(x)\mathrm{d}x=\lim_{\varepsilon\to 0^+}\int_{a+\varepsilon}^b f(x)\mathrm{d}x \tag{6.5.4}$$

并称广义积分$\int_a^b f(x)\mathrm{d}x$收敛,否则称广义积分$\int_a^b f(x)\mathrm{d}x$发散,此时记号$\int_a^b f(x)\mathrm{d}x$不表示数值.

类似地,设函数$f(x)$在区间$[a,b)$上连续,而$\lim\limits_{x\to b^-}f(x)=\infty$,取$\varepsilon>0$,如果

$$\lim_{\varepsilon\to 0^+}\int_a^{b-\varepsilon}f(x)\mathrm{d}x$$

存在,称此极限为函数$f(x)$在区间$[a,b)$上的广义积分,仍记作$\int_a^b f(x)\mathrm{d}x$,即

$$\int_a^b f(x)\mathrm{d}x=\lim_{\varepsilon\to 0^+}\int_a^{b-\varepsilon}f(x)\mathrm{d}x \tag{6.5.5}$$

并称广义积分$\int_a^b f(x)\mathrm{d}x$收敛,否则称广义积分$\int_a^b f(x)\mathrm{d}x$发散,此时记号$\int_a^b f(x)\mathrm{d}x$不表示数值.

---

①在这里采用了牛顿-莱布尼兹公式的记号:如果$F(x)$是$f(x)$的一个原函数,则$\int_a^{+\infty}f(x)\mathrm{d}x=[F(x)]_a^{+\infty}=F(+\infty)-F(a)$,不过$F(+\infty)=\lim\limits_{x\to+\infty}F(x)$.对其他形式的广义积分可类似地表示.

如果函数 $f(x)$ 在区间 $[a,b]$ 上除 $c(a<c<b)$ 外连续，且 $\lim\limits_{x\to c}f(x)=\infty$，如果两个广义积分

$$\int_a^c f(x)\mathrm{d}x \text{ 和 } \int_c^b f(x)\mathrm{d}x$$

都收敛，则称上面两个广义积分的和为函数 $f(x)$ 在区间 $[a,b]$ 上的广义积分，记作 $\int_a^b f(x)\mathrm{d}x$，即

$$\begin{aligned}\int_a^b f(x)\mathrm{d}x &= \int_a^c f(x)\mathrm{d}x+\int_c^b f(x)\mathrm{d}x \\ &= \lim_{\varepsilon\to 0^+}\int_a^{c-\varepsilon} f(x)\mathrm{d}x+\lim_{\varepsilon'\to 0^+}\int_{c+\varepsilon'}^b f(x)\mathrm{d}x\end{aligned} \tag{6.5.6}$$

此时也称广义积分 $\int_a^b f(x)\mathrm{d}x$ 收敛，否则称广义积分 $\int_a^b f(x)\mathrm{d}x$ 发散.

【例 6.5.5】 求 $\int_0^1 \frac{\mathrm{d}x}{\sqrt{1-x^2}}$.

解：由于 $\lim\limits_{x\to 1^-}\frac{1}{\sqrt{1-x^2}}=+\infty$

所以 $x=1$ 是被积函数的无穷间断点，于是由式(6.5.5)得

$$\begin{aligned}\int_0^1 \frac{\mathrm{d}x}{\sqrt{1-x^2}} &= \lim_{\varepsilon\to 0^+}\int_0^{1-\varepsilon}\frac{\mathrm{d}x}{\sqrt{1-x^2}} \\ &= \lim_{\varepsilon\to 0^+}[\arcsin x]_0^{1-\varepsilon} = \lim_{\varepsilon\to 0^+}[\arcsin(1-\varepsilon)-0] \\ &= \arcsin 1 = \frac{\pi}{2}\end{aligned}$$

这个广义积分值的几何意义是：位于曲线 $y=\frac{1}{\sqrt{1-x^2}}$ 的下方、x 轴上方，直线 $x=0$ 和 $x=1$ 之间的无界区域的面积等于 $\frac{\pi}{2}$，如图 6.7 所示.

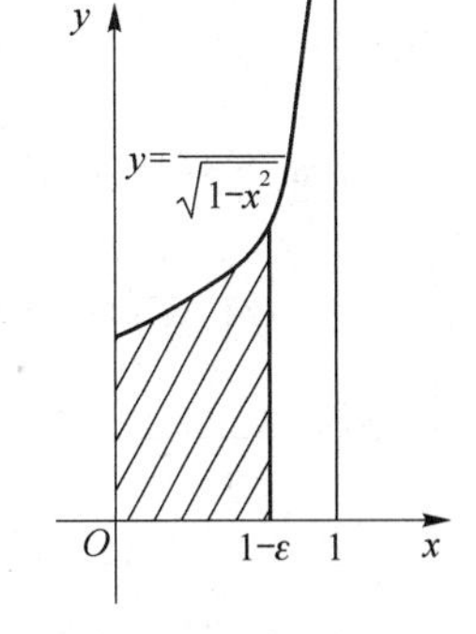

图 6.7

【例 6.5.6】 证明广义积分 $\int_0^1 \frac{\mathrm{d}x}{x^q}$ 当 $q<1$ 时收敛，当 $q\geqslant 1$ 时发散.

证：当 $q=1$ 时

$$\int_0^1 \frac{\mathrm{d}x}{x^q}=\int_0^1 \frac{\mathrm{d}x}{x}=[\ln x]_0^1=+\infty^{①}$$

当 $q\neq 1$ 时

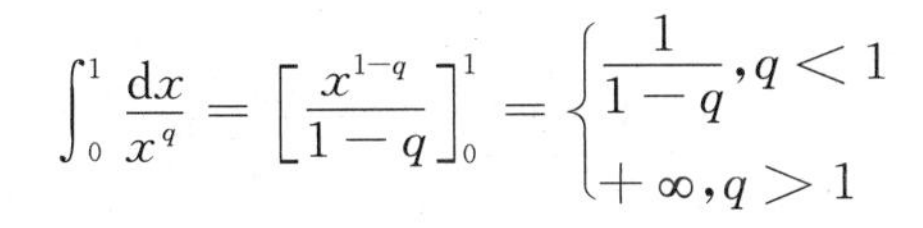

$$\int_0^1 \frac{\mathrm{d}x}{x^q}=\left[\frac{x^{1-q}}{1-q}\right]_0^1=\begin{cases}\frac{1}{1-q}, q<1\\ +\infty, q>1\end{cases}$$

①在这里采用了牛顿－莱布尼兹公式的记号：如果 a 是 $f(x)$ 的一个无穷间断点，$F(x)$ 是 $f(x)$ 的一个原函数，则 $\int_b^a f(x)\mathrm{d}x=[F(x)]_a^b=F(b)-F(a)$，不过 $F(a)=\lim\limits_{\varepsilon\to 0^+}F(a+\varepsilon)$. 对其他形式的广义积分也可类似地表示.

可见,当 $q<1$ 时,此广义积分收敛,且其值为$\frac{1}{1-q}$;当 $q\geqslant 1$ 时,此广义积分发散.

【例 6.5.7】 判别广义积分$\int_{-1}^{1}\frac{\mathrm{d}x}{x^2}$的敛散性.

解:被积函数 $f(x)=\frac{1}{x^2}$ 在积分区间$[-1,1]$除 $x=0$ 外连续,且$\lim\limits_{x\to 0}\frac{1}{x^2}=\infty$.

由于

$$\int_{-1}^{0}\frac{\mathrm{d}x}{x^2}=\lim_{\varepsilon\to 0^+}\int_{-1}^{-\varepsilon}\frac{\mathrm{d}x}{x^2}=\lim_{\varepsilon\to 0^+}\left[-\frac{1}{x}\right]_{-1}^{-\varepsilon}=\lim_{\varepsilon\to 0^+}\left(\frac{1}{\varepsilon}-1\right)=+\infty$$

可见广义积分$\int_{-1}^{0}\frac{\mathrm{d}x}{x^2}$发散,因此原积分发散.

习题 6.5

1. 计算下列广义积分并判断它的敛散性.

(1) $\int_{1}^{+\infty}\frac{\mathrm{d}x}{x^3}$; (2) $\int_{1}^{+\infty}\frac{\mathrm{d}x}{\sqrt{x}}$;

(3) $\int_{0}^{+\infty}\mathrm{e}^{-ax}\mathrm{d}x$($a>0$ 为常数); (4) $\int_{0}^{+\infty}x\mathrm{e}^{-x^2}\mathrm{d}x$;

(5) $\int_{\mathrm{e}}^{+\infty}\frac{\mathrm{d}x}{x(\ln x)^2}$; (6) $\int_{\mathrm{e}}^{+\infty}\frac{\ln x}{x}\mathrm{d}x$;

(7) $\int_{0}^{+\infty}\frac{x}{(x+1)^3}\mathrm{d}x$; (8) $\int_{-\infty}^{+\infty}\frac{\mathrm{d}x}{1+x^2}$;

(9) $\int_{-\infty}^{+\infty}\frac{x\mathrm{d}x}{1+x^2}$; (10) $\int_{1}^{+\infty}\frac{\mathrm{d}x}{x^2(1+x)}$.

2. 计算下列广义积分并判断它的敛散性.

(1) $\int_{0}^{1}\frac{x\mathrm{d}x}{\sqrt{1-x^2}}$; (2) $\int_{1}^{2}\frac{x\mathrm{d}x}{\sqrt{x-1}}$;

(3) $\int_{0}^{1}\frac{\mathrm{d}x}{\sqrt{1-x}}$; (4) $\int_{0}^{1}\frac{\mathrm{d}x}{(1-x)^{3/2}}$;

(5) $\int_{1}^{\mathrm{e}}\frac{\mathrm{d}x}{x\sqrt{1-(\ln x)^2}}$; (6) $\int_{0}^{2}\frac{\mathrm{d}x}{\sqrt[3]{(x-1)^2}}$;

(7) $\int_{0}^{2}\frac{\mathrm{d}x}{(1-x)^2}$; (8) $\int_{0}^{3}\frac{\mathrm{d}x}{x^2-5x+4}$;

(9) $\int_{-\frac{\pi}{4}}^{\frac{3\pi}{4}}\frac{\mathrm{d}x}{\cos^2 x}$; (10) $\int_{\mathrm{e}^{-1}}^{\mathrm{e}}\frac{\mathrm{d}x}{x\sqrt[3]{(\ln x)^2}}$.

3. 当 k 为何值时,积分$\int_{2}^{+\infty}\frac{\mathrm{d}x}{x(\ln x)^k}$收敛?又何时发散?

4. 当 k 为何值时,积分$\int_{-1}^{1}\frac{\mathrm{e}^x\mathrm{d}x}{\sqrt[k]{(1-\mathrm{e}^x)^2}}$收敛?又何时发散?

6.6 定积分应用举例

本节讲定积分的应用.首先介绍将一个量表示为定积分的分析方法－元素法.之后介绍定积分在几何学、物理学方面的应用,重点是定积分在几何学上的应用.

6.6.1 定积分的元素法

在定积分的应用中,采用的分析方法称为"元素法",我们从求曲边梯形的面积出发介绍这种分析方法.

设函数 $f(x)$ 在区间 $[a,b]$ 上连续且 $f(x)\geqslant 0$,求以曲线 $y=f(x)$ 为曲边,以区间 $[a,b]$ 为底的曲边梯形的面积 A.把这个面积 A 表示为定积分

$$A=\int_a^b f(x)\mathrm{d}x$$

的步骤如下:

(1) 全量等于与区间有关的部分量的和:用任意一组分点把区间 $[a,b]$ 分成长度分别为 $\Delta x_i(i=1,2,\cdots,n)$ 的 n 个小区间,相应地把曲边梯形分成 n 个窄曲边梯形,它们的面积分别记为 $\Delta A_i(i=1,2,\cdots,n)$,则有

$$A=\sum_{i=1}^{n}\Delta A_i$$

(2) 求部分量的近似值

$$\Delta A_i\approx f(\xi_i)\Delta x_i(x_{i-1}\leqslant\xi_i\leqslant x_i),i=1,2,\cdots,n$$

(3) 求全量的近似值:将部分量的近似值相加,得 A 的近似值

$$A\approx\sum_{i=1}^{n}f(\xi_i)\Delta x_i$$

(4) 求全量的精确值:将 A 的近似值取极限,得

$$A=\lim_{\lambda\to 0}\sum_{i=1}^{n}f(\xi_i)\Delta x_i=\int_a^b f(x)\mathrm{d}x$$

在导出 A 的积分表达式的四步中,主要是第二步,求得部分量的近似值 $\Delta A_i\approx f(\xi_i)\Delta x_i$,有了它就可写出全量的精确值

$$A=\lim_{\lambda\to 0}\sum_{i=1}^{n}f(\xi_i)\Delta x_i=\int_a^b f(x)\mathrm{d}x$$

为此,我们将第二步作如下简化:省去下标 i,用 $[x,x+\mathrm{d}x]$ 代表任一小区间,用 ΔA 代表此小区间的部分量－窄曲边梯形的面积,于是

$$A=\sum\Delta A$$

在 $[x,x+\mathrm{d}x]$ 上,以点 x 处的函数值 $f(x)$ 为高,以 $\mathrm{d}x$ 为底的矩形的面积 $f(x)\mathrm{d}x$ 为 ΔA 的近似值,

$$\Delta A\approx f(x)\mathrm{d}x$$

称上式中的 $f(x)\mathrm{d}x$ 为面积元素,记为 $\mathrm{d}A$,即 $\mathrm{d}A=f(x)\mathrm{d}x$.这样

$$A\approx\sum f(x)\mathrm{d}x$$

$$A=\lim\sum f(x)\mathrm{d}x=\int_a^b f(x)\mathrm{d}x$$

一般地,如果在一实际问题中所求量 U 符合下列条件:

(1) U 与一个变量 x 的变化区间$[a,b]$有关;

(2) U 对于区间具有可加性,即 U 的全量等于与区间有关的部分量之和;

(3) 部分量 ΔU_i 可表为 $f(\xi_i)\Delta x_i$;

那么这个量 U 可用定积分表示.写出 U 的积分表达式的步骤如下:

(1) 根据实际问题选取积分变量,例如 x,并确定它的变化区间$[a,b]$;

(2) 用$[x,x+\mathrm{d}x]$代表$[a,b]$上的任一小区间,用 ΔU 表示对应于这个小区间 U 的部分量,用对应于这个小区间 U 的元素 $\mathrm{d}U=f(x)\mathrm{d}x$ 表示 ΔU 的近似值,即

$$\Delta U\approx f(x)\mathrm{d}x=\mathrm{d}U$$

(3) 以所求量 U 的元素 $\mathrm{d}U=f(x)\mathrm{d}x$ 作被积表达式,在区间$[a,b]$上积分即得 U 的积分表达式

$$U=\int_a^b f(x)\mathrm{d}x$$

通常称上述方法为元素法.后面用这个方法讨论几何学、物理学中的一些量的计算问题.

6.6.2 平面图形的面积

下面分别在直角坐标系下和极坐标系下讨论平面图形面积的计算问题.

1. 在直角坐标系下计算平面图形的面积

在上面的分析中,我们已经知道求由曲线 $y=f(x)(f(x)\geqslant 0)$、x 轴及直线 $x=a$,$x=b$ 所围成的曲边梯形的面积 A 时,面积元素

$$\mathrm{d}A=f(x)\mathrm{d}x$$

且

$$A=\int_a^b f(x)\mathrm{d}x \tag{6.6.1}$$

利用面积元素,将曲边梯形的面积化为定积分的方法,可以推广到计算一些比较复杂的平面图形的面积。常见的平面图形有两类,下面分别讨论它们的面积的计算方法.

(1) X 型平面图形的面积

设平面图形由直线 $x=a$,$x=b$ 及曲线 $y=\varphi_1(x)$,$y=\varphi_2(x)$ 所围成,且当 $a<x<b$ 时,$\varphi_1(x)<\varphi_2(x)$,在区间$(a,b)$内任一点作平行于 y 轴的直线,与该平面图形的边界只有两个交点,称这样的平面图形为 X 型平面图形,简称为 X 型图形,如图 6.8 所示.

对 X 型平面图形,设$[x,x+\mathrm{d}x]$是$[a,b]$内的任一小区间,它所对应的面积元素为

$$\mathrm{d}A=[\varphi_2(x)-\varphi_1(x)]\mathrm{d}x$$

因此该平面图形的面积为

$$A=\int_a^b[\varphi_2(x)-\varphi_1(x)]\mathrm{d}x \tag{6.6.2}$$

(2) Y 型平面图形的面积

设平面图形由直线 $y=c$,$y=d$ 及曲线 $x=\psi_1(y)$,$x=\psi_2(y)$ 所围成,且当 $c<y<d$ 时,$\psi_1(y)<\psi_2(y)$,在区间(c,d)内任一点作平行于 x 轴的直线,与该平面图形的边界只有

两个交点，称这样的平面图形为 Y 型平面图形，简称为 Y 型图形，如图 6.9 所示.

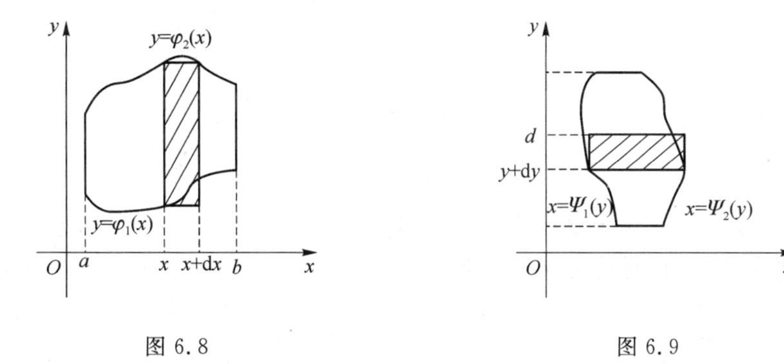

图 6.8　　　　图 6.9

对 Y 型平面图形，设$[y, y+\mathrm{d}y]$是$[c,d]$内的任一小区间，它所对应的面积元素为

$$\mathrm{d}A = [\psi_2(y) - \psi_1(y)]\mathrm{d}y$$

因此该平面图形的面积为

$$A = \int_c^d [\psi_2(y) - \psi_1(y)]\mathrm{d}y \tag{6.6.3}$$

【例 6.6.1】　计算由抛物线 $y = x^2$ 和直线 $y = x$ 所围成的平面图形的面积.

解：由抛物线 $y = x^2$ 和直线 $y = x$ 所围成的平面图形，如图 6.10 所示.

首先为了确定图形所在的范围，求抛物线 $y = x^2$ 与直线 $y = x$ 的交点，为此，解方程组

$$\begin{cases} y = x^2 \\ y = x \end{cases}$$

解得

$$x = 0, y = 0 \text{ 和 } x = 1, y = 1$$

即抛物线 $y = x^2$ 与直线 $y = x$ 的交点为$(0,0)$，$(1,1)$，从而确定这图形在两直线 $x = 0$ 和 $x = 1$ 之间. 由图 6.10 容易看到它是一个 X－型图形，它所在的区间为$[0,1]$，它的下边界为 $y = x^2$，上边界为 $y = x$，于是由式(6.6.2)，它的面积为

$$A = \int_0^1 (x - x^2)\mathrm{d}x = \left[\frac{1}{2}x^2 - \frac{1}{3}x^3\right]_0^1 = \frac{1}{6}$$

【例 6.6.2】　计算由抛物线 $y^2 = x$ 和直线 $x + y = 2$ 所围成的平面图形的面积。

解：由抛物线 $y^2 = x$ 和直线 $x + y = 2$ 所围成的平面图形如图 6.11 所示.

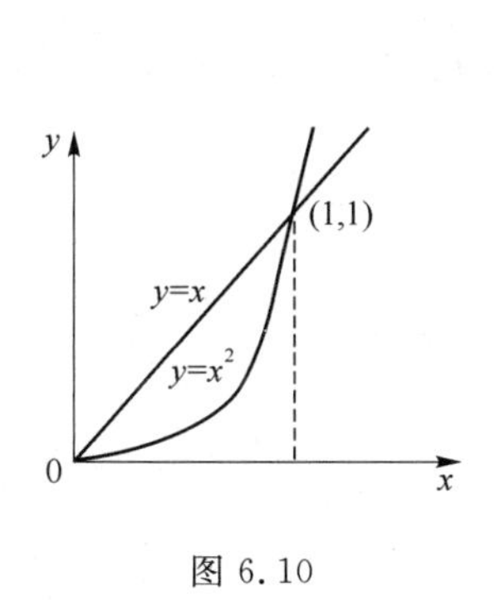

图 6.10

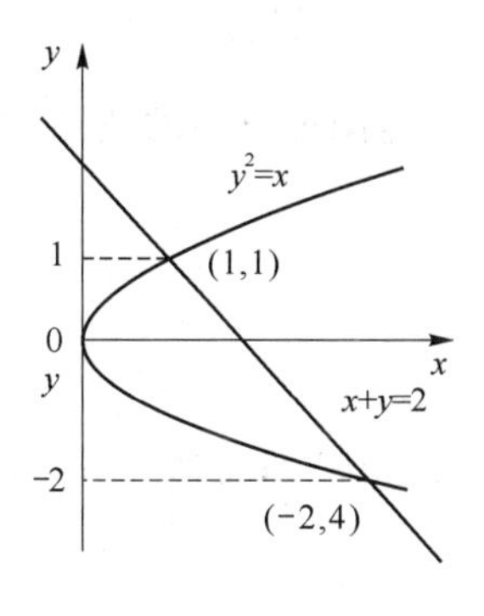

图 6.11

首先为了确定图形所在的范围,求抛物线 $y^2=x$ 与直线 $x+y=2$ 的交点,为此,解方程组

$$\begin{cases} y^2=x \\ x+y=2 \end{cases}$$

解得

$$x=1, y=1 \text{ 和 } x=4, y=-2$$

抛物线 $y^2=x$ 与直线 $y+x=2$ 的交点为(1,1),(4,−2),从而确定这图形在两直线 $y=-2$ 和 $y=1$ 之间.容易看到它是Y型图形,它所在的区间为[−2,1],它的左边界的方程为 $x=y^2$,右边界的方程为 $x=2-y$,于是由式(6.6.3),它的面积为

$$A\int_{-2}^{1}(2-y-y^2)\mathrm{d}y=\left[2y-\frac{1}{2}y^2-\frac{1}{3}y^3\right]_{-2}^{1}=\frac{9}{2}$$

注:由例6.6.2可见,选取合适的积分变量,可以使计算过程简洁.如果选 x 作积分变量,则需要将该图形用直线 $x=1$ 分成两部分,如图6.12所示,每一部分都是X型图形,这样所求图形的面积是这两部分面积之和.图形 D_1 所在的区间为[0,1],上边界为 $y=\sqrt{x}$,下边界为 $y=-\sqrt{x}$;图形 D_2 所在的区间为[1,4],上边界的方程为 $y=2-x$,下边界的方程为 $y=-\sqrt{x}$,于是得该平面图形的面积为

$$A=2\int_0^1\sqrt{x}\,\mathrm{d}x+\int_1^4(2-x+\sqrt{x})\mathrm{d}x=\frac{4}{3}[x^{\frac{3}{2}}]_0^1+\left[2x-\frac{1}{2}x^2+\frac{2}{3}x^{\frac{3}{2}}\right]_1^4=\frac{9}{2}$$

【例6.6.3】 求由抛物线 $y=x^2$ 和两直线 $y=x, y=2x$ 所围成的平面图形的面积.

解:由抛物线 $y^2=x$ 和两直线 $y=x, y=2x$ 所围成的平面图形如图6.13所示.

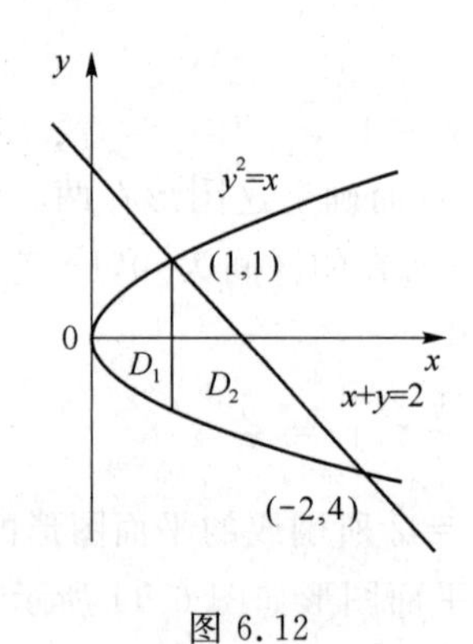

图6.12

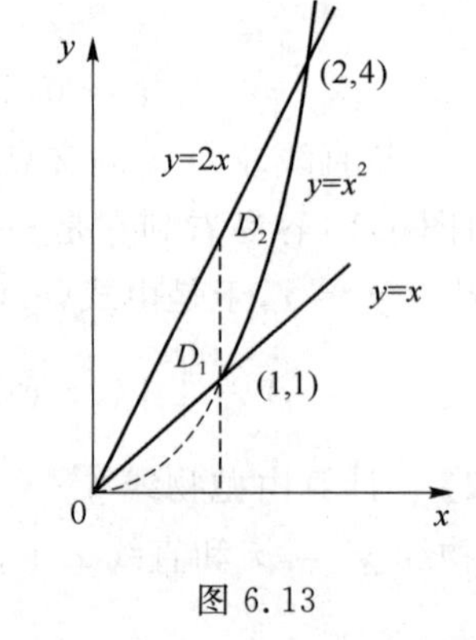

图6.13

首先为了确定图形所在的范围,求抛物线 $y=x^2$ 与直线 $y=x$ 的交点,解方程组

$$\begin{cases} y=x^2 \\ y=x \end{cases}$$

解得

$$x=0, y=0 \text{ 和 } x=1, y=1$$

求抛物线 $y=x^2$ 与直线 $y=2x$ 交点,解方程组

$$\begin{cases} y=x^2 \\ y=2x \end{cases}$$

解得

$$x = 0, y = 0 \text{ 和 } x = 2, y = 4$$

从而知该平面图形的边界上有三个交点:(0,0),(1,1),(2,4).可以看到,无论选 x 作积分变量还是选 y 作积分变量都需要将该平面图形分成两个部分,它的面积是这两部分面积之和.我们选 x 作积分变量,用 $x=1$ 将该平面图形分成两个部分,如图 6.13 所示,这两部分图形都是 X－型图形.图形 D_1 所在的区间为$[0,1]$,它的上边界为 $y=2x$,下边界为 $y=x$;图形 D_2 所在的区间为$[1,2]$,它的上边界为 $y=2x$,下边界为 $y=x^2$,于是得该平面图形的面积为

$$A = \int_0^1 (2x - x)\,dx + \int_1^2 (2x - x^2)\,dx = \frac{1}{2}[x^2]_0^1 + \left[x^2 - \frac{1}{3}x^3\right]_1^2 = \frac{7}{6}$$

【例 6.6.4】　求由直线 $x=1$、曲线 $y=e^x$ 及其在点(0,1)处的切线所围成的平面图形的面积.

解:先求曲线 $y=e^x$ 在其上点(0,1)处的切线方程.这切线的斜率为 $y'|_{x=0} = e^x|_{x=0} = 1$ 故它的方程为

$$y = x + 1$$

由直线 $x=1$、曲线 $y=e^x$ 及其在点(0,1)处的切线所围成的平面图形 6.14.于是可以看到它 X－图形,由式(6.6.2)所求平面图形的面积为

$$A = \int_0^1 (e^x - x - 1)\,dx$$

$$= \left[e^x - \frac{1}{2}x^2 - x\right]_0^1 = e - \frac{5}{2}$$

【例 6.6.5】　求椭圆$\frac{x^2}{a^2} + \frac{y^2}{b^2} = 1$ 的面积.

解:由对称性(图 6.15),椭圆的面积 A 等于它在第一象限部分的面积 A_1 的 4 倍.如果选 x 作积分变量,它在第一象限的部分是一个 X－型图形,它的面积为

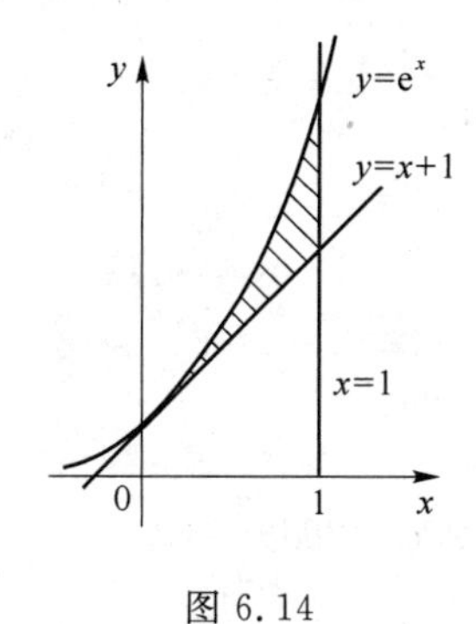

图 6.14

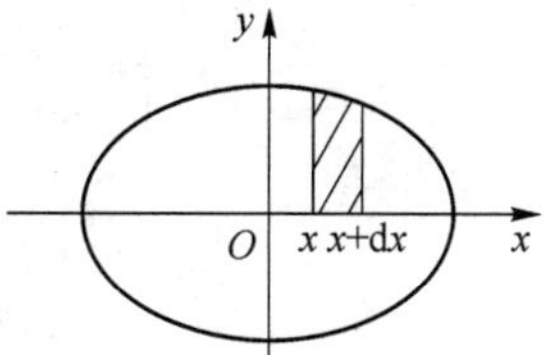

图 6.15

$$A = 4A_1 = 4\int_0^a y\,dx$$

由椭圆的参数方程

$$\begin{cases} x = a\cos t \\ y = b\sin t \end{cases}$$

及定积分的换元法,令 $x = a\cos t$,则

$$y = b\sqrt{1 - \frac{x^2}{a^2}} = b\sin t, dx = -a\sin t dt$$

且当 $x=0$ 时，$t=\frac{\pi}{2}$，当 $x=a$ 时，$t=0$，于是有

$$\begin{aligned}A&=4\int_{\frac{\pi}{2}}^{0}b\sin t(-a\sin t)\mathrm{d}t=-4ab\int_{\frac{\pi}{2}}^{0}\sin^2 t\mathrm{d}t\\&=4ab\int_{0}^{\frac{\pi}{2}}\sin^2 t\mathrm{d}t=2ab\int_{0}^{\frac{\pi}{2}}(1-\cos 2t)\mathrm{d}t\\&=2ab\left[t-\frac{1}{2}\sin 2t\right]_{0}^{\frac{\pi}{2}}=\pi ab\end{aligned}$$

当 $a=b$ 时，椭圆 $\frac{x^2}{a^2}+\frac{y^2}{b^2}=1$ 的面积就化为圆 $x^2+y^2=1$ 的面积 $A=\pi a^2$.

上面实际上给出了如果曲边梯形的曲边由参数方程

$$\begin{cases}x=\varphi(t)\\y=\psi(t)\end{cases}$$

确定，则曲边梯形的面积

$$A=\int_{t_1}^{t_2}\psi(t)\varphi'(t)\mathrm{d}t \tag{6.6.4}$$

其中 t_1 和 t_2 分别是对应于曲边的起点和终点的参数值.

【例 6.6.6】 求由星形线 $\begin{cases}x=a\cos^3\theta\\y=a\sin^3\theta\end{cases}$ 所围成的平面图形的面积.

解：由星形线 $\begin{cases}x=a\cos^3\theta\\y=a\sin^3\theta\end{cases}$ 所围成的平面图形如图 6.16 所示.

由对称性，所求平面图形的面积 A 等于它在第一象限部分的面积 A_1 的 4 倍. 在第一象限部分的曲线的起点 P 对应的参数 $\theta=\frac{\pi}{2}$，终点 Q 对应的参数 $\theta=0$，于是所求平面图形的面积

$$\begin{aligned}A_1&=\int_{\frac{\pi}{2}}^{0}a\sin^3\theta(-3a\cos^2\theta\sin\theta)\mathrm{d}\theta\\&=3a^2\int_{0}^{\frac{\pi}{2}}\sin^4\theta\cos^2\theta\mathrm{d}\theta\\&=\frac{3}{8}a^2\int_{0}^{\frac{\pi}{2}}[\sin^2 2\theta(1-\cos 2\theta)]\mathrm{d}\theta\\&=\frac{3}{8}a^2\left[\int_{0}^{\frac{\pi}{2}}\sin^2 2\theta\mathrm{d}\theta-\int_{0}^{\frac{\pi}{2}}\sin^2 2\theta\cos 2\theta\mathrm{d}\theta\right]\\&=\frac{3}{16}a^2\left[\int_{0}^{\frac{\pi}{2}}(1-\cos 4\theta)\mathrm{d}\theta-\int_{0}^{\frac{\pi}{2}}\sin^2 2\theta d(\sin 2\theta)\right]\\&=\frac{3}{16}a^2\left[\theta-\frac{1}{4}\sin 4\theta-\frac{1}{3}\sin^3 2\theta\right]_{0}^{\frac{\pi}{2}}=\frac{3}{32}\pi a^2\end{aligned}$$

于是所求平面图形的面积 $A=4A_1=\frac{3}{8}\pi a^2$.

2. 在极坐标下计算平面图形的面积

对于某些平面图形，用极坐标计算它们的面积比较简便.

在极坐标下，设一平面图形是由曲线 $r=\varphi(\theta)$ 及射线 $\theta=\alpha,\theta=\beta$ 所围成(图 6.17)，现

在要计算它的面积，其中当 θ 在$[\alpha,\beta]$上取值时，$\varphi(\theta)\geqslant 0$.

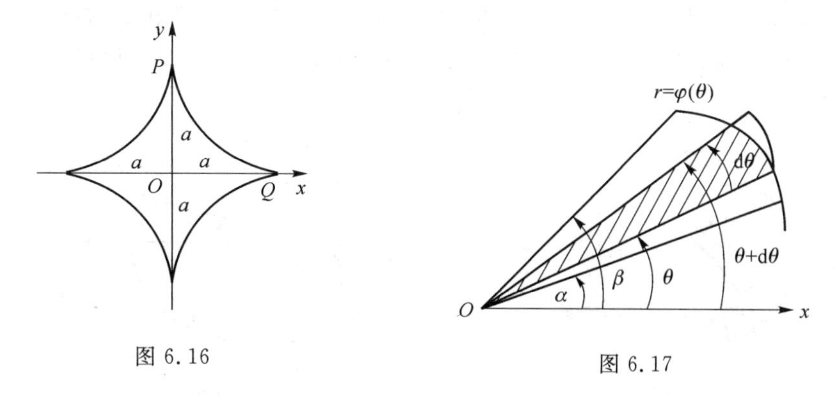

图 6.16　　　　图 6.17

当 θ 在$[\alpha,\beta]$取值时，如果极半径 $r=R$ 为常数，则由 $r=R$、$\theta=\alpha$ 及 $\theta=\beta$ 所围成的平面图形是一圆扇形，它的面积可用公式

$$A=\frac{1}{2}R^2(\beta-\alpha)$$

计算. 现在当 θ 在$[\alpha,\beta]$变动时，极半径 $r=\varphi(\theta)$ 也随之变化，因此不能用上面的公式计算它的面积，为此我们取极角 θ 为积分变量，它的变化区间为$[\alpha,\beta]$，在其中任取一个小区间$[\theta,\theta+d\theta]$，相应于此小区间有一窄曲边扇形(图 6.17)，它的面积可近似地等于半径为 $r=\varphi(\theta)$，中心角为 $d\theta$ 的圆扇形的面积，于是得到曲边扇形的面积元素(以后简要地表述为：相应于区间$[\alpha,\beta]$上的面积元素)：

$$dA=\frac{1}{2}[\varphi(\theta)]^2d\theta$$

以 $\frac{1}{2}[\varphi(\theta)]^2d\theta$ 为被积表达式，在区间$[\alpha,\beta]$上作定积分，便得到此曲边扇形的面积

$$A=\frac{1}{2}\int_{\alpha}^{\beta}[\varphi(\theta)]^2d\theta \tag{6.6.5}$$

【例 6.6.7】　求阿基米德螺线

$$r=a\theta(a>0\text{ 为常数})$$

上相应于 θ 从 0 到 2π 的一段弧与极轴所围成的平面图形的面积.

解：阿基米德螺线

$$r=a\theta(a>0\text{ 为常数})$$

上相应于 θ 从 0 到 2π 的一段弧与极轴所围成的平面图形如图 6.18 所示.
选 θ 作积分变量，它的取值范围为$[0,2\pi]$. 相应于区间$[0,2\pi]$的面积元素为

$$dA=\frac{1}{2}[a\theta]^2d\theta$$

于是得该平面图形的面积为

$$A=\frac{1}{2}\int_0^{2\pi}(a\theta)^2d\theta=\frac{a^2}{2}\left[\frac{\theta^3}{3}\right]_0^{2\pi}=\frac{4}{3}\pi^3a^2$$

【例 6.6.8】　求由心形线

$$r=a(1+\cos\theta)(a>0\text{ 为常数})$$

所围成的平面图形的面积.

解：由心形线

$$r = a(1+\cos\theta)(a>0 \text{ 为常数})$$

所围成的平面图形如图6.19所示.由对称性,只须求极轴上面的面积 A_1,则心形线所围成的面积 $A=2A_1$. 求面积 A_1,选 θ 作积分变量,它的取值范围为$[0,\pi]$,相应于区间$[0,\pi]$的面积元素为

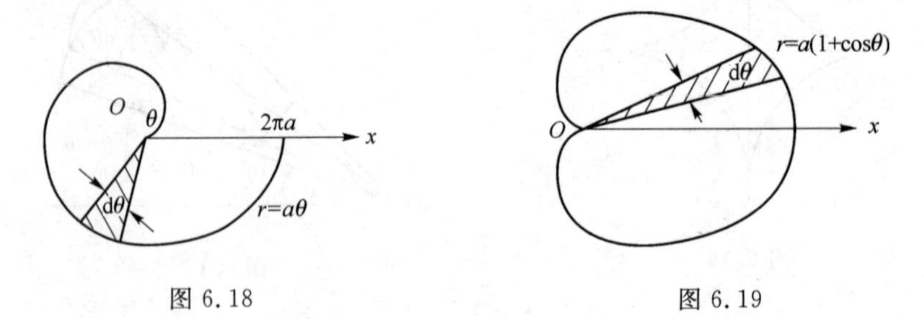

图 6.18　　　　图 6.19

$$\mathrm{d}\theta = \frac{1}{2}\left[a(1+\cos\theta)\right]^2\mathrm{d}\theta$$

于是

$$\begin{aligned}
A_1 &= \frac{1}{2}\int_0^{\pi}\left[a(1+\cos\theta)\right]^2\mathrm{d}\theta \\
&= \frac{a^2}{2}\int_0^{\pi}(1+2\cos\theta+\cos^2\theta)\,\mathrm{d}\theta \\
&= \frac{a^2}{2}\left[\int_0^{\pi}\mathrm{d}\theta+\int_0^{\pi}\cos\theta\mathrm{d}\theta+\int_0^{\pi}\cos^2\theta\mathrm{d}\theta\right] \\
&= \frac{a^2}{2}\left[\pi+\sin\theta\,\Big|_0^{\pi}+\int_0^{\pi}\frac{1+\cos 2\theta}{2}\mathrm{d}\theta\right] \\
&= \frac{a^2}{2}\left[\pi+\frac{1}{2}\left(\int_0^{\pi}\mathrm{d}\theta+\int_0^{\pi}\cos 2\theta\mathrm{d}\theta\right)\right] \\
&= \frac{a^2}{2}\left[\pi+\frac{1}{2}\left(\pi+\frac{1}{2}\sin 2\theta\,\Big|_0^{\pi}\right)\right] \\
&= \frac{3}{4}\pi a^2
\end{aligned}$$

则心形线所围成的平面图形的面积

$$A = 2A_1 = \frac{3}{2}\pi a^2$$

6.6.3　旋转体的体积

一平面图形绕这平面上一直线旋转所得的立体,称为旋转体.下面介绍绕坐标轴旋转所得旋转体的体积的计算方法.

由连续曲线 $y=f(x)$ 上的弧段 AB(设它与 x 轴不相交),与直线 $x=a$,$x=b(a<b)$ 及 x 轴所围成的平面图形绕 x 轴旋转所得的旋转体,如图6.20所示.

当 x 在$[a,b]$取值时,如果函数 $f(x)=R$ 为常数时,则 $y=f(x)=R$,$x=a$,$x=b$ 及 x 轴所围成的平面图形绕 x 轴旋转所得旋转体是一圆柱体,它的体积可用公式

$$V = \pi R^2(b-a)$$

计算.现在 x 在$[a,b]$取值时,函数 $f(x)$ 的值随 x 的值而变化,因此不能用上面的公式计算它的

体积，为此我们取 x 为积分变量，它的变化区间为$[a,b]$，在其中任取一个小区间$[x,x+\mathrm{d}x]$，相应于此小区间有一薄旋转体，如图 6.20 所示，它的体积可近似地等于半径为 $r=f(x)$，高为 $\mathrm{d}x$ 的圆柱体的体积，于是得到此旋转体的体积元素

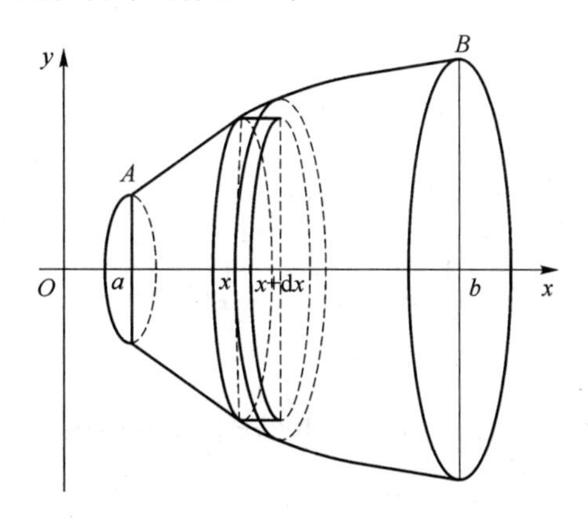

图 6.20

$$\mathrm{d}V=\pi[f(x)]^2\mathrm{d}x=\pi y^2\mathrm{d}x$$

以 $\pi[f(x)]^2\mathrm{d}x$ 为被积表达式，在区间$[a,b]$上作定积分，便得到

$$V=\int_a^b\pi[f(x)]^2\mathrm{d}x=\int_a^b\pi y^2\mathrm{d}x \tag{6.6.6}$$

【例 6.6.9】 求由曲线 $y=x^2$，直线 $x=1$ 及 x 轴所围成的平面图形绕 x 轴旋转所得旋转体的体积.

解：由式(6.6.6)，该旋转体的体积为

$$V=\int_0^1\pi y^2\mathrm{d}x=\pi\int_0^1 x^4\mathrm{d}x=\frac{\pi}{5}$$

【例 6.6.10】 求星形线 $x^{\frac{2}{3}}+y^{\frac{2}{3}}=a^{\frac{2}{3}}$，如图 6.16 所示所围成的平面图形绕 x 轴旋转所得旋转体的体积.

解：这是 $y=(a^{\frac{2}{3}}-x^{\frac{2}{3}})^{\frac{3}{2}}$，于是由式(6.6.6)，该旋转体的体积

$$\begin{aligned}V&=\int_{-a}^a\pi y^2\mathrm{d}x=\pi\int_{-a}^a(a^{\frac{2}{3}}-x^{\frac{2}{3}})^3\mathrm{d}x\\&=2\pi\int_0^a(a^2-3a^{\frac{4}{3}}x^{\frac{2}{3}}+3a^{\frac{2}{3}}x^{\frac{4}{3}}-x^2)\mathrm{d}x\\&=2\pi\left[a^2x-\frac{9}{5}a^{\frac{4}{3}}x^{\frac{5}{3}}+\frac{9}{7}a^{\frac{2}{3}}x^{\frac{7}{3}}-\frac{1}{3}x^3\right]_0^a\\&=2\pi\left[a^3-\frac{9}{5}a^3+\frac{9}{7}a^3-\frac{1}{3}a^3\right]=\frac{32}{105}\pi a^3\end{aligned}$$

完全类似地可以导出：由曲线 $x=\varphi(y)$，直线 $y=c,y=d(c<d)$ 及 y 轴所围成的平面图形绕 y 轴旋转所得旋转体的体积

$$V=\int_c^d\pi[\varphi(y)]^2\mathrm{d}y=\int_c^d\pi x^2\mathrm{d}y \tag{6.6.7}$$

【例 6.6.11】 求由曲线$\begin{cases}x=a\sin^4 t,\\y=b\cos^4 t,\end{cases}\left(0\leqslant t\leqslant\frac{\pi}{2}\right)$及 x 轴，y 轴所围成的平面图形分别绕 x 轴，y 轴旋转所得旋转体的体积.

解：此平面图形如图6.21所示，其中点A对应的$t=\frac{\pi}{2}$，点B对应的$t=0$. 由式(6.6.6)，绕x轴旋转所得旋转体的体积为

图6.21

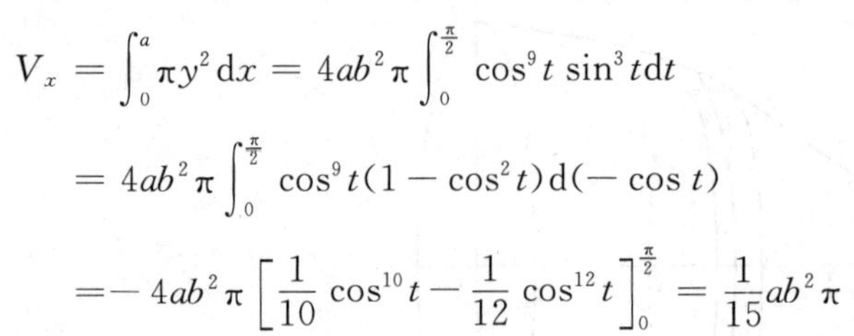

$$V_x=\int_0^a \pi y^2\,\mathrm{d}x=4ab^2\pi\int_0^{\frac{\pi}{2}}\cos^9 t\sin^3 t\,\mathrm{d}t$$
$$=4ab^2\pi\int_0^{\frac{\pi}{2}}\cos^9 t(1-\cos^2 t)\,\mathrm{d}(-\cos t)$$
$$=-4ab^2\pi\left[\frac{1}{10}\cos^{10}t-\frac{1}{12}\cos^{12}t\right]_0^{\frac{\pi}{2}}=\frac{1}{15}ab^2\pi$$

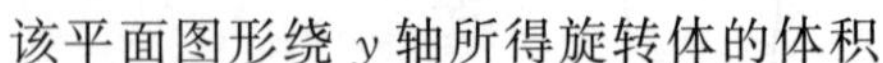

该平面图形绕y轴所得旋转体的体积

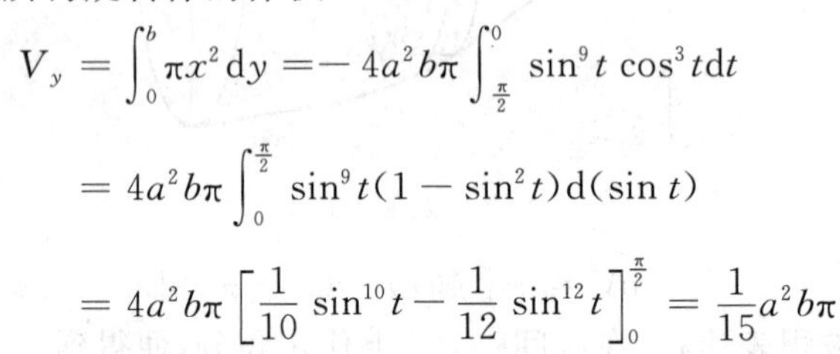

$$V_y=\int_0^b \pi x^2\,\mathrm{d}y=-4a^2b\pi\int_{\frac{\pi}{2}}^0\sin^9 t\cos^3 t\,\mathrm{d}t$$
$$=4a^2b\pi\int_0^{\frac{\pi}{2}}\sin^9 t(1-\sin^2 t)\,\mathrm{d}(\sin t)$$
$$=4a^2b\pi\left[\frac{1}{10}\sin^{10}t-\frac{1}{12}\sin^{12}t\right]_0^{\frac{\pi}{2}}=\frac{1}{15}a^2b\pi$$

6.6.4　平面曲线的弧长

下面介绍求曲线弧长的方法.

为求圆的周长，我们可以用圆的内接正多边形的周长当边数无限增多时的极限来得到，下面用类似的方法建立平面上的连续曲线弧长的概念，从而用定积分来计算弧长.

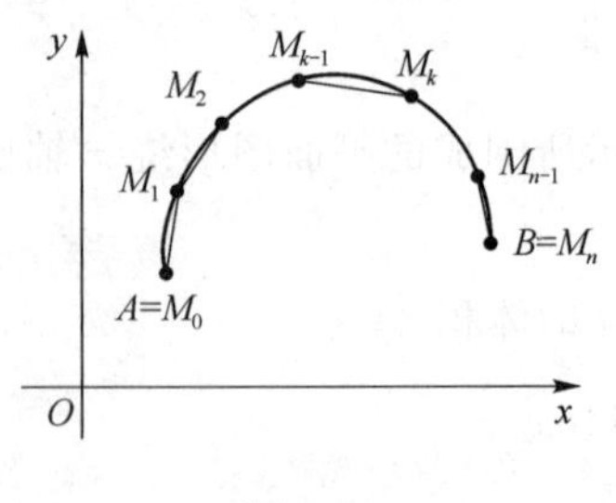

图6.22

设A,B是曲线上一弧段的两个端点. 在$\overparen{AB}$上任取分点，$A=M_0,M_1,M_2,\cdots,M_{n-1},M_n=B$，并依次连接相邻两个分点成弦而得一条内接折线，如图6.22所示. 当分点的数目n无限增加且每个小段$\overparen{M_{k-1}M_k}$都缩为一点时，如果此折线长的极限存在，则称此极限为曲线在A,B两点间的弧长，并称该弧段是可求长的.

可以证明：光滑曲线是可求长的.

如果弧段$\overparen{AB}$是可求长的，那么如何计算它的长度？我们先就当平面曲线由参数方程表示时给出下面的定理，而把直角坐标方程和极坐标方程的情况作为它的推论.

定理6.6.1　设曲线C的参数方程为$\begin{cases}x=\varphi(t),\\ y=\psi(t),\end{cases}$当$t$由$\alpha$沿增大的方向变到$\beta$，点$M(x,y)$画出由$A(x_0,y_0)$到$B(x_1,y_1)$的曲线弧段$\overparen{AB}$. 如果在区间$[\alpha,\beta]$上函数$\varphi(t),\psi(t)$具有连续导数，且$\varphi'(t),\psi'(t)$不同时为零，则$\overparen{AB}$的长度

$$s=\int_\alpha^\beta\sqrt{\varphi'^2(t)+\psi'^2(t)}\,\mathrm{d}t. \tag{6.6.8}$$

证：由于点A对应于参数$t=\alpha$，点B对应于$t=\beta$，且$\alpha<\beta$，故选t作自变量，且它的变化区间为$[\alpha,\beta]$. 在$[\alpha,\beta]$上任取一小区间$[t,t+\mathrm{d}t]$，相应于此小区间的小弧段的长度近似等于弦长$\sqrt{\Delta x^2+\Delta y^2}$，而

$$\Delta x = \varphi(t+\mathrm{d}t) - \varphi(t) \approx \mathrm{d}x = \varphi'(t)\mathrm{d}t$$
$$\Delta y = \psi(t+\mathrm{d}t) - \psi(t) \approx \mathrm{d}y = \psi'(t)\mathrm{d}t$$

于是弧长 Δs 可用弧微分来近似,即弧长元素为

$$\begin{aligned}\mathrm{d}s &= \sqrt{(\mathrm{d}x)^2 + (\mathrm{d}y)^2} = \sqrt{\varphi'^2(t)\,(\mathrm{d}t)^2 + \psi'^2(t)\,(\mathrm{d}t)^2} \\ &= \sqrt{\varphi'^2(t) + \psi'^2(t)}\,\mathrm{d}t\end{aligned}$$

于是所求弧长

$$s = \int_\alpha^\beta \sqrt{\varphi'^2(t) + \psi'^2(t)}\,\mathrm{d}t$$

即得式(6.6.8).

推论 (1) 如果曲线是用直角坐标方程 $y = f(x)$ 给出,此时可以将 $\begin{cases} x = x \\ y = f(x)\end{cases}$ 看成是曲线的参数方程,x 为参数,并设曲线弧的端点 A 与 B 分别对应于自变量 x 值为 a 与 $b(a < b)$,当导数 $f'(x)$ 在区间$[a,b]$ 上连续时,将式(6.6.8) 化为

$$s = \int_a^b \sqrt{x'^2 + y'^2}\,\mathrm{d}x = \int_a^b \sqrt{1 + y'^2}\,\mathrm{d}x = \int_a^b \sqrt{1 + f'^2(x)}\,\mathrm{d}x \qquad (6.6.9)$$

(2) 如果曲线是用极坐标方程 $r = r(\theta)$ 给出,此时可以将 $\begin{cases} x = r\cos\theta \\ y = r\sin\theta\end{cases}$ 看成是曲线的参数方程,θ 为参数,并设曲线弧的端点 A 与 B 分别对应于自变量 θ 值为 α 与 $\beta(\alpha < \beta)$,当导数 $r'(\theta)$ 在区间$[\alpha,\beta]$ 上连续时,将式(6.6.8) 化为

$$\begin{aligned}s &= \int_\alpha^\beta \sqrt{x'^2 + y'^2}\,\mathrm{d}x \\ &= \int_\alpha^\beta \sqrt{[r'(\theta)\cos\theta - r(\theta)\sin\theta]^2 + [r'(\theta)\sin\theta + r(\theta)\cos\theta]^2}\,\mathrm{d}\theta \\ &= \int_\alpha^\beta \sqrt{r^2(\theta) + r'^2(\theta)}\,\mathrm{d}\theta\end{aligned}$$

即

$$s = \int_\alpha^\beta \sqrt{r^2(\theta) + r'^2(\theta)}\,\mathrm{d}\theta \qquad (6.6.10)$$

【例 6.6.12】 求星形线 $\begin{cases} x = a\cos^3\theta \\ y = a\sin^3\theta\end{cases}$ 的全长(图 6.16).

解:由对称性,只需求它在第一象限部分弧段的长度,全长是这段弧长的 4 倍.

它在第一象限部分弧段的两个端点对应的参数分别为 $\theta = 0, \theta = \frac{\pi}{2}$,由式(6.6.8),这弧段的长度为

$$\begin{aligned}\int_0^{\frac{\pi}{2}} \sqrt{9a^2\cos^4\theta\sin^2\theta + 9a^2\sin^4\theta\cos^2\theta}\,\mathrm{d}\theta &= 3a\int_0^{\frac{\pi}{2}} \sin\theta\cos\theta\mathrm{d}\theta \\ &= \frac{3}{2}a\int_0^{\frac{\pi}{2}} \sin 2\theta\mathrm{d}\theta = -\frac{3}{4}a[\cos 2\theta]_0^{\frac{\pi}{2}} = \frac{3}{2}a\end{aligned}$$

于是得星形线的全长 $s = 6a$.

【例 6.6.13】 求曲线 $y = \ln(1 - x^2)$ 上自 $x = 0$ 到 $x = \frac{1}{2}$ 之间曲线弧的长度.

解:由式(6.6.9),所求曲线弧的长度为

$$s=\int_0^{\frac{1}{2}}\sqrt{1+f'^2(x)}\,dx=\int_0^{\frac{1}{2}}\sqrt{1+\left(\frac{-2x}{1-x^2}\right)^2}\,dx=\int_0^{\frac{1}{2}}\frac{1+x^2}{1-x^2}dx$$

$$=\int_0^{\frac{1}{2}}\left(\frac{1}{1-x}+\frac{1}{1+x}-1\right)dx=\left[\ln\frac{1+x}{1-x}-x\right]_0^{\frac{1}{2}}=\ln 3-\frac{1}{2}$$

【例 6.6.14】 求对数螺线 $r=e^{a\theta}$ 从 $\theta=0$ 到 $\theta=\pi$ 之间曲线弧的长度.

解：由式(6.6.10).所求曲线弧的长度为

$$s=\int_0^{\pi}\sqrt{r^2+r'^2}\,d\theta=\int_0^{\pi}\sqrt{e^{2a\theta}+a^2e^{2a\theta}}\,d\theta$$

$$=\sqrt{1+a^2}\int_0^{\pi}e^{a\theta}d\theta=\frac{\sqrt{1+a^2}}{a}\left[e^{a\theta}\right]_0^{\pi}=\frac{\sqrt{1+a^2}}{a}(e^{a\pi}-1)$$

*6.6.5 变力沿直线所作的功

在物理的运动学中我们知道，物体在作直线运动的过程中有一不变的力 F 作用在该物体上，且这力的方向与物体运动的方向一致，则物体移动了距离 s 时，力 F 对该物体所作的功 W 为

$$W=Fs$$

如果物体在作直线运动的过程中作用在其上力 F 虽与运动方向一致，但大小是随该物体所在的位置而变化的，则力 F 对物体所作的功就不能简单地用上式计算了.设作用在物体上的力 $F=F(s)$，其中 s 是所在的位置.为导出计算力 F 使物体从位置 a 运动到位置 b 所作的功的方法，沿物体运动的直线路径的方向建立一数轴，表示物体所在的位置，如图 6.23 所示，a 表示力 F 作用物体上的起始位置，b 表示终点位置.设 $F=F(s)$ 是 s 的连续函数，在区间$[a,b]$上任取一个小区间$[s,s+ds]$，在$[s,s+ds]$上作用在物体上的力近似地等于 $F(s)$，力对物体所作的功近似地等于

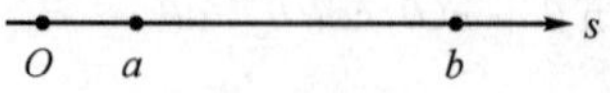

O a b s

图 6.23

$$dW=F(s)ds$$

于是以 $dW=F(s)ds$ 为被积表达式，在区间$[a,b]$作定积分，便得到变力 $F=F(s)$ 对物体从 a 到 b 所作的功

$$W=\int_a^b F(s)ds \tag{6.6.11}$$

【例 6.6.15】 将质量为 m 的物体从地球表面升高到高度为 h 的位置，求所作的功 W(地球对物体的吸引力 $f=\frac{mgR^2}{r^2}$，其中 m 为物体的质量，R 为地球的半径，r 为地球中心到物体的距离).

解：我们沿地球的半径铅直向上作数轴 Ox 轴，如图 6.24 所示.选 x 作自变量，它所在的区间为$[0,h]$.由题意知，地球对该物体的引力

$$f=f(x)=-\frac{mgR^2}{(R+x)^2}$$

这里负号是由于地球引力与 x 轴的方向相反.使物体上升的力 F 与地球的引力大小相等方向相反，即 $F=\frac{mgR^2}{(R+x)^2}$，在$[0,h]$任取一小区间$[x,x+dx]$，则 F 相应于$[x,x+dx]$上所作的功近似地等于

$$\mathrm{d}W = F(x)\mathrm{d}x$$

则 F 使物体升高到高度 h 所作的功

$$W = \int_0^h \frac{mgR^2}{(R+x)^2}\mathrm{d}x = \int_0^h \frac{mgR^2}{(R+x)^2}\mathrm{d}(R+x)$$

$$= -\left[\frac{mgR^2}{R+x}\right]_0^h = mgR - \frac{mgR^2}{R+h} = \frac{mgRh}{R+h}$$

【例 6.6.16】　设底面面积为 S 的圆柱形容器内有一定量的气体，在温度不变的情况下，由于气体的膨胀，把容器中的一个活塞（面积为 S）从点 a 推移到点 b，如图 6.25 所示，计算在移动过程中气体压力所作的功.

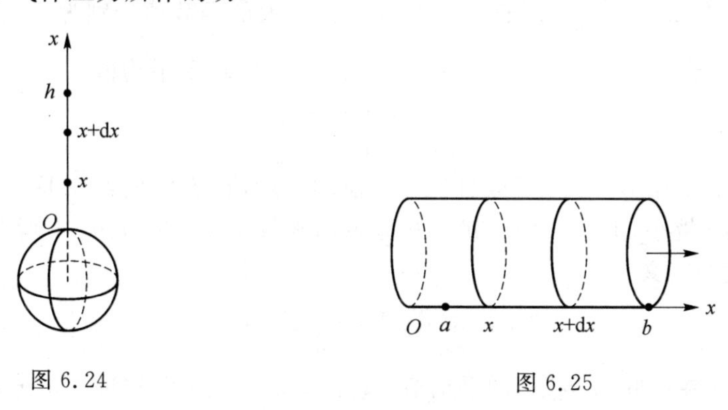

图 6.24　　　　图 6.25

解：建立坐标系如图 6.25 所示，其中 x 表示活塞所在的位置. 由物理学知，在温度不变的条件下，气体所产生的压强 p 与其体积 V 的乘积等于常数 k，即

$$pV = k,\text{或 } p = \frac{k}{V}$$

但 $V = xS$，所以

$$p = \frac{k}{xS}$$

于是得气体对活塞的压力

$$F = pS = \frac{k}{x}$$

它是 x 在函数.

取 x 作积分变量，积分区间为$[a,b]$. 在$[a,b]$任取一小区间$[x,x+\mathrm{d}x]$，当活塞从 x 移动到 $x+\mathrm{d}x$ 时，力 F 所作的功近似地等于

$$\mathrm{d}W = \frac{k}{x}\mathrm{d}x$$

于是力 F 将活塞从 a 推移到 b 所作的功

$$W = \int_a^b \frac{k}{x}\mathrm{d}x = k\left[\ln x\right]_a^b = k\ln\frac{b}{a}$$

*6.6.6　函数的平均值

在实际问题中，有时需要求一组数据的算术平均值，例如求某一小班学生的平均年龄. 又如，对一天内的输出电压作了 n 次测量，得到的测量值为 $y_1, y_2, \cdots, y_n$，求这组数据的算术平均值

$$\overline{y} = \frac{y_1 + y_2 + \cdots + y_n}{n}$$

与额定输出作比较.有时我们不仅需要计算有限多个值的算术平均值,还要考虑一个连续函数 $f(x)$ 在区间$[a,b]$上所取得的一切值的平均值,例如我们要计算在一昼夜间平均输出电压.下面我们来讨论如何定义和计算一个连续函数 $f(x)$ 在区间$[a,b]$上所取得的一切值的平均值.

为此,先将区间$[a,b]$分成 n 等分,分点依次为

$$a = x_0, x_1, \cdots, x_n = b$$

各个小区间的长度 $\Delta x = \frac{b-a}{n}$.设函数 $f(x)$ 在分点处的函数值分别为 $y_0, y_1, y_2, \cdots, y_n$,其中 $y_k = f(x_k), k = 0,1,2,\cdots,n$,可以用 $y_1, y_2, \cdots, y_n$ 的算术平均值

$$\frac{y_1 + y_2 + \cdots + y_n}{n}$$

近似表达函数 $f(x)$ 在$[a,b]$上所取得的一切值的平均值.容易想到,n 取得越大,相应各个小区间的长度 Δx 越小,上述平均值就较好地表达函数 $f(x)$ 在$[a,b]$上所取得的一切值的平均值,因此,我们定义

$$\overline{y} = \lim_{n\to\infty}\frac{y_1 + y_2 + \cdots + y_n}{n} \tag{6.6.12}$$

为连续函数 $f(x)$ 在区间$[a,b]$上的平均值.现在对式(6.6.12)作进一步计算,

$$\begin{aligned}\overline{y} &= \lim_{n\to\infty}\frac{y_1 + y_2 + \cdots + y_n}{n} = \lim_{n\to\infty}\frac{y_1 + y_2 + \cdots + y_n}{b-a}\,\frac{b-a}{n} \\ &= \lim_{n\to\infty}\frac{y_1 + y_2 + \cdots + y_n}{b-a}\Delta x = \frac{1}{b-a}\lim_{n\to\infty}\sum_{k=1}^{n} y_k\Delta x \\ &= \frac{1}{b-a}\lim_{n\to\infty}\sum_{k=1}^{n} f(x_k)\Delta x\end{aligned}$$

由于函数 $f(x)$ 在区间$[a,b]$上连续,因而它在$[a,b]$上可积,于是有

$$\overline{y} = \frac{1}{b-a}\lim_{n\to\infty}\sum_{k=1}^{n} f(x_k)\Delta x = \frac{1}{b-a}\int_a^b f(x)\,\mathrm{d}x$$

这就是说,连续函数 $y = f(x)$ 在区间$[a,b]$上平均值 $\overline{y}$ 等于 $f(x)$ 在$[a,b]$上的定积分除以区间$[a,b]$的长度 $b-a$,即

$$\overline{y} = \frac{1}{b-a}\int_a^b f(x)\,\mathrm{d}x$$

【例 6.6.17】 设自由落体从 $t=0$ 开始下落,求它在 0 秒到 T 秒这段时间内的平均速度.

解:自由落体的瞬时速度为 $v = gt$,则所求平均速度

$$\overline{v} = \frac{1}{T}\int_0^T gt\,\mathrm{d}t = \frac{1}{T}\left[\frac{1}{2}gt^2\right]_0^T = \frac{gT}{2}$$

【例 6.6.18】 计算在纯电阻电路中正弦电流 $i = I_m \sin\omega t$ 在一个周期内的功率的平均值(称为平均功率).

解:设电阻为 R,则电路中的电压

$$u = iR = I_m R\sin\omega t$$

瞬时功率为

$$p = ui = I_m^2 R\sin^2\omega t$$

功率在长度为一个周期$\left[0,\dfrac{2\pi}{\omega}\right]$上平均值

$$\begin{aligned}\overline{p} &= \frac{1}{\frac{2\pi}{\omega}}\int_0^{\frac{2\pi}{\omega}} I_m^2 R\sin^2\omega t\,\mathrm{d}t = \frac{\omega R I_m^2}{4\pi}\int_0^{\frac{2\pi}{\omega}}(1-\cos 2\omega t)\,\mathrm{d}t \\ &= \frac{\omega R I_m^2}{4\pi}\int_0^{\frac{2\pi}{\omega}}\mathrm{d}t - \frac{R I_m^2}{8\pi}\int_0^{\frac{2\pi}{\omega}}\cos 2\omega t\,\mathrm{d}(2\omega t) \\ &= \frac{R I_m^2}{2} - \frac{R I_m^2}{8\pi}\left[\sin 2\omega t\right]_0^{\frac{2\pi}{\omega}} = \frac{R I_m^2}{2} = \frac{I_m U_m}{2}\,(U_m = R I_m)\end{aligned}$$

这就是说，纯电阻电路中正弦电流在一个周期内的平均功率等于电流、电压的峰值的乘积的一半.

习题 6.6

1. 求由下列曲线所围成的图形的面积.

(1) $y = x^2, y = 2x + 3$；

(2) $y = \mathrm{e}^x, y = \mathrm{e}^{-x}$ 与直线 $x = 1$；

(3) $y = \ln x$、y 轴与直线 $y = \ln a, y = \ln b\,(b > a > 0)$，

(4) $y = -x^2 + 4x - 3$ 及其在点$(0,-3)$和$(3,0)$处的切线；

(5) $y^2 = 2x$ 及其在$\left(\dfrac{1}{2},1\right)$处的法线.

2. 求由各曲线所围成的图形的面积.

(1) $r = 2a\cos\theta$；　　(2) $r^2 = a^2\sin 2\theta$；　　(3) $r = 2a(2 + \cos\theta)$.

3. 求摆线 $x = a(t - \sin t), y = a(1 - \cos t)$ 的一拱与横轴所围成的图形的面积.

4. 求下列诸曲线所围成的图形按指定的轴旋转所得旋转体的体积.

(1) $y = x^2, x = y^2$，绕 x 轴；

(2) $x^2 - y^2 = 1, y = \pm 1, x = 0$，绕 y 轴；

(3) $xy = a\,(a > 0), x = a, x = 2a, y = 0$，绕 x 轴；

(4) 摆线 $x = a(t - \sin t), y = a(1 - \cos t), y = 0$，绕 x 轴；

(5) $x^2 + (y - 5)^2 = 16$，绕 x 轴.

5. 求下列已知曲线上指定两点间的一段弧的长度.

(1) $y = \dfrac{1}{4}x^2 - \dfrac{1}{2}\ln x$，自 $x = 1$ 至 $x = \mathrm{e}$；

(2) $y = \ln\cos x$，自 $x = 0$ 至 $x = 1$；

(3) $x = \arctan t, y = \dfrac{1}{2}\ln(1 + t^2)$，自 $t = 0$ 至 $t = 1$；

(4) $x = \mathrm{e}^t\sin t, y = \mathrm{e}^t\cos t$，自 $t = 0$ 至 $t = \dfrac{\pi}{2}$；

(5) $r = a(1 + \cos\theta)\,(a > 0$ 为常数$)$，自 $\theta = 0$ 至 $\theta = \pi$.

*6. 由胡克定律，弹簧在拉伸的过程中，所需的力 F(单位:kg) 与伸长量 s(单位:cm) 成

正比,即 $F=ks$(k 为比例常数),如果将弹簧由原长拉伸 6 cm,计算所作的功.

*7. 两带电小球,中心距离为 r,各带电荷 q_1 和 q_2,由库仑定律,它们之间的推拒力 $F=k\dfrac{q_1q_2}{r^2}$(k 为常数).设当 $r=50$ cm 时,$F=20$ N,计算两球之间的距离由 $r=75$ cm 变为 $r=100$ cm 时 F 所作的功.

*8. 直径为 20 cm、高为 80 cm 的圆柱体内充满压强为 10 kg/cm² 的蒸汽.若温度保持不变,要使蒸汽体积缩小一半,问需要作多少功?

*9. 一物体按规律 $x=ct^2$ 作直线运动,介质的阻力与速度的平方成正比,计算物体由 $x=0$ 移至 $x=a$ 时,克服介质阻力所作的功.

*10. 一物体以速度 $v=2t^2+3t$(m/s) 作直线运动,求它在 $t=0$ 到 $t=4$ 这一段时间内的平均速度.

*11. 求函数 $y=2xe^x$ 在区间 $[0,2]$ 上平均值.

*12. 计算正弦电流 $i=I_m\sin\omega t$ 在一个周期内的平均值.

6.7 本章小结

6.7.1 内容提要

1. 定积分的概念和性质

(1) 定积分的概念

设函数 $f(x)$ 在 $[a,b]$ 上有界,在 $[a,b]$ 任意插入若干个分点

$$a=x_0<x_1<x_2<\cdots<x_n=b$$

把区间 $[a,b]$ 分成 n 个小区间

$$[x_0,x_1],[x_1,x_2],\cdots,[x_{n-1},x_n]$$

各个小区间的长度依次为

$$\Delta x_1=x_1-x_0,\Delta x_2=x_2-x_1,\cdots,\Delta x_n=x_n-x_{n-1}$$

在每个小区间 $[x_{i-1},x_i]$ 上任取一点 ξ_i($x_{i-1}\leqslant\xi_i\leqslant x_i$),作函数值 $f(\xi_i)$ 与小区间长度 Δx_i 的乘积 $f(\xi_i)\Delta x_i$($i=1,2,\cdots,n$),并作和式

$$S=\sum_{i=1}^{n}f(\xi_i)\Delta x_i$$

记 $\lambda=\max\{\Delta x_1,\Delta x_2,\cdots,\Delta x_n\}$,如果不论对 $[a,b]$ 如何划分,也不论在小区间 $[x_{i-1},x_i]$ 上 ξ_i 如何选取,只要当 $\lambda\to 0$ 时,和 S 总趋于确定的极限 I,则称极限 I 为函数 $f(x)$ 在区间 $[a,b]$ 上的定积分(简称积分),记作 $\int_a^b f(x)\mathrm{d}x$,即

$$\int_a^b f(x)\mathrm{d}x=I=\lim_{\lambda\to 0}\sum_{i=1}^{n}f(\xi_i)\Delta x_i$$

并称函数 $f(x)$ 在区间 $[a,b]$ 上可积,称 $f(x)$ 为被积函数,$f(x)\mathrm{d}x$ 为被积表达式,x 为积分

变量,a 为积分下限,b 为积分上限,$[a,b]$ 为积分区间.

(2) 可积性

① 如果函数 $f(x)$ 在区间 $[a,b]$ 上连续,则 $f(x)$ 在 $[a,b]$ 上可积.

② 如果函数 $f(x)$ 在区间 $[a,b]$ 上有界,且只有有限个间断点,则 $f(x)$ 在 $[a,b]$ 上可积.

(3) 定积分的几何意义

如果曲线 $y=f(x)$ 有一部分在 x 轴的上方,也有一部分在 x 轴的下方,定积分 $\int_a^b f(x)\mathrm{d}x$ 表示由曲线 $y=f(x)$、x 轴及二直线 $x=a$、$x=b$ 所围成的平面图形在 x 轴上方部分在面积减去在 x 轴下方部分的面积之差.

(4) 定积分的性质

两条规定:

1. 当 $a=b$ 时,$\int_a^b f(x)\mathrm{d}x=0$;

2. 当 $a>b$ 时,$\int_a^b f(x)\mathrm{d}x=-\int_b^a f(x)\mathrm{d}x$.

1° $\int_a^b[f(x)\pm g(x)]\mathrm{d}x=\int_a^b f(x)\mathrm{d}x\pm\int_a^b g(x)\mathrm{d}x$.

性质 1° 对任意有限多个函数仍成立.

2° $\int_a^b kf(x)\mathrm{d}x=k\int_a^b f(x)\mathrm{d}x$($k$ 为常数).

3° $\int_a^b f(x)\mathrm{d}x=\int_a^c f(x)\mathrm{d}x+\int_c^b f(x)\mathrm{d}x$.

4° $\int_a^b 1\mathrm{d}x=\int_a^b \mathrm{d}x=b-a$.

5° 如果在区间 $[a,b]$ 上,$f(x)\geqslant 0$,则 $\int_a^b f(x)\mathrm{d}x\geqslant 0$.

推论 1 如果在在区间 $[a,b]$ 上,$f(x)\leqslant g(x)$,则 $\int_a^b f(x)\mathrm{d}x\leqslant\int_a^b g(x)\mathrm{d}x$.

推论 2 当 $a<b$ 时,$\left|\int_a^b f(x)\mathrm{d}x\right|\leqslant\int_a^b|f(x)|\mathrm{d}x$.

6° 设 M 和 m 分别是函数 $f(x)$ 在区间 $[a,b]$ 上的最大值和最小值,则

$$(b-a)m\leqslant\int_a^b f(x)\mathrm{d}x\leqslant(b-a)M$$

7°(积分中值公式) 如果函数 $f(x)$ 在区间 $[a,b]$ 上连续,则在 $[a,b]$ 上至少存在一点 ξ,使得 $\int_a^b f(x)\mathrm{d}x=f(\xi)(b-a)(a\leqslant\xi\leqslant b)$.

2. 积分上限的函数和牛顿—莱布尼兹公式

(1)(积分上限的函数). 如果函数 $f(x)$ 在区间 $[a,b]$ 上连续,则积分上限的函数 $\Phi(x)=\int_a^x f(t)\mathrm{d}t$ 在 $[a,b]$ 上连续且可导,并且它的导数

$$\Phi'(x)=\frac{\mathrm{d}}{\mathrm{d}x}\int_a^x f(t)\mathrm{d}t=f(x)(a\leqslant x\leqslant b)$$

(2)(牛顿—莱布尼兹公式). 如果函数 $F(x)$ 是连续函数 $f(x)$ 在区间 $[a,b]$ 上的任一个

原函数,则有$\int_a^b f(x)\mathrm{d}x = F(b) - F(a)$.

3. 积分法

(1) 换元法

① 第一换元法(凑微分法)

设函数 $f(t)$ 在区间$[\alpha,\beta]$上连续,函数 $t=\varphi(x)$ 满足条件:

(1) $\varphi(x)$ 在区间$[a,b]$上是单值的且有连续导数;

(2) 当 x 在区间$[a,b]$上变化时,$t=\varphi(x)$ 的值在$[\alpha,\beta]$上变化,且 $\varphi(a)=\alpha,\varphi(b)=\beta$,若 $F(t)$ 是 $f(t)$ 的原函数,则有定积分的换元积分公式

$$\int_a^b f[\varphi(x)]\varphi'(x)\mathrm{d}x = \int_a^b f[\varphi(x)]\mathrm{d}[\varphi(x)] = \Big[F[\varphi(x)]\Big]_a^b$$

② 第二换元法

设函数 $f(x)$ 在区间$[a,b]$上连续,函数 $x=\varphi(t)$ 满足条件:

(1) $\varphi(t)$ 在区间$[\alpha,\beta]$上是单值的且有连续导数;

(2) 当 t 在区间$[\alpha,\beta]$上变化时,$x=\varphi(t)$ 的值在$[a,b]$上变化,且 $\varphi(\alpha)=a,\varphi(\beta)=b$,则有定积分的换元公式$\int_a^b f(x)\mathrm{d}x = \int_\alpha^\beta f[\varphi(t)]\varphi'(t)\mathrm{d}t$.

(3) 分部积分法

设函数 $u(x),v(x)$ 在区间$[a,b]$具有连续导数,则有

$$\int_a^b uv'\mathrm{d}x = [uv]_a^b - \int_a^b vu'\mathrm{d}x \text{ 或} \int_a^b u\mathrm{d}v = [uv]_a^b - \int_a^b v\mathrm{d}u$$

4. 广义积分

(1) 无穷区间上的广义积分

$$\int_a^{+\infty} f(x)\mathrm{d}x\left(\int_{-\infty}^b f(x)\mathrm{d}x\right) = \lim_{b\to+\infty}\int_a^b f(x)\mathrm{d}x\left(=\lim_{a\to-\infty}\int_a^b f(x)\mathrm{d}x\right),$$

若上式右边的极限不存在称广义积分$\int_a^{+\infty} f(x)\mathrm{d}x\left(\int_{-\infty}^b f(x)\mathrm{d}x\right)$发散.

广义积分

$$\int_{-\infty}^{+\infty} f(x)\mathrm{d}x = \int_{-\infty}^0 f(x)\mathrm{d}x + \int_0^{+\infty} f(x)\mathrm{d}x$$

若上式右边两个广义积分有一个发散,称广义积分$\int_{-\infty}^{+\infty} f(x)\mathrm{d}x$ 发散.

(2) 被积函数有无穷间断点的广义积分

设函数 $f(x)$ 在区间$(a,b]$上连续,而$\lim\limits_{x\to a^+} f(x)=\infty$($\lim\limits_{x\to b^-} f(x)=\infty$),取 $\varepsilon>0$,则

$$\int_a^b f(x)\mathrm{d}x = \lim_{\varepsilon\to0^+}\int_{a+\varepsilon}^b f(x)\mathrm{d}x\left(=\lim_{\varepsilon\to0^+}\int_a^{b-\varepsilon} f(x)\mathrm{d}x\right)$$

若上式右边的极限不存在,称广义积分$\int_a^b f(x)\mathrm{d}x$ 发散.

如果函数 $f(x)$ 在区间$[a,b]$上除 $c(a<c<b)$ 外连续,且$\lim\limits_{x\to c} f(x)=\infty$,则

$$\int_a^b f(x)\mathrm{d}x = \int_a^c f(x)\mathrm{d}x + \int_c^b f(x)\mathrm{d}x$$

若右边的两个广义积分有一个发散,称广义积分$\int_a^b f(x)\mathrm{d}x$ 发散.

5. 定积分的应用

(1) 元素法

如果在一实际问题中所求量 U 符合下列条件:

① U 与一个变量 x 的变化区间$[a,b]$ 有关;

② U 对于区间具有可加性,即 U 的全量等于与区间有关的部分量之和;

③ 部分量 ΔU_i 可表为 $f(\xi_i)\Delta x_i$;

那么这个量 U 可用定积分表示. 写出 U 的积分表达式的步骤如下:

① 根据实际问题选取积分变量,例如 x,并确定它的变化区间$[a,b]$;

② 用$[x,x+\mathrm{d}x]$ 代表$[a,b]$ 上的任一小区间,用 ΔU 表示对应于这个小区间 U 的部分量,用对应于这个小区间 U 的元素 $\mathrm{d}U = f(x)\mathrm{d}x$ 表示 ΔU 的近似值,即

$$\Delta U \approx f(x)\mathrm{d}x = \mathrm{d}U$$

③ 以所求量 U 的元素 $\mathrm{d}U = f(x)\mathrm{d}x$ 作被积表达式,在区间$[a,b]$ 上积分即得 U 的积分表达式

$$U = \int_a^b f(x)\mathrm{d}x$$

(2) 平面图形的面积

① 直角坐标系下

由曲线 $y = f(x), y = g(x)[f(x) \geqslant g(x)](x = \varphi(y), x = \psi(y)[\varphi(y) \geqslant \psi(y)])$ 及直线 $x = a, x = b(y = a, y = b)$ 所围成的平面图形的面积

$$A = \int_a^b [f(x) - g(x)]\mathrm{d}x \left(A = \int_a^b [\varphi(y) - \psi(y)]\mathrm{d}y\right)$$

② 极坐标系下

曲线 $r = \varphi(\theta), r = \psi(\theta)(\varphi(\theta) \geqslant \psi(\theta))$ 及射线 $\theta = \alpha, \theta = \beta$ 所围成的平面图形的面积 $A = \frac{1}{2}\int_\alpha^\beta \{[\varphi(\theta)]^2 - [\psi(\theta)]^2\}\mathrm{d}\theta$.

(3) 旋转体的体积

一平面图形绕这平面上一直线旋转所得的立体,称为旋转体. 下面介绍绕坐标轴旋转所得旋转体的体积的计算方法.

曲线 $y = f(x)(x = g(y))$、直线 $x = a, x = b(y = a, y = b)(a < b)$ 及 x 轴(y 轴) 所围成的平面图形绕 x 轴旋转所得的旋转体

$$V = \int_a^b \pi [f(x)]^2 \mathrm{d}x = \int_a^b \pi y^2 \mathrm{d}x \left(V = \int_a^b \pi [g(y)]^2 \mathrm{d}y = \int_a^b \pi x^2 \mathrm{d}y\right)$$

(4) 平面曲线的弧长

曲线 C:$\begin{cases} x = \varphi(t) \\ y = \psi(t) \end{cases}$ 上对应于 $t = \alpha, t = \beta(\alpha < \beta)$ 两点之间的弧段的长度

$$s = \int_\alpha^\beta \sqrt{\varphi'^2(t) + \psi'^2(t)}\,\mathrm{d}t$$

6.7.2 基本要求

(1) 理解定积分的概念和性质,知道定积分的几何意义;

(2) 理解并熟悉积分上限的函数的定义和性质,熟练掌握微积分基本公式,即牛顿－莱布尼兹公式;

(3) 掌握不定积分的换元法和分部积分法,尤其要熟练掌握第一换元法和分部积分法;

(4) 知道两类广义积分的定义和计算方法,会计算常用的广义积分;

(5) 理解定积分应用的微元素法,掌握定积分几何应用的基本题目的计算方法,它们是平面图形的面积、旋转体的体积、平面曲线的弧长;知道变力沿直线所作的功及函数的平均值的计算方法.

综合练习题

一、单项选择题

1. 设$M=\int_{-\frac{\pi}{2}}^{\frac{\pi}{2}}\frac{\sin x}{1+x^2}\cos^4 x\mathrm{d}x$,$N=\int_{-\frac{\pi}{2}}^{\frac{\pi}{2}}(\sin^3 x+\cos^4 x)\mathrm{d}x$,$P=\int_{-\frac{\pi}{2}}^{\frac{\pi}{2}}(x^2\sin^3 x-\cos^4 x)\mathrm{d}x$,则有(　　).

(A) $N<P<M$　(B) $M<P<N$　(C) $N<M<P$　(D) $P<M<N$

2. $y=\int_1^{x^2}\frac{\sin t}{t}\mathrm{d}t(x>1)$ 在 $x=\sqrt{\frac{\pi}{2}}$ 处的导数$y'|_{x=\sqrt{\frac{\pi}{2}}}=$(　　).

(A) $\frac{2}{\sqrt{\pi}}$　(B) $\frac{2}{\pi}$　(C) $\sqrt{\frac{2}{\pi}}$　(D) $2\sqrt{\frac{2}{\pi}}$

3. $\int_0^{\frac{\pi}{4}}\tan^3\theta\mathrm{d}\theta=$(　　).

(A) $1-\ln\sqrt{2}$　(B) $\frac{1}{2}(1-\ln 2)$　(C) $\frac{1}{2}-\ln 2$　(D) $1-\ln 2$

4. 设 $f(x)$ 为已知连续函数,$I=t\int_0^{\frac{s}{t}}f(tx)\mathrm{d}x$,其中 $s>0,t>0$,则 I 的值(　　).

(A) 依赖于 s 和 t　(B) 依赖于 s,t,x

(C) 依赖于 t 和 x,不依赖于 s　(D) 依赖于 s,不依赖于 t

5. $\int_0^{\frac{\pi}{2}}\mathrm{e}^{2x}\sin x\mathrm{d}x=$(　　).

(A) $\frac{1}{5}(2\mathrm{e}^{\pi}+1)$　(B) $\frac{1}{4}(\mathrm{e}^{\pi}-2)$　(C) $\frac{1}{3}(\mathrm{e}^{\pi}-1)$　(D) $\frac{2}{3}(\mathrm{e}^{\pi}-1)$

6. 下列广义积分收敛的是(　　).

(A) $\int_{\mathrm{e}}^{+\infty}\frac{\ln x}{x}\mathrm{d}x$　(B) $\int_{\mathrm{e}}^{+\infty}\frac{\mathrm{d}x}{x\ln x}$　(C) $\int_{\mathrm{e}}^{+\infty}\frac{\mathrm{d}x}{x\ln^2 x}$　(D) $\int_{\mathrm{e}}^{+\infty}\frac{\mathrm{d}x}{x(\ln x)^{\frac{1}{2}}}$

7. 下列广义积分发散的是(　　).

(A) $\int_{-1}^{1}\frac{dx}{x^2}$　　(B) $\int_{-1}^{1}\frac{dx}{\sqrt{1-x^2}}$　　(C) $\int_{0}^{+\infty}xe^{-x^2}dx$　　(D) $\int_{2}^{+\infty}\frac{dx}{x\ln^3x}$

8. 由 $y^2=x^2-x^4$ 所围成的平面图形的面积为(　　).

(A) $\frac{1}{3}$　　(B) $\frac{1}{2}$　　(C) $\frac{4}{3}$　　(D) $\frac{2}{3}$

9. 由两曲线 $r=3\cos\theta, r=1+\cos\theta$ 所围成的图形的公共部分的面积为(　　).

(A) $\frac{2\pi}{3}$　　(B) $\frac{5\pi}{4}$　　(C) $\frac{4\pi}{5}$　　(D) $\frac{4\pi}{3}$

10. 由曲线 $xy=a(a>0)$ 与直线 $x=a, x=2a$ 及 x 轴所围成的图形绕 y 轴旋转所得旋转体的体积为(　　).

(A) $3\pi a^2$　　(B) πa^2　　(C) $2\pi a^2$　　(D) $\frac{3}{4}\pi a^2$

二、填空题

1. 质点以速度 $v=t\sin t^2$(m/s) 作直线运动,则从 $t_1=\sqrt{\frac{\pi}{2}}s$ 到 $t_2=\sqrt{\pi}s$ 内质点所经过的路程等于 ________;

2. $\int_{-1}^{1}(x+\sqrt{1-x^2})^2dx=$ ________;

3. $\lim\limits_{x\to+\infty}\frac{\int_0^x\sqrt{1+t^4}dt}{x^3}=$ ________;

4. 设 $f(x)$ 是连续函数,且 $f(x)=x+2\int_0^1 f(t)dt$,则 $f(x)=$ ________;

5. 设$\lim\limits_{x\to\infty}\left(\frac{1+x}{x}\right)^{ax}=\int_{-\infty}^{a}te^tdt$,则常数 $a=$ ________;

6. $\int_{\frac{2}{\pi}}^{\frac{6}{\pi}}\frac{\sin\frac{1}{x}}{x^2}dx=$ ________;

7. $\int_{1}^{+\infty}\frac{\arctan x}{x^2}dx=$ ________;

8. $\int_{1}^{e}\frac{dx}{x\sqrt{1-(\ln x)^2}}=$ ________;

9. 曲线 $y=\int_{-\frac{\pi}{2}}^{x}\sqrt{\cos x}dx$ 的全长等于 ________;

10. $\int_0^{\frac{\pi}{2}}\left(\int_{\frac{\pi}{2}}^{x}\frac{\sin t}{t}dt\right)dx=$ ________设当 $t=0$ 时$\frac{\sin t}{t}$ 的值为 1.

三、计算题与证明题

1. 求$\int_0^1 x(1-x^4)^{\frac{3}{2}}dx$;

2. 求$\int_0^1 \frac{\ln(1+x)}{(2-x)^2}dx$；

3. 设$f(x)=\begin{cases}1+x^2, & x<0,\\ e^{-x}, & x\geqslant 0,\end{cases}$求$\int_1^3 f(x-2)dx$；

4. 求$\int_{-1}^1 (x+|x|+1)^2dx$；

5. 求$\int_0^{\pi} \sqrt{1-\sin x}dx$；

6. 求$\int_0^{\frac{\pi}{4}} \frac{x}{1+\cos 2x}dx$；

7. 设$f(x)=\int_0^x \frac{\sin t}{\pi-t}dt$,计算$\int_0^{\pi} f(x)dx$；

8. 已知$f(2)=\frac{1}{2}, f'(2)=0$及$\int_0^2 f(x)dx=1$,求$\int_0^2 x^2 f''(2x)dx$；

9. 设函数$f(x)$在$(-\infty,+\infty)$内满足$f(x)=f(x-\pi)+\sin x$,且当$x\in[0,\pi)$时,$f(x)=x$,求$\int_{\pi}^{3\pi} f(x)dx$.

10. 设$F(x)=\int_0^{x^2} e^{-t^2}dt$,试求

(1) $F(x)$的极值；

(2) 曲线$y=F(x)$的拐点的横坐标；

(3) $\int_{-2}^3 x^2F'(x)dx$的值.

11. 求$\int_3^{+\infty} \frac{dx}{(x-1)^4\sqrt{x^2-2x}}$；

12. 求$\int_0^1 \frac{x^3dx}{\sqrt{1-x^2}}$；

13. 设$f(x)=\int_1^x \frac{\ln t}{1+t}dt$,其中$x>0$,求$f(x)+f\left(\frac{1}{x}\right)$；

14. 求曲线$y=\ln(1-x^2)$相应于$0\leqslant x\leqslant\frac{1}{2}$的一段弧的长度；

15. 设曲线$L_1: y=1-x^2(0\leqslant x\leqslant 1)$、$x$轴和$y$轴所围成的区域被曲线$L_2: y=ax^2$分为面积相等的两部分,其中$a>0$为常数,求$a$的值；

16. 过点$P(1,0)$作抛物线$y=\sqrt{x-2}$的切线,该切线与上述抛物线及x轴围成一平面图形,求此平面图形绕x轴旋转所得得旋转体的体积；

17. 设$f(x)$在$(-\infty,+\infty)$上连续,证明

(1) $\int_0^{\frac{\pi}{2}} f(\sin x)dx=\int_0^{\frac{\pi}{2}} f(\cos x)dx$；

(2) $\int_0^{\pi} xf(\sin x)dx=\frac{\pi}{2}\int_0^{\pi} f(\sin x)dx$,并由此计算$\int_0^{\pi} \frac{x\sin x}{1+\cos^2 x}dx$；

18. 设函数$f(x)$在$[0,1]$上连续且递减,证明当$0<\lambda<1$时,$\int_0^{\lambda} f(x)dx\geqslant\lambda\int_0^1 f(x)dx$.

第 7 章　微分方程

函数是客观事物的内在联系在数量方面的反映，利用函数关系又可以对客观事物的规律性进行研究，因此如何寻找出所需要的函数关系，在实践中具有重要意义.在寻求某些变量之间的函数关系时，往往不易或不能直接找到这些函数关系，但却能建立有关变量和它们的导数(或微分)之间的关系式，这样的关系式就是微分方程.微分方程建立以后，对它进行研究，找出未知函数来，这就是解微分方程. 本章主要介绍微分方程的一些基本概念和几类常见的微分方程的解法.

7.1　微分方程的基本概念

我们曾经遇到过几种类型的方程. 例如

$$x^2+2x-4=0$$

$$x^4+x^2-6=0$$

这两个方程，作为未知量的 x 均是数值，方程中只含有未知量 x 的代数运算，因此，它们是**代数方程**.

又如

$$x^2+y^2=1$$

及

$$\frac{dy}{dx}=2x \text{ 或 } dy=2xdx$$

这两个方程与上面列举的方程性质上不同，这里作为未知量的 y 已不是数值，而是另一个变量 x 的函数，因此称它们为**函数方程**. 同样是函数方程，它们也有重要区别，$x^2+y^2=1$ 不含导数或微分；$\frac{dy}{dx}=2x$ 或 $dy=2xdx$ 含有未知函数的导数或微分，这种特殊的函数方程，就是**微分方程**.

微分方程在几何、物理中，在工程技术中有着广泛的应用. 下面举一个在几何中的简单实例.

【例 7.1.1】　已知一条曲线过点(2,6)，且在该曲线上任意一点处的切线斜率为该点横坐标的两倍，求此曲线方程.

解：设所求曲线的方程为 $y=y(x)$，$M(x,y)$为该曲线上任意一点. 根据所给的条件，可得到

$$y'=2x \tag{7.1.1}$$

及

$$y\big|_{x=2}=6 \tag{7.1.2}$$

式(7.1.1)便是一个微分方程,它含有未知函数的一阶导数,也称它为一阶微分方程.式(7.1.2)常称为初始条件.求解满足初始条件的微分方程问题称为初值问题.

对式(7.1.1)两边求不定积分便得到

$$y=\int 2x\mathrm{d}x = x^2+C \tag{7.1.3}$$

其中为C任意常数.不难验证所得到的函数$y=x^2+C$是满足微分方程(7.1.1)的,我们称它为微分方程(7.1.1)的解.因为它含有任意常数C,C取不同的值,便得到微分方程(7.1.1)的一族特定的解,即式(7.1.3)是方程(7.1.1)所有解的一个通式,通常又称它为通解.

为了求过点(2,6)的曲线,将条件(7.1.2)代入式(7.1.3),得到$6=4+C$,解得$C=2$于是得到所求曲线方程为

$$y=x^2+2 \tag{7.1.4}$$

称函数(7.1.4)为微分方程(7.1.1)的一个特解.

结合本例,给出微分方程、微分方程的阶、微分方程的解、通解、初始条件及特解等概念.下面将给出这些概念的一般定义.

7.1.1 微分方程的定义

定义 7.1.1 含有未知函数的导数(微分)或偏导数的方程,称为**微分方程**.如

$$x(y')^2-2yy'+x=0 \tag{7.1.5}$$

$$(3x^2y+xy^2)\mathrm{d}x+(x^3+x^2y)\mathrm{d}y=0 \tag{7.1.6}$$

$$\frac{\mathrm{d}^2x}{\mathrm{d}t^2}+\frac{\mathrm{d}x}{\mathrm{d}t}+x=\sin t \tag{7.1.7}$$

$$4\frac{\mathrm{d}^3y}{\mathrm{d}x^3}+\sin x\frac{\mathrm{d}^2y}{\mathrm{d}x^2}+5xy=0 \tag{7.1.8}$$

$$x\frac{\partial z}{\partial x}+y\frac{\partial z}{\partial y}=z \tag{7.1.9}$$

$$\frac{\partial^2u}{\partial x^2}+\frac{\partial^2u}{\partial y^2}+\frac{\partial^2u}{\partial z^2}=0 \tag{7.1.10}$$

都是微分方程.未知函数是一元函数的微分方程,称为常微分方程,如式(7.1.5)、式(7.1.6)、式(7.1.7)、式(7.1.8)都是常微分方程;未知函数是多元函数的微分方程,称为偏微分方程,如式(7.1.9)、式(7.1.10)是偏微分方程.本章只讨论常微分方程.以后凡说到微分方程或者方程,均指常微分方程.

7.1.2 微分方程的阶

在微分方程中,未知函数的导数或微分的最高阶数,称为微分方程的阶.如式(7.1.5)、式(7.1.6)是一阶微分方程,式(7.1.7)是二阶微分方程,式(7.1.8)是三阶微分方程.

n阶微分方程的一般形式可写为

$$F(x,y,y',\cdots,y^{(n)})=0 \tag{7.1.11}$$

或者

$$y^{(n)}=f(x,y,y',\cdots,y^{(n-1)}) \tag{7.1.11$'$}$$

通常称式(7.1.11)为隐式方程，称式(7.1.11)′为显式方程.

7.1.3　微分方程的解

1. 微分方程的解

满足微分方程的函数(把函数代入微分方程能使该方程成为恒等式)称为该**微分方程的解**. 确切地说，设函数 $y=\varphi(x)$ 在区间 I 上有 n 阶导数 如果在区间 I 上，有

$$F[x,\varphi(x),\varphi'(x),\cdots,\varphi^{(n)}(x)]=0$$

那么称函数 $y=\varphi(x)$ 为微分方程 $F(x,y,y',\cdots,y^{(n)})=0$ 在区间 I 上的解.

【例 7.1.2】 试验证函数

$$y=3\sin x-4\cos x \tag{7.1.12}$$

是微分方程

$$y''+y=0 \tag{7.1.13}$$

的解.

解：求出所给函数(7.1.12)的一阶及二阶导数

$$y'=3\cos x+4\sin x$$

$$y''=-3\sin x+4\cos x$$

将 y 及 y'' 的表达式代入方程(7.1.13)，得

$$-3\sin x+4\cos x+3\sin x-4\cos x=0$$

函数(7.1.12)及其二阶导数代入方程(7.1.13)后，在区间$(-\infty,+\infty)$内成为一个恒等式，因此函数(7.1.12)是微分方程(7.1.13)的解.

同样可以验证，$y=\sin x+\cos x$，$y=7\sin x-5\cos x$ 等也是方程(7.1.13)的解，甚至 $y=C\sin x$，$y=C_1\sin x+C_2\cos x$(其中 C,C_1,C_2 为任意常数)也是该方程的解.

2. 微分方程的通解

如果微分方程的解中含有任意常数，且任意常数的个数与微分方程的阶数相同，这样的解称为微分方程的**通解**.

例如，函数 $y=C_1\sin x+C_2\cos x$ 就是二阶微分方程(7.1.13)的通解.

注意：通解中的任意常数应是相互独立的，不能经过合并使其个数减少，如

$y=(C_1+C_2)\sin x$(其中 C_1,C_2 任意常数)是方程(7.1.13)的解，但不是通解，因为 C_1+C_2 可合并为一个任意常数 C.

3. 微分方程的特解

确定了通解中的任意常数后便得到微分方程的一个特定的解，称它为特解. 特解应不含任意常数.

例如，函数 $y=3\sin x-4\cos x$ 就是二阶微分方程(7.1.13)的一个特解.

4. 初始条件

初始条件是用来确定通解中任意常数的一种常用条件.

初始条件的个数与微分方程的阶数相同.如果方程是一阶的,确定通解中任意常数的初始条件为如下的条件

$$\text{当 } x=x_0 \text{ 时}, y=y_0$$

通常写成

$$y|_{x=x_0}=y_0$$

如果方程是二阶的,确定通解中任意常数的初始条件为如下两个

$$\text{当 } x=x_0 \text{ 时}, y=y_0, y'=y_0'$$

通常写成

$$y|_{x=x_0}=y_0, y'|_{x=x_0}=y_0'$$

对 n 阶微分方程(7.1.11),其初始条件是指如下的 n 个条件

$$y|_{x=x_0}=y_0, y'|_{x=x_0}=y_0', y''|_{x=x_0}=y''_0, \cdots, y^{(n-1)}|_{x=x_0}=y_0^{(n-1)}$$

5. 初值问题

求微分方程满足初始条件的解的问题称为**初值问题**(或为**柯西**(**Cauchy**)**问题**).

如求一阶微分方程 $y'=f(x,y)$满足初始条件 $y|_{x=x_0}=y_0$的解的问题,记为

$$\begin{cases} y'=f(x,y) \\ y|_{x=x_0}=y_0 \end{cases}$$

求二阶微分方程 $y''=f(x,y,y')$满足初始条件 $y|_{x=x_0}=y_0, y'|_{x=x_0}=y_0'$的解的问题,记为

$$\begin{cases} y''=f(x,y,y') \\ y|_{x=x_0}=y_0, y'|_{x=x_0}=y_0' \end{cases}$$

一般,求 n 阶微分方程 $y^{(n)}=f(x,y,y',\cdots,y^{(n-1)})$满足初始条件

$$y|_{x=x_0}=y_0, y'|_{x=x_0}=y_0', y''|_{x=x_0}=y''_0, \cdots, y^{(n-1)}|_{x=x_0}=y_0^{(n-1)}$$

的解的问题,记为

$$\begin{cases} y^{(n)}=f(x,y,y',\cdots,y^{(n-1)}) \\ y|_{x=x_0}=y_0, y'|_{x=x_0}=y_0', \cdots, y^{(n-1)}|_{x=x_0}=y_0^{(n-1)}. \end{cases}$$

【例 7.1.3】 求微分方程$\frac{dy}{dx}=2\sin x$,满足初始条件 $y|_{x=\pi}=1$ 的特解.

解:把$\frac{dy}{dx}=2\sin x$ 两端积分,得

$$y=\int 2\sin x dx \text{ 即 } y=-2\cos x+C \tag{7.1.14}$$

其中 C 是任意常数.

将初始条件 $y|_{x=\pi}=1$ 代入式(7.1.14),得

$$1=-2\cos\pi+C$$

由此确定出任意常数 $C=-1$,把 $C=-1$ 代入式(7.1.14),即得所求特解

$$y=-2\cos x-1$$

【例 7.1.4】 求初值问题

$$\begin{cases} y''+y=0 \\ y|_{x=0}=-4, y'|_{x=0}=3 \end{cases}$$

的解.

解：由前面可知 $y=C_1\sin x+C_2\cos x$ 是方程 $y''+y=0$ 的通解.

将条件 $y|_{x=0}=-4$ 代入 $y=C_1\sin x+C_2\cos x$，得

$$C_2=-4$$

又

$$y'=C_1\cos x-C_2\sin x \tag{7.1.15}$$

将条件 $y'|_{x=0}=3$ 代入式(7.1.15)，得

$$C_1=3$$

把 C_1，C_2 代入 $y=C_1\sin x+C_2\cos x$，就得所求的特解为

$$y=3\sin x-4\cos x$$

6. 积分曲线

微分方程的通解的图形是依赖于参数，即依赖于通解中任意常数的一族曲线，称为微分方程的**积分曲线族**. 微分方程的特解是积分曲线族中满足初始条件的一条积分曲线.

例 7.1.1 中的初值问题的几何意义，就是求满足微分方程 $\frac{\mathrm{d}y}{\mathrm{d}x}=2x$，且通过点(2,6)的那条积分曲线；例 7.1.4 中的初值问题的几何意义，就是求满足微分方程 $y''+y=0$，且通过点(0,−4)并在该点处的切线斜率为 3 的那条积分曲线.

习题 7.1

1. 指出下列微分方程的阶.

(1) $(x^2+2y^2)\mathrm{d}x+(3x^2-4y^2)\mathrm{d}y=0$；

(2) $\frac{\mathrm{d}x}{\mathrm{d}y}=x^2+y^2$；

(3) $\frac{\mathrm{d}^2s}{\mathrm{d}t^2}+\frac{k}{m}\frac{\mathrm{d}s}{\mathrm{d}t}+g=0$；

(4) $y'''+y(y')^4+x^2=1$；

(5) $x^2y''-xy'+y=0$；

(6) $\frac{\mathrm{d}^3y}{\mathrm{d}x^3}-3\frac{\mathrm{d}^2y}{\mathrm{d}x^2}+3\frac{\mathrm{d}y}{\mathrm{d}x}-y=\mathrm{e}^x$.

2. 验证下列函数分别是所给微分方程的解.

(1) $y'\sin x-y\cos x=0$，$y=\sin x$；

(2) $y''-7y'+12y=0$，$y=\mathrm{e}^{3x}+\mathrm{e}^{4x}$；

(3) $xy''+2y'-xy=0$，$xy=\mathrm{e}^x+\mathrm{e}^{-x}$.

3. 利用所给的初始条件，分别确定各函数关系式中所含的参数.

(1) $\cos y=C(1+\mathrm{e}^x)$，$y|_{x=0}=\frac{\pi}{4}$；

(2) $y=(C_1+C_2x)\mathrm{e}^{2x}$，$y|_{x=0}=0$，$y'|_{x=0}=1$；

(3) $y=C_1\sin(x-C_2)$，$y|_{x=\pi}=1$，$y'|_{x=\pi}=0$.

4. (1) 已知曲线上任一点处的切线的斜率等于切点的纵坐标的 3 倍，求这曲线所适合的微分方程.

(2) 已知曲线上任一点处的切线的斜率等于切点的横坐标和纵坐标之和，求这曲线所

适合的微分方程.

5. 对一阶方程 $y'=2x$

(1) 求出它的通解;

(2) 求出过点(1,4)的积分曲线,并画出其图形;

(3) 求出与直线 $y=2x+3$ 相切的积分曲线,并画出其图形.

7.2 可分离变量的微分方程

本节至第 7.4 节,将介绍几种特殊类型的一阶微分方程的解法.一阶微分方程的一般形式为

$$\boldsymbol{y'=f(x,y)} \tag{7.2.1}$$

一阶微分方程有时也写成如下的对称形式:

$$P(x,y)\mathrm{d}x+Q(x,y)\mathrm{d}y=0 \tag{7.2.2}$$

在方程(7.2.2)中,变量 x 与 y 是对称的.若把 x 看作自变量,y 看作未知函数,则当 $Q(x,y)\neq 0$ 时,有

$$\frac{\mathrm{d}y}{\mathrm{d}x}=-\frac{P(x,y)}{Q(x,y)}$$

若把 y 看作自变量,x 看作未知函数,则当 $P(x,y)\neq 0$ 时,有

$$\frac{\mathrm{d}x}{\mathrm{d}y}=-\frac{Q(x,y)}{P(x,y)}$$

定义 7.2.1 如果一阶微分方程可化为

$$\frac{\mathrm{d}y}{\mathrm{d}x}=h(x)g(y) \tag{7.2.3}$$

的形式,则称原方程为可分离变量的微分方程.方程(7.2.3)的特点是其右端为只含 x 的函数与只含 y 的函数的乘积.

例如

$$(1+x)y\mathrm{d}x+(1-y)x\mathrm{d}y=0$$

是可分离变量的微分方程,因为它可以化成

$$\frac{\mathrm{d}y}{\mathrm{d}x}=\frac{y}{y-1}\cdot\frac{1+x}{x}$$

且可以分离变量,即化为一边只与变量 x 有关,另一边只与变量 y 有关的形式,

$$\frac{y-1}{y}\mathrm{d}y=\frac{1+x}{x}\mathrm{d}x$$

下面我们来求解方程(7.2.3).设 $h(x)$、$g(y)$ 分别是 x、y 的连续函数.为了求解方程(7.2.3),我们分两种情况讨论.

① 若 $g(y)\neq 0$,将式(7.2.3)两端分别乘以 $\mathrm{d}x$,并除以 $g(y)$,于是变量被分离,得到

$$\frac{\mathrm{d}y}{g(y)}=h(x)\mathrm{d}x \tag{7.2.4}$$

将上式两端分别对 x 和 y 积分,得

$$\int \frac{\mathrm{d}y}{g(y)} = \int h(x)\mathrm{d}x \tag{7.2.5}$$

设 $G(y)$ 及 $H(x)$ 分别为 $\frac{1}{g(y)}$ 及 $h(x)$ 的原函数,则式(7.2.5)可写成

$$G(y)=H(x)+C \tag{7.2.6}$$

这里 C 是任意常数.关系式(7.2.6)是微分方程(7.2.3)的隐式通解,又称为通积分.

② 若存在实数 y_0,使 $g(y_0)=0$,则把函数 $y=y_0$(常值函数)代入方程(7.2.3)直接验证,可知 $y=y_0$ 也是方程(7.2.3)的解.注意,一般说来,这个解会在分离变量即把方程(7.2.3)化为方程(7.2.4)时丢失,且有时它不含在通积分(7.2.6)之中,因此需单独写出.

上述讨论过程说明,为求解方程(7.2.3),关键在于分离变量,使 $\mathrm{d}y$ 的系数仅是 y 的函数,$\mathrm{d}x$ 的系数仅是 x 的函数,从而就可通过各自积分求得其通解.我们称这种方法为**分离变量法**.

【例 7.2.1】 求微分方程

$$\frac{\mathrm{d}y}{\mathrm{d}x}=\mathrm{e}^{x-y} \tag{7.2.7}$$

的通解.

解:方程(7.2.7)是可分离变量的,分离变量后得

$$\mathrm{e}^y\mathrm{d}y=\mathrm{e}^x\mathrm{d}x$$

两端积分

$$\int \mathrm{e}^y\mathrm{d}y = \int \mathrm{e}^x\mathrm{d}x$$

得方程的通解为

$$\mathrm{e}^y=\mathrm{e}^x+C$$

其中 C 为任意常数.

【例 7.2.2】 求微分方程

$$\frac{\mathrm{d}y}{\mathrm{d}x}=2xy \tag{7.2.8}$$

的通解.

解:方程(7.2.8)是可分离变量的,当 $y\neq 0$ 时,分离变量后得

$$\frac{\mathrm{d}y}{y}=2x\mathrm{d}x$$

两端积分

$$\int \frac{\mathrm{d}y}{y} = \int 2x\mathrm{d}x$$

得

$$\ln|y|=x^2+C_1$$

从而得

$$y=\pm\mathrm{e}^{x^2+C_1}=\pm\mathrm{e}^{C_1}\mathrm{e}^{x^2}=C\mathrm{e}^{x^2}. \tag{7.2.9}$$

其中 $C=\pm\mathrm{e}^{C_1}$ 是不等于零的任意常数.

又易知函数 $y=0$ 也是方程(7.2.8)的解,它不包含在式(7.2.9)中,但若允许 $C=0$,就可以把这个解 $y=0$ 包含在内,于是可把方程(7.2.8)的通解写成

$$y=C\mathrm{e}^{x^2}$$

其中 C 为任意常数.

【例 7.2.3】 求微分方程

$$e^y(1+x^2)dy-2x(1+e^y)dx=0 \tag{7.2.10}$$

的通解.

解：式(7.2.10)是可分离变量的微分方程,将其分离变量得

$$\frac{e^y}{1+e^y}dy=\frac{2x}{1+x^2}dx$$

两端积分

$$\int\frac{e^y}{1+e^y}dy=\int\frac{2x}{1+x^2}dx$$

得

$$\ln(1+e^y)=\ln(1+x^2)+C_1$$

即

$$1+e^y=e^{C_1}(1+x^2)=C(1+x^2),(\text{这里 } C=e^{C_1}>0)$$

从而得通解为

$$1+e^y=C(1+x^2) \quad 或 \quad y=\ln[C(1+x^2)-1]$$

其中 $C>0$ 为任意常数.

【例 7.2.4】 求初值问题

$$\begin{cases}y'=2x(y+3)\\ y|_{x=0}=2\end{cases} \tag{7.2.11}$$

的解.

解：$y'=2x(y+3)$是可分离变量的微分方程,将其分离变量得

$$\frac{1}{y+3}dy=2xdx$$

两端积分

$$\int\frac{1}{y+3}dy=\int 2xdx$$

得

$$\ln|y+3|=x^2+C_1$$

即

$$y=\pm e^{C_1}e^{x^2}-3=Ce^{x^2}-3,(\text{这里 } C=\pm e^{C_1})$$

从而方程的通解为 $y=Ce^{x^2}-3$,其中 C 是不等于零的任意常数.

由初始条件 $y|_{x=0}=2$,可得

$$2=C-3,即\ C=5$$

所以原方程满足所给初始条件的特解为

$$y=5e^{x^2}-3$$

习题 7.2

1. 求下列微分方程的通解.

(1) $\dfrac{dy}{dx}=\sin x$;　　(2) $(xy^2-x)dx+(x^2y+y)dy=0$;

(3) $\frac{dy}{dx}=y\ln y$；　　(4) $\tan y dx-\cot x dy=0$；

(5) $xy'=y\ln y$；　　(6) $(y+1)^2y'+x^3=0$.

2. 求解下列微分方程的初值问题.

(1) $y'=e^{2x-y}, y|_{x=0}=0$；

(2) $y^2dx+(x+1)dy=0, y|_{x=0}=1$；

(3) $y'=y(y-1), y|_{x=0}=1$；

(4) $y'\sin x-y\cos x=0, y|_{x=\frac{\pi}{2}}=1$.

3. 一曲线经过点(1,1)，且其上任意一点处的切线介于坐标轴间的部分均被切点平分，求这条曲线的方程.

7.3　齐次微分方程

有些一阶方程虽然不能直接分离变量，但可以通过变量替换化为可分离变量的微分方程. 下面介绍这类方程中的一种简单而又重要的类型，通常称为齐次微分方程.

定义 7.3.1　如果一阶微分方程可化为

$$\frac{dy}{dx}=\varphi\left(\frac{y}{x}\right) \tag{7.3.1}$$

的形式，则原方程称为**齐次微分方程**. 方程(7.3.1)的特点是其右端是以 $\frac{y}{x}$ 为变元的连续函数.

例如

$$(x^2+y^2)dx-xydy=0$$

是齐次微分方程，因为它可化成

$$\frac{dy}{dx}=\frac{x^2+y^2}{xy} \text{ 即 } \frac{dy}{dx}=\frac{x}{y}+\frac{y}{x}$$

下面我们来求解方程(7.3.1). 对于任意的连续函数 φ，方程(7.3.1)都可以通过变换

$$u=\frac{y}{x} \quad \text{即} \quad y=xu \tag{7.3.2}$$

将其化为可分离变量的方程. 这里 u 是新的未知函数. 把方程(7.3.2)对 x 求导数，有

$$\frac{dy}{dx}=x\frac{du}{dx}+u$$

代入方程(7.3.1)得

$$x\frac{du}{dx}+u=\varphi(u) \tag{7.3.3}$$

方程(7.3.3)为可分离变量的微分方程. 将其分离变量，得

$$\frac{du}{\varphi(u)-u}=\frac{dx}{x}$$

两端积分，得

$$\int\frac{du}{\varphi(u)-u}=\int\frac{dx}{x}$$

求出积分后，再用$\frac{y}{x}$代替u，便得所给齐次微分方程的通解. 由此可知，求解齐次微分方程(7.3.1)的步骤是：

① 作变换$y=xu$，将齐次方程(7.3.1)化为可分离变量的微分方程(7.3.3)；

② 求解可分离变量的微分方程(7.3.3)；

③ 再用$\frac{y}{x}$代替②所求通解中的u(即变量还原)，就可得齐次方程(7.3.1)的通解.

【例 7.3.1】 求解方程

$$\frac{dy}{dx}=\frac{y}{x}+\frac{1}{2}\frac{x}{y}$$

解：令$u=\frac{y}{x}$，则

$$y=xu,\frac{dy}{dx}=x\frac{du}{dx}+u$$

原方程变为

$$x\frac{du}{dx}+u=u+\frac{1}{2}\cdot\frac{1}{u}$$

即

$$x\frac{du}{dx}=\frac{1}{2}\cdot\frac{1}{u}$$

分离变量，得

$$2u\mathrm{d}u=\frac{dx}{x}$$

两端积分，得

$$u^2=\ln|x|+C$$

将$u=\frac{y}{x}$代入，便得到原方程的通解为

$$y^2=x^2(\ln|x|+C)$$

其中C为任意常数.

【例 7.3.2】 求解$(x^3+y^3)dx-3xy^2dy=0$

解：原方程可化为

$$\frac{dy}{dx}=\frac{x^3+y^3}{3xy^2}=\frac{1+\left(\frac{y}{x}\right)^3}{3\left(\frac{y}{x}\right)^2}$$

因此是齐次微分方程. 令$u=\frac{y}{x}$，则

$$y=xu,\frac{dy}{dx}=x\frac{du}{dx}+u$$

原方程变为

$$x\frac{du}{dx}+u=\frac{1+u^3}{3u^2}$$

即

$$x\frac{\mathrm{d}u}{\mathrm{d}x}=\frac{1-2u^3}{3u^2}$$

分离变量,得

$$\frac{3u^2}{1-2u^3}\mathrm{d}u=\frac{\mathrm{d}x}{x}$$

两端积分,得

$$-\frac{1}{2}\ln|1-2u^3|=\ln|x|-\frac{1}{2}\ln|C|$$

即

$$\ln|1-2u^3|+2\ln|x|=\ln|C|$$

从而有

$$x^2(1-2u^3)=C$$

将 $u=\frac{y}{x}$ 代入,便得到原方程的通解为

$$x^2\left[1-2\left(\frac{y}{x}\right)^3\right]=C$$

即

$$x^3-2y^3=Cx$$

其中 C 为任意常数.

【例 7.3.3】 求初值问题.

$$\begin{cases}xy'=y(\ln y-\ln x)\\ y|_{x=1}=\mathrm{e}^2\end{cases}$$

的解.

解:原方程可化为

$$\frac{\mathrm{d}y}{\mathrm{d}x}=\frac{y}{x}\ln\frac{y}{x}$$

因此是齐次微分方程.令 $u=\frac{y}{x}$,则

$$y=xu,\frac{\mathrm{d}y}{\mathrm{d}x}=x\frac{\mathrm{d}u}{\mathrm{d}x}+u$$

原方程变为

$$x\frac{\mathrm{d}u}{\mathrm{d}x}+u=u\ln u$$

分离变量,得

$$\frac{\mathrm{d}u}{u(\ln u-1)}=\frac{\mathrm{d}x}{x}$$

两端积分,得

$$\ln|\ln u-1|=\ln x+\ln|C|$$

即

$$\ln u=1+Cx\quad 或\quad u=\mathrm{e}^{1+Cx}$$

将 $u=\frac{y}{x}$ 代入,便得到原方程的通解为

$$y=xe^{1+Cx}\text{(其中 }C\text{ 为任意常数)}$$

由初始条件 $y|_{x=1}=e^2$,可得

$$e^2=e^{1+C}\text{,即 }C=1$$

所以原方程满足所给初始条件的特解为

$$y=xe^{1+x}$$

习题 7.3

1. 求下列微分方程的通解.

(1) $xy'-y-\sqrt{x^2+y^2}=0$;

(2) $y'=\dfrac{y}{y-x}$;

(3) $(x+y)dx+xdy=0$;

(4) $(1+2e^{\frac{x}{y}})dx=2e^{\frac{x}{y}}\left(\dfrac{x}{y}-1\right)dy$;

(5) $x\dfrac{dy}{dx}+y=2\sqrt{xy}$.

2. 求解下列微分方程的初值问题.

(1) $(y^2-3x^2)dy-2xydx=0,y|_{x=0}=1$;

(2) $(x^2+y^2)dx-xydy=0,y|_{x=1}=0$;

(3) $y'=\dfrac{x}{y}+\dfrac{y}{x},y|_{x=1}=2$.

7.4 一阶线性微分方程

7.4.1 一阶线性方程

形如

$$\frac{dy}{dx}+P(x)y=Q(x) \tag{7.4.1}$$

的微分方程,称为**一阶线性微分方程**(因为它是函数 y 及其导数 y' 的一次方程).如果 $Q(x)\equiv 0$,则方程(7.4.1)变为

$$\frac{dy}{dx}+P(x)y=0 \tag{7.4.2}$$

称为**一阶齐次线性微分方程**.而 $Q(x)\neq 0$ 时,方程(7.4.1)称为一阶非齐次线性微分方程.

先求一阶齐次线性微分方程的通解.

将方程(7.4.2)分离变量后得

$$\frac{dy}{y}=-P(x)dx$$

两边积分得

$$\ln|y| = -\int P(x)\mathrm{d}x + \ln|C|$$

即

$$y = C\mathrm{e}^{-\int P(x)\mathrm{d}x} \tag{7.4.3}$$

C 为任意常数.(7.4.3)式即为方程(7.4.2)的通解.

再求一阶非齐次线性微分方程的通解

方程(7.4.1)的解可用**常数变易法**求得.我们设想它的解仍具有方程(7.4.3)的形式,但其中的 C 不再是常数,而是变量 x 的函数,也就是将方程(7.4.3)中的任意常数 C,换为待定的函数 $u=u(x)$,即求方程(7.4.1)的形如

$$y = u(x)\mathrm{e}^{-\int P(x)\mathrm{d}x} \tag{7.4.4}$$

的解.因为

$$\begin{aligned}\frac{\mathrm{d}y}{\mathrm{d}x} &= u'(x)\mathrm{e}^{-\int P(x)\mathrm{d}x} + u(x)\left(\mathrm{e}^{-\int P(x)\mathrm{d}x}\right)' \\ &= u'(x)\mathrm{e}^{-\int P(x)\mathrm{d}x} - u(x)P(x)\mathrm{e}^{-\int P(x)\mathrm{d}x}\end{aligned} \tag{7.4.5}$$

将方程(7.4.4) 与方程(7.4.5) 代入方程(7.4.1) 得

$$u'(x)\mathrm{e}^{-\int P(x)\mathrm{d}x} - u(x)P(x)\mathrm{e}^{-\int P(x)\mathrm{d}x} + P(x)u(x)\mathrm{e}^{-\int P(x)\mathrm{d}x} = Q(x)$$

即得

$$u'(x) = Q(x)\mathrm{e}^{\int P(x)\mathrm{d}x}$$

积分后得

$$u(x) = \int Q(x)\mathrm{e}^{\int P(x)\mathrm{d}x}\mathrm{d}x + C$$

其中 C 为任意常数,将 $u(x)$ 代入(7.4.4) 就得到方程(7.4.1) 的通解为

$$y = \mathrm{e}^{-\int P(x)\mathrm{d}x}\left[\int Q(x)\mathrm{e}^{\int P(x)\mathrm{d}x}\mathrm{d}x + C\right] \tag{7.4.6}$$

注:从线性方程(7.4.1) 的通解表达式(7.4.6) 可以看出,它是由两部分组成,其中一项 $C\mathrm{e}^{-\int P(x)\mathrm{d}x}$ 是齐次方程(7.4.2) 的通解,另一项 $\mathrm{e}^{-\int P(x)\mathrm{d}x}\int Q(x)\mathrm{e}^{\int P(x)\mathrm{d}x}\mathrm{d}x$ 正好是非齐次方程(7.4.1) 的一个特解(即在(7.4.6) 中取 $C=0$ 的情形).可证,一阶线性方程的通解,等于对应的齐次线性方程的通解加上它自身的一个特解,这是线性微分方程的解在结构上的重要特征之一.因此,只要能求得线性方程(7.4.1) 的一个特解:$y=\varphi(x)$,那么(7.4.1) 的通解就可写为

$$y = C\mathrm{e}^{-\int P(x)\mathrm{d}x} + \varphi(x) \tag{7.4.7}$$

【例 7.4.1】　求解$\dfrac{\mathrm{d}y}{\mathrm{d}x} - \dfrac{y}{x} = x^2$.

解:求解一阶非齐次线性方程,一般可直接用解公式(7.4.6) 求解.这里 $P(x)=-\dfrac{1}{x}$,$Q(x)=x^2$,于是由式(7.4.6),有

$$\begin{aligned}y &= \mathrm{e}^{\int\frac{1}{x}\mathrm{d}x}\left(\int x^2\mathrm{e}^{-\int\frac{1}{x}\mathrm{d}x}\mathrm{d}x + C\right) = \mathrm{e}^{\ln x}\left(\int x^2\mathrm{e}^{-\ln x}\mathrm{d}x + C\right) \\ &= x\left(\int x\mathrm{d}x + C\right) = x\left(\frac{1}{2}x^2 + C\right)\end{aligned}$$

其中C是任意常数.

【例 7.4.2】 求解方程$\frac{dy}{dx}-\frac{2y}{x+1}=(x+1)^{\frac{5}{2}}$.

解:先解对应的齐次方程$\frac{dy}{dx}-\frac{2y}{x+1}=0$,即$\frac{dy}{y}=\frac{2dx}{x+1}$

积分得 $\ln|y|=2\ln|x+1|+\ln|C|$ 即 $y=C(x+1)^2$

用常数变易法求特解

令 $y=u(x)\cdot(x+1)^2$,则

$$y'=u'\cdot(x+1)^2+2u\cdot(x+1)$$

代入非齐次方程得 $u'=(x+1)^{\frac{1}{2}}$, 故 $u=\frac{2}{3}(x+1)^{\frac{3}{2}}+C$

因此原方程得通解为 $y=(x+1)^2\left[\frac{2}{3}(x+1)^{\frac{3}{2}}+C\right]$

*7.4.2 伯努利(Bernoulli)方程

形如

$$\frac{dy}{dx}+P(x)y=Q(x)y^n \quad (n\neq 0,1) \tag{7.4.8}$$

的方程称为**伯努利方程**.它是一个非线性方程.而对非线性方程,能够提供的求解方法是很少的.但是,某些非线性方程,通过作变换,便可化为线性方程,从而能用积分求解.伯努利方程就是其中之一.首先把方程(7.4.11)改写成

$$y^{-n}\frac{dy}{dx}+P(x)y^{1-n}=Q(x)$$

从而得

$$\frac{1}{1-n}\frac{dy^{1-n}}{dx}+P(x)y^{1-n}=Q(x)$$

即

$$\frac{dy^{1-n}}{dx}+(1-n)P(x)y^{1-n}=(1-n)Q(x) \tag{7.4.9}$$

不难看出,只要作变换$z=y^{1-n}$,方程(7.4.12)就化为线性方程

$$\frac{dz}{dx}+(1-n)P(x)z=(1-n)Q(x) \tag{7.4.10}$$

它的通解可由公式(7.4.6)给出,再以y^{1-n}代方程(7.4.13)通解中的z,便可得到伯努利方程的通解.

【例 7.4.3】 求解方程$\frac{dy}{dx}=\frac{y}{2x}+\frac{x^2}{2y}$.

解:此方程是伯努利方程,因为由原方程可得

$$\frac{dy}{dx}-\frac{y}{2x}=\frac{x^2}{2}y^{-1} \tag{7.4.11}$$

方程(7.4.13)两边同时乘以y,得

$$y\frac{dy}{dx}-\frac{1}{2x}y^2=\frac{x^2}{2}$$

从而有
$$\frac{1}{2}\frac{\mathrm{d}y^2}{\mathrm{d}x}-\frac{1}{2x}y^2=\frac{x^2}{2}$$

即
$$\frac{\mathrm{d}y^2}{\mathrm{d}x}-\frac{1}{x}y^2=x^2$$

令 $z=y^2$，即可化为 $\dfrac{\mathrm{d}z}{\mathrm{d}x}-\dfrac{1}{x}z=x^2$

根据公式(7.4.6)得 $z=Cx+\dfrac{x^3}{2}$

故所求方程的通解为 $y^2=Cx+\dfrac{x^3}{2}$.

习题 7.4

1. 求下列微分方程的通解.

(1) $\dfrac{\mathrm{d}y}{\mathrm{d}x}+y=\mathrm{e}^{-x}$；　　(2) $\dfrac{\mathrm{d}y}{\mathrm{d}x}+2y=4x$；

(3) $y'+y\cos x=\mathrm{e}^{-\sin x}$；　　(4) $\dfrac{\mathrm{d}y}{\mathrm{d}x}+2xy=x\mathrm{e}^{-x^2}$；

(5) $xy'-y=\dfrac{x}{\ln x}$.

2. 求解下列微分方程的初值问题.

(1) $\dfrac{\mathrm{d}y}{\mathrm{d}x}-y\tan x=\sec x, y\big|_{x=0}=0$；

(2) $x\dfrac{\mathrm{d}y}{\mathrm{d}x}+y-\mathrm{e}^x=0, y\big|_{x=1}=6$；

(3) $(1-x^2)y'+xy=1, y\big|_{x=0}=1$；

(4) $y'+y\cos x=\sin x\cos x, y\big|_{x=0}=1$.

*3. 求下列伯努利方程的通解.

(1) $\dfrac{\mathrm{d}y}{\mathrm{d}x}+\dfrac{1}{x}y=x^2y^6$；(2) $y'-y=\dfrac{x^2}{y}$；(3) $xy'+y-y^2\ln x=0$.

4. 求一曲线的方程，这曲线通过原点，并且它的每一点处的切线斜率等于 $2x+y$.

7.5　可降阶的高阶微分方程

从这一节开始，我们将介绍几类特殊的二阶及二阶以上的微分方程的求解方法.

通常称二阶及二阶以上的微分方程为高阶微分方程. 一般来说，高阶微分方程没有通用的解法，处理问题的基本思想是选用适当的变换，将高阶方程的阶数降低，然后再寻求它的解. 通常，低阶方程的比高阶方程的容易求解，这与代数中的将高次代数方程化为较低次代数方程来求解的思想是一致的.

下面介绍三种容易降阶的高阶微分方程的求解方法.

7.5.1 $y^{(n)}=f(x)$型的微分方程

形如

$$y^{(n)}=f(x) \tag{7.5.1}$$

的微分方程,是最简单的高阶微分方程.这种方程的通解可以经过对 x 积分 n 次求得.对方程(7.5.1)积分一次得

$$y^{(n-1)}=\int f(x)\mathrm{d}x+C_1$$

再对上式积分一次,得

$$y^{(n-2)}=\int\left[\int f(x)\mathrm{d}x+C_1\right]\mathrm{d}x+C_2$$

依次下去,共积分 n 次,便可得到方程(7.5.1)的含有 n 个任意常数的通解.

【例 7.5.1】 求微分方程 $y''=x\mathrm{e}^x$ 的通解.

解:积分一次得

$$y'=\int x\mathrm{e}^x\mathrm{d}x=(x-1)\mathrm{e}^x+C_1$$

再积分一次得

$$y=(x-2)\mathrm{e}^x+C_1x+C_2$$

这就是所给方程的通解.

【例 7.5.2】 求微分方程 $y'''=\mathrm{e}^{2x}-\cos x$ 的通解.

解:积分一次得

$$y''=\frac{1}{2}\mathrm{e}^{2x}-\sin x+C_1$$

再积分一次得

$$y'=\frac{1}{4}\mathrm{e}^{2x}+\cos x+C_1x+C_2$$

积分第三次得

$$y=\frac{1}{8}\mathrm{e}^{2x}+\sin x+\frac{1}{2}C_1x^2+C_2x+C_3$$

这就是所给方程的通解.

【例 7.5.3】 求满足方程 $y''=x$,过点 $M(0,1)$且在此点与直线 $y=\frac{x}{2}+1$ 相切的积分曲线.

解:由题意,即求微分方程 $y''=x$ 满足初始条件 $y|_{x=0}=1,y'|_{x=0}=\frac{1}{2}$的特解.

方程两边对 x 积分得

$$y'=\frac{1}{2}x^2+C_1$$

代入 $y'|_{x=0}=\frac{1}{2}$得,$C_1=\frac{1}{2}$,所以 $y'=\frac{1}{2}x^2+\frac{1}{2}$

上式两边再对 x 积分得 $\qquad y=\frac{1}{6}x^3+\frac{1}{2}x+C_2$

代入 $y|_{x=0}=1$ 得,$C_2=1$,故所求积分曲线为

$$y=\frac{1}{6}x^3+\frac{1}{2}x+1$$

7.5.2　不含未知函数 y 及导数 $y',y'',\cdots,y^{(k)}$ 的 $n(n\geqslant k)$ 阶微分方程

此类方程的一般形式为

$$F(x,y^{(k)},y^{(k+1)},\cdots,y^{(n)})=0 \tag{7.5.2}$$

的方程. 对此类微分方程,可作变换

$$y^{(k)}=p$$

则方程(7.5.2)就转化成自变量为 x,未知函数 p 的 $n-k$ 阶微分方程

$$F(x,p,p',\cdots,p^{(n-k)})=0 \tag{7.5.3}$$

如果我们能求得方程(7.5.3)的通解

$$p=\varphi(x,C_1,C_2,\cdots C_{n-k})$$

则有

$$y^{(k)}=\varphi(x,C_1,C_2,\cdots C_{n-k})$$

即化为一的情形,可再通过 k 次积分求得原方程(7.5.2)的通解.

【例 7.5.4】 求微分方程 $y^{(4)}-y^{(3)}=\sin x$ 的通解.

解:令 $y^{(3)}=p$,则原方程化为

$$\frac{\mathrm{d}p}{\mathrm{d}x}-p=\sin x$$

这是一阶非齐次线性微分方程,可求得其通解为

$$p=C_1\mathrm{e}^x-\frac{1}{2}(\sin x+\cos x)$$

则有

$$y'''=C_1\mathrm{e}^x-\frac{1}{2}(\sin x+\cos x)$$

将上式两边对 x 积分三次,即可得原方程的通解

$$y=C_1\mathrm{e}^x+\frac{1}{2}(\sin x-\cos x)+C_2x^2+C_3x+C_4$$

其中 C_1,C_2,C_3,C_4 为任意常数.

特别,对于方程(7.5.2),当 $n=2,k=1$ 时,即形如

$$F(x,y',y'')=0 \tag{7.5.4}$$

的二阶微分方程是常见的.

【例 7.5.5】 求微分方程 $y''-y'^2=0$ 的通解.

解:方程不含未知函数 y,属于方程(7.5.2)的类型,按方程(7.5.2)的解法,首先令 $y'=p$,则 $y''=\frac{\mathrm{d}p}{\mathrm{d}x}$,代入方程,得到

$$\frac{\mathrm{d}p}{\mathrm{d}x}-p^2=0$$

这是一个可分离变量的一阶微分方程,解得　$p=-\frac{1}{x+C_1}$,

则有
$$y'=-\frac{1}{x+C_1}$$
上式两边积分得原方程的通解为
$$y=-\ln|x+C_1|+C_2$$

【例 7.5.6】 求微分方程$(1+x^2)y''=2xy'$满足初始条件$y|_{x=0}=1$,$y'|_{x=0}=3$的特解.

解：方程不含未知函数 y,因此令 $y'=p$,则 $y''=\frac{dp}{dx}$,代入方程,得到
$$(1+x^2)\frac{dp}{dx}=2xp$$
分离变量得
$$\frac{dp}{p}=\frac{2x}{1+x^2}dx$$
积分得
$$p=C_1(1+x^2)$$
即
$$y'=C_1(1+x^2)$$
代入 $y'|_{x=0}=3$ 得,$C_1=3$,即有
$$y'=3(1+x^2)$$
对上式积分得
$$y=3\int(1+x^2)dx+C_2=3x+x^3+C_2$$
代入 $y|_{x=0}=1$ 得,$C_2=1$,故所求特解为
$$y=x^3+3x+1$$

7.5.3 不含自变量的二阶微分方程

此类方程的一般形式为
$$F(y,y',y'')=0 \tag{7.5.5}$$
此类方程的解法是,首先令 $y'=p$,但要把 y 作为自变量,p 看作是 y 的未知函数,则有
$$y''=\frac{dp}{dx}=\frac{dp}{dy}\frac{dy}{dx}=p\frac{dp}{dy}$$
代入方程(7.5.5),得到自变量为 y,未知函数为 p 的一阶方程
$$F\left(y,p,p\frac{dp}{dy}\right)=0 \tag{7.5.6}$$
如果我们求得方程(7.5.6)的通解
$$p=\varphi(y,C_1)$$
则有
$$\frac{dy}{dx}=\varphi(y,C_1)$$
对上面关于 x 的一阶微分方程,分离变量并积分,便得方程(7.5.6)的通解为
$$\int\frac{dy}{\varphi(y,C_1)}=x+C_2$$

【例 7.5.7】 求微分方程 $yy''-y'^2=0$ 的通解.

解：令 $y'=p$,则 $y''=p\frac{dp}{dy}$,于是原方程变为

$$yp\frac{dp}{dy}-p^2=0$$

即
$$\frac{dp}{p}=\frac{dy}{y}$$

积分得
$$p=C_1y$$

再由方程
$$y'=C_1y$$

即可求得原方程的通解为
$$y=C_2e^{C_1x}$$

【例 7.5.8】 求微分方程 $y''=3\sqrt{y}$满足初始条件 $y|_{x=0}=1,y'|_{x=0}=2$ 的特解.

解：令 $y'=p$,则 $y''=p\frac{dp}{dy}$,于是原方程变为

$$p\frac{dp}{dy}=3\sqrt{y}$$

分离变量得

$$pdp=3\sqrt{y}dy$$

积分得

$$\frac{1}{2}p^2=2y^{\frac{3}{2}}+C_1$$

代 $x=0,y=1,y'=p=2$ 得,$C_1=0$,从而得

$$p=2y^{\frac{3}{4}}$$

即
$$\frac{dy}{dx}=2y^{\frac{3}{4}}$$

积分得
$$4y^{\frac{1}{4}}=2x+C_2$$

代 $y|_{x=0}=1$ 得,$C_2=4$,故所求特解为

$$y=\left(\frac{1}{2}x+1\right)^4$$

习题 7.5

1. 求下列微分方程的通解.

(1) $y''=x+\sin x$ ；　(2) $y'''=xe^x$；　(3) $y'''=y''$；　(4) $y''=y'+x$；

(5) $y''=1+(y')^2$；　(6) $xy''+y'=0$；　(7) $y''+\frac{2}{1-y}y'^2=0$.

2. 求下列已给方程满足条件的特解.

(1) $y''+y'^2=1,y|_{x=0}=0,y'|_{x=0}=1$；

(2) $y''=3\sqrt{y},y|_{x=0}=1,y'|_{x=0}=2$；

(3) $y''=e^{2y},y|_{x=0}=0,y'|_{x=0}=0$.

3. 试求方程 $y''y+(y')^2=1$ 经过点(0,1)且在此点与直线 $x+y=1$ 相切的积分曲线.

7.6 线性微分方程解的结构

形如

$$y^{(n)}+a_1(x)y^{(n-1)}+\cdots+a_{n-1}(x)y'+a_n(x)y=f(x). \quad (7.6.1)$$

的微分方程称为 n 阶线性微分方程,其中 $a_1(x),\cdots,a_{n-1}(x),a_n(x)$ 及 $f(x)$ 均为 x 的函数.所谓“线性”的含意是指方程(7.6.1)中,未知函数及未知函数的各阶导数均是一次的.

如果 $f(x)\equiv 0$,则称方程(7.6.1)为 n 阶齐次线性微分方程,否则称为 n 阶非齐次线性微分方程.

线性微分方程是一类非常重要的微分方程,在物理、工程技术中经常会遇到这类方程.为了求出它的解,首先需研究其解的结构,

7.6.1 预备知识

在研究线性微分方程通解的结构时候,需要函数的线性相关与线性无关性的概念,本节先讨论这方面的内容.

定义 7.6.1 设 $y_1(x),y_2(x),\cdots,y_n(x)$ 为定义在区间 I 上的 n 个函数,如果存在 n 个不全为零的常数 $k_1,k_2,\cdots,k_n$,使得对任意的 $x\in I$ 时有恒等式

$$k_1y_1+k_2y_2+\cdots+k_ny_n\equiv 0$$

成立,那么称这 n 个函数在区间 I 上**线性相关**;否则称它们**线性无关**.

容易看到,如果 $y_1,y_2,\cdots,y_n$ 在区间 I 上线性无关,且有常数 $k_1,k_2\cdots,k_n$ 使对任意的 $x\in I$ 有 $k_1y_1+k_2y_2+\cdots+k_ny_n\equiv 0$,则必有 $k_1=k_2=\cdots=k_n=0$.

【例 7.6.1】 证明函数 1 与 x 在任何区间内是线性无关的.

解:设 I 为任意区间,若常数 k_1,k_2 使得对任意 $x\in I$ 有恒等式

$$k_1+k_2x\equiv 0$$

成立,在上式两边对 x 求导,得 $k_2=0$,从而 $k_1=0$,由定义可知函数 1 与 x 是线性无关的.

同理可得,$1,x,x^2,\cdots,x^n$ 在任何区间内是线性无关的.又如,由 $1-\sin^2x-\cos^2x\equiv 0$,知函数 $1,\sin^2x,\cos^2x$ 在 $(-\infty,+\infty)$ 上线性相关.

【例 7.6.2】 证明:若 r 是方程 $ar^2+br+c=0(a\neq 0)$ 的一个根,$y=e^{rx}$,则 y,y',y'' 必在 $(-\infty,+\infty)$ 内是线性相关的.

证:由于 $y=e^{rx}$,于是 $y'=re^{rx},y''=r^2e^{rx}$,对于不全为零的常数 a,b,c 有

$$ay''+by'+cy=ar^2e^{rx}+bre^{rx}+ce^{rx}=e^{rx}(ar^2+br+c)$$

因为 r 是方程 $ar^2+br+c=0$ 的一个根,所以在 $(-\infty,+\infty)$ 内恒有

$$ay''+by'+cy=0$$

即 y,y',y'' 在 $(-\infty,+\infty)$ 内是线性相关的.

此例说明:只要 r 是二次方程 $ar^2+br+c=0(a\neq 0)$ 的根,则 $y=e^{rx}$ 必是微分方程(以后将称为二阶常系数齐次线性微分方程)$ay''+by'+cy=0$ 的一个特解.

显然,由相关性的定义可得出下面判别两个函数线性相关性的一种常用方法.

对于两个函数，它们在某个区间内线性相关与否，只要看它们的比在该区间内是否恒为常数，如果它们的比在该区间内恒为常数，那么它们在该区间内就线性相关，否则就线性无关.

【例 7.6.3】 若常数 $k_1 \neq k_2$，则函数 $e^{k_1 x}$ 和 $e^{k_2 x}$ 在任何区间内是线性无关的.

解：因为 $k_1 \neq k_2$，则 $k_1 - k_2 \neq 0$，从而

$$\frac{e^{k_2 x}}{e^{k_1 x}} = e^{(k_2 - k_1)x} \neq 常数$$

所以，函数 $e^{k_1 x}$ 和 $e^{k_2 x}$ 在任何区间内是线性无关的.

7.6.2　齐次线性微分方程解的结构

先讨论二阶齐次线性微分方程

$$y'' + P(x)y' + Q(x)y = 0 \tag{7.6.2}$$

的通解的结构.

定理 7.6.1　如果函数 $y_1(x)$ 与 $y_2(x)$ 是方程(7.6.2)的两个解，那么

$$y = C_1 y_1(x) + C_2 y_2(x) \tag{7.6.3}$$

也是方程(7.6.2)的解，其中 C_1、C_2 是任意常数.

证明：因为函数 $y_1(x)$ 与 $y_2(x)$ 是方程(7.6.2)的两个解，则有

$$y''_1(x) + P(x)y'_1(x) + Q(x)y_1(x) = 0$$
$$y''_2(x) + P(x)y'_2(x) + Q(x)y_2(x) = 0$$

对式(7.6.3)求一阶及二阶导数，得

$$y'(x) = C_1 y'_1(x) + C_2 y'_2(x), \quad y''(x) = C_1 y''_1(x) + C_2 y''_2(x)$$

将 y, y', y'' 代入式(7.6.2)左端，得

$$\begin{aligned}&[C_1 y''_1(x) + C_2 y''_2(x)] + P(x)[C_1 y'_1(x) + C_2 y'_2(x)] + Q(x)[C_1 y_1(x) + C_2 y_2(x)]\\ &= C_1[y''_1(x) + P(x)y'_1(x) + Q(x)y_1(x)] + C_2[y''_2(x) + P(x)y'_2(x) + Q(x)y_2(x)]\\ &\equiv 0\end{aligned}$$

所以，$y = C_1 y_1(x) + C_2 y_2(x)$ 是方程(7.6.2)的解.

由此定理，可以看出齐次线性微分方程的解符合**叠加原理**.

叠加起来的解式(7.6.3)从形式上来看含有 C_1 与 C_2 两个任意常数，但它不一定是方程(7.6.2)的通解. 这是因为，如果函数 $y_1(x)$ 与 $y_2(x)$ 线性相关，比如 $y_2(x) = 2y_1(x)$，这时式(7.6.3)化为

$$y = C_1 y_1(x) + 2C_2 y_1(x) = (C_1 + 2C_2)y_1(x) = Cy_1(x)$$

可知它只含一个任意常数 C，因而它不是二阶微分方程的通解. 但是，如果函数 $y_1(x)$ 与 $y_2(x)$ 线性无关，则 $y = C_1 y_1(x) + C_2 y_2(x)$ 一定是式(7.6.2)的通解，这就是下面的定理.

定理 7.6.2　如果函数 $y_1(x)$ 与 $y_2(x)$ 是方程(7.6.2)的两个线性无关的解，那么

$$y = C_1 y_1(x) + C_2 y_2(x)$$

就是方程(7.6.2)的通解，其中 C_1、C_2 是任意常数.

【例 7.6.4】 验证 $y_1 = \cos x$ 与 $y_2 = \sin x$ 是方程 $y'' + y = 0$ 的线性无关的特解，并写出其通解.

解：因为

$$y''_1+y_1=-\cos x+\cos x=0$$

$$y''_2+y_2=-\sin x+\sin x=0$$

所以 $y_1=\cos x$ 与 $y_2=\sin x$ 都是方程的解.

又因为

$$\frac{y_2}{y_1}=\frac{\sin x}{\cos x}=\tan x$$

在$(-\infty,+\infty)$内不恒为常数,所以 $y_1=\cos x$ 与 $y_2=\sin x$ 在$(-\infty,+\infty)$内是线性无关的,即 $y_1=\cos x$ 与 $y_2=\sin x$ 是方程 $y''+y=0$ 的两个线性无关的特解,故方程的通解为

$$y=C_1\cos x+C_2\sin x$$

定理 2 可以推广到 n 阶齐次线性微分方程的情况,这就是下面的推论.

推论 如果 $y_1(x),y_2(x),\cdots,y_n(x)$是方程

$$y^{(n)}+a_1(x)y^{(n-1)}+\cdots+a_{n-1}(x)y'+a_n(x)y=0$$

的 n 个线性无关的解,那么,此方程的通解为

$$y=C_1y_1(x)+C_2y_2(x)+\cdots+C_ny_n(x)$$

其中 $C_1,C_2,\cdots,C_n$ 为任意常数.

第7.4节中我们看到,一阶非齐次线性微分方程的通解,等于对应齐次方程的通解加上它自身的一个特解.高阶非齐次线性微分方程的通解也具有同样的结构.下面我们主要介绍二阶非齐次线性微分方程解的结构.

7.6.3 非齐次线性微分方程解的结构

定理 7.6.3 设 $y^*(x)$是二阶非齐次线性微分方程

$$y''+P(x)y'+Q(x)y=f(x) \tag{7.6.4}$$

的一个特解.$Y(x)$是对应的齐次方程(7.6.2)的通解,则

$$y=Y(x)+y^*(x) \tag{7.6.5}$$

是二阶非齐次线性微分方程(7.6.4)的通解.

证:因为 $y^*(x)$是二阶非齐次线性微分方程(7.6.4)的一个特解,所以有

$$y^{*\prime\prime}+P(x)y^{*\prime}+Q(x)y^*=f(x)$$

$Y(x)$是对应的齐次方程(7.6.2)的通解,则有

$$Y''+P(x)Y'+Q(x)Y=0$$

对式(7.6.5)求一阶及二阶导得

$$y'=Y'+y^{*\prime},y''=Y''+y^{*\prime\prime}$$

将 y,y',y''代入(7.6.4)的左端,得

$$\begin{aligned}&(Y''+y^{*\prime\prime})+P(x)(Y'+y^{*\prime})+Q(x)(Y+y^*)\\&=[Y''+P(x)Y'+Q(x)Y]+[y^{*\prime\prime}+P(x)y^{*\prime}+Q(x)y^*]\\&=0+f(x)=f(x)\end{aligned}$$

所以,$y=Y(x)+y^*(x)$是式(7.6.4)的解.由于 $Y(x)$中含有两个任意常数,所以 $y=Y(x)+y^*(x)$中含有两个任意常数,从而它是二阶非齐次线性微分方程(7.6.4)的通解.

【例 7.6.5】 求方程 $y''+y=5x$ 的通解.

解:由例7.6.4我们知道,

$$Y(x)=C_1\cos x+C_2\sin x$$

是对应齐次方程 $y''+y=0$ 的通解,又容易看出 $y^*=5x$ 是原方程的一个特解.因此,原方程

的通解为

$$y=C_1\cos x+C_2\sin x+5x$$

定理 7.6.4　二阶非齐次线性微分方程(7.6.4)的右端 $f(x)$是几个函数之和,如

$$y''+P(x)y'+Q(x)y=f_1(x)+f_2(x) \tag{7.6.6}$$

而 $y_1^*(x)$与 $y_2^*(x)$分别是方程

$$y''+P(x)y'+Q(x)y=f_1(x) \tag{7.6.7}$$

$$y''+P(x)y'+Q(x)y=f_2(x) \tag{7.6.8}$$

的特解,那么 $y_1^*(x)+y_2^*(x)$就是方程(7.6.6)的特解.

证:$y_1^*(x)$与 $y_2^*(x)$分别是方程(7.6.7)和方程(7.6.8) 的特解,则有

$$y_1^{*\prime\prime}+P(x)y_1^{*\prime}+Q(x)y_1^*=f_1(x)$$

$$y_2^{*\prime\prime}+P(x)y_2^{*\prime}+Q(x)y_2^*=f_2(x)$$

对 $y=y_1^*(x)+y_2^*(x)$求一阶及二阶导得,

$$y'=y_1^{*\prime}(x)+y_2^{*\prime}(x),y''=y_1^{*\prime\prime}(x)+y_2^{*\prime\prime}(x)$$

将 y,y',y''代入式(7.6.6)左端,得

$$\begin{aligned}&(y_1^{*\prime\prime}+y_2^{*\prime\prime})+P(x)(y_1^{*\prime}+y_2^{*\prime})+Q(x)(y_1^*+y_2^*)\\=&[y_1^{*\prime\prime}+P(x)y_1^{*\prime}+Q(x)y_1^*]+[y_2^{*\prime\prime}+P(x)y_2^{*\prime}+Q(x)y_2^*]\\=&f_1(x)+f_2(x)\end{aligned}$$

因此 $y_1^*(x)+y_2^*(x)$是方程(7.6.6)的解.

定理 7.6.5　如果 $y=y_1(x)+iy_2(x)$是方程

$$y''+P(x)y'+Q(x)y=f_1(x)+if_2(x)$$

的解,其中 $y_1(x),y_2(x),P(x),Q(x),f_1(x)$和 $f_2(x)$都是实函数,那么函数 $y_1(x),y_2(x)$分别是方程

$$y''+P(x)y'+Q(x)y=f_1(x)$$

$$y''+P(x)y'+Q(x)y=f_2(x)$$

的解.

证明:因为

$$\begin{aligned}&[y_1(x)+iy_2(x)]''+P(x)[y_1(x)+iy_2(x)]'+Q(x)[y_1(x)+iy_2(x)]\\=&f_1(x)+if_2(x)\end{aligned}$$

于是有

$$\begin{aligned}&y_1''+P(x)y_1'+Q(x)y_1+i[y_2''+P(x)y_2'+Q(x)y_2]\\=&f_1(x)+if_2(x)\end{aligned}$$

根据复数的基本性质可知,两边的实部和虚部必须分别相等

$$y''_1+P(x)y_1'+Q(x)y_1=f_1(x)$$

$$y''_2+P(x)y_2'+Q(x)y_2=f_2(x)$$

习题 7.6

1. 判断下列函数组在它们的定义区间上是线性相关的,还是线性无关的?

(1) $x,2x$;　　(2) $x,0$;

(3) x, x^2； (4) $\sin x, 1$；

(5) e^x, xe^x, x^2e^x； (6) $\sin 2x, \cos x, \sin x$.

2. (1) 验证 $y_1=e^x$ 及 $y_2=xe^x$ 是方程 $y''-2y'+y=0$ 的两个线性无关的解,并写出该方程的通解；

(2) 求(1)中方程满足初始条件:$y|_{x=1}=e, y'|_{x=1}=3e$ 的特解；

(3) 验证:$y=C_1e^x+C_2e^{2x}+\frac{1}{12}e^{5x}$ (C_1, C_2 为任意常数)是方程 $y''-3y'+2y=e^{5x}$ 的通解；

(4) 验证:$y=C_1\cos 3x+C_2\sin 3x+\frac{1}{32}(4x\cos x+\sin x)$ (C_1, C_2 为任意常数)是方程 $y''+9y=x\cos x$ 的通解.

3. 设 y_1, y_2, y_3 是方程 $y''+P(x)y'+Q(x)y=f(x)$,($P(x), Q(x), f(x)$ 是连续函数)的解,且 $\frac{y_2-y_1}{y_3-y_1}\neq$ 常数,求证:$y=(1-C_1-C_2)y_1+C_1y_2+C_2y_3$ (C_1, C_2 为任意常数)是方程的通解.

7.7 常系数齐次线性微分方程

前一节的讨论告诉我们,对于二阶齐次线性微分方程的求解问题,可归结为寻找它的两个线性无关的特解.除了一些特殊类型的方程外,对于一般的二阶齐次线性方程来说要求它的特解却是一个难题,不像一阶线性方程那样总可以通过计算积分来得到.这一节我们仅对常系数齐次线性方程的求解问题进行讨论.

形如

$$ay''+by'+cy=0 \tag{7.7.1}$$

的微分方程(其中 a, b, c 都是常数且 $a\neq 0$),称为**二阶常系数**齐次线性微分方程.

我们来讨论如何求出方程(7.7.1)的通解.

由例 7.6.2 可知,若 r 是二次方程

$$ar^2+br+c=0 \tag{7.7.2}$$

的解,则 $y=e^{rx}$ 就是二阶常系数齐次线性微分方程(7.7.1)的一个特解.

我们称(7.7.2)式为方程(7.7.1)的**特征方程**,而称它的根为方程(7.7.1)的**特征根**.这样一来,求微分方程(7.7.1)解的问题,就归结为求特征方程(7.7.2)根的问题.特征方程(7.7.2)的两个根 r_1, r_2 可以用公式

$$r_1=\frac{-b+\sqrt{b^2-4ac}}{2a}, \quad r_2=\frac{-b-\sqrt{b^2-4ac}}{2a}$$

求出.

因为判别式 b^2-4ac 有三种可能的情形,现在分别讨论如下.

(i) 当 $b^2-4ac>0$ 时,r_1, r_2 是方程(7.7.2)的两个不同的实根.由式(7.7.2)得到方程(7.7.1)的两个特解为

$$y_1=e^{r_1x}, y_2=e^{r_2x}$$

由于 $r_1 \neq r_2$，可知$\frac{y_2}{y_1}=e^{(r_2-r_1)x}\neq$常数，故 y_1 和 y_2 线性无关. 因此，方程(7.7.1)的通解为

$$y=C_1 e^{r_1 x}+C_2 e^{r_2 x}$$

其中 C_1, C_2 是任意常数.

【例 7.7.1】 求微分方程 $y''+2y'-3y=0$ 的通解.

解：它的特征方程为

$$r^2+2r-3=0$$

特征根 $r_1=1, r_2=-3$ 是两个不相等的实根，因此，得到两个线性无关的特解 $y_1=e^x$ 和 $y_2=e^{-3x}$，从而所求通解为

$$y=C_1 e^x+C_2 e^{-3x}$$

(ⅱ) 当 $b^2-4ac=0$ 时，$r_1=r_2=-\frac{b}{2a}$，即特征根是二重根，从而只能得到一个特解

$$y_1=e^{r_1 x}$$

为了找出方程(7.7.1)的另一个与 y_1 线性无关的特解 y_2，注意到$\frac{y_2}{y_1}$不是常数，因此我们设$\frac{y_2}{y_1}=u(x)$，即 $y_2=e^{r_1 x}u(x)$. 下面来求 $u(x)$.

将 y_2 求导，得

$$y_2'=e^{r_1 x}(u'+r_1 u)$$

$$y''_2=e^{r_1 x}(u''+2r_1 u'+r_1^2 u)$$

将 y_2, y_2'和 y''_2 代入微分方程(7.7.1)得

$$e^{r_1 x}[a(u''+2r_1 u'+r_1^2 u)+b(u'+r_1 u)+cu]=0$$

约去 $e^{r_1 x}$，并以 u'', u', u 为准，合并同类项，得

$$au''+(2ar_1+b)u'+(ar_1^2+br_1+c)u=0$$

由于 r_1 是特征方程(7.7.3)的重根，因此有 $ar_1^2+br_1+c=0$ 和 $2ar_1+b=0$，又 $a\neq 0$，于是得到

$$u''=0$$

因为我们只要得到一个不为常数的解，所以不妨选取 $u=x$，由此得到

$$y_2=xe^{r_1 x}$$

从而 $y_1=e^{r_1 x}, y_2=xe^{r_1 x}$是方程(7.7.1)的两个线性无关的特解，因此，方程(7.7.1)的通解为

$$y=C_1 e^{r_1 x}+C_2 xe^{r_1 x}$$

即

$$y=(C_1+C_2 x)e^{r_1 x}$$

其中 C_1, C_2 是任意常数.

【例 7.7.2】 求微分方程 $y''-2y'+y=0$ 的通解.

解：它的特征方程为

$$r^2-2r+1=0$$

特征根 $r_1=r_2=1$ 是两个相等的实根(二重根)，因此，$y_1=e^x$ 和 $y_2=xe^x$ 是原方程的两个线性无关的特解，从而所求通解为

$$y=(C_1+C_2 x)e^x$$

(ⅲ)当$b^2-4ac<0$时,r_1和r_2是一对共轭复根,记

$$r_1=\alpha+\mathrm{i}\beta, r_2=\alpha-\mathrm{i}\beta$$

其中$\alpha=-\dfrac{b}{2a}, \beta=\dfrac{\sqrt{4ac-b^2}}{2a}$,从而得到方程(7.7.1)的两个复值函数解

$$y_1=\mathrm{e}^{(\alpha+\mathrm{i}\beta)x}, y_2=\mathrm{e}^{(\alpha-\mathrm{i}\beta)x}$$

为了得到两个线性无关的实值函数解,我们利用欧拉公式$\mathrm{e}^{\mathrm{i}\theta}=\cos\theta+\mathrm{i}\sin\theta$,得

$$y_1=\mathrm{e}^{(\alpha+\mathrm{i}\beta)x}=\mathrm{e}^{\alpha x}\mathrm{e}^{\mathrm{i}\beta x}=\mathrm{e}^{\alpha x}(\cos\beta x+\mathrm{i}\sin\beta x)$$

$$y_2=\mathrm{e}^{(\alpha-\mathrm{i}\beta)x}=\mathrm{e}^{\alpha x}\mathrm{e}^{-\mathrm{i}\beta x}=\mathrm{e}^{\alpha x}(\cos\beta x-\mathrm{i}\sin\beta x)$$

由定理7.6.1知,y_1,y_2的任意线性组合还是方程(7.7.1)的解,于是我们取

$$\overline{y}_1=\frac{1}{2}(y_1+y_2)=\mathrm{e}^{\alpha x}\cos\beta x$$

$$\overline{y}_2=\frac{1}{2\mathrm{i}}(y_1-y_2)=\mathrm{e}^{\alpha x}\sin\beta x$$

即$\overline{y}_1$与$\overline{y}_2$仍然是方程(7.7.1)的解,而且是两个实值解.由于$\dfrac{\overline{y}_2}{\overline{y}_1}=\dfrac{\mathrm{e}^{\alpha x}\sin\beta x}{\mathrm{e}^{\alpha x}\cos\beta x}=\tan\beta x$不是常数,所以$\overline{y}_1$与$\overline{y}_2$方程的两个线性无关的解,因此方程(7.7.1)的通解为

$$y=\mathrm{e}^{\alpha x}(C_1\cos\beta x+C_2\sin\beta x)$$

其中C_1,C_2是任意常数.

【例7.7.3】 求微分方程$y''+4y'+5y=0$的通解.

解:它的特征方程为

$$r^2+4r+5=0$$

特征根为一对共轭复根$r_1=-2+\mathrm{i}$,$r_2=-2-\mathrm{i}$,因此所求通解为

$$y=\mathrm{e}^{-2x}(C_1\cos x+C_2\sin x).$$

综上所述,求二阶常系数线性齐次微分方程

$$ay''+by'+cy=0$$

的通解的步骤如下:

第一步,写出微分方程(7.7.1)的特征方程

$$ar^2+br+c=0$$

第二步,求特征方程(7.7.2)的两个根r_1,r_2,

第三步,根据特征方程(7.7.2)的两个根的不同情况,写出相应的微分方程的通解如表7.1所示.

表7.1

特征方程$ar^2+br+c=0$的两个根r_1,r_2	微分方程$ay''+by'+cy=0$的通解
两个不相等的实根r_1,r_2	$y=C_1\mathrm{e}^{r_1x}+C_2\mathrm{e}^{r_2x}$
两个相等的实根$r_1=r_2$	$y=(C_1+C_2x)\mathrm{e}^{r_1x}$
一对共轭复根$r_{1,2}=\alpha\pm\mathrm{i}\beta$	$y=\mathrm{e}^{\alpha x}(C_1\cos\beta x+C_2\sin\beta x)$

【例 7.7.4】 求微分方程 $y''-4y'+3y=0$ 满足初始条件 $y|_{x=0}=6, y'|_{x=0}=10$ 的特解.

解：所给方程的特征方程为

$$r^2-4r+3=0$$

特征根 $r_1=1, r_2=3$ 是两个不相等的实根,因此所求微分方程的通解为

$$y=C_1e^x+C_2e^{3x} \tag{7.7.3}$$

将条件 $y|_{x=0}=6$ 代入式(7.7.3)得

$$C_1+C_2=6 \tag{7.7.4}$$

对式(7.7.3)求导得 $y'=C_1e^x+3C_2e^{3x}$,将条件 $y'|_{x=0}=10$ 代入得

$$C_1+3C_2=10 \tag{7.7.5}$$

由式(7.7.4)和式(7.7.5)解得 $C_1=4, C_2=2$. 于是所求特解为

$$y=4e^x+2e^{3x}$$

【例 7.7.5】 求微分方程 $4y''+4y'+y=0$ 满足初始条件 $y|_{x=0}=2, y'|_{x=0}=0$ 的特解.

解：所给方程的特征方程为

$$4r^2+4r+1=0$$

特征根 $r_1=r_2=-\dfrac{1}{2}$ 是两个相等的实根,因此所求微分方程的通解为

$$y=(C_1+C_2x)e^{-\frac{1}{2}x} \tag{7.7.6}$$

将条件 $y|_{x=0}=2$ 代入式(7.7.6)得 $C_1=2$,从而有

$$y=(2+C_2x)e^{-\frac{1}{2}x} \tag{7.7.7}$$

对式(7.7.7)求导得

$$y'=(C_2-1-\frac{1}{2}C_2x)e^{-\frac{1}{2}x}$$

将条件 $y'|_{x=0}=0$ 代入上式得 $C_2=1$,于是所求特解为

$$y=(2+x)e^{-\frac{1}{2}x}$$

【例 7.7.6】 求微分方程 $y''+25y=0$ 满足初始条件 $y|_{x=0}=2, y'|_{x=0}=5$ 的特解.

解：所给方程的特征方程为

$$r^2+25=0$$

特征根 $r_{1,2}=\pm 5i$ 是一对共轭复根,因此所求微分方程的通解为

$$y=C_1\cos 5x+C_2\sin 5x \tag{7.7.8}$$

将条件 $y|_{x=0}=2$ 代入式(7.7.8)得 $C_1=2$,从而有

$$y=2\cos 5x+C_2\sin 5x \tag{7.7.9}$$

对式(7.7.9)求导得

$$y'=-10\sin 5x+5C_2\cos 5x$$

将条件 $y'|_{x=0}=5$ 代入上式得 $C_2=1$,于是所求特解为

$$y=2\cos 5x+\sin 5x$$

上面讨论二阶常系数齐次线性微分方程所用的方法以及方程的通解的形式,可推广到 n 阶常系数齐次线性微分方程上去,对此我们不再详细讨论,下面我们只给出 n 阶常系数齐次线性微分方程的解的有关结论.

n 阶常系数齐次线性微分方程的一般形式为

$$y^{(n)}+p_1y^{(n-1)}+p_2y^{(n-2)}+\cdots+p_{n-1}y'+p_ny=0 \tag{7.7.10}$$

其中 $p_1,p_2,\cdots,p_{n-1},p_n$ 都是常数.式(7.7.10)对应的特征方程为

$$r^n+p_1r^{n-1}+p_2r^{n-2}+\cdots+p_{n-1}r+p_n=0 \tag{7.7.11}$$

特征方程(7.7.11)为 n 次方程,它有 n 个根(重根按重数计算),而特征方程的每一个根都对应着通解中的一项,因此通解中共有 n 项,且每项各含一个任意常数.这样就得到 n 阶常系数齐次线性微分方程(7.7.10)的通解为

$$y=C_1y_1+C_2y_2+\cdots+C_ny_n$$

通解中的项是由特征方程(7.7.12)的根按表7.2的情况给出.

表7.2

特征方程的根	微分方程通解中的对应项
单实根 r	给出一项:Ce^{rx}
k 重实根 r	给出 k 项:$(C_1+C_2x+\cdots+C_kx^{k-1})e^{rx}$
一对单共轭复根 $r_{1,2}=\alpha\pm i\beta$	给出两项:$e^{\alpha x}(C_1\cos\beta x+C_2\sin\beta x)$
一对 k 重共轭复根 $r_{1,2}=\alpha\pm i\beta$	给出 $2k$ 项:$e^{\alpha x}[(C_1+C_2x+\cdots+C_kx^{k-1})\cos\beta x+(C_{k+1}+C_{k+2}x+\cdots+C_{2k}x^{k-1})\sin\beta x]$

【例7.7.7】 求微分方程 $y^{(5)}-y^{(4)}+y^{(3)}-y''=0$ 的通解.

解:所给方程的特征方程为

$$r^5-r^4+r^3-r^2=0$$

变形得 $r^4(r-1)+r^2(r-1)=0$,即 $r^2(r^2+1)(r-1)=0$,从而得特征根

$$r_1=r_2=0,\quad r_3=1,\quad r_{4,5}=\pm i$$

因此所给微分方程的通解为

$$y=(C_1+C_2x)+C_3e^x+(C_4\cos x+C_5\sin x)$$

习题7.7

1. 求下列微分方程的通解:

(1) $y''+y'-2y=0$;

(2) $y''-4y'=0$;

(3) $y''+4y'+4y=0$;

(4) $y''+y=0$;

(5) $y''+6y'+13y=0$;

(6) $y'''-y'=0$;

(7) $y^{(4)}-y=0$;

(8) $y^{(4)}-2y'''+y''=0$.

2. 求下列微分方程满足所给初始条件的特解:

(1) $y''+3y'+2y=0,y|_{x=0}=1,y'|_{x=0}=-2$;

(2) $y''-2y'+2y=0,y|_{x=\pi}=-2,y'|_{x=\pi}=-3$;

(3) $y''+3y'+2y=0,y|_{x=0}=1,y'|_{x=0}=2$;

(4) $y''-3y'-4y=0,y|_{x=0}=0,y'|_{x=0}=-5$.

3. 方程 $y''+9y=0$ 的一条积分曲线通过点$(\pi,-1)$,且在该点和直线 $y+1=x-\pi$ 相切,求这条积分曲线方程.

4. 问 $y'''-y'=0$ 的哪一条积分曲线在原点处有拐点,且在原点处与直线 $y=2x$ 相切?

*7.8　常系数非齐次线性微分方程

二阶常系数非齐次线性微分方程的一般形式是

$$ay''+by'+cy=f(x) \tag{7.8.1}$$

其中系数 a,b,c 均为常数且 $a\neq 0$，自由项 $f(x)$ 是不恒等于零的已知函数.

我们知道，方程(7.8.1)的通解等于它的一个特解与对应齐次方程

$$ay''+by'+cy=0 \tag{7.8.2}$$

的通解的和. 由于式(7.8.1)是常系数方程，所以对应齐次方程(7.8.2)的通解由第 7 节中介绍的方法很容易求出，剩下的工作就是如何求出方程(7.8.1)的一个特解 y^*.

本节只就 $f(x)$ 取两种特殊形式介绍特解 y^* 的求法，所用方法为**待定系数法**. $f(x)$ 的两种形式是

① $f(x)=\mathrm{e}^{\lambda x}(a_0x^m+a_1x^{m-1}+\cdots+a_{m-1}x+a_m)$

这里 λ 为常数，$a_i(i=0,1,\cdots,m)$ 均为实常数；

② $f(x)=\mathrm{e}^{\lambda x}[P_l(x)\cos\omega x+P_n(x)\sin\omega x]$

其中 λ,ω 是常数，$P_l(x)$、$P_n(x)$ 分别是 x 的 l 次、n 次多项式.

7.8.1　$f(x)=\mathrm{e}^{\lambda x}(a_0x^m+a_1x^{m-1}+\cdots+a_{m-1}x+a_m)$ 型

1. 当 $\lambda=0$ 时，$f(x)=a_0x^m+a_1x^{m-1}+\cdots+a_{m-1}x+a_m$. 这时方程(7.8.1)的形状为

$$ay''+by'+cy=a_0x^m+a_1x^{m-1}+\cdots+a_{m-1}x+a_m \tag{7.8.3}$$

对于自由项 $f(x)$ 是多项式的情形，我们可以试求形式为多项式的特解.

当 $c\neq 0$ 时(即 $\lambda=0$ 不是特征方程 $ar^2+br+c=0$ 的根)，设特解 y^* 的次数应与 $f(x)$ 的次数相同. 即令

$$y^*=b_0x^m+b_1x^{m-1}+\cdots+b_{m-1}x+b_m \tag{7.8.4}$$

这里 $b_i(i=0,1,\cdots,m)$ 是待定系数. 将式(7.8.4)代入方程(7.8.3)，要使等式成立，必须使等式两端 x 的同次幂的系数相等；于是就得到一个以 $b_i(i=0,1,\cdots,m)$ 为未知数的代数方程组：

$$\begin{cases} cb_0=a_0 \\ cb_1+mbb_1=a_1 \\ \quad\vdots \\ cb_m+bb_{m-1}+2ab_{m-2}=a_m \end{cases} \tag{7.8.5}$$

由方程组(7.8.5)可将 $b_i(i=0,1,\cdots,m)$ 唯一确定，代入式(7.8.4)得到所求的特解.

当 $c=0,b\neq 0$ 时(即 $\lambda=0$ 是特征方程 $ar^2+br+c=0$ 的单根)，方程(7.8.3)的形状为

$$ay''+by'=a_0x^m+a_1x^{m-1}+\cdots+a_{m-1}x+a_m \tag{7.8.6}$$

对方程(7.8.6)，如果我们还试求形如式(7.8.4)的解，将它代入式(7.8.6)后，就会出现等式的左端是一个 $m-1$ 次多项式，而右端是一个 m 次多项式的形式. 要使等式的左端仍然是一个 m 次多项式，就必须设特解 y^* 为 $m+1$ 次多项式. 即令

$$y^*=x(b_0x^m+b_1x^{m-1}+\cdots+b_{m-1}x+b_m)$$

然后再代入式(7.8.6),重复以上做法就可将 $b_i(i=0,1,\cdots,m)$ 全部确定出来.

当 $b=c=0$ 时(即 $\lambda=0$ 是特征方程 $ar^2+br+c=0$ 的重根),则方程(7.8.3)变为

$$ay''=a_0x^m+a_1x^{m-1}+\cdots+a_{m-1}x+a_m \tag{7.8.7}$$

要使等式的左端仍然是一个 m 次多项式,就必须设特解 y^* 为 $m+2$ 次多项式.即令

$$y^*=x^2(b_0x^m+b_1x^{m-1}+\cdots+b_{m-1}x+b_m)$$

2. 当 $\lambda\neq0$ 时,方程(7.8.1)的形状为

$$ay''+by'+cy=e^{\lambda x}(a_0x^m+a_1x^{m-1}+\cdots+a_{m-1}x+a_m) \tag{7.8.8}$$

对于方程(7.8.8)只要作函数代换

$$y=ze^{\lambda x}$$

就可以化为上面 $\lambda=0$ 的情形.因为 $y'=e^{\lambda x}(z'+\lambda z)$,$y''=e^{\lambda x}(z''+2\lambda z'+\lambda^2z)$,然后将 y,y',y''代入方程(7.8.8),得到

$$az''+(2a\lambda+b)z'+(a\lambda^2+b\lambda+c)z=a_0x^m+a_1x^{m-1}+\cdots+a_{m-1}x+a_m \tag{7.8.9}$$

若令 $A=a,B=2a\lambda+b,C=a\lambda^2+b\lambda+c$,这时方程(7.8.9)为

$$Az''+Bz'+Cz=a_0x^m+a_1x^{m-1}+\cdots+a_{m-1}x+a_m \tag{7.8.10}$$

属于方程(7.8.3)的类型.

若 λ 不是特征方程 $a\lambda^2+b\lambda+c=0$ 的根,即有 $C=a\lambda^2+b\lambda+c\neq0$,这时方程(7.8.10)应求形状为

$$z*=b_0x^m+b_1x^{m-1}+\cdots+b_{m-1}x+b_m$$

的特解.再根据变换 $y=ze^{\lambda x}$,此时方程(7.8.8)应求形状为

$$y^*=e^{\lambda x}(b_0x^m+b_1x^{m-1}+\cdots+b_{m-1}x+b_m)$$

同样讨论,可知若 λ 是特征方程的单根(即 $C=0,B\neq0$),这时方程(7.8.8)应求形状为

$$y^*=e^{\lambda x}x(b_0x^m+b_1x^{m-1}+\cdots+b_{m-1}x+b_m)$$

的特解.

若 λ 是特征方程的重根(即 $B=C=0$),这时方程(7.8.8)应求形状为

$$y^*=e^{\lambda x}x^2(b_0x^m+b_1x^{m-1}+\cdots+b_{m-1}x+b_m)$$

的特解.

上面 $b_i(i=0,1,\cdots,m)$ 是待定系数.

综合上面两种情况,对任意实数 λ,我们得到关于方程

$$ay''+by'+cy=e^{\lambda x}(a_0x^m+a_1x^{m-1}+\cdots+a_{m-1}x+a_m) \tag{7.8.11}$$

的特解 y^* 下述结论:

(1) 若 λ 不是特征根,则方程(7.8.11)有如下形式的特解

$$y^*=e^{\lambda x}(b_0x^m+b_1x^{m-1}+\cdots+b_{m-1}x+b_m)$$

(2) 若 λ 是特征单根,则方程(7.8.11)有如下形式的特解

$$y^*=e^{\lambda x}x(b_0x^m+b_1x^{m-1}+\cdots+b_{m-1}x+b_m)$$

(3) 若 λ 是特征重根,则方程(7.8.11)有如下形式的特解

$$y^*=e^{\lambda x}x^2(b_0x^m+b_1x^{m-1}+\cdots+b_{m-1}x+b_m)$$

上面 $b_i(i=0,1,\cdots,m)$ 是待定系数.

【例 7.8.1】 求微分方程 $y''-2y'-3y=3x+1$ 的一个特解.

解：此方程相当于 $y''-2y'-3y=e^{0\cdot x}(3x+1)$，即 $\lambda=0$.

对应的齐次线性方程为

$$y''-2y'-3y=0$$

它的特征方程为

$$r^2-2r-3=0$$

特征根为 $r_1=-1, r_2=3$. 由于这里 $\lambda=0$ 不是特征方程的根，所以设特解形式为

$$y^*=e^{0\cdot x}(b_0x+b_1)=b_0x+b_1$$

其中 b_0, b_1 是待定系数. 把它代入所给方程，得

$$-3b_0x-2b_0-3b_1=3x+1$$

比较两端 x 同次幂的系数，得到

$$\begin{cases}-3b_0=3\\ -2b_0-3b_1=1\end{cases}$$

解此方程组，得 $b_0=-1, b_1=\frac{1}{3}$，从而求得特解为

$$y^*=-x+\frac{1}{3}$$

【例 7.8.2】 求微分方程 $y''+y'=x^2+x$ 的一个特解.

解：此方程相当于 $y''+y'=e^{0\cdot x}(x^2+x)$，即 $\lambda=0$.

对应的齐次线性方程为

$$y''+y'=0$$

它的特征方程为

$$r^2+r=0$$

特征根为 $r_1=-1, r_2=0$. 由于这里 $\lambda=0$ 是特征方程的单根，所以设特解形式为

$$y^*=e^{0\cdot x}x(b_0x^2+b_1x+b_2)=x(b_0x^2+b_1x+b_2)$$

其中 b_0, b_1, b_2 是待定系数. 把它代入所给方程，得

$$3b_0x^2+(6b_0+2b_1)x+2b_1+b_2=x^2+x$$

比较两端 x 同次幂的系数，得到

$$\begin{cases}3b_0=1\\ 6b_0+2b_1=1\\ 2b_1+b_2=0\end{cases}$$

解此方程组，得 $b_0=\frac{1}{3}, b_1=-\frac{1}{2}, b_2=1$，从而求得特解为

$$y^*=\frac{1}{3}x^3-\frac{1}{2}x^2+x$$

【例 7.8.3】 求微分方程 $y''-2y'-3y=e^{3x}(1+x^2)$ 的通解.

解：对应的齐次线性方程为

$$y''-2y'-3=0$$

它的特征方程为

$$r^2-2r-3=0$$

特征根为 $r_1=-1, r_2=3$. 于是对应的齐次线性方程的通解为

$$Y=C_1\mathrm{e}^{-x}+C_2\mathrm{e}^{3x}$$

因为 $\lambda=3$ 是特征方程的单根,故设特解形式为

$$y^*=\mathrm{e}^{3x}x(b_0x^2+b_1x+b_2)$$

其中 b_0, b_1, b_2 是待定系数. 把它代入所给方程,得

$$2b_1+4b_2+(6b_0+8b_1)x+12b_0x^2=1+x^2$$

比较两端 x 同次幂的系数,得到

$$\begin{cases}12b_0=1\\ 6b_0+8b_1=0\\ 2b_1+4b_2=1\end{cases}$$

解此方程组,得 $b_0=\frac{1}{12}, b_1=-\frac{1}{16}, b_2=\frac{9}{32}$,从而求得特解为

$$y^*=\mathrm{e}^{3x}x\left(\frac{1}{12}x^2-\frac{1}{16}x+\frac{9}{32}\right)$$

故所求的通解为

$$y=C_1\mathrm{e}^{-x}+C_2\mathrm{e}^{3x}+\mathrm{e}^{3x}x\left(\frac{1}{12}x^2-\frac{1}{16}x+\frac{9}{32}\right)$$

【例 7.8.4】 求微分方程 $y''-6y'+9y=2\mathrm{e}^{3x}$ 的通解.

解:对应的齐次线性方程为

$$y''-6y'+9=0$$

它的特征方程为

$$r^2-6r+9=0$$

特征根为 $r_1=r_2=3$,于是对应的齐次线性方程的通解为

$$Y=(C_1+C_2x)\mathrm{e}^{3x}$$

因为 $\lambda=3$ 是特征方程的二重根,故设特解形式为

$$y^*=\mathrm{e}^{3x}x^2b_0$$

其中 b_0 是待定系数. 把它代入所给方程,得

$$2b_0=2$$

由此得 $b_0=1$,因此求得特解为

$$y^*=\mathrm{e}^{3x}x^2$$

从而所求的通解为

$$y=(C_1+C_2x)\mathrm{e}^{3x}+x^2\mathrm{e}^{3x}$$

【例 7.8.5】 求微分方程 $y''-5y'+6y=x\mathrm{e}^{2x}$ 的通解.

解:其对应的齐次线性方程为

$$y''-5y'+6y=0$$

它的特征方程为

$$r^2-5r+6=0$$

特征根为 $r_1=2, r_2=3$,于是对应的齐次线性方程的通解为

$$Y=C_1\mathrm{e}^{2x}+C_2\mathrm{e}^{3x}$$

由于 $\lambda=2$ 是特征方程的单根，故设特解形式为

$$y^*=e^{2x}x(b_0x+b_1)$$

其中 b_0,b_1 是待定系数. 把它代入所给方程，得

$$-2b_0x+2b_0-b_1=x$$

比较两端 x 同次幂的系数，得到

$$\begin{cases}-2b_0=1\\2b_0-b_1=0\end{cases}$$

解此方程组，得 $b_0=-\dfrac{1}{2},b_1=-1$，因此求得特解为

$$y^*=e^{2x}x\left(-\frac{1}{2}x-1\right)$$

从而所求的通解为

$$y=C_1e^{2x}+C_2e^{3x}-\frac{1}{2}(x^2+2x)e^{2x}$$

7.8.2　$f(x)=e^{\lambda x}[P_l(x)\cos\omega x+P_n(x)\sin\omega x]$型

我们不再讨论特解建立的分析过程，直接给出关于方程

$$ay''+by'+cy=e^{\lambda x}[P_l(x)\cos\omega x+P_n(x)\sin\omega x] \tag{7.8.12}$$

的特解 y^* 的结论.

(1) 若 $\lambda\pm i\omega$ 不是特征方程的根，则方程(7.8.12)有如下形式的特解

$$y^*=e^{\lambda x}[(b_0x^m+\cdots+b_{m-1}x+b_m)\cos\omega x+(c_0x^m+\cdots+c_{m-1}x+c_m)\sin\omega x];$$

(2) 若 $\lambda\pm i\omega$ 是特征方程的共轭复根，则方程(7.8.12)有如下形式的特解

$$y^*=xe^{\lambda x}[(b_0x^m+\cdots+b_{m-1}x+b_m)\cos\omega x+(c_0x^m+\cdots+c_{m-1}x+c_m)\sin\omega x],$$

其中 $m=\max\{l,n\}$，$b_i,c_i(i=0,1,\cdots,m)$是待定系数.

【例 7.8.6】　求微分方程 $y''+y=x\cos 2x$ 的一个特解.

解：此方程相当于 $y''+y=e^{0\cdot x}(x\cos 2x+0\cdot\sin 2x)$，即有 $\lambda=0,\omega=2,P_l(x)=x$，$P_n(x)=0$. 与所给方程对应的齐次线性方程为

$$y''+y=0$$

它的特征方程为

$$r^2+1=0$$

特征根为 $r_{1,2}=\pm i$. 由于这里 $\lambda+i\omega=2i$ 不是特征方程的根，且 $m=\max\{1,0\}=1$，所以设特解形式为

$$y^*=e^{0x}[(ax+b)\cos 2x+(cx+d)\sin 2x]=(ax+b)\cos 2x+(cx+d)\sin 2x$$

其中 a,b,c,d 是待定系数. 把它代入所给方程，得

$$(-3ax-3b+4c)\cos 2x-(3cx+3d+4a)\sin 2x=x\cos 2x$$

比较两端同类项的系数，得到

$$\begin{cases}-3a=1\\-3b+4c=0\\-3c=0\\-3d-4a=0\end{cases}$$

解此方程组,得 $a=-\frac{1}{3}$,$b=0$,$c=0$,$d=\frac{4}{9}$,从而求得一个特解为

$$y^*=-\frac{1}{3}x\cos 2x+\frac{4}{9}\sin 2x$$

【例 7.8.7】 求微分方程 $y''-2y'+y=x\cos x+2\sin x$ 的通解.

解:此方程相当于 $y''-2y'+y=e^{0\cdot x}[x\cos x+2\sin x]$,即有 $\lambda=0$,$\omega=1$,$P_l(x)=x$,$P_n(x)=2$.与所给方程对应的齐次线性方程为

$$y''-2y'+y=0$$

它的特征方程为

$$r^2-2r+1=0$$

特征根为 $r_1=r_2=1$.于是对应的齐次线性方程的通解为

$$Y=(C_1+C_2x)e^x$$

由于 $\lambda+i\omega=i$ 不是特征方程的根,且 $m=\max\{1,0\}=1$,故设特解形式为

$$y^*=e^{0\cdot x}[(ax+b)\cos x+(cx+d)\sin x]=(ax+b)\cos x+(cx+d)\sin x$$

其中 a,b,c,d 是待定系数.把它代入所给方程,得

$$(-2cx-2a+2c-2d)\cos x+(2ax-2a-2c+2b)\sin x=x\cos x+2\sin x$$

比较两端同类项的系数,得到

$$\begin{cases}-2c=1\\-2a+2c-2d=0\\2a=0\\-2a-2c+2b=2\end{cases}$$

解此方程组,得 $a=0$,$b=\frac{1}{2}$,$c=-\frac{1}{2}$,$d=-\frac{1}{2}$,因此求得特解为

$$y^*=\frac{1}{2}\cos x+\left(-\frac{1}{2}x-\frac{1}{2}\right)\sin x$$

从而所求的通解为

$$y=(C_1+C_2x)e^x+\frac{1}{2}\cos x-\frac{1}{2}(x+1)\sin x$$

*习题 7.8

1. 求下列微分方程的通解.

(1) $2y''+y'-y=2e^x$; (2) $y''+4y=e^x$;

(3) $2y''+5y'=5x^2-2x-1$; (4) $y''+3y'+2y=3xe^{-x}$;

(5) $y''-6y'+9y=e^{3x}(x+1)$; (6) $y''-4y'+4y=e^{-2x}+3$;

(7) $y''-2y'+3y=e^{-x}\cos x$; (8) $y''+4y=\cos 2x$;

(9) $y''+y=e^x+\cos x$; (10) $y''+y=\sin x-\cos 3x$.

2. 求下列微分方程满足所给初始条件的特解.

(1) $y''-3y'+2y=5$,$y|_{x=0}=1$,$y'|_{x=0}=2$;

(2) $y''-4y'=5, y|_{x=0}=1, y'|_{x=0}=0$;

(3) $y''-y=4xe^x, y|_{x=0}=0, y'|_{x=0}=1$;

(4) $y''+y+\sin 2x=0, y|_{x=\pi}=1, y'|_{x=\pi}=1$

3. 设 $\varphi(x)=e^x-\int_0^x (x-u)\varphi(u)du$，其中 $\varphi(x)$ 为可导函数，求 $\varphi(x)$.

7.9　本章小结

7.9.1　内容提要

1. 微分方程的基本概念

(1) 微分方程：含有未知函数的导数或微分的方程.

(2) 微分方程的阶：在微分方程里，未知函数的最高阶导数或微分的阶数.

(3) 微分方程的解：满足微分方程的函数（把函数代入微分方程能使该方程成为恒等式）.

(4) 通解：如果微分方程的解中含有任意常数，且任意常数的个数与微分方程的阶数相同，这样的解称为微分方程的通解.

(5) 特解：确定了通解中的任意常数以后，就得到微分方程的特解. 即不含任意常数的解称为微分方程的特解.

(6) 初始条件：用来确定通解中任意常数的条件.

2. 一阶微分方程的类型和解法

(1) 可分离变量的微分方程

能化成 $\frac{dy}{dx}=h(x)g(y)$ 的一阶微分方程称为可分离变量的微分方程.

解法：第一步　分离变量得 $\frac{dy}{g(y)}=h(x)dx$

第二步　两边积分 $\int\frac{dy}{g(y)}=\int h(x)dx$

(2) 齐次微分方程

能化成 $\frac{dy}{dx}=\varphi\left(\frac{y}{x}\right)$ 的一阶微分方程称为齐次微分方程.

解法：第一步　作变换 $u=\frac{y}{x}$，即 $y=xu$ 将原方程化为可分离变量的方程

$$x\frac{du}{dx}+u=\varphi(u)$$

第二步　分离变量后两端积分 $\int\frac{du}{\varphi(u)-u}=\int\frac{dx}{x}$

第三步　再用 $\frac{y}{x}$ 代替第二步所求通解中的 u（即变量还原）便得所给齐次方程的通解.

(3) 一阶线性微分方程

形如$\frac{dy}{dx}+P(x)y=Q(x)$的微分方程称为一阶线性微分方程.

解法:方法1:第一步,先求与它对应的一阶齐次线性微分方程$\frac{dy}{dx}+P(x)y=0$的通解

$$y = Ce^{-\int P(x)dx}$$

第二步,再用常数变易法求一阶非齐次线性微分方程的通解.

方法2:直接用通解公式

$$y = e^{-\int P(x)dx}\left[\int Q(x)e^{\int P(x)dx}dx + C\right]$$

(4) *伯努利(Bernoulli)方程

形如$\frac{dy}{dx}+P(x)y=Q(x)y^n(n\neq 0,1)$的方程称为伯努利方程.

解法:第一步,作变换$z=y^{1-n}$,将原方程化为一阶线性方程

$$\frac{dz}{dx}+(1-n)P(x)z=(1-n)Q(x)$$

第二步,利用一阶线性微分方程通解公式求出上式的通解

第三步,再以y^{1-n}代替第二步所求通解中的z,便可得到伯努利方程的通解.

3. 可降阶的高阶微分方程和解法

(1) $y^{(n)}=f(x)$型的微分方程

解法:逐次积分

(2) $F(x,y',y'')=0$型的微分方程(缺y型)

解法:令$y'=p,y''=\frac{dp}{dx}=p'$将原方程化为一阶微分方程$F(x,p,p')=0$来求解.

(3) $F(y,y',y'')=0$型的微分方程(缺x型)

解法:令$y'=p,y''=\frac{dp}{dx}=\frac{dp}{dy}\frac{dy}{dx}=p\frac{dp}{dy}$将原方程化为一阶微分方程$F(y,p,p\frac{dp}{dy})=0$来求解.

4. 高阶线性微分方程

(1) 齐次线性微分方程解的结构,非齐次线性微分方程解的结构,解的叠加原理.

(2) 常系数齐次线性微分方程(以二阶为主)

形如$ay''+by'+cy=0$的微分方程(其中系数$a\neq 0,a,b,c$都是常数)称为二阶常系数齐次线性微分方程.

解法:第一步,写出微分方程(7.7.1)的特征方程

$$ar^2+br+c=0$$

第二步,求特征方程的两个根r_1,r_2.

第三步,根据特征方程的两个根的不同情况,写出相应的微分方程的通解如表7.3所示.

表 7.3

特征方程 $ar^2+br+c=0$ 的两个根 r_1,r_2	微分方程 $ay''+by'+cy=0$ 的通解
两个不相等的实根 r_1,r_2	$y=C_1e^{r_1x}+C_2e^{r_2x}$
两个相等的实根 $r_1=r_2$	$y=(C_1+C_2x)e^{r_1x}$
一对共轭复根 $r_{1,2}=\alpha\pm i\beta$	$y=e^{\alpha x}(C_1\cos\beta x+C_2\sin\beta x)$

(3) 常系数非齐次线性微分方程(以二阶为主)

二阶常系数非齐次线性微分方程的一般形式是 $ay''+by'+cy=f(x)$,求非齐次项为 $f(x)=e^{\lambda x}(a_0x^m+a_1x^{m-1}+\cdots+a_{m-1}x+a_m)$ 型和 $f(x)=e^{\lambda x}[P_l(x)\cos\omega x+P_n(x)\sin\omega x]$ 型时方程的特解.

特解求法:待定系数法.

1) $ay''+by'+cy=e^{\lambda x}(a_0x^m+a_1x^{m-1}+\cdots+a_{m-1}x+a_m)$ 型微分方程

特解 y^* 设法:

① 若 λ 不是特征根,则方程有如下形式的特解

$$y^*=e^{\lambda x}(b_0x^m+b_1x^{m-1}+\cdots+b_{m-1}x+b_m)$$

② 若 λ 是特征单根,则方程有如下形式的特解

$$y^*=e^{\lambda x}x(b_0x^m+b_1x^{m-1}+\cdots+b_{m-1}x+b_m)$$

③ 若 λ 是特征重根,则方程有如下形式的特解

$$y^*=e^{\lambda x}x^2(b_0x^m+b_1x^{m-1}+\cdots+b_{m-1}x+b_m)$$

其中 $b_i(i=0,1,\cdots,m)$ 是待定系数.

2) $ay''+by'+cy=e^{\lambda x}[P_l(x)\cos\omega x+P_n(x)\sin\omega x]$ 型微分方程

特解 y^* 设法:

① 若 $\lambda+i\omega$ 不是特征根,则方程(7.8.11)有如下形式的特解

$$y^*=e^{\lambda x}[(b_0x^m+\cdots+b_{m-1}x+b_m)\cos\omega x+(c_0x^m+\cdots+c_{m-1}x+c_m)\sin\omega x]$$

② 若 $\lambda+i\omega$ 是特征根,则方程(7.8.11)有如下形式的特解

$$y^*=xe^{\lambda x}[(b_0x^m+\cdots+b_{m-1}x+b_m)\cos\omega x+(c_0x^m+\cdots+c_{m-1}x+c_m)\sin\omega x]$$

其中 $m=\max\{l,n\}$, $b_i,c_i(i=0,1,\cdots,m)$ 是待定系数.

7.9.2　基本要求

(1) 了解微分方程及其解、通解、特解和初始条件的概念.

(2) 会识别下列几种一阶微分方程:变量可分离方程、齐次方程、一阶线性方程、伯努利方程.熟练掌握变量可分离方程、齐次方程和一阶线性方程的解法.会解伯努利方程.

(3) 会应用降阶法解下列几种特殊类型的高阶方程

$$y^{(n)}=f(x),F(x,y',y'')=0,F(y,y',y'')=0$$

(4) 了解线性微分方程解的结构.熟练掌握常系数齐次线性微分方程和常系数非齐次线性微分方程的解法.

(5) 会用微分方程解决一些简单的几何和物理问题.

综合练习题

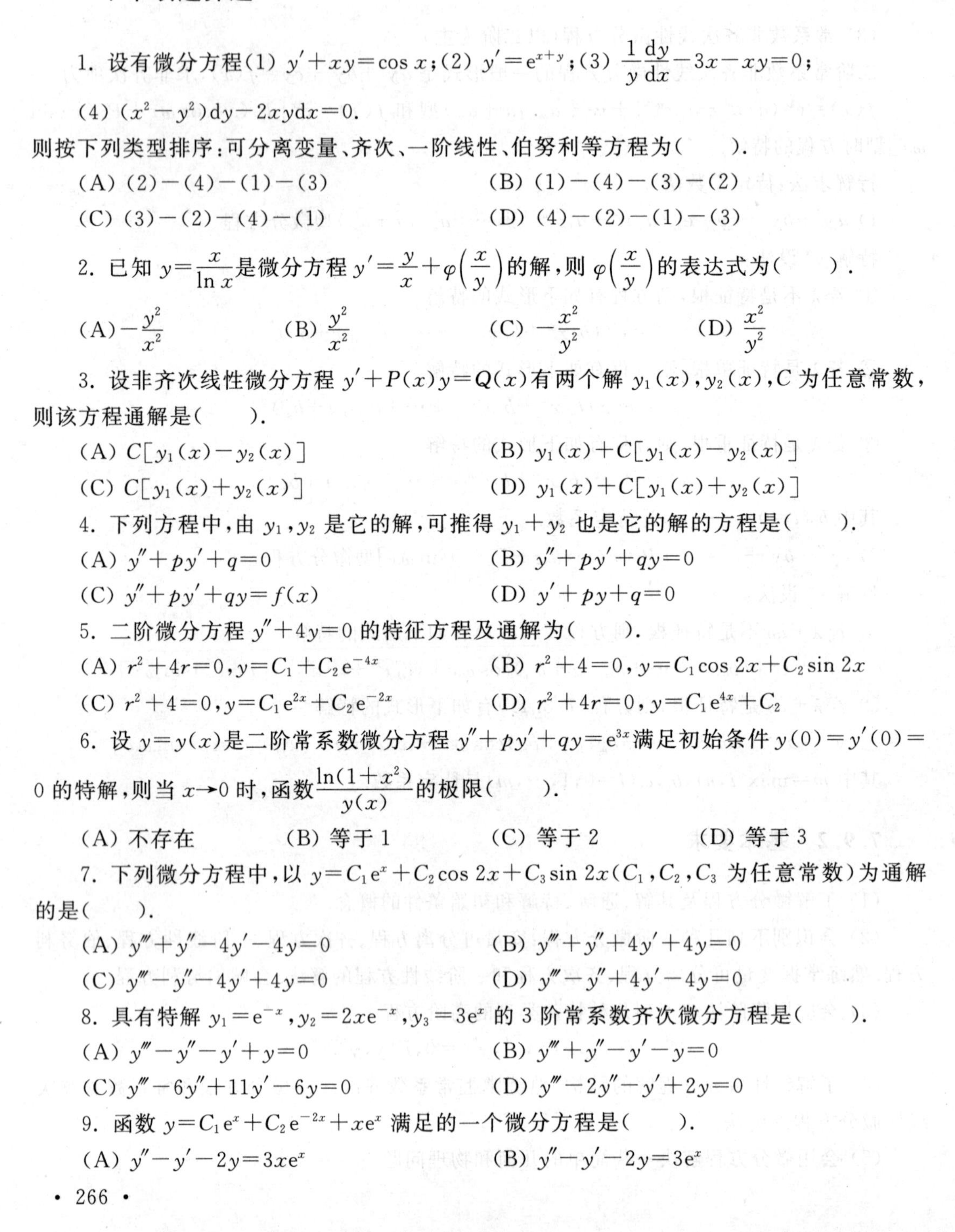

一、单项选择题

1. 设有微分方程(1) $y'+xy=\cos x$;(2) $y'=\mathrm{e}^{x+y}$;(3) $\dfrac{1}{y}\dfrac{\mathrm{d}y}{\mathrm{d}x}-3x-xy=0$;

(4) $(x^2-y^2)\mathrm{d}y-2xy\mathrm{d}x=0$.

则按下列类型排序:可分离变量、齐次、一阶线性、伯努利等方程为(　　).

(A) (2)-(4)-(1)-(3)　　(B) (1)-(4)-(3)-(2)

(C) (3)-(2)-(4)-(1)　　(D) (4)-(2)-(1)-(3)

2. 已知 $y=\dfrac{x}{\ln x}$是微分方程 $y'=\dfrac{y}{x}+\varphi\left(\dfrac{x}{y}\right)$的解,则 $\varphi\left(\dfrac{x}{y}\right)$的表达式为(　　).

(A) $-\dfrac{y^2}{x^2}$　　(B) $\dfrac{y^2}{x^2}$　　(C) $-\dfrac{x^2}{y^2}$　　(D) $\dfrac{x^2}{y^2}$

3. 设非齐次线性微分方程 $y'+P(x)y=Q(x)$有两个解 $y_1(x)$,$y_2(x)$,C为任意常数,则该方程通解是(　　).

(A) $C[y_1(x)-y_2(x)]$　　(B) $y_1(x)+C[y_1(x)-y_2(x)]$

(C) $C[y_1(x)+y_2(x)]$　　(D) $y_1(x)+C[y_1(x)+y_2(x)]$

4. 下列方程中,由 y_1,y_2 是它的解,可推得 y_1+y_2 也是它的解的方程是(　　).

(A) $y''+py'+q=0$　　(B) $y''+py'+qy=0$

(C) $y''+py'+qy=f(x)$　　(D) $y'+py+q=0$

5. 二阶微分方程 $y''+4y=0$ 的特征方程及通解为(　　).

(A) $r^2+4r=0,y=C_1+C_2\mathrm{e}^{-4x}$　　(B) $r^2+4=0,y=C_1\cos 2x+C_2\sin 2x$

(C) $r^2+4=0,y=C_1\mathrm{e}^{2x}+C_2\mathrm{e}^{-2x}$　　(D) $r^2+4r=0,y=C_1\mathrm{e}^{4x}+C_2$

6. 设 $y=y(x)$是二阶常系数微分方程 $y''+py'+qy=\mathrm{e}^{3x}$满足初始条件 $y(0)=y'(0)=0$ 的特解,则当 $x\to 0$ 时,函数$\dfrac{\ln(1+x^2)}{y(x)}$的极限(　　).

(A) 不存在　　(B) 等于1　　(C) 等于2　　(D) 等于3

7. 下列微分方程中,以 $y=C_1\mathrm{e}^x+C_2\cos 2x+C_3\sin 2x$($C_1$,$C_2$,$C_3$ 为任意常数)为通解的是(　　).

(A) $y'''+y''-4y'-4y=0$　　(B) $y'''+y''+4y'+4y=0$

(C) $y'''-y''-4y'+4y=0$　　(D) $y'''-y''+4y'-4y=0$

8. 具有特解 $y_1=\mathrm{e}^{-x}$,$y_2=2x\mathrm{e}^{-x}$,$y_3=3\mathrm{e}^x$ 的3阶常系数齐次微分方程是(　　).

(A) $y'''-y''-y'+y=0$　　(B) $y'''+y''-y'-y=0$

(C) $y'''-6y''+11y'-6y=0$　　(D) $y'''-2y''-y'+2y=0$

9. 函数 $y=C_1\mathrm{e}^x+C_2\mathrm{e}^{-2x}+x\mathrm{e}^x$ 满足的一个微分方程是(　　).

(A) $y''-y'-2y=3x\mathrm{e}^x$　　(B) $y''-y'-2y=3\mathrm{e}^x$

(C) $y''+y'-2y=3xe^x$　　　　　　(D) $y''+y'-2y=3e^x$

10. 微分方程 $y''+y=x^2+1+\sin x$ 的特解形式可设为(　　).

(A) $y^*=ax^2+bx+c+x(A\sin x+B\cos x)$

(B) $y^*=x(ax^2+bx+c+A\sin x+B\cos x)$

(C) $y^*=ax^2+bx+c+A\sin x$

(D) $y^*=ax^2+bx+c+A\cos x$

二、填空题

1. 微分方程 $y'=\frac{y(1-x)}{x}$ 的通解是________.

2. 微分方程 $xy'+y=0$ 满足条件 $y(1)=1$ 的解是 $y=$________.

3. 微分方程 $\frac{\mathrm{d}y}{\mathrm{d}x}=\frac{y}{x}-\frac{1}{2}\left(\frac{y}{x}\right)^3$ 满足 $y|_{x=1}=1$ 的特解为 $y=$________.

4. 微分方程 $(y+x^2e^{-x})\mathrm{d}x-x\mathrm{d}y=0$ 的通解是________.

5. 微分方程 $xy'+2y=x\ln x$ 满足 $y(1)=-\frac{1}{9}$ 的解为________.

6. 微分方程 $(y+x^3)\mathrm{d}x-2x\mathrm{d}y=0$ 满足 $y|_{x=1}=\frac{6}{5}$ 的特解为________.

7. 过点 $\left(\frac{1}{2},0\right)$ 且满足关系式 $y'\arcsin x+\frac{y}{\sqrt{1-x^2}}=1$ 的曲线方程为________.

8. 微分方程 $yy''+y'^2=0$ 满足初始条件 $y|_{x=0}=1,y'|_{x=0}=\frac{1}{2}$ 的特解是________.

9. 微分方程 $xy''+3y'=0$ 的通解为________.

10. 二阶常系数非齐次线性微分方程 $y''-4y'+3y=2e^{2x}$ 的通解为 $y=$________.

11. 设 $y=e^x(C_1\sin x+C_2\cos x)$ $(C_1,C_2$ 为任意常数)为某二阶常系数齐次线性微分方程的通解,则该方程为________.

三、计算题

1. 在 xoy 坐标平面上,连续曲线 L 过点 $M(1,0)$,其上任意点 $P(x,y)(x\neq 0)$ 处的切线的斜率与直线 OP 的斜率之差等于 ax(常数 $a>0$),求 L 的方程.

2. 设 L 是一条平面曲线,其上任意一点 $P(x,y)(x>0)$ 到坐标原点的距离恒等于该点处的切线在 y 轴上的截距,且 L 经过点 $\left(\frac{1}{2},0\right)$,试求曲线 L 的方程.

3. 设函数 $y(x)(x\geqslant 0)$ 二阶可导且 $y'(x)>0,y(0)=1$,过曲线 $y=y(x)$ 上任意一点 $P(x,y)$ 作该曲线的切线及 x 轴的垂线,上述两曲线与 x 轴所围成的三角形的面积记为 S_1,区间 $[0,x]$ 以上 $y=y(x)$ 为曲边的曲边梯形面积记为 S_2,并设 $2S_1-S_2$ 恒为1,求此曲线 $y=y(x)$ 的方程.

4. 求初值问题 $\begin{cases}(y+\sqrt{x^2+y^2})\mathrm{d}x-x\mathrm{d}y=0, & (x>0)\\ y|_{x=1}=0\end{cases}$ 的解.

5. 设函数 $f(u), u\in(0,+\infty)$ 满足方程 $f''(u)+\frac{f'(u)}{u}=0$，且 $f(1)=0, f'(1)=1$，求函数 $f(u)$ 的表达式.

6. 求微分方程 $y''(x+y'^2)=y'$ 满足初始条件 $y(1)=y'(1)=1$ 的特解.

7. 用变量代换 $x=\cos t(0<t<\pi)$ 化简微分方程 $(1-x^2)y''-xy'+y=0$，并求其满足 $y|_{x=0}=1, y'|_{x=0}=2$ 的特解.

8. 设函数 $y=y(x)$ 在 $(-\infty,+\infty)$ 内具有二阶导数，且 $y'\neq 0$，$x=x(y)$ 是 $y=y(x)$ 的反函数.

(1) 试将 $x=x(y)$ 所满足的微分方程 $\frac{\mathrm{d}^2x}{\mathrm{d}y^2}+(y+\sin x)\left(\frac{\mathrm{d}x}{\mathrm{d}y}\right)^3=0$ 变换为 $y=y(x)$ 所满足的微分方程；

(2) 求变换后的微分方程满足初始条件 $y(0)=0, y'(0)=\frac{3}{2}$ 的解.

9. 某种飞机在机场降落时，为了减小滑行距离，在触地的瞬间，飞机尾部张开减速伞，以增大阻力，使飞机迅速减速并停下来.

现有一质量为 9 000 kg 的飞机，着陆时的水平速度为 700 km/h. 经测试，减速伞打开后，飞机所受的总阻力与飞机的速度成正比(比例系数为 $k=6.0\times 10^6$). 问从着陆点算起，飞机滑行的最长距离是多少？(注：kg 表示千克，km/h 表示千米/小时.)

习题参考答案

第 1 章

习题 1.1

1.(1) 0,7；　(2) 1,$\sqrt{2}$；　(3) 4.5,8.5

2. (1) $(-8,2)$；　(2) $\left(-\infty,-\dfrac{1}{15}\right)\cup\left(\dfrac{19}{15},+\infty\right)$；

(3) $[-3,-1]\cup[1,3]$；　(4) $(-\infty,3]$

习题 1.2

1.(1) $x\neq1$ 且 $x\neq2$　(2) $x\geqslant-2$ 且 $x\neq\pm1$　(3) $-1\leqslant x\leqslant3$　(4) $(-1,2]\cup[3,+\infty)$

2.(1) 1,$\sqrt{a^2-2a+2}$　(2) 3,0,4,$\begin{cases}\sqrt{5-4a-a^2} & -5\leqslant a\leqslant1\\ 4 & a>1 \text{ 或 } a<-5\end{cases}$

3.(1) 相同　(2) 相同　(3) 相同　(4) 不同

5. $I=\dfrac{3E}{4R}$

6. $R=\dfrac{a}{2\sin\dfrac{\theta}{2}}$

7. $S(x)=\begin{cases}0 & x<0\\ x^2 & 0\leqslant x\leqslant1\\ 2x-1 & 1<x\leqslant3\\ 6-(4-x)^2 & 3<x\leqslant4\\ 6 & x>4\end{cases}$

8. $Q=9000-3P(0<P\leqslant3000)$

习题 1.3

1. (1) 下界$-\dfrac{\pi}{2}$,上界$\dfrac{\pi}{2}$；　(2) 下界-15,上界 1.

2.（1）单调增；（2）非增非减；（3）单调增.

3.（1）奇；（2）奇；（3）偶；（4）偶；（5）奇.

6.（1）4π；（2）π；（3）非周期；（4）2π.

习题 1.4

1.（1）$y=\frac{1}{2}(x-3)x\in R$；（2）$y=\frac{2x}{1-x}(x\neq 1)$；

（3）$y=\lg(x+1)\quad(x>-1)$；（4）$y=e^{x-1}-2\quad(x\in R)$.

3. $y=\arcsin[\ln(1+x^2)]$，$[-\sqrt{e-1},\sqrt{e-1}]$

4.（1）$(-\infty,0]$；（2）$[1,+\infty)$.

5. $f[g(x)]=x^2+x+1\quad g[f(x)]=\begin{cases}x^2+x+1 & x\geqslant 0\\ 1 & x<0\end{cases}$

6. $1-\cos 2x$

习题 1.5

1.（1）$y=u^2,u=\sin v,v=\sqrt{x}$；（2）$y=7^u,u=\tan v,v=x^3$；

（3）$y=\ln u,u=\tan v,v=2x$；（4）$y=e^u,u=\frac{1}{x}\cdot\ln\sin x$.

2. $(-\infty,-1)\cup\left(-\frac{1}{3},+\infty\right)$

综合练习题

一、1. C；2. B；3. D；4. B.

二、1. $[1,2]\cup(3,+\infty)$；2. 2；3. $y=\frac{1-3x}{5x+2}\left(x\neq-\frac{2}{5}\right)$；4. $f(x)=x^2-2$.

三、1. $\varphi(x)=\sqrt{\ln(1-x)}$，$(-\infty,0]$；2. $\begin{cases}[a,1-a], & 0\leqslant a\leqslant\frac{1}{2}\\ [-a,1+a], & -\frac{1}{2}\leqslant a<0\\ \varnothing, & a<-\frac{1}{2}\text{或 }a>\frac{1}{2}\end{cases}$；

3. $\varphi(x)=x^2+2x$；7. $f(x)=\frac{1}{3}(x^2+2x-1)$；

8. $f[g(x)]=\begin{cases}e^{2x} & x\geqslant 0\\ \sqrt{x+1} & -1\leqslant x<0\end{cases}$；

9. $f^{-1}(x)=\begin{cases}\frac{x-1}{2} & -3\leqslant x<1\\ \log_2 x & 1\leqslant x<2\\ \sqrt{x-1} & 2\leqslant x<5\end{cases}$；10. $L=\frac{2s_0}{h}+\frac{4\sqrt{3}}{3}h$；

11. $v=\begin{cases} v_0+at, & 0\leqslant t\leqslant \dfrac{v_1-v_0}{a} \\ v_1, & \dfrac{v_1-v_0}{a}\leqslant t\leqslant T; \\ v_1-2at, & T<t\leqslant \dfrac{v_1}{2a}+T \end{cases}$ 12. $E=ky(R^2-y^2)$;

13. 设所获利润为 y,销售量为 x,

$y=\begin{cases} -0.02x & 0\leqslant x\leqslant 15\ 000 \\ 0.1x-1\ 800 & x>15\ 000 \end{cases}$ 得 $x=18\ 000$ 时保本.

第 2 章

习题 2.1

3. $x_n=\dfrac{1}{n^2}, y_n=\dfrac{1}{n}$.

习题 2.2

2. (1) $\lim\limits_{x\to 1^+} f(x)=\lim\limits_{x\to 1^-} f(x)=1, \lim\limits_{x\to 1} f(x)=1$;

   (2) $\lim\limits_{x\to 0^+} f(x)=1, \lim\limits_{x\to 0^-} f(x)=-1, \lim\limits_{x\to 0} f(x)$不存在.

习题 2.3

略.

习题 2.4

1. (1) $\dfrac{1}{2}$; (2) $-3\sqrt{2}$; (3) $\sqrt{2}$; (4) 1; (5) $\dfrac{1}{2}$; (6) $\dfrac{1}{2}$.

2. (1) -17; (2) $2x$; (3) 0; (4) -4;

(5) $\dfrac{2}{3}$; (6) $+\infty$; (7) $\dfrac{3}{2}$; (8) $\begin{cases} \infty & c=1 \\ 0 & c\neq 1 \end{cases}$.

3. $a=1, b=0$

4. (1) $\dfrac{1}{2\sqrt{x}}$;(2) $-\dfrac{1}{2x\sqrt{x}}$;

5. $\lim\limits_{x\to 2^-} f[\varphi(x)]=-1, \lim\limits_{x\to 2^+} f[\varphi(x)]$不存在.

习题 2.5

1. (1) $\dfrac{3}{5}$; (2) $\sqrt{2}$; (3) $\dfrac{1}{4}$; (4) x; (5) $\dfrac{2}{3}$; (6) $-\dfrac{5}{2}$.

2. (1) e^{10}； (2) e^{-2}； (3) e^{-5}； (4) 1； (5) 1； (6) e^{-2}.

3. $k=5$； 4. (1) 1； (2) 1； 5. $\lim\limits_{n\to\infty} x_n=2$

习题 2.6

2. $(x-1)^2$ 是比 x^2+x-2 高阶的无穷小； 3. 等价.

4. (1) 1； (2) 2； (3) 4； (4) 2.

5. (1) $\frac{5}{3}$； (2) $\begin{cases}1, m=n\\0, m>n\\\infty, m<n\end{cases}$； (3) 1； (4) 1； (5) $\frac{1}{2}m^2$； (6) $\frac{1}{2}$.

习题 2.7

4. (1) $x=1$ 可去间断点，$x=2$ 第二类间断点； (2) $x=1$ 跳跃间断点；
(3) $x=0$ 可去间断点； (4) $x=1$ 第二类间断点； (5) $x=0$ 跳跃间断点；
(6) $x=0$ 跳跃间断点.

5. (1) $(-\infty,+\infty)$； (2) $[-1,1]$；
   (3) $(-\infty,-1)\cup(2,+\infty)$； (4) $(-\infty,-1)\cup(-1,1)\cup(1,+\infty)$.

6. $a=\frac{1}{2}\ln 3$；

综合练习题

一、1. (B)； 2. (A)； 3. (D)； 4. (A)； 5. (D)；
6. (A)； 7. (C)； 8. (B)； 9. (C)； 10. (B)；
11. (A)； 12. (A)； 13. (C)； 14. (D)； 15. (C).

二、1. $\frac{1}{x}$； 2. $a=2, b=-8$； 3. $k=2$； 4. $a=2$； 5. $a=2$；
6. 一，跳跃；一，可去； 7. $(-\infty,2)\cup(3,+\infty)$.

三、1. (1) $\frac{1}{2}$； (2) $\frac{3^{21}}{2^{61}}$； (3) 1； (4) 2； (5) -1；
(6) e^2； (7) e^2； (8) $\ln 2$； (9) e； (10) $\sqrt[3]{abc}$；

2. $\frac{1}{2}$； 3. 2.

第3章

习题 3.1

3. (1) $v_0-gt_0-\frac{1}{2}g\Delta t$； (2) v_0-gt_0.

4. (1) $k_1=y'|_{x=\frac{2}{3}\pi}=-\frac{1}{2}$；　(2) $k_2=y'|_{x=\pi}=-1$.

5. (1) 在 $x=0$ 处连续，不可导；

(2) 在 $x=0$ 处连续且可导.

6. $a=2, b=-1$.

7. $f'(x)=\begin{cases} e^x, & x\geqslant 0 \\ 1, & x<0 \end{cases}$.

8. (1) $-A$；　(2) A；　(3) $(\alpha+\beta)A$.

9. 切线方程为$\frac{\sqrt{3}}{2}x+y-\frac{1}{2}\left(1+\frac{\sqrt{3}}{3}\pi\right)=0$，

法线方程为$\frac{2\sqrt{3}}{3}x-y+\frac{1}{2}-\frac{2\sqrt{3}}{9}\pi=0$.

习题 3.2

2. (1) $4x^3$；　(2) $\frac{2}{3}x^{-\frac{1}{3}}$；　(3) $-\frac{1}{2}x^{-\frac{3}{2}}$；

(4) $-\frac{2}{x^3}$；　(5) $\frac{16}{5}x^{\frac{11}{5}}$；　(6) $\frac{1}{6}x^{-\frac{5}{6}}$.

3. (1) $15^x\cdot\ln 15$；　(2) $9^x\cdot\ln 9$；　(3) $\frac{1}{x\ln 10}$；　(4) $\cos x$.

4. (1) $6x+\frac{4}{x^3}$；　(2) $4x+\frac{5}{2}x^{\frac{3}{2}}$；　(3) $-2\sin x-3\cos x$；　(4) $\frac{4}{x\ln 2}+3\ln 2\cdot 2^x$.

5. (1) $3e^x(\cos x-\sin x)$；　(2) $\frac{1}{2\sqrt{\varphi}}\sin\varphi+\sqrt{\varphi}\cos\varphi$；

(3) $10^x\left(\frac{2\lg x}{x}+\ln^2 x\right)$；　(4) $(x-b)(x-c)+(x-a)(x-c)+(x-a)(x-b)$.

6. (1) $\frac{\sqrt{2}}{4}\left(1+\frac{\pi}{2}\right)$；　(2) $\varphi(0)$.

8. (1) $\frac{-(1+2x)}{(1+x+x^2)^2}$；　(2) $\frac{-\csc x\cot x\cdot(1+x^2)-2x\csc x}{(1+x^2)^2}$；

(3) $\frac{\sec^2 x\cdot(1+\cot x)+(1+\tan x)\csc^2 x}{(1+\cot x)^2}$或 $\sec^2 x$；

(4) $\frac{1+\sec^2 x-2\ln 2\cdot(x+\tan x)}{4^x}$.

10. (1) $\frac{1}{\sqrt{1-x^2}(\arccos x)^2}$；　(2) $\frac{\pi}{2\sqrt{1-x^2}(\arccos x)^2}$.

11. (1) $2(1-x)e^{-x^2+2x+1}$；　(2) $\sec x$；

(3) $3\cos 3x+5\sec^2 5x$；　(4) $\frac{1}{1+x^2}\cos(\arctan x)$；

(5) $-\frac{1}{1+x^2}$；　(6) $\frac{4}{5+3\cos x}$；

(7) $n\ln 10\cdot 10^{nx}+\frac{n}{x\ln 2}(\log_2 x)^{n-1}$；　(8) $\arcsin\sqrt{x}+\frac{1}{2}\sqrt{\frac{x}{1-x}}$；

(9) $(3shx+2)shx\cdot chx$； (10) $2\sqrt{a^2-x^2}$.

12. (1) $5\sin 10x$； (2) $-4e^{2x}\cot(e^{2x})\csc^2(e^{2x})$； (3) $\dfrac{2}{\sqrt{4-x^2}}\cdot\arcsin\dfrac{x}{2}$；

(4) $\dfrac{\ln x}{x\sqrt{1+\ln^2 x}}$； (5) $\dfrac{e^{\arctan\sqrt{x}}}{2\sqrt{x}(1+x)}$； (6) $\dfrac{1}{x\ln x\cdot\ln(\ln x)}$；

(7) $\dfrac{-1}{(1+x)\sqrt{2x(1-x)}}$； (8) $\dfrac{-\ln 2}{2\sqrt{x}}2^{\cos^2\sqrt{x}}\cdot\sin 2\sqrt{x}$； (9) $\dfrac{1}{\sqrt{a^2+x^2}}$；

(10) $3\left(\sin 2x+\cos\dfrac{x}{2}\right)^2\left(2\cos 2x-\dfrac{1}{2}\sin\dfrac{x}{2}\right)$；

(11) $x^{\sin 2x}\cdot\left(2\cos 2x\cdot\ln x+\dfrac{1}{x}\cdot\sin 2x\right)$；

(12) $(\arcsin x)^x\cdot\left[\ln(\arcsin x)+\dfrac{x}{(\arcsin x)\sqrt{1-x^2}}\right]$.

习题 3.3

1. (1) $-4\cos\left(2x+\dfrac{\pi}{4}\right)$； (2) $9\ln^2 a\cdot a^{3x}$； (3) $-\dfrac{1}{x^2}$； (4) $e^{-x}(\cos x-\sin x)$；

(5) $-\dfrac{a^2}{(a^2-x^2)^{\frac{3}{2}}}$； (6) $4+\dfrac{3}{4}x^{-\frac{5}{2}}+8x^{-3}$； (7) $2\sec^2 x\cdot\tan x$；

(8) $2\arctan x+\dfrac{2x}{1+x^2}$； (9) $4+\left(\dfrac{4}{x}-\dfrac{4}{x^2}+\dfrac{2}{x^3}\right)e^{2x}$； (10) $-\dfrac{x}{(1+x^2)^{\frac{3}{2}}}$.

2. (1) 12×10^4； (2) $10e$.

4. (1) $n!$； (2) 当 $m<n$ 时，$(x^m)^{(n)}=0$；当 $m=n$ 时，$(x^m)^{(n)}=m!$；当 $m>n$ 时，有 $(x^m)^{(n)}=m(m-1)\cdots(m-n+1)x^{m-n}$.

(3) $2^{n-1}\sin\left[2x+(n-1)\dfrac{\pi}{2}\right]$； (4) $(-1)^n\dfrac{2\cdot n!}{(1+x)^{n+1}}$； (5) $\dfrac{-(n-1)!}{(1-x)^n}$；

(6) $100\ln^n 10\cdot 10^x$ 或 $\ln^n 10\cdot 10^{x+2}$.

5. (1) $3^n e^{3x+1}$； (2) $(-1)^n\dfrac{(n-2)!}{x^{n-1}}(n\geqslant 2)$； (3) $e^x(x+n)$；

(4) $\dfrac{1}{2}\cdot\dfrac{-1}{2}\cdot\dfrac{-3}{2}\cdots\dfrac{-(2n-3)}{2}(1+x)^{\frac{1}{2}-n}=\dfrac{(-1)^{n-1}1\cdot 3\cdots(2n-3)}{2^n}(1+x)^{\frac{1}{2}-n}$.

6. (1) $2x\varphi'(x^2)+e^x\psi'(e^x)$； (2) $\dfrac{\varphi(x)\varphi'(x)+\psi(x)\psi'(x)}{\sqrt{\varphi^2(x)+\psi^2(x)}}$；

(3) $-2\csc^2 2x\cdot\varphi'(\cot 2x)$； (4) $\varphi'(\psi(x))\cdot\psi'(x)$.

7. $\dfrac{1}{x^2}[f''(\ln x)-f'(\ln x)]$.

8. (1) $-4e^x\cos x$； (2) $2^{50}\left(-x^2\sin 2x+50x\cos 2x+\dfrac{1\,225}{2}\sin 2x\right)$.

习题 3.4

1. (1) $-\dfrac{\sqrt{y}}{\sqrt{x}}$； (2) $-\dfrac{e^y}{1+xe^y}$； (3) $-\dfrac{\sin(x+y)}{1+\sin(x+y)}$； (4) $\dfrac{x+y}{x-y}$.

2. (1) -2;　(2) $x_0=0, y'(0)=-\frac{1}{2}, y-1=-\frac{1}{2}x$.

3. (1) $-\frac{1}{y^3}$;　(2) $-2\csc^2(x+y)\cot^3(x+y)$.

4. (1) $\left(\frac{x}{1+x}\right)^x\left[\ln\left(\frac{x}{1+x}\right)+\frac{1}{1+x}\right]$;

(2) $(\sin x)^{\cos x}\cdot(\cos x\cdot\cot x-\sin x\cdot\ln\sin x)$;

(3) $\frac{\sqrt[3]{x+1}(2-x)^4}{x^2(x-1)^3}\left[\frac{1}{3(x+1)}-\frac{4}{2-x}-\frac{2}{x}-\frac{3}{x-1}\right]$;

(4) $\frac{1}{2}\sqrt{x\sin x\cdot\sqrt{e^x-1}}\left[\frac{1}{x}+\cot x+\frac{e^x}{2(e^x-1)}\right]$.

5. (1) -1;　(2) $\frac{t}{2}, \frac{1+t^2}{4t}$;　(3) $t, \frac{1}{f''(t)}$.

6. (1) 1;　(2) 切线方程:$y-1=x-\left(\frac{\pi}{2}-1\right)$,法线方程:$y-1=-x+\left(\frac{\pi}{2}-1\right)$.

7. $-2e^{2t}$;$4e^{3t}$.

习题 3.5

1. $\Delta s=2\pi r\Delta r+\pi(\Delta r)^2$;$ds=2\pi r\Delta r=2\pi r dr$.

2. ②或③⇒①;　②⇔③;①⇏②或③.

3. 设$M(x,y)$,点T在切线上,点$P(x,0)$,点$R(x+\Delta x,0)$,T的横坐标为$x+\Delta x$,则有$dy=TR-MP>0$.

4. (1) $\left(-\frac{1}{x^2}+\frac{1}{\sqrt{x}}\right)dx$;　(2) $2x(\sin 2x+x\cos 2x)dx$;

(3) $\frac{x(2\ln x-1)}{\ln^2 x}dx$;　(4) $a^x\ln a\cdot\cot(a^x)dx$;

(5) $-\frac{2x}{1+x^4}dx$;　(6) $\frac{-x dx}{|x|\sqrt{1-x^2}}$.

5. (1) $\frac{1}{a^2}dx$;　(2) 0.3.

6. (1) $\left[\frac{1}{x(1+x^2)}-\frac{1}{x^2}\cdot\arctan x\right]dx$;

(2) $\frac{2x dx}{\sqrt{1+x^2}(\sqrt{1+x^2}+1)^2}$.

7. $dy=\frac{3}{x}\cos(3\ln 2x)dx$.

8. (1) $\frac{1}{2}x^2+C$;　(2) $-\cos x+C$;　(3) $\frac{1}{2}e^{2x}+C$;

(4) $\arcsin x+C$ 或 $-\arccos x+C$;　(5) $\frac{1}{\ln 3}\cdot 3^x+C$;　(6) $-\frac{1}{x}+C$.

9. (1) $\frac{dx}{dy}=\frac{d(3e^{-t})}{d2e^t}=-\frac{3}{2}e^{-2t}, \frac{d^2x}{dy^2}=\frac{d\left(-\frac{3}{2}e^{-2t}\right)}{d(2e^t)}=\frac{3}{2}e^{-3t}$;

(2) $y\mathrm{d}x+x\mathrm{d}y=\mathrm{e}^{x+y}(\mathrm{d}x+\mathrm{d}y)$求出$\dfrac{\mathrm{d}y}{\mathrm{d}x}=\dfrac{\mathrm{e}^{x+y}-y}{x-\mathrm{e}^{x+y}}$;

11. (1) 0.484 9;　　(2) 1.007.

12. $2\pi R_0 h$.

综合练习题

一、1. (B);　　2. (D);　　3. (D);　　4. (C);　　5. (A).

二、1. $a=-1, b=2$;　　2. -1;　　3. $2x-y+3=0$;　　4. $-\dfrac{2x}{|x|}$;5. 0.

三、1. 9;　　2. $\dfrac{2}{a}f'(t)$;

3. (1) 连续;　　(2) 可导,$f'(x)=\begin{cases}\dfrac{x^2\mathrm{e}^x-2x\mathrm{e}^x+2x}{(1-\mathrm{e}^x)^2} & x\neq 0,\\ -1 & x=0.\end{cases}$　　(3) 不存在;

4. $(a\ln x+1)x^{a-1}x^{x^a}+\left(\dfrac{1}{x}+\ln a\cdot\ln x\right)a^x x^{a^x}$;

5. $\dfrac{3\pi}{4}$;

6. (1) $3(1+x)\mathrm{e}^x\sin^2(x\mathrm{e}^x)\cos(x\mathrm{e}^x)\mathrm{d}x$;

(2) $2f'(x^2)\cos[f(x^2)]+4x^2f''(x^2)\cos[f(x^2)]-4x^2[f'(x^2)]^2\sin[f(x^2)]$;

7. $y^{(n)}=\dfrac{(-1)^n n!}{4}\left[\dfrac{1}{(x-3)^{n+1}}-\dfrac{1}{(x+1)^{n+1}}\right]$;

8. $\tan t$.

第 4 章

习题 4.1

1. $\xi=\dfrac{\pi}{2}\in(0,\pi)$.

2. $f(x)=x^{\frac{2}{3}}$在$x=0$不可导,罗尔定理中条件(2)不满足,不存在$\xi\in(-1,1)$使$f'(\xi)=0$成立.

3. $f'(x)=0$有两个实根:x_1, x_2且$1<x_1<2, 2<x_2<3$.

4. $f'(x)=\varphi(x)$.

5. 作辅助函数$F(x)=\sin x\cdot f(x)$,再用罗尔定理.

6. $\xi=\sqrt{\dfrac{4-\pi}{\pi}}$且$0<\xi<1$.

7. $\xi=\dfrac{a+b}{2}$,位于区间(a,b)的中点处.

8. (1) 设 $f(x)=x^n$ 在$[a,b]$上应用拉格朗日中值定理.

(2) 设 $f(x)=\arctan x$ 在$[a,b]$上应用拉格朗日中值定理.

(3) 设 $f(x)=e^x-e\cdot x$ 在$[1,x]$上应用拉格朗日中值定理.

9. 设 $f(x)=\arctan x+\operatorname{arccot} x$,考查 $f'(x)$.

10. 设 $F(x)=\dfrac{f(x)}{e^x}$,考查 $F'(x)$.

11. $\xi=\sqrt[3]{\dfrac{225}{16}}$.

12. 设 $f(x)=\dfrac{\arctan x}{x}$,$g(x)=\dfrac{1}{x}$,应用柯西中值定理.

13. 设 $\varphi(x)=\ln f(x)$,在$[a,b]$上应用拉格朗日中值定理.

习题 4.2

1. (1) $\dfrac{m}{n}a^{m-n}$; (2) $-\dfrac{3}{5}$; (3) -2; (4) 2; (5) 1; (6) 1.

2. 1.

3. 极限为 0.

4. (1) $+\infty$; (2) $+\infty$; (3) 0.

5. 不能用罗必塔法则求出,分子与分母同除 x,可得极限为 1.

6. (1) $\dfrac{2}{\pi}$; (2) 1; (3) $\dfrac{1}{2}$; (4) 0.

7. (1) $-\dfrac{1}{2}$; (2) $\dfrac{1}{2}$; (3) $\dfrac{2}{3}$.(提示:令 $x=\dfrac{1}{t}$,$\cot t=\dfrac{\cos t}{\sin t}$,再通分后,用平方差公式分解因子)

8. (1) 1; (2) $\sqrt{e}$; (3) e^{-1}; (4) 1.

习题 4.3

1. $f(x)=(1+x)^{\frac{1}{3}}=1+\dfrac{1}{3}x-\dfrac{1}{2!}\cdot\dfrac{2}{9}(1+\xi)^{-\frac{5}{3}}x^2$,$\xi$ 在 0 与 x 之间,要证的不等式可由余项为负证出.

2. (1) $\cos x=1-\dfrac{x^2}{2!}+\dfrac{x^4}{4!}-\cdots+\dfrac{(-1)^n}{(2n)!}x^{2n}+\dfrac{\cos[\xi+(n+1)\pi]}{(2n+2)!}x^{2n+2}$,$x\in(-\infty,+\infty)$,$\xi$ 在0 与 x 之间.

(2) $xe^x=x+x^2+\dfrac{x^3}{2!}+\cdots+\dfrac{x^n}{(n-1)!}+\dfrac{1}{(n+1)!}(n+1+\xi)e^{\xi}x^{n+1}$,$x\in(-\infty,+\infty)$,$\xi$ 在 0 与 x 之间.

3. $e^{\sin x}=1+x+\dfrac{x^2}{2!}+o(x^2)$.

4. $\dfrac{1}{x}=-1-(x+1)-(x+1)^2-(x+1)^3+\dfrac{1}{\xi^5}(x+1)^4$,$\xi$ 在-1 与 x 之间.

5. (1) $\cos x=1-\frac{x^2}{2!}+\frac{x^4}{4!}-\cdots+\frac{(-1)^m x^{2m}}{(2m)!}+0+R_{2m+1}(x)$,

其中 $R_{2m+1}(x)=\frac{\cos[\xi+(m+1)\pi]}{(2m+2)!}x^{2m+2}$;

(2) $\cos x\approx 1-\frac{x^2}{2!}$, $\cos x\approx 1-\frac{x^2}{2!}+\frac{x^4}{4!}$;

(3) $\cos 9°\approx 1-\frac{1}{2!}\left(\frac{\pi}{20}\right)^2\approx 0.9877$,误差$|R_3|\leqslant\frac{1}{4!}\left(\frac{\pi}{20}\right)^4<\frac{1}{4!}\left(\frac{1}{5}\right)^4$.

习题 4.4

1. (1) 单调减少；(2) 单调增加.
2. (1) 在$(-\infty,-1]$,$[3,+\infty)$内单调增加,在$[-1,3]$上单调减少；
(2) 在$(-\infty,+\infty)$内单调增加；
(3) 在$[0,2]$上单调增加,在$[2,+\infty)$上单调减少；
(4) 在$(-\infty,-2]$,$[2,+\infty)$上单调增加,在$[-2,0)$, $(0,2]$上单调减少.
5. (1) 极小值 $y(1)=2$;
(2) 极大值 $y(-1)=17$,极小值 $y(3)=-47$;
(3) 极大值 $y(2)=0$;　(4) 极大值 $y(1)=2$;
(5) 无极值；　(6) 无极值.
6. $a=2$,$f\left(\frac{\pi}{3}\right)=\sqrt{3}$为极大值.
7. (1) 最大值 $y(4)=80$,最小值 $y(-1)=-5$;
(2) 最大值 $y(3)=11$,最小值 $y(2)=-14$;
(3) 最大值 $y\left(\frac{\pi}{4}\right)=1$.
8. 最大值为 $y(1)=\frac{1}{2}$.
9. 只要证明函数 $f(x)=x^2-\frac{54}{x}$在 $x<0$ 内,有最小值 27.
10. 剪去小正方形的边长为$\frac{a}{3}$.
11. 圆柱体的高应为 $h=\frac{2\sqrt{3}}{3}R$.

习题 4.5

1. (1) 在$(-\infty,+\infty)$内是凸的；
(2) 在$(-\infty,+\infty)$内是凹的；
(3) 在$(0,+\infty)$内是凹的；
2. 在$(-\infty,+\infty)$内是凹的,不等式为 $e^{\frac{a+b}{2}}<\frac{e^a+e^b}{2}$.

3.（1）在$(-\infty,\frac{5}{3}]$内是凸的，在$[\frac{5}{3},+\infty)$内是凹的，拐点为$\left(\frac{5}{3},\frac{20}{27}\right)$；

（2）在$(-\infty,2]$内是凸的，在$[2,+\infty)$内是凹的，拐点为$(2,2e^{-2})$；

（3）在$(-\infty,-1]$及$[1,+\infty)$内是凸的，在$[-1,1]$上是凹的，拐点有$(-1,\ln 2)$及$(1,\ln 2)$.

4. $a=-\frac{3}{2},b=\frac{9}{2}$.

5. 曲线的水平渐近线为$y=2$；铅直渐近线分别为$x=0$与$x=-1$.

6. 奇函数，定义域$(-\infty,+\infty)$，在$[0,+\infty)$的性态为：在$(0,0)$为拐点，在$[0,1]$增加，且在$[1,+\infty)$减少，在$[0,\sqrt{3}]$为凸弧，在$(\sqrt{3},f(\sqrt{3}))$为拐点，在$[\sqrt{3},+\infty)$为凹弧. 极大值为$f(1)=\frac{1}{2}$，有水平渐近线为$y=0$.

习题 4.6

1. $dx=\cos\theta dr-r\sin\theta d\theta$，$dy=\sin\theta dr+r\cos\theta d\theta$.

2.（1）$k=\frac{\sqrt{2}}{4}$；　　（2）$k=2$.

综合练习题

一、1.（A）；2.（C）；3.（C）；4.（D）；5.（B）.

二、1. 三个实根；　2. 1；　3. $a=\frac{1}{2},b=1$；

4. $f'(0)<f(1)-f(0)<f'(1)$；　　5. $a=1,b=2$.

三、1.（1）$\frac{1}{e}$；　（2）0；　（3）1；　（4）$\frac{1}{2}$.

2. $n=6,a=-\frac{1}{2}$.

3. 增区间$(0,e]$，减区间$[e,+\infty)$，极大值为$y(e)=e^{\frac{1}{e}}$.

4. 六次多项式为$y=x^6-3x^4+3x^2$.

5. 在$(-\infty,-1]$及$[1,+\infty)$内是凸的，在$[-1,1]$上是凹的，拐点为$M_1(-1,\ln 2)$，$M_2(1,\ln 2)$.

6. 拐点为$(0,0)$.

7. 在$x=0$处连续.

8. 提示：(2) 将$F(x)$用罗尔定理，(3) 再将$f(\xi_1)-f(a)$用拉格朗日中值定理.

9. 提示：作辅助函数$f(x)=a_0x+\frac{a_1}{2}x^2+\cdots+\frac{a_n}{n+1}x^{n+1}$在$[0,1]$上用罗尔定理.

10. 提示：将$f(x)$与$g(x)=x^2$在$[a,b]$上用柯西中值定理.

11. 提示：作辅助函数$f(x)=a^{\frac{1}{x}}$在$[n,n+1]$上用拉格朗日中值定理，并用$a^{\frac{1}{n+1}}<a^{\frac{1}{\xi}}<a^{\frac{1}{n}}$.

12. 提示：先求出$F'(x)$，再将函数$f(x)-f(a)$在$[a,x]$上用拉格朗日中值定理，最后再用$f'(x)$的单调性.

13. 提示：

(1) 作 $f(x)=x\ln x$，利用 $f(x)$ 在 $[1,+\infty)$ 内单调增加.

(2) 作 $f(x)=\sin x-x+\dfrac{1}{6}x^3$，先证 $f^{(3)}(x)\geqslant 0$，得 $f''(x)>f''(0)$，及 $f'(x)>f'(0)$ $(x>0)$，由 $f'(0)=f''(0)=0$，再用一次 $f(x)$ 的单调性即可得证.

(3) 作 $f(x)=\sqrt[n]{x}+\sqrt[n]{a}-\sqrt[n]{x+a}$，$f(0)=0$，先证 $f'(x)>0$，$[0,+\infty)$，当 $b>0$ 时，由 $f(b)>f(0)$ 可证不等式.

14. 提示：将 x 换成 $\dfrac{1}{x}$，解出 $f(x)=\dfrac{1}{8}\left(x+\dfrac{3}{x}\right)$，$x\neq 0$，再求极值得证.

15. 提示：由已知条件，有 $f'(x_0)=0$，再解出 $f''(x_0)$ 的表达式，并证明 $x_0\neq 0$ 时均有 $f''(x_0)>0$，即可得证.

16. 提示：先求出最大值 $M(n)=f\left(\dfrac{1}{n+1}\right)$，再求出极限即得证.

17. 作 $f(x)=x^{\frac{1}{x}}$，先证 $f(\mathrm{e})$ 是最大值，再由 $2<\mathrm{e}<3$，可得最大数为 $\sqrt[3]{3}$.

18. 先求出三角形面积为：$S=\dfrac{2}{xy}$，利用椭圆方程，求出 $S(x)$ 的最小值为 $S\left(\dfrac{1}{\sqrt{2}}\right)$，所求的点为 $\left(\dfrac{1}{\sqrt{2}},\sqrt{2}\right)$.

第5章

习题 5.1

1. 1) $-\dfrac{1}{3}x^{-3}+C$；　2) $\dfrac{6}{7}u^{\frac{7}{6}}+C$；　3) $\dfrac{4}{7}y^{\frac{4}{7}}+C$；　4) $\dfrac{3}{7}x^{\frac{7}{3}}+C$；

5) $\dfrac{1}{2}\tan x+C$；　6) $2\sin x+C$；　7) $-2\cos x+C$；　8) $\arcsin x+C$；

9) $\arcsin x+C$；　10) $-\cot x+C$；　11) $\dfrac{1}{4}\tan x+C$；　12) $-\dfrac{1}{4}\cot x+C$；

13) e^x+C；　14) $\arctan x+C$；　15) $\arctan x+C$；　16) $\dfrac{1}{2}\tan x+C$；

17) $-\dfrac{1}{2}\cot x+C$；　18) $\dfrac{1}{2}\tan x+C$；　19) $-\cot x+C$.

2. 1) $x+\dfrac{2}{3}x^3+\dfrac{1}{5}x^5+C$；　2) $2x-\dfrac{3}{2}x^2+\dfrac{1}{4}x^4+C$；　3) $-\dfrac{1}{x}+2\ln|x|+x+C$；

4) $\dfrac{1}{3}x^3+x^2+4x+C$；　5) $-6x^{-\frac{1}{6}}-\mathrm{e}^x+\ln|x|+C$；　6) $2x-2\arctan x+C$；

7) $2x+\arctan x+C$；　8) $\dfrac{4^x}{2\ln 2}+\dfrac{9^x}{2\ln 3}-\dfrac{2\cdot 6^x}{\ln 6}+C$；　9) $-\dfrac{1}{5^x\ln 5}-\dfrac{1}{2^x\ln 2}+C$；

10) $x-2\cos x+\tan x+C$；　11) $\pm(\sin x+\cos x)+C$；　12) $\tan x-x+C$；

13) $-\cot x-x+C$; 14) $x-\sin x+C$; 15) $-\cot x-\tan x+C$;

16) $\sec x-\csc x+C$; 17) $\arcsin x+\frac{1}{x}+C$; 18) $\frac{1}{2}x+\frac{1}{2}\left(\cos x+\frac{1}{\cos x}\right)+C$;

19) $\tan x-x+e^{x}+C$; 20) $-\frac{1}{x}-2\arctan x+C$

3. $y=-\cos x+1$

4. (1) $v(t)=\frac{2}{3}t^{3}+5\sin t+1$; (2) $s(t)=\frac{1}{6}t^{4}-5\cos t+t+7$

5. (1) $\begin{cases}x(t)=-5\cos t+10\\ y(t)=2\sin t\end{cases}$; (2) $\begin{cases}s(t)=\sqrt{x^{2}(t)+y^{2}(t)}\\ v(t)=\sqrt{v_{x}^{2}+v_{y}^{2}}\end{cases}$.

习题 5.2

1. 1) $\frac{1}{2}$; 2) $-\frac{1}{2}$; 3) $\frac{1}{4}$; 4) $-\frac{1}{3}$; 5) $\frac{1}{2}$;

6) $\frac{1}{(1+\tan x)^{2}}$; 7) $\frac{1}{e^{x}+e^{-x}}$; 8) $e^{e^{x}}$; 9) $-\arcsin x$; 10) $\frac{x}{2}$.

2. 1) $\frac{1}{153}(3x+5)^{51}+C$; 2) $-\frac{1}{5}(1+5x)^{-2}+C$; 3) $-\frac{5}{16}(1-4x)^{\frac{4}{5}}+C$;

4) $-\frac{1}{7}\ln|5-7x|+C$; 5) $-\frac{1}{4}\cos 4x+C$; 6) $\frac{1}{3}e^{3x}+C$;

7) $-\frac{5^{-2x}}{2\ln 5}+C$; 8) $\frac{1}{5}\tan(5x+3)+C$; 9) $\frac{1}{2}\arcsin 2x+C$;

10) $\frac{1}{2}\arcsin\frac{2x}{3}+C$; 11) $\frac{1}{6}\arctan\frac{2x}{3}+C$; 12) $\frac{1}{2}\ln|1+x^{2}|+C$;

13) $\frac{5}{54}(3x^{3}+1)^{\frac{6}{5}}+C$; 14) $\frac{1}{2}\arcsin\frac{x^{2}}{2}+C$; 15) $-\frac{1}{6}e^{-2x^{3}}+C$;

16) $-\frac{2}{\sqrt{\sin x}}+C$; 17) $2\sqrt{\ln x}+C$; 18) $\frac{3}{2}(\tan x)^{\frac{2}{3}}+C$;

19) $\frac{3}{5}(\arctan x)^{\frac{5}{3}}+C$; 20) $\ln|\arcsin x|+C$.

3. 1) $\frac{1}{2}x-\frac{1}{4}\sin 2x+C$; 2) $\frac{1}{32}\sin 4x+\frac{1}{4}\sin 2x+\frac{3}{8}x+C$;

3) $-\frac{1}{16}\cos 8x+\frac{1}{4}\cos 2x+C$; 4) $\frac{1}{2}\sin x-\frac{1}{10}\sin 5x+C$;

5) $\frac{1}{8}\sin 4x+\frac{1}{4}\sin 2x+C$; 6) $-\cos x+\frac{1}{3}\cos^{3}x+C$;

7) $\frac{1}{8}x-\frac{1}{32}\sin 4x+C$; 8) $\tan x+\frac{1}{3}\tan^{3}x+C$;

9) $\frac{1}{3}\tan^{3}x-\tan x+x+C$; 10) $\frac{1}{4}x^{2}-\frac{1}{8}\ln(2x^{2}+1)+C$;

11) $\frac{5}{2}\ln\left|\frac{1+x}{1-x}\right|+2\ln|1-x^{2}|-x+C$; 12) $\frac{1}{6}(x+1)^{\frac{3}{2}}-\frac{1}{6}(x-3)^{\frac{3}{2}}+C$;

13) $\frac{4}{27}(3x-2)\sqrt{2-3x}+\frac{2}{45}(2-3x)^2\sqrt{2-3x}+C$；14) $2\ln|x+2|-\ln|x+1|+C$；

15) $x-\ln|1+e^x|+C$；16) $x+2\arctan e^x+C$；

17) $\ln|\sin x|-\frac{1}{2}\sin^2 x+C$；18) $\ln|\sec x+\tan x|-\frac{1}{\sin x}+C$；

19) $\frac{1}{2}\tan^2 x+\ln|\tan x|+C$.

4. 1) $\frac{x}{a^2\sqrt{a^2-x^2}}+C$；2) $\frac{1}{2}\arcsin x-\frac{1}{2}x\sqrt{1-x^2}+C$；

3) $\frac{x}{\sqrt{1+x^2}}+C$；4) $\sqrt{x^2-1}-\arccos\frac{1}{x}+C$；

5) $-\frac{\sqrt{4+x^2}}{4x}+C$；6) $\frac{\sqrt{x^2-4}}{4x}+C$；

7) $\frac{81}{8}\arcsin\frac{x}{3}-\frac{x}{16}(9-2x^2)\sqrt{9-x^2}+C$；8) $-\frac{\sqrt{1-x^2}}{x}-\arcsin x+C$；

9) $\frac{1}{2}\ln\left|\frac{\sqrt{x^2+4}-2}{x}\right|+C$；10) $-\frac{1}{20}\left(\frac{\sqrt{4-x^2}}{x}\right)^5+C$.

习题 5.3

1. $-\frac{1}{3}x\cos 3x+\frac{1}{9}\sin 3x+C$；2. $x^2\sin x+2x\cos x-2\sin x+C$；

3. $\frac{1}{2}xe^{2x}-\frac{1}{4}e^{2x}+C$；4. $-e^{-x}(x^3+3x^2+6x+6)+C$；

5. $\frac{1}{4}x^4\ln x-\frac{1}{16}x^4+C$；6. $\frac{1}{3}x^3\arctan x-\frac{1}{6}x^2+\frac{1}{6}\ln(1+x^2)+C$；

7. $x\arcsin x+\sqrt{1-x^2}+C$；8. $\frac{1}{3}x^3\arccos x+\frac{1}{3}[-\sqrt{1-x^2}+\frac{1}{3}(1-x^2)^{\frac{3}{2}}]+C$；

9. $\frac{1}{5}(e^x\sin 2x-2e^x\cos 2x)+C$；10. $\frac{2}{5}e^{2x}\cos x+\frac{1}{5}e^{2x}\sin x+C$；

11. $\frac{1}{2}x\sin(\ln x)-\frac{1}{2}x\cos(\ln x)+C$；12. $\frac{2}{5}x^2[\sin(\ln x)-\frac{1}{2}\cos(\ln x)]+C$；

13. $-\frac{1}{2}x^2e^{-x^2}-\frac{1}{2}e^{-x^2}+C$；14. $-\frac{1}{x}\arcsin x+\ln\left|\frac{1-\sqrt{1-x^2}}{x}\right|+C$；

15. $-\frac{1}{2}\frac{\arctan x}{x^2}-\frac{1}{2x}-\frac{1}{2}\arctan x+C$；16. $x\ln(x+\sqrt{1+x^2})-\sqrt{1+x^2}+C$；

17. $x\arctan\sqrt{x}-\sqrt{x}+\arctan\sqrt{x}+C$；18. $x\ln\frac{1+x}{1-x}+\ln|1-x^2|+C$；

19. $-\cos x\ln(\tan x)+\ln|\csc x-\cot x|+C$；

20. $x(\arcsin x)^2+2\sqrt{1-x^2}\arcsin x-2x+C$.

习题 5.4

1. 1) $\frac{1}{3}x^3-\frac{1}{2}x^2+x-\ln|1+x|+C$；

2）$\frac{1}{2}\ln|x^2+4x+13|-\frac{2}{3}\arctan\frac{x+2}{3}+C$；

3）$-3\ln|x|+2\ln|x-1|+\ln|x+1|+C$；

4）$-\frac{1}{2}\arctan\frac{x}{2}+2\ln|x-1|+\ln|x+1|+C$；

5）$2\ln|x+1|-\ln|x^2+2x+2|+\arctan(x+1)+C$；

6）$-\frac{5}{9}\ln|x+2|+\frac{32}{9}\ln|x-1|-\frac{7}{3(x-1)}+C$；

7）$-\frac{1}{2}\ln|x+1|+\ln|x|-\frac{1}{4}\ln|x^2+1|-\frac{1}{2}\arctan x+C$；

8）$-\frac{1}{4}\ln|x^2+1|+\frac{1}{2}\ln|x+1|-\frac{1}{2(x+1)}+C$；

9）$-\ln|x-1|+\frac{3}{2}\ln|x^2-2x+5|+\frac{1}{2}\arctan\frac{x-1}{2}+C$；

10）$-\frac{1}{2}\ln|x^2+1|+\frac{1}{2}\ln|x^2-4x+13|+\arctan\frac{x-2}{3}+C$.

2. 1）$\frac{2}{3}x\sqrt{x}-x+4\sqrt{x}-4\ln\left|\sqrt{x}+1\right|+C$；

2）$2\sqrt{x}-8\sqrt[4]{x}+16\ln\left|\sqrt[4]{x}+2\right|+C$；　　3）$6\ln\left|\frac{\sqrt[6]{x}}{\sqrt[6]{x}+1}\right|+C$；

4）$2\sqrt{2x+1}+\ln\left|\frac{\sqrt{2x+1}-1}{\sqrt{2x+1}+1}\right|+C$；　　5）$2\sqrt{x-4}-2\arctan\frac{\sqrt{x-4}}{2}+C$；

6）$\frac{1}{2}(3x+1)^{\frac{2}{3}}-\sqrt[3]{3x+1}+\ln\left|1+\sqrt[3]{3x+1}\right|+C$；

7）$2\sqrt{x+1}-3\sqrt[3]{x+1}+6\sqrt[6]{x+1}-6\ln\left|1+\sqrt[6]{x+1}\right|+C$；

8）$2\arctan\sqrt{\frac{1-x}{1+x}}+\ln\left|\frac{\sqrt{1+x}-\sqrt{1-x}}{\sqrt{1+x}+\sqrt{1-x}}\right|+C$；　　9）$-2\arctan\sqrt{\frac{1-x}{2+x}}+C$；

10）$\frac{1}{2}\ln\left|\sqrt[3]{1+x^2}-1\right|-\frac{1}{4}\ln|(1+x^2)^{\frac{2}{3}}+(1+x^2)^{\frac{1}{3}}+1|+\frac{\sqrt{3}}{2}\arctan\frac{2(1+x^2)^{\frac{1}{3}}+1}{\sqrt{3}}+C$.

综合练习题

一、1. C　2. D　3. B　4. C　5. D　6. A

二、1. $-\frac{1}{2}\sqrt{1-x^2}+\frac{1}{2}\sqrt{1+x^2}+C$；　　2. $\ln\left|\frac{1+\sqrt{2-x}}{1-\sqrt{2-x}}\right|+C$；

3. $\frac{1}{2}x^2e^{x^2}-\frac{1}{2}e^{x^2}+C$；　　4. $\frac{1}{3}(1+x^2)^{\frac{3}{2}}+C$；　　5. $x+e^x+C$.

三、1. $\frac{1}{3}(\sqrt{1+x^2})^3-\sqrt{1+x^2}+C$；　　2. $-\frac{1}{x}\ln|2-x|+\frac{1}{2}\ln\left|\frac{2-x}{x}\right|+C$；

3. $2x\sqrt{e^x-1}-4\sqrt{e^x-1}+4\arctan\sqrt{e^x-1}+C$；

4. $\frac{1}{4}(x\sin 2x+\frac{1}{2}\cos 2x+x^2)+C$；

5. $-\frac{1}{8}x\csc^2\frac{x}{2}-\frac{1}{4}\cot\frac{x}{2}+C$;

6. $x\arctan x-\frac{1}{2}\ln|1+x^2|-\frac{1}{2}(\arctan x)^2+C$;

7. $-\frac{1}{3}\ln|\sqrt[3]{1+x}-1|-\frac{1}{3(\sqrt[3]{x+1}-1)}+\frac{1}{6}\ln|\sqrt[3]{(1+x)^2}+\sqrt[3]{1+x}+1|$

$-\frac{1}{\sqrt{3}}\arctan\frac{2\sqrt[3]{1+x}+1}{\sqrt{3}}-\frac{2\sqrt[3]{1+x}+1}{3(\sqrt[3]{(1+x)^2}+\sqrt[3]{1+x}+1)}+C$;

8. $\ln^2 x-3\ln x+C$;

9. $\frac{\sqrt{2}}{4}\arctan\left(\frac{x^2-1}{\sqrt{2}x}\right)-\frac{\sqrt{2}}{8}\ln\left|\frac{x^2-\sqrt{2}x+1}{x^2+\sqrt{2}x+1}\right|+C$;

10. $\frac{x}{2(1+x^2)}+\frac{1}{2}\arctan x+C$.

第6章

习题6.1

1. 1) $\int_0^1 x^3\mathrm{d}x$; 2) $\int_2^3 x^4\mathrm{d}x$; 3) $\int_0^1 e^{2x}\mathrm{d}x$; 4) $\int_{-1}^0 e^x\mathrm{d}x$.

3. 1) $(2,9)$; 2) $(\pi,2\pi)$; 3) $(0,2\ln 2)$; 4) $(2e^{-\frac{1}{4}},2e^2)$.

习题6.2

1. 1, e^{-1};　　2. $\frac{1}{2}$;　　3. $-\frac{1}{\sqrt{1+e^{x^2}}}$;

4. $\frac{3x^2}{\sqrt{1+x^{12}}}-\frac{4x^3}{\sqrt{1+x^{16}}}$;　　5. $\frac{\sin t^2}{\cos t^3}$;　　6. $-\frac{\cos x^2}{e^{y^3}}$.

7. 1) 1;　　2) $\frac{\pi}{2}$;　　3) 0.

8. 1) $\frac{45}{4}$;　　2) $-\frac{41}{4}$;　　3) $\frac{21}{8}$;　　4) $\frac{29}{6}$;

5) $\frac{271}{6}$;　　6) $\frac{\pi}{6}$;　　7) $\frac{\pi}{3}$;　　8) $\frac{\pi}{36}$;

9) $\frac{\pi}{6}$;　　10) $1-\frac{\pi}{4}$;　　11) $\frac{1}{2}e^2-\frac{1}{2}$;　　12) $\frac{1}{4}$;

13) $\pi-\frac{4}{3}$;　　14) $\frac{2-\sqrt{2}}{8}+\frac{\pi}{16}$;　　15) π;

16) $\left(\frac{\pi^2}{32}+\frac{1}{2}\right)\arctan\frac{\pi}{4}-\frac{\pi}{8}$;　　17) 1.

习题 6.3

1. 1) $\frac{9}{8}$； 2) $\frac{2-\sqrt{2}}{6}$； 3) $\frac{3}{8}$； 4) $\frac{1}{2}$；

5) $\frac{\pi}{4}$； 6) $\frac{\pi}{36}$； 7) $\ln\frac{\sqrt{10}}{2}$； 8) $\frac{5}{54}(94^{\frac{6}{5}}-1)$；

9) $\frac{\pi}{12}$； 10) $2\sqrt{2}-2$； 11) 4； 12) $\frac{7\pi^2}{288}$；

13) $\ln 3$； 14) $1+\ln\frac{2}{1+\mathrm{e}}$； 15) $\arctan \mathrm{e}-\frac{\pi}{4}$； 16) $\frac{2}{7}$；

17) $\frac{\pi}{4}$； 18) $\mathrm{e}-\sqrt{\mathrm{e}}$； 19) $\ln\frac{3}{2}$； 20) $\frac{\pi}{2}$.

2. 1) $\frac{\pi}{12}-\frac{\sqrt{3}}{8}$； 2) $\frac{\sqrt{2}}{2}$； 3) $\sqrt{3}-\frac{\pi}{3}$； 4) $\frac{3\sqrt{2}-2\sqrt{3}}{12}$；

5) $\frac{27\pi}{8}+\frac{81\sqrt{3}}{64}$； 6) $\frac{16}{3}-2\ln 3$； 7) $4-\ln 3$；

8) $\ln 3-2\arctan 2$； 9) $\frac{\sqrt{3}}{2}+\ln(2-\sqrt{3})$； 10) $\frac{1}{2}\ln\frac{4+\sqrt{17}}{1+\sqrt{2}}$.

习题 6.4

1) $1-2\mathrm{e}^{-1}$； 2) $\pi-2$； 3) $\frac{\mathrm{e}^2+1}{4}$； 4) $\frac{\pi-2}{4}$；

5) $\frac{9\pi-4\sqrt{3}\pi}{36}+\ln\frac{\sqrt{6}}{2}$； 6) $\frac{\pi-2}{8}$； 7) $\frac{1}{4}[(\mathrm{e}-1)^2+2(\mathrm{e}-1)-2]$；

8) $\frac{\mathrm{e}-2}{2\mathrm{e}}$； 9) $\frac{\sqrt{3}}{16}-\frac{\pi}{48}$； 10) $\frac{\mathrm{e}^{\frac{\pi}{2}}+1}{2}$.

习题 6.5

1. 1) $\frac{1}{2}$,收敛； 2) 发散； 3) $\frac{1}{a}$,收敛； 4) $\frac{1}{2}$,收敛；

5) 1,收敛； 6) 发散； 7) $\frac{1}{2}$,收敛； 8) π,收敛；

9) 发散的； 10) $1-\ln 2$,收敛的.

2. 1) 1,收敛； 2) $\frac{8}{3}$,收敛； 3) 2,收敛； 4) 发散；

5) $\frac{\pi}{2}$,收敛； 6) 6,收敛； 7) 发散； 8) 发散；

9) 发散； 10) 6,收敛.

3. $k\leqslant 1$ 发散,$k>1$ 收敛.

4. $k>2$ 或 $k<0$ 收敛,$0<k\leqslant 2$ 发散.

习题 6.6

1. 1) $\frac{32}{3}$； 2) $e+e^{-1}-2$； 3) $b-a$； 4) $\frac{9}{4}$； 5) $\frac{16}{3}$.

2. 1) πa^2； 2) $\frac{a^2}{2}$； 3) $18\pi a^2$.

3. $3\pi a^2$.

4. 1) $\frac{3\pi}{10}$； 2) $\frac{8\pi}{3}$； 3) $\frac{a\pi}{2}$； 4) $5a^3\pi^2$； 5) $160\pi^2$.

5. 1) $\frac{e^2+1}{4}$； 2) $\ln|\sec 1+\tan 1|$； 3) $\ln(1+\sqrt{2})$； 4) $\sqrt{2}(e^{\frac{\pi}{2}}-1)$； 5) $4a$.

6. $0.18k$(J). 7. $\frac{5}{3}$(J). 8. $800\pi\ln 2$(J). 9. $2kca^2$.

10. $\frac{50}{3}$m/s. 11. e^2+1. 12. 0.

综合练习题

一、1.(D)； 2.(D)； 3.(B)； 4.(D)； 5.(A)；
6.(C)； 7.(A)； 8.(C)； 9.(B)； 10.(C).

二、1. $\frac{1}{2}m$； 2. 2； 3. $\frac{1}{3}$； 4. $x-1$； 5. 2；

6. $\frac{\sqrt{3}}{2}$； 7. $\frac{\pi}{4}+\frac{1}{2}\ln 2$； 8. $\frac{\pi}{2}$； 9. 4； 10. -1.

三、1. $\frac{3\pi}{32}$； 2. $\frac{1}{3}\ln 2$； 3. $\frac{7}{3}-\frac{1}{e}$； 4. $\frac{16}{3}$；

5. $4\sqrt{2}-4$； 6. $\frac{\pi}{8}-\frac{1}{4}\ln 2$； 7. 2； 8. 0；

9. π^2-2； 10.(1) $F(0)=0$； (2) $x=\pm\frac{\sqrt{2}}{2}$； (3) $-\frac{1}{2}e^{-81}+\frac{1}{2}e^{-16}$；

11. $\frac{2}{3}-\frac{3}{8}\sqrt{3}$； 12. $\frac{2}{3}$； 13. $\frac{(\ln x)^2}{2}$ ；

14. $\ln 3-\frac{1}{2}$； 15. $a=3$； 16. $\frac{\pi}{6}$.

17. (2) $\frac{\pi^2}{4}$.

第 7 章

习题 7.1

1. (1) 一阶，非线性； (2) 一阶，非线性； (3) 二阶，线性；

(4) 三阶,非线性; (5) 二阶,线性; (6) 三阶,线性.

3. (1) $C=\frac{\sqrt{2}}{4}$; (2) $C_1=0,C_2=1$; (3) $C_1=1,C_2=\frac{\pi}{2}$.

4. (1) $y'=3y$; (2) $y'=x+y$.

5. (1) $y=x^2+C$; (2) $y=x^2+3$; (3) $y=x^2+4$.

习题 7.2

1. (1) $y=-\cos x+C$; (2) $y^2=1+\frac{C}{x^2+1}$; (3) $\ln y=Ce^x$;

(4) $\sin y\cdot\cos x=C$; (5) $y=e^{Cx}$; (6) $3x^4+4(y+1)^3=C$.

2. (1) $y=\ln\frac{e^{2x}+1}{2}$; (2) $y=\frac{1}{1+\ln(1+x)}$;

(3) $y=1$; (4) $y=\sin x$.

3. $xy=1$.

习题 7.3

1. (1) $y+\sqrt{x^2+y^2}=Cx^2$; (2) $2xy-y^2=C$; (3) $2xy+x^2=C$;

(4) $2e^{\frac{x}{y}}=\frac{C-x}{y}$; (5) $x-\sqrt{xy}=C$.

2. (1) $y^5-5x^2y^3=1$; (2) $x^2=e^{\frac{y^2}{x^2}}$; (3) $y=x\sqrt{2(\ln x+2)}$.

习题 7.4

1. (1) $y=(x+C)e^{-x}$; (2) $y=2x-1+Ce^{-2x}$; (3) $y=(x+C)e^{-\sin x}$;

(4) $y=\left(\frac{x^2}{2}+C\right)e^{-x^2}$; (5) $y=Cx+x\ln x$.

2. (1) $y=\frac{x}{\cos x}$; (2) $y=\frac{e^x}{x}+\frac{6-e}{x}$;

(3) $y=x+\sqrt{1-x^2}$; (4) $y=\sin x-1+2e^{-\sin x}$.

3. (1) $y^{-5}=Cx^5+\frac{5}{2}x^3$; (2) $y^2=Ce^{2x}-\left(x^2+x+\frac{1}{2}\right)$;

(3) $\frac{1}{y}=\ln x+1+Cx$.

4. $y=2(e^x-x-1)$.

习题 7.5

1. (1) $y=\frac{x^3}{6}-\sin x+C_1x+C_2$; (2) $y=xe^x-3e^x+\frac{C_1}{2}x^2+C_2x+C_3$;

(3) $y=C_1e^x+C_2x+C_3$; (4) $y=C_1e^x-\frac{x^2}{2}-x+C_2$;

(5) $y=-\ln\cos(x+C_1)+C_2$;　　(6) $y=C_1\ln x+C_2$;

(7) $y=1-\dfrac{1}{C_1x+C_2}$.

2. (1) $y=x$;　　(2) $y=\left(\dfrac{x}{2}+1\right)^4$;　　(3) $y=\ln\sec x$.

3. $y=1-x$.

习题 7.6

1. (1) 线性相关;　(2) 线性相关;　(3) 线性无关;　(4) 线性无关;
   (5) 线性无关;　(6) 线性无关.

2. (1) $y=C_1e^x+C_2xe^x$;　(2) $y=(2x-1)e^x$.

习题 7.7

1. (1) $y=C_1e^x+C_2e^{-2x}$;　(2) $y=C_1+C_2e^{4x}$;
   (3) $y=(C_1+C_2x)e^{-2x}$;　(4) $y=C_1\cos x+C_2\sin x$;
   (5) $y=e^{-3x}(C_1\cos 2x+C_2\sin 2x)$;　(6) $y=C_1+C_2e^{-x}+C_3e^x$;
   (7) $y=C_1e^x+C_2e^{-x}+C_3\cos x+C_4\sin x$;
   (8) $y=C_1+C_2x+(C_3+C_4x)e^x$.

2. (1) $y=e^{-2x}$;　(2) $y=e^{x-\pi}(2\cos x+\sin x)$;
   (3) $y=-3e^{-2x}+4e^{-x}$;　(3) $y=e^{-x}-e^{4x}$.

3. $y=\cos 3x-\dfrac{1}{3}\sin 3x$.

4. $y=-e^{-x}+e^x$.

提示:相当于求方程 $y'''-y'=0$ 满足初始条件 $y|_{x=0}=0, y'|_{x=0}=2, y''|_{x=0}=0$ 的特解.

习题 7.8

1. (1) $y=C_1e^{\frac{x}{2}}+C_2e^{-x}+e^x$;

   (2) $y=C_1\cos 2x+C_2\sin 2x+\dfrac{1}{5}e^x$;

   (3) $y=C_1+C_2e^{-\frac{5}{2}x}+\dfrac{1}{3}x^3-\dfrac{3}{5}x^2+\dfrac{7}{25}x$;

   (4) $y=C_1e^{-x}+C_2e^{-2x}+\left(\dfrac{3}{2}x^2-3x\right)e^{-x}$;

   (5) $y=(C_1+C_2x)e^{3x}+\dfrac{x^2}{2}e^{3x}\left(\dfrac{1}{3}x+1\right)$;

   (6) $y=(C_1+C_2x)e^{2x}+\dfrac{1}{16}e^{-2x}+\dfrac{3}{4}$;

(7) $y = e^{x}(C_1\cos\sqrt{2}x + C_2\sin\sqrt{2}x) + \frac{1}{41}e^{-x}(5\cos x - 4\sin x)$；

(8) $y = C_1\cos 2x + C_2\sin 2x + \frac{x}{4}\sin 2x$；

(9) $y = C_1\cos x + C_2\sin x + \frac{1}{2}e^{x} + \frac{x}{2}\sin x$；

(10) $y = C_1\cos x + C_2\sin x - \frac{1}{2}x\cos x + \frac{1}{8}\cos 3x$.

2. (1) $y = -5e^{x} + \frac{7}{2}e^{2x} + \frac{5}{2}$；

(2) $y = \frac{11}{16} + \frac{5}{16}e^{4x} - \frac{5}{4}x$；

(3) $y = e^{x} - e^{-x} + e^{x}(x^2 - x)$；

(4) $y = -\cos x - \frac{1}{3}\sin x + \frac{1}{3}\sin 2x$.

3. $\varphi(x) = \frac{1}{2}(\cos x + \sin x + e^{x})$.

（提示：$\varphi(x)$ 可改写成 $\varphi(x) = e^{x} - x\int_0^x \varphi(u)\mathrm{d}u + \int_0^x u\varphi(u)\mathrm{d}u$，两边对 x 求导得 $\varphi'(x) = e^{x} - x\varphi(x) - \int_0^x \varphi(u)\mathrm{d}u + x\varphi(x) = e^{x} - \int_0^x \varphi(u)\mathrm{d}u$，两边再对 x 求导得 $\varphi''(x) = e^{x} - \varphi(x)$，又 $\varphi(0) = 1, \varphi'(0) = 1$，即为求解微分方程的特解问题.）

综合练习题

一、1. (A)； 2. (A)； 3. (B)； 4. (B)； 5. (B)；
6. (C)； 7. (D)； 8. (B)； 9. (D)； 10. (A).

二、1. $y = Cxe^{-x}(x \neq 0)$； 2. $y = \frac{1}{x}$；

3. $y = \sqrt{\frac{x^2}{1+\ln x}}$； 4. $y = -xe^{-x} + Cx$；

5. $y = \frac{1}{3}x\ln x - \frac{1}{9}x$； 6. $y = \frac{1}{5}x^3 + \sqrt{x}$；

7. $y\arcsin x = x - \frac{1}{2}$； 8. $y = \sqrt{x+1}$ 或 $y^2 = x + 1$；

9. $y = C_1 + \frac{C_2}{x^2}$； 10. $y = C_1e^{x} + C_2e^{3x} - 2e^{2x}$；

11. $y'' - 2y' + 2y = 0$.

三、1. $y = ax(x-1)$ （提示：即求解一阶线性微分方程的初值问题 $\begin{cases} y' - \frac{y}{x} = ax \\ y(1) = 0 \end{cases}$；

2. $y = \frac{1}{4} - x^2$； 3. $y = e^{x}$； 4. $y = \frac{1}{2}x^2 - \frac{1}{2}$； 5. $f(u) = \ln u$；

6. $y=\frac{2}{3}x^{\frac{3}{2}}+\frac{1}{3}$；　　7. $y=2x+\sqrt{1-x^2}$；

8.(1) $y''-y=\sin x$；　　(2) $y=\mathrm{e}^x-\mathrm{e}^{-x}-\frac{1}{2}\sin x$.

9. 1.05 km

(提示：飞机的质量 $m=9\ 000$ kg，着陆时的水平速度为 $v_0=700$ km/h. 从飞机接触跑道开始计时，设 t 时刻飞机的滑行距离为 $x(t)$，速度为 $v(t)$. 本题即为求 $v(t)=0$ 时，$x(t)$ 的值. 根据牛顿第二定律，得 $m\frac{\mathrm{d}v}{\mathrm{d}t}=-kv$，且有 $\frac{\mathrm{d}x}{\mathrm{d}t}=v(t)$ 和 $v(0)=v_0$，$x(0)=0$.)